JIXIE YUANLI YU SHEJI
KECHENG SHEJI

机械原理与设计课程设计

主　编◎陈艳丽　芮守凤
副主编◎邢冠梅　吴冬霞

同济大学出版社
TONGJI UNIVERSITY PRESS
·上海·

内 容 提 要

本书根据教育部制定的"机械原理课程、机械设计课程教学基本要求",并结合高等工科院校创新型、应用型人才的培养目标,为配合学生进行机械原理、机械设计课程设计而编写.在本书编写的过程中,编者总结了多年来相关课程的教学改革经验,精选内容,便于教学.

全书分为三篇,共12章.第一篇为机械原理课程设计,包括机械原理课程设计概述、机械系统运动方案设计、机械驱动装置的选择与传动系统设计、机械系统方案设计实例;第二篇为机械设计课程设计,包括机械设计课程设计概述、机械传动装置的总体设计、机械传动件设计、减速器结构设计、减速器装配图的设计与绘制、零件工作图的设计与绘制、编写设计计算说明书;第三篇为机械设计常用资料,包括机械设计常用标准和规范.书后还附有参考图例.

本书内容深浅兼顾、通俗易懂,可以满足不同专业、不同学时的教学要求,既可以用于高等院校不同专业的机械原理与机械设计综合进行的课程设计,也可用于机械原理或机械设计单独进行的课程设计.

图书在版编目(CIP)数据

机械原理与设计课程设计 / 陈艳丽,芮守凤主编.
上海:同济大学出版社,2024.8. -- ISBN 978-7-5765-1259-5

Ⅰ.TH111-41;TH122-41

中国国家版本馆CIP数据核字第2024V34P49号

机械原理与设计课程设计

主编　陈艳丽　芮守凤　　副主编　邢冠梅　吴冬霞
责任编辑　陈佳蔚　　责任校对　徐逢乔　　封面设计　渲彩轩

出版发行	同济大学出版社　www.tongjipress.com.cn
	(地址:上海市四平路1239号　邮编:200092　电话:021-65985622)
经　销	全国各地新华书店
印　刷	常熟市大宏印刷有限公司
开　本	787mm×1092mm　1/16
印　张	19.25
字　数	398 000
版　次	2024年8月第1版
印　次	2024年8月第1次印刷
书　号	ISBN 978-7-5765-1259-5
定　价	59.00元

本书若有印装质量问题,请向本社发行部调换　　版权所有　侵权必究

Preface 前言

本书根据教育部制定的"关于机械原理课程、机械设计课程教学基本要求",并结合高等工科院校创新型、应用型人才的培养目标,为配合学生进行机械原理、机械设计课程设计而编写.

本书内容深浅兼顾,可以满足不同专业、不同学时的教学要求,既可以用于高等院校不同专业的机械原理与机械设计综合进行的课程设计,也可用于机械原理或机械设计单独进行的课程设计.本书的基本内容和设计资料,保留了传统的选材内容,同时又增加了不同类型的设计题目,可供学生设计时选用.

全书分为三篇,共12章.第一篇为机械原理课程设计,包括机械原理课程设计概述、机械系统运动方案设计、机械驱动装置的选择与传动系统设计、机械系统方案设计实例;第二篇为机械设计课程设计,包括机械设计课程设计概述、机械传动装置的总体设计、机械传动件设计、减速器结构设计、减速器装配图的设计与绘制、零件工作图的设计与绘制、编写设计计算说明书;第三篇为机械设计常用资料,包括机械设计常用标准和规范.书后还附有参考图例.

参加本书编写的人员有:陈艳丽(第2,8,9,10章),邢冠梅(第11,12章,参考图例),吴冬霞(第1,3,4章),芮守凤(第5,6,7章).

在本书的编写过程中,参阅了其他相关同类教材、文献资料,在此对这些教材、文献资料的编著者表示诚挚的谢意!

由于编者的水平有限,书中如有错误及欠妥之处,恳请各位读者批评指正.

编 者
2024年5月

Contents 目 录

前言

第一篇 机械原理课程设计

第1章 机械原理课程设计概述 ⋯⋯ 3
1.1 机械原理课程设计的目的与意义 ⋯⋯ 3
1.2 机械原理课程设计的内容与方法 ⋯⋯ 4

第2章 机械系统运动方案设计 ⋯⋯ 6
2.1 机械系统运动方案的构思 ⋯⋯ 6
2.2 常用机构的选型 ⋯⋯ 7
2.3 运动分解与功能分析 ⋯⋯ 9
2.4 应用设计目录进行方案设计 ⋯⋯ 11
2.5 机构的组合 ⋯⋯ 14
2.6 机械运动协调设计及机械运动循环图的编制 ⋯⋯ 15
2.7 机械系统运动方案的评价 ⋯⋯ 20

第3章 机械驱动装置的选择与传动系统设计 ⋯⋯ 23
3.1 机械驱动装置的选择 ⋯⋯ 23
3.2 传动类型的选择 ⋯⋯ 25
3.3 传动系统的总传动比及其分配 ⋯⋯ 29

第4章 机械系统方案设计实例 ⋯⋯ 31
4.1 薄板冲床 ⋯⋯ 31
4.2 平台印刷机 ⋯⋯ 33
4.3 铆钉冷镦机 ⋯⋯ 39

第二篇 机械设计课程设计

第5章 机械设计课程设计概述 ·············· 45
5.1 机械设计课程设计的目的与内容 ·············· 45
5.2 机械设计课程设计的方法与步骤 ·············· 46
5.3 机械设计课程设计时应注意的事项 ·············· 48

第6章 机械传动装置的总体设计 ·············· 49
6.1 分析和拟定传动装置的运动简图 ·············· 49
6.2 原动机的选择 ·············· 55
6.3 传动装置总传动比的确定及各级传动比的分配 ·············· 58
6.4 传动装置运动和动力参数的计算 ·············· 60

第7章 机械传动件设计 ·············· 64
7.1 机械传动件设计概述 ·············· 64
7.2 常用传动件的结构 ·············· 66

第8章 减速器结构设计 ·············· 74
8.1 减速器的组成 ·············· 74
8.2 减速器的轴系结构设计 ·············· 76
8.3 减速器的箱体设计 ·············· 78
8.4 减速器的润滑和密封 ·············· 84
8.5 减速器附件结构设计 ·············· 90

第9章 减速器装配图的设计与绘制 ·············· 100
9.1 减速器装配草图的设计与绘制 ·············· 100
9.2 减速器装配图的绘制和总成设计 ·············· 106

第10章 零件工作图的设计与绘制 ·············· 112
10.1 零件工作图设计概述 ·············· 112
10.2 轴类零件工作图的设计与绘制 ·············· 113
10.3 齿轮类零件工作图的设计与绘制 ·············· 116
10.4 箱体类零件工作图的设计与绘制 ·············· 118

第11章 编写设计计算说明书 ·············· 123
11.1 设计计算说明书的内容 ·············· 123

11.2 设计计算说明书的要求及注意事项 ·········· 129
11.3 设计计算说明书的书写格式 ·········· 129
11.4 课程设计答辩 ·········· 130

第三篇 机械设计常用资料

第12章 机械设计常用标准和规范 ·········· 134
12.1 一般标准 ·········· 134
12.2 常用材料 ·········· 139
12.3 极限与配合、形位公差和表面粗糙度 ·········· 148
12.4 螺纹及螺纹紧固件 ·········· 167
12.5 键、销连接 ·········· 208
12.6 滚动轴承 ·········· 214
12.7 润滑与密封 ·········· 232
12.8 联轴器 ·········· 240
12.9 电动机 ·········· 249
12.10 渐开线圆柱齿轮的精度 ·········· 256

参考文献 ·········· 261

参考图例一～九 ·········· 263

第一篇

机械原理课程设计

第1章 机械原理课程设计概述

1.1 机械原理课程设计的目的与意义

1.1.1 机械原理课程设计的目的

机械原理课程设计是使学生全面、系统地掌握和深化机械原理课程中的基本原理和方法的重要环节，是培养学生对机械运动方案设计及应用计算机对工程实际中各种机构进行分析和设计能力的一门课程.

机械原理课程设计的基本任务是针对某种简单机械，按照给定的机械总功能要求，分解功能，进行机构的选型与组合，设计机械运动方案；对运动方案进行对比、评价和选择，绘制机构运动简图、机构运动循环图；对选定运动方案中的机构（连杆机构、凸轮机构等）进行运动分析和尺度综合；进行机械动力分析. 其目的如下.

(1) 使学生初步了解机械设计的全过程，训练其根据功能需要拟定机械运动方案，具备初步的机构选型、组合和确定运动方案的能力.

(2) 以机械系统运动方案设计为结合点，将机械原理课程各章的理论和方法融会贯通，使学生进一步巩固和加深理解所学的理论知识.

(3) 使学生掌握机械运动方案设计的内容、方法、步骤，并对动力分析与设计有一个较完整的概念.

(4) 提高学生机械设计中的计算及绘图能力.

(5) 通过编写设计说明书，培养学生的表达、归纳及总结能力.

(6) 培养学生综合运用所学知识，理论联系实际，独立思考与分析问题的能力和创新能力.

1.1.2 机械原理课程设计的意义

随着科学技术和工业生产的飞速发展，机械产品种类日益增多，如各种仪器仪表、轻工机械、纺织机械、包装机械、金属加工机床、石油化工机械、交通运输机械以及家用电器、儿童玩具、办公自动化设备等. 各种现代化机械设备实现生产和操作过程的自动化程度愈来愈高. 因此，机械产品设计的首要任务是进行机械运动方案的设计和构思、各种传动机构和执行机构的选用和创新设计.

21世纪是全球化的知识经济时代,产品的竞争将越来越激烈.人类将更多地依靠知识创新、技术创新及知识和技术的创新应用,没有创新能力的国家不仅将失去在国际市场上的竞争力,也将失去知识经济带来的机遇.产品的生命是创新,创新来自设计,设计中的创新需要创造性思维,没有创造性的构思,就没有产品的创新,没有创新的产品就不具有市场竞争力和生命力.而机械产品创新设计成功的关键是机械系统的运动方案设计.因此,通过机械原理课程设计加强对机械类学生机构选型、机械系统运动方案设计和创新设计能力的培养具有重要意义.

1.2 机械原理课程设计的内容与方法

1.2.1 机械原理课程设计的内容

1. 机械运动方案设计

机械运动方案设计的主要任务是完成一个简单机械的总体运动方案设计.首先进行机构的型综合,即正确地选定机构类型.其次,要求学生从各个常用机构中选择2~3种(或部分创新)适合的机构,并进行合理的组合,以实现所需的运动.

2. 确定总体尺寸

按照传动比及其他设计要求,确定简单机械的总体尺寸,计算各级传动比,给出各执行机构与传动机构的初选尺寸.

3. 绘制运动简图和循环图

绘制机械系统运动简图,编制机械运动循环图.

4. 运动设计

对所选用的2~3种常用机构(平面连杆机构、凸轮机构、齿轮机构)进行运动设计,即具体机构的尺度综合,求出机构的主要尺寸,绘制凸轮机构设计图.

5. 运动分析和动力分析

据此对上述机构进行运动分析,绘制平面连杆机构运动线图,或进一步进行动力分析,绘制机械系统动力分析图.

6. 编写说明书

编写3 000字左右的设计计算说明书.

7. 绘制零件图样

绘制凸轮零件图样,用二维或三维动画验证机构运动设计的合理性.

1.2.2 机械原理课程设计的方法

机械原理课程设计的方法可分为三大类,即图解法、解析法和实验法.

1. 图解法

图解法是运用某些几何关系式或已知条件等,通过几何作图求得结果,所需尺寸可直接从图上量取(必需严格按比例作图).其优点是可以将分析和设计结果清晰地表现在图样上,直观形象,便于检查结果正确与否.其缺点是作图烦琐,精度不高,因此对于精度要求比较高或较复杂的设计问题,该方法将无能为力.

2. 解析法

解析法是以机构参数来表达各构件间的函数关系,建立机构的位置方程或机构的封闭环路方程,求解未知量.该方法可借助计算机以避免工作量大且人工重复计算,迅速获得计算结果,计算精度较高,能解决较复杂的问题.随着计算机技术的迅速发展,这种方法正逐步得到广泛应用.

3. 实验法

实验法是通过搭建模型、计算机动态演示与仿真、CAD/CAM 等,使设计的机械产品、机构、零件得以实现,不仅验证设计的效果,还培养学生的创新意识和动手能力.

图解法、解析法及实验法各有优缺点,互为补充.在满足机械设计精确度要求的前提下,应择简而用或并用,使设计工作做到又快又好.工程实际要求机械设计人员应熟练地掌握这三种方法,在机械原理课程设计中提倡图解法与解析法并用,有条件的可以用实验法辅助.

1.2.3 机械设计的一般进程

无论何种机械产品,其设计进程大致都经过以下四个阶段.

1. 决策阶段

根据市场调查、需求分析、成本预测、可行性论证,确定所设计产品的用途、主要性能参数,编制设计任务书,明确具体的设计要求.

2. 总体方案设计阶段

根据设计任务进行功能分析,通过创新构思、优化筛选确定较理想的工作原理;对选定的工作原理进行工艺动作构思和工艺动作分解;对完成各工艺动作的执行机构进行动作协调分析,进行机构的选型、创新与组合,构思出各种可能的运动方案,并通过方案评价选择最佳方案;绘制机械运动简图及各执行机构的运动循环图;就所选择的运动方案,进行机构的运动规律设计;拟定总体方案,进行原动机、传动系统和执行系统的选择和基本参数设计;最后给出总体方案示意图(现在一般用轴测图表示).

3. 结构设计阶段

将机械系统运动简图具体转化为各零部件的合理结构及零件工作图、部件装配图和机械总装配图.具体来说,就是根据总体方案从加工工艺、装配工艺、包装运输及人机工程、造型美学、消费心理等方面出发,确定各零部件的相对位置、结构形状及连接方式;根据运动和动力设计及强度和刚度计算,选择零件材料、热处理方法和要求,确定零件尺寸、公差、精度及制造安装的技术条件等;绘制总装配图、部件装配图、零件工作图并起草设计说明书,完成全部有关技术文件.

4. 改进设计阶段

针对生产加工、样机调试、性能测试、专家鉴定及用户在使用中暴露出的各种问题或缺陷,做出相应的技术修改,使之进一步完善,从而确保产品的设计质量,并进一步提高产品的效能、可靠性、实用性和经济性,使产品更具竞争力和生命力.

经过上述四个阶段,机械设计任务初步完成.由于机械原理课程研究的范畴所限,机械原理课程设计着重在第二阶段,即机械运动方案、运动简图的设计,学生在该阶段得到初步训练.

第2章 机械系统运动方案设计

2.1 机械系统运动方案的构思

在通常情况下,机械不只由某一个简单机构所组成,而是由多种机构组成,这些机构彼此协调配合以实现该机械的特定任务.如图2-1(a)所示为自动传送装置,包含带传动机构、蜗轮蜗杆机构、凸轮机构和连杆机构等.当电动机转动通过上述各机构的传动而使滑杆左移时,滑杆夹持器的动爪和定爪将工件夹住,而当滑杆带着工件向右移动到一定位置时[图2-1(b)],夹持器的动爪受挡块的压迫将工件松开,于是工件落于载送器中被送到下道工序.又如图2-2所示的铆钉自动冷镦机(其中电动机及其带动曲柄转动的传动部分未示出),其任务是生产铆钉.金属丝料经过校直机构(带槽滚轮)、送料机构(滚轮及连杆机构)到达定模座,然后由切料和转送机构(移动凸轮机构)将料切断并送到另一位置,接着由镦锻机构(曲柄滑块机构)的主滑块镦出铆钉头,最后起模机构(铰链四杆机构)将铆钉从定模座中推出.

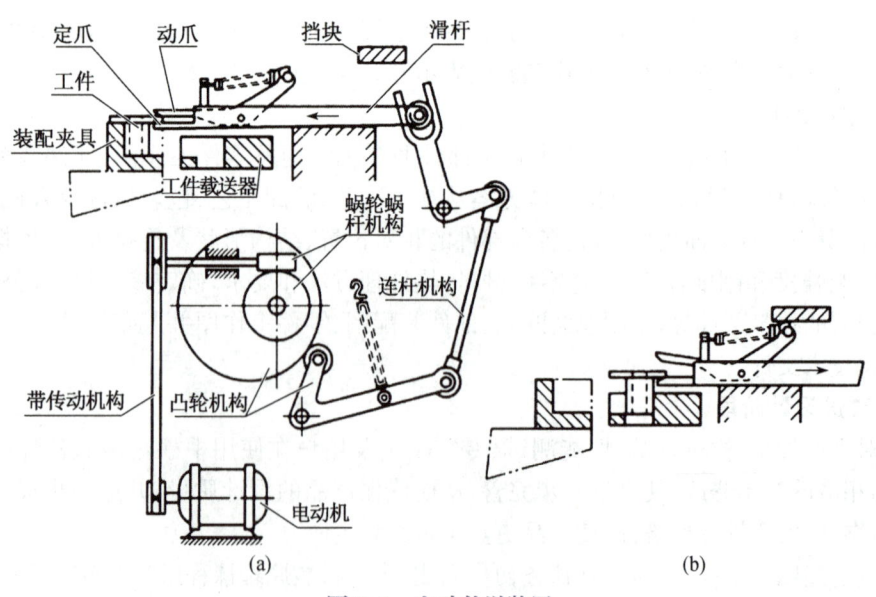

图 2-1 自动传送装置

设计新机械时,完整的设计过程包括运动设计、动力设计和强度结构设计.首要的问题是运动设计,或称运动方案设计,它一般根据机械的用途确定机械所要求的动作、运动变换形式及运动规律等,选用常用机构或设计新的机构以实现其运动要求;选定原动件;用传动机构把原动件和执行机构联系起来;确定原动件、执行机构与传动机构的参数.

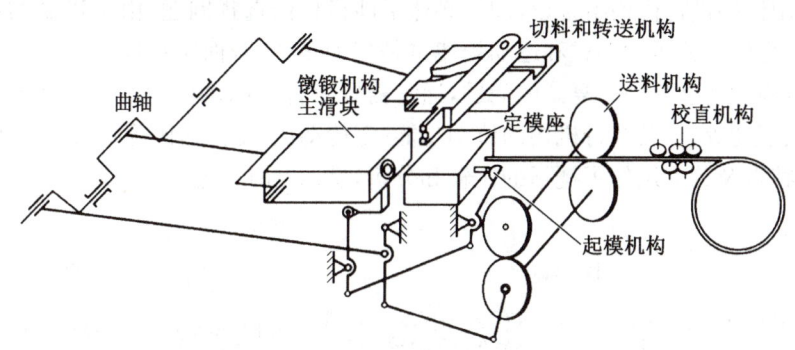

图 2-2　铆钉自动冷镦机

运动方案设计的优劣将直接影响机械的使用效果、结构的繁简程度、产品的成本高低等.运动方案设计步骤如图 2-3 所示.

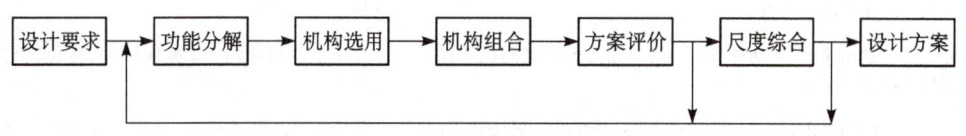

图 2-3　运动方案设计步骤

1. 功能分解

将给出的复杂运动要求以及外部约束条件分解成基本运动、动作及其限制条件.

2. 机构选用

选定完成这些运动或实现一定功能的相应的常用机构.

3. 机构组合

合成各个基本运动,得到不同的合成方案,再按照合成方案,根据不同的组合方式得到若干种机械运动的设计方案.

4. 方案评价

对这些方案进行性能分析与评价,以选择一到两种较为满意的方案.

5. 尺度综合

对初选的方案进行机构设计,确定其运动学参数.

在实际设计过程中,上述各步骤往往是平行、交叉或反馈进行的.

2.2　常用机构的选型

机械运动方案的设计思路大致有两类:一类是发明、设计新的机构;另一类是选用常用机构,并将它们按某种方式组合起来.本节介绍第二类设计思路.

常用机构既包括简单机构，如普通形式的齿轮机构、凸轮机构、连杆机构及槽轮机构、棘轮机构等，也包括组合机构，如齿轮连杆机构、凸轮连杆机构等. 常用机构在技术上较成熟，应用范围较广，人们对其性能与优缺点较了解，在设计与制造上较有经验. 优先选用常用机构，有利于提高设计的可靠性.

选用常用机构进行机构组合设计时，必然牵涉机构的选择问题. 由于机械的功能是千差万别的，其执行机构的运动形式和运动规律也是多种多样的，而实现同一功能的机构又有许多种，所以机构的选型是一个复杂的问题，通常需要综合考虑执行构件的运动形式（回转、单向间歇运动、摆动等）以及执行机构的传动功能（定传动比、变传动比等）. 表 2-1 和表 2-2 对常用机构的特点及其应用作了概括的比较和分析，供选型时参考.

表 2-1　变传动比常用机构的特点及其应用

类　型	特　点	应　用
连杆机构	结构简单，制造容易，工作可靠，传动距离较远，传递载荷较大，可实现急回运动规律，但不易获得匀速运动或其他任意运动规律，传动不平稳，冲击与振动较大	用于从动件行程较大或承受重载的工作场合，可以实现移动、摆动等复杂运动规律或运动轨迹
凸轮机构	结构紧凑，工作可靠，调整方便，可获得任意运动规律，但动载荷较大，传动效率较低	用于从动件行程较小和载荷不大以及要求特定运动规律的场合
非圆齿轮机构	结构简单，工作可靠，从动件可实现任意转动规律，但齿轮制造较困难	用于从动件作连续转动和要求有特殊运动规律的场合
棘轮间歇机构	结构简单，从动件可获得较小角度的可调间歇转动，但传动不平稳，冲击很大	多用于进给系统，以实现送进、转位、分度、超越等
槽轮间歇机构	结构简单，从动件转位较平稳，而且可实现任意等时的单向间歇转动，但当拨盘转速较高时，动载荷较大	常用作自动转位机构，特别适用于转位角度在45°以上的低速转动
凸轮式间歇机构	结构较简单，传动平稳，动载荷较小，从动件可实现任何预期的单向间歇转动，但凸轮制造困难	适用作高速分度机构或自动转位机构
不完全齿轮机构	结构简单，制造容易，从动件可实现较大范围的单向间歇传动，但啮合开始和终止时有冲击，传动不平稳	多用作轻工机械的间歇传动机构

表 2-2　定传动比常用机构的特点及其应用

类　型	特　点	应　用
螺旋机构	传动平稳无噪声，减速比大；可实现转动与直线移动互换；滑动螺旋可做成自锁螺旋机构；工作速度一般很低，只适用于小功率传动	多用于要求微动或增力的场合，如机床夹具以及仪器、仪表；还用于将螺母的回转运动转变为螺杆的直线运动的装置
摩擦轮机构	传动平稳无噪声，有过载保护作用；轴和轴承受力较大，工作表面有滑动，而且磨损较快；高速传动时寿命较短	用于仪器及手动装置以传递回转运动
圆柱齿轮机构	载荷和速度的作用范围大，传动比恒定，外廓尺寸小，工作可靠，效率高. 制造和安装精度要求较高，精度低时传动噪声较大，无过载保护作用. 斜齿圆柱齿轮机构运动平稳，承载能力强，但在传动中会产生轴向力，使用时必须安装推力轴承或角接触轴承	广泛应用于各种传动系统，传递回转运动，实现减速或增速、变速以及转向等
齿轮齿条机构	结构简单，成本低，传动效率高，易于实现较长的运动行程. 当运动速度较高或为了提高运动平稳性时，可采用斜齿或人字齿条机构	广泛应用于各种机器的传动系统，变速操纵装置，自动机的输送、转向、进给机构以及直动与转动的运动转换装置
锥齿轮机构	用来传递两相交轴的运动，直齿锥齿轮传递的圆周速度较低，曲齿锥齿轮用于圆周速度较高的场合	用于减速、转换轴线方向以及反向的场合，如汽车、拖拉机、机床等

续 表

类 型	特 点	应 用
螺旋齿轮机构	常用于传递既不平行又不相交的两轴之间的运动,但其齿面间为点啮合,且沿齿高和齿宽方向均有滑动,容易磨损,因此只宜用于轻载传动	用于传递空间交错轴之间的运动
蜗轮蜗杆机构	传动平稳无噪声,结构紧凑,传动比大,可做成自锁蜗杆.自锁蜗杆传动的效率很低,低速传动时磨损严重,中、高速传动的蜗轮齿圈需贵重的减摩材料(如青铜),制造精度要求较高,刀具费用昂贵	用于大传动比减速装置(但功率不宜过大)、增速装置、分度机构、起重装置、微调进给装置、省力的传动装置
行星齿轮机构	传动比大,结构紧凑,工作可靠,制造和安装精度要求高,其他特点同普通齿轮传动.主要有渐开线齿轮、摆线针轮、谐波齿轮三种齿形的行星传动	常作为大速比的减速装置、增速装置、变速装置,还可实现运动的合成与分解
带传动机构	轴间距离较大,工作平稳无噪声,能缓冲吸振,摩擦式带传动有过载保护作用.结构简单,安装要求不高,外廓尺寸较大.摩擦式带传动有弹性滑动,不能用于分度系统;摩擦易起电,不宜用于易燃易爆的场合.轴和轴承受力较大,传动带寿命较短	用于传递较远距离的两轴的回转运动或动力
链传动机构	轴向距离较大,平均传动比为常数,链条元件间形成的油膜有吸振能力,对恶劣环境有较强的适应能力,工作可靠,轴上载荷较小.瞬时运转速度不均匀,高速时不如带传动平稳.链条工作时因磨损伸长后容易引起共振,一般需增设张紧和减振装置	用于传递较远距离的两轴的回转运动或动力

2.3 运动分解与功能分析

任何复杂的运动总是可以分解成一些最基本的运动.这些基本运动有直线运动、转动、摆动、连续运动、间歇、步进等.图 2-4 是推荐的基本运动图示方法.

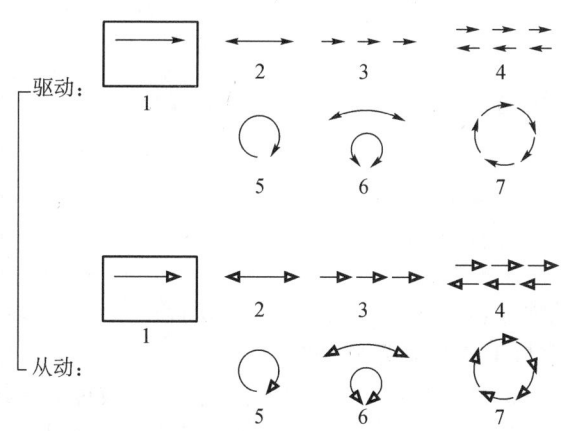

1—直线运动;2—往复运动;3—间歇运动;4—间歇往复运动;5—回转运动;6—摆动;7—间歇回转运动

图 2-4 基本运动图示方法

每一种机械都有特定的功能要求,这些功能也可以分解成若干基本功能,如传递扭矩、改变转速、储存能量等.根据功能之间的物理、数学、逻辑关系,规定了基本运动功能的表示方法及其相应符号,如图 2-5 所示.

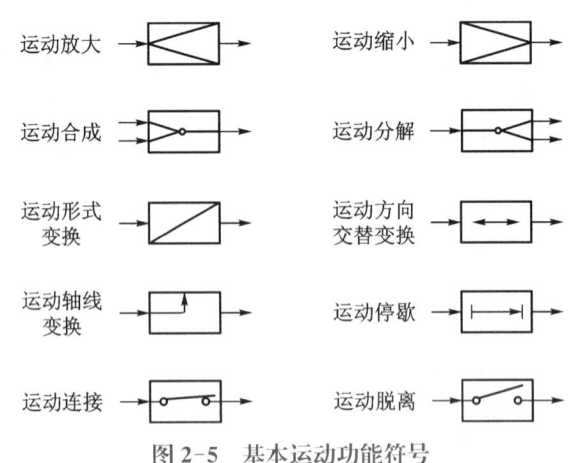

图 2-5　基本运动功能符号

图中符号只描述了基本运动功能.其实,当输入量与输出量为其他物理量时,这些符号同样也是适用的.例如,"运动形式变换"符号既可以表示运动形式的变换(如转动变为移动),也可以表示能量变换(如电能转换成机械能).

进行运动方案设计的第一阶段,必须仔细地研究工艺过程提出的动作要求,把复杂的运动分解成若干基本运动,并提出该机械总功能下的各项基本功能要求.这项工作通常称为功能分析.功能分析的一般办法是将总功能逐级分解为子功能、二级子功能等,其末端是基本功能,然后找出相应的基本运动.表 2-3 是图 2-2 铆钉自动冷镦机的功能分析示例.

表 2-3　　　　　　　　　　　铆钉自动冷镦机的功能分析

总功能	子功能	基本功能	执行件基本运动
冷镦成形 (盘料 → 铆钉)	送料校直	夹持原料 盘料校直为棒料 间歇移送棒料	单向直线停歇运动
	切料转送	断切棒料 将截料定时送到冷镦工位	停歇—等速直线运动 停歇—急回直线运动
	冷镦成形		往复直线急回运动
	起模(顶料)		往复直线停歇运动

进行运动分解与功能分析时,应注意以下两方面问题.

1. 机械的传动方案与工作原理密切相关

同一种工作可根据不同的工作原理来实现.因此,在机械传动系统运动方案设计时,首先应对工艺方法与动作进行认真的分析,只有在掌握工艺动作具体要求的基础上,才能着手拟定传动方案.

以螺栓的螺纹加工为例.传统的办法是在车床上几次走刀切削而成,如图 2-6(a)所示.如果按这种工艺方法设计一台切制某种规格螺纹的专用设备,其结构虽比普通车床简单,但仍需有工件装夹和旋转,刀架的纵、横向工进与快进等动作,结果其结构与普通车床类似而工效提高不多.按复合运动原理设计的搓丝机[图 2-6(b)],依靠动搓丝板和送料板的往复运动,使机构大大简化,生产率、工件质量和材料利用率有所提高.对辊式搓丝机[图 2-6(c)],

则把往复运动改成单向旋转运动,不但省去了往复式搓丝机的空回程,提高了生产率,而且缩小了机械的体积. 根据行星机构原理制成的行星搓丝机[图2-6(d)],使工艺动作进一步简化,成倍地提高了生产率.

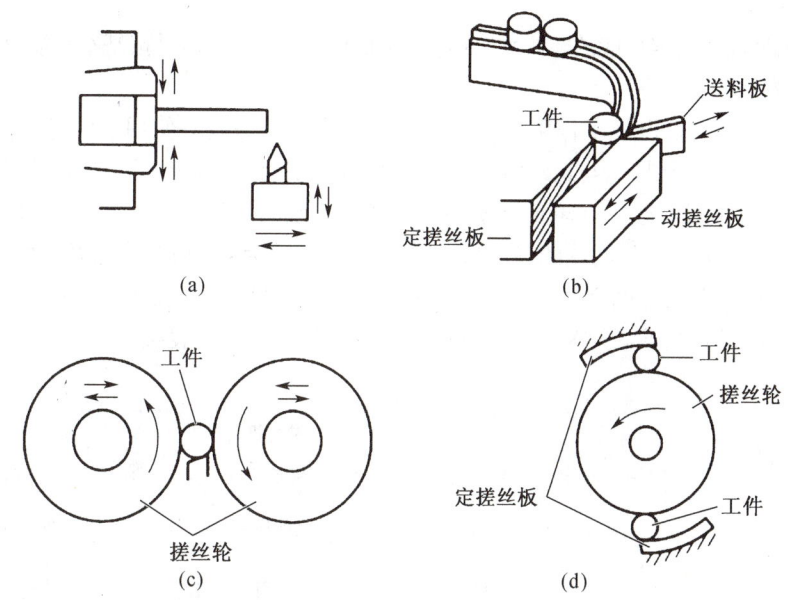

图 2-6　螺纹加工的传动方案

再以缝纫机为例. 手工操作用的缝针针孔在针尾. 在发明缝纫机时,开始也是把针孔安排在针尾,结果屡遭失败. 后来把针孔改在针尖,这样缝纫时缝针不需要穿透布料,只要一上一下地动作,并借助摆梭装置就实现了缝纫机械化. 这些都说明对工艺方法和工艺动作的分析是设计机械的前提.

2. 将设计问题抽象化

所谓设计问题抽象化,是指在进行运动和功能分析时,要暂时摒弃那些非本质与枝节的问题,突出设计的主要矛盾与基本要求,从而清晰地掌握所设计的机械产品的基本功能与主要的约束条件.

以洗衣机的方案构思为例. 如果采用人手搓洗布料的方式设计洗衣机,它将是包括勾爪、臂、四杆机构的机械手,机构相当复杂. 但当把设计任务抽象成设计一种除掉衣料上污垢的装置时,就大大开拓了设计思路,可以用机械、物理、化学等多种方法实现. 现在通用的洗衣机采用水流与布料相对运动的原理,仅要求机械部分实现往复回转即可.

2.4　应用设计目录进行方案设计

设计一种机械时,实现总功能要求是根本目的,而具体的运动设计方案却可能有很多种. 也就是说,对于同一运动功能的机械而言,它可以由不同的传动原理、不同的基本机构及不同的组合方式来实现. 为使设计过程科学化、程序化,并帮助设计人员迅速获得准确、丰富的信息,应编制不同的设计目录. 这些设计目录一般可分为以下三类.

1. 对象目录

对象目录主要提供原始数据，如材料的物理与工艺性能，型材的断面尺寸、质量，规则物体的表面积、体积、重心位置、转动惯量，构件数一定的平面运动链等.

2. 解法目录

解法目录是针对给定功能的解决方案或技术物理效应的排列表，是按基本功能分类排列的.

3. 工作方法目录

工作方法目录包括设计工作中行之有效的一些通用方法及其使用条件等.

在上述三种设计目录中，与运动方案设计关系最为密切的是解法目录. 由于国内外情况与应用范围不同，我国目前还没有建立完整的、系统的、权威的设计目录. 读者可以自己动手有针对性地编制适用于某类设计问题的设计目录. 编制方法通常是：以基本功能为纵列，横行则列出实现该种功能的所有相应的常用机构，这样便形成了设计目录，见表 2-4. 有时还用设计矩阵的概念来描述该设计目录，设整个设计矩阵为 **A**，元素为 n，以代表某一个具体的机构.

表 2-4 设计目录

基本功能	常用机构		
	凸轮机构	螺旋机构	连杆机构
	摆动从动件盘形凸轮机构 a_{11}	螺旋机构 a_{12}	曲柄滑块机构 a_{13}
	凸轮增大行程机构 a_{21}	螺旋机构 a_{22}	杠杆机构 a_{23}
	直动从动件盘形凸轮机构 a_{31}	蜗轮蜗杆机构 a_{32}	曲柄滑块机构 a_{33}
	圆柱凸轮机构 a_{41}	往复螺旋槽圆柱凸轮机构 a_{42}	曲柄摇杆机构 a_{43}

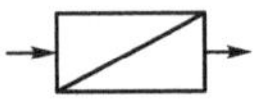

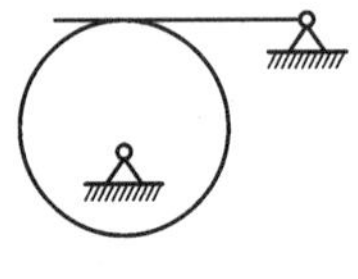

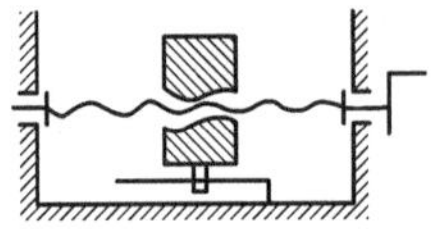

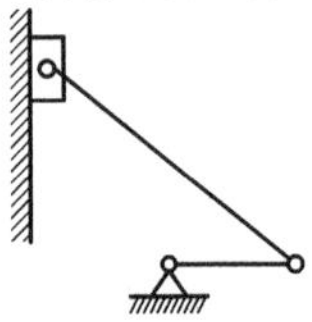

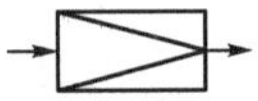

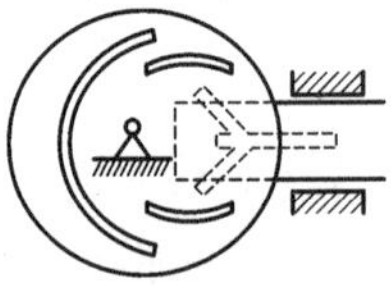

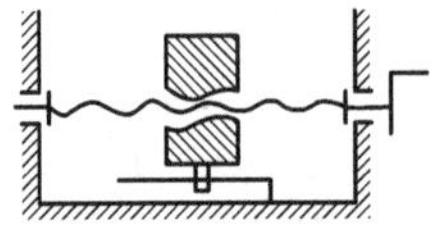

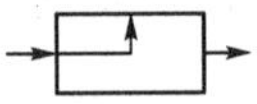

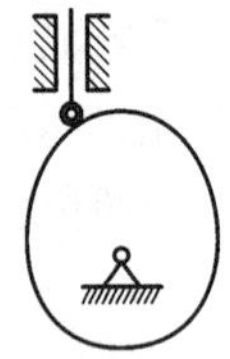

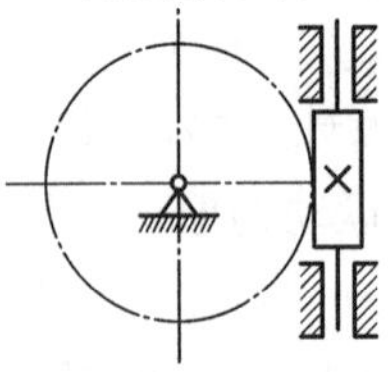

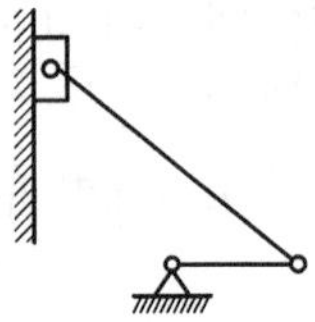

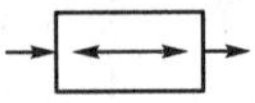

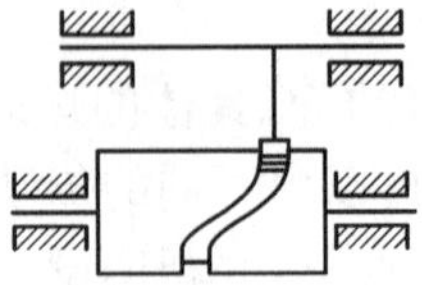

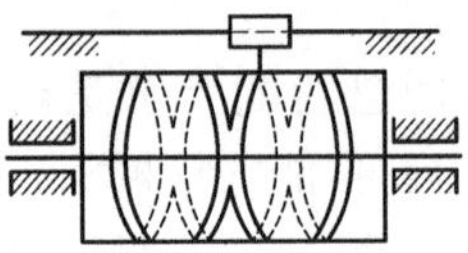

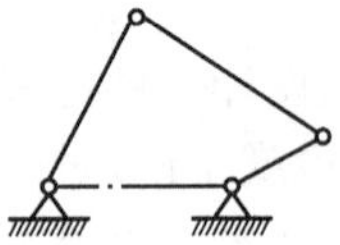

续 表

基本功能	常用机构		
	凸轮机构	螺旋机构	连杆机构
	圆柱凸轮机构 a_{51}	凸轮螺杆机构 a_{52}	利用连杆轨迹的直线段实现停歇运动的六杆机构 a_{53}

基本功能	常用机构		
	齿轮机构	挠性件机构	其他机构
	齿轮齿条机构 a_{14}	链条摆动倾斜机构 a_{15}	棘轮机构 a_{16}
	外啮合圆柱齿轮传动机构 a_{24}	带轮减速机构 a_{25}	滚轮机构 a_{26}
	锥齿轮机构 a_{34}	平带传动机构 a_{35}	双曲面滚轮机构 a_{36}
	不完全齿轮往复移动机构 a_{44}	具有往复运动的链条机构 a_{45}	齿轮曲柄滑块机构 a_{46}

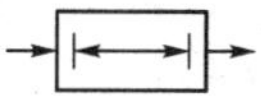

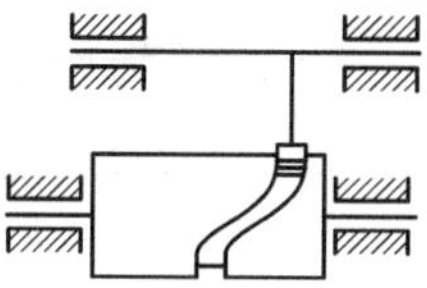

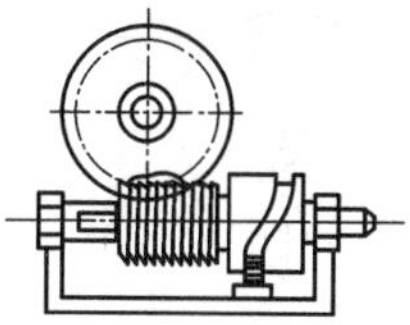

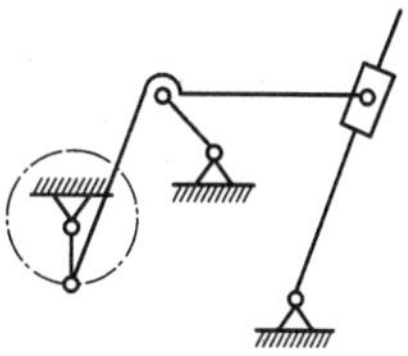

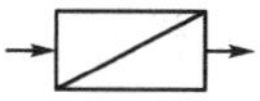

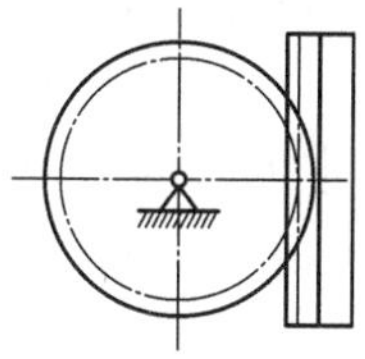

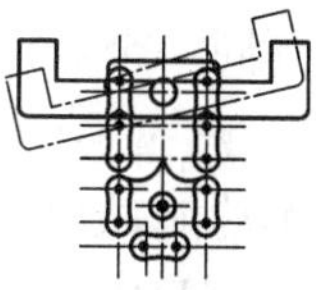

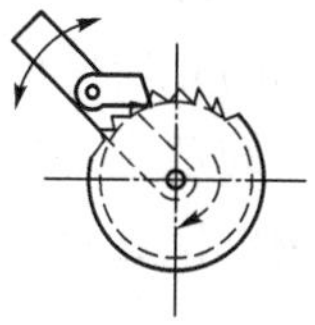

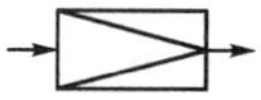

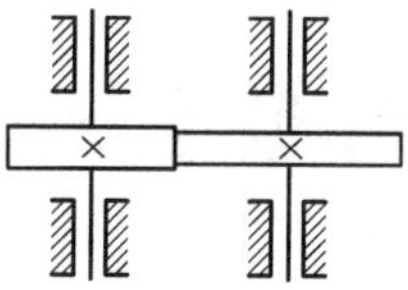

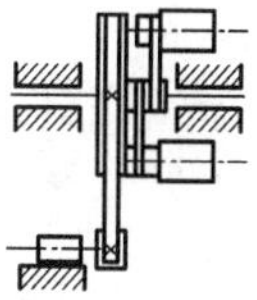

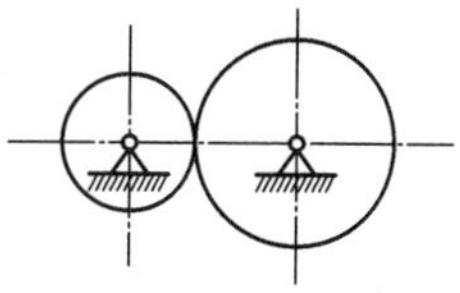

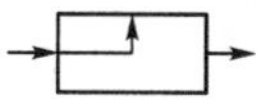

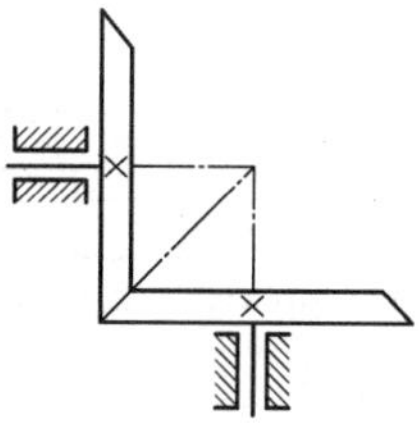

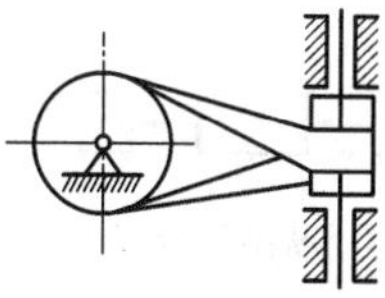

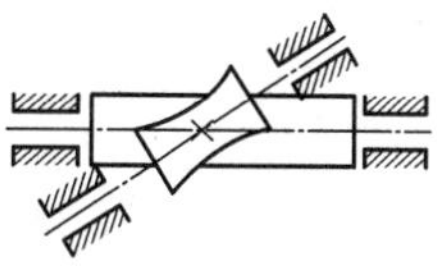

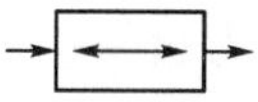

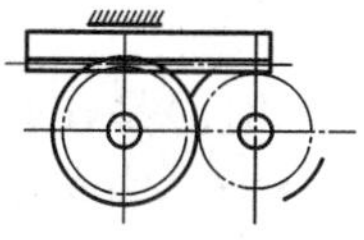

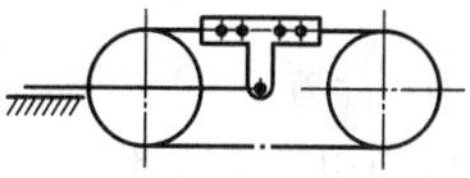

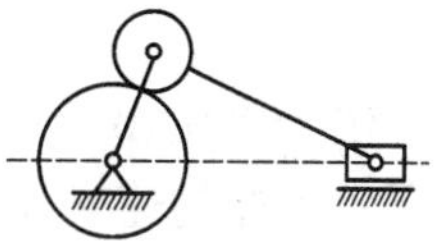

续表

基本功能	常用机构		
	齿轮机构	挠性件机构	其他机构
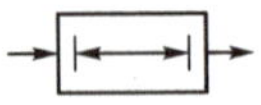 ←□→	不完全齿轮机构 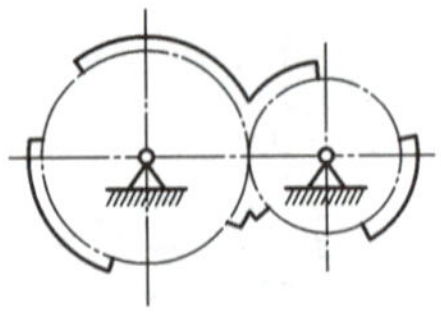 a_{54}	具有中间停歇的链条机构 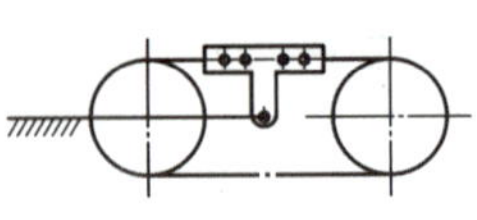 a_{55}	外槽轮机构 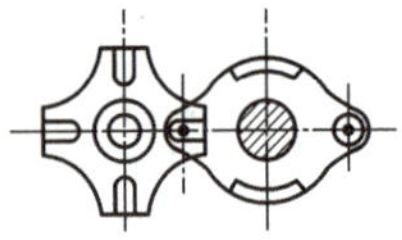 a_{56}

从表 2-4 可以看出两个特点：一方面，同一种基本功能往往能由几种不同的常用机构来实现；另一方面，每种常用机构又常兼有几种基本功能. 这就为设计者提供了方案构思的广阔空间. 充分利用这两个特点，可以得到各种设计巧妙、简单适用的运动方案.

还应注意到，针对某项给定的复杂运动所分解出的若干项基本动作与功能，可以采用各种不同的先后排列顺序来达到同一个设计总功能要求. 当设计目录为 m 行 n 列矩阵时，将图中纵列的基本功能变更排列顺序，可得到 $m!$ 种基本动作的排列方式，而每一横行中又有 n 种机构可供选择以实现该基本功能，据此便可演化出千变万化的设计方案.

表 2-4 给出的设计目录示例只限于机械运动的范围，没有把流体机构、电气元件等考虑进去，更没有涉及诸如电、磁、热、光子等技术物理效应. 读者可在此基础上自行扩展，编制相应的设计目录.

2.5 机构的组合

在设计目录的每一行基本功能项目中选出一个常用机构，按基本功能顺序排列后，所得到的设计方案不一定是唯一的. 这是因为这些机构还可按不同的组合方式合成不同形式的机械. 基本的机构组合方式如图 2-7 所示. 当组合方式确定之后，机械设计方案随之形成.

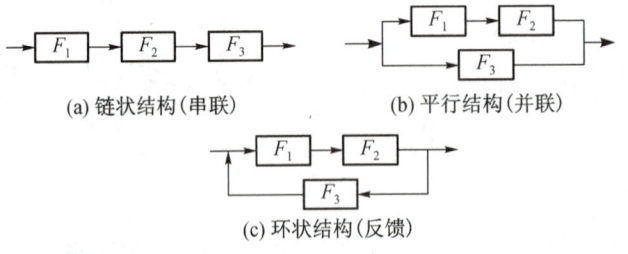

图 2-7 基本的机构组合方式

图 2-8 给出了这三种组合方式的方案示例. 图 2-8(a)是在普通六杆压力机机构之前串联了一个非匀速转动机构，用以改变滑块运动的速度特性. 图 2-8(b)是并联机构，主动不完全圆柱齿轮 1 交替与从动齿轮 2 和从动齿条 3 啮合，使它们往复运动. 图 2-8(c)是一种齿轮加工机床的误差校正机构，当输入运动由蜗杆 1 传至蜗轮 2 并输出时，凸轮机构 3 和 4 同时

将输出运动反馈到蜗杆 1，从而起到补偿转角误差的作用.

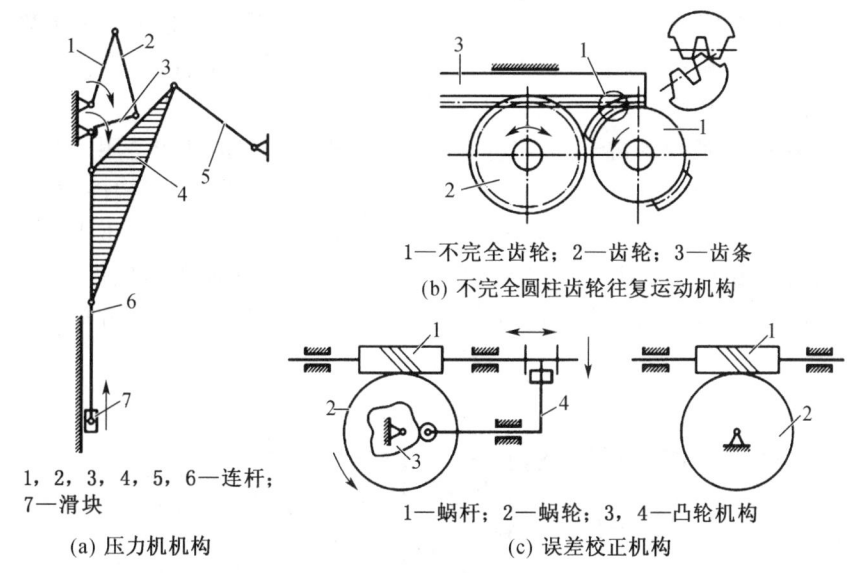

1，2，3，4，5，6—连杆；
7—滑块

(a) 压力机机构

1—不完全齿轮；2—齿轮；3—齿条
(b) 不完全圆柱齿轮往复运动机构

1—蜗杆；2—蜗轮；3，4—凸轮机构
(c) 误差校正机构

图 2-8　三种组合方式的方案示例

2.6　机械运动协调设计及机械运动循环图的编制

2.6.1　各执行构件间的协调配合

在某些机械中，各执行构件的运动是彼此独立的，因此在设计时可不考虑其运动的协调配合问题. 例如，在如图 2-9 所示的外圆磨床中，砂轮和工件都作连续回转运动，同时工件作纵向往复运动，砂轮架带着砂轮作横向进给运动，这几个运动相互独立，各执行构件既不需要保持严格的速比关系，也不存在动作上的严格协调配合问题. 这种情况下，为了简化运动链，可分别为每一种运动设计一个独立的运动链，由单独的原动机驱动.

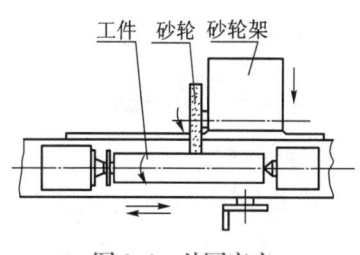

图 2-9　外圆磨床

在另一些机械中，各执行构件的运动之间必须保证严格的协调配合，才能实现机械的功能. 在运动方案拟定中，还必须考虑机械各执行机构运动的协调配合关系. 根据协调配合性质的不同，又可以分为如下两种情况.

1. 各执行构件间运动速度的协调配合

有些机械要求各运动执行构件的运动之间必须保持严格的速度关系. 例如，按展成法加工齿轮时，刀具和工件的展成运动必须保持某一恒定的传动比. 又如，在车床上车制螺纹时，主轴的转速和刀架的走刀速度也必须保持严格的恒定速度关系. 为了保证各执行构件的速比关系，各相关运动链通常要用同一台原动机来驱动. 设计这类传动系统时，在确定执行构件和原动机的运动参数以后，还需根据运动速度协调的要求进行必要的计算与调整.

2. 各执行构件间动作的协调配合

有些机械要求各执行构件在运动时间的先后上和运动位置的安排上必须准确而协调地相互配合.例如在牛头刨床中,刨刀和工作台的动作就必须协调配合,工作台的进给运动应在非切削时间内进行,切削时间内工作台则应静止不动.

又如在如图 2-10 所示的饼干包装盒折边机构中,构件 1 和构件 4 是用以折叠包装纸的侧边的两个执行构件.因两执行构件的轨迹是相交的,故在安排两执行构件的运动时,不仅要注意时间上的协调,还要注意空间位置上的协调,以避免两执行构件发生干涉.由图可见,两执行构件的轨迹相交于点 M,如设执行构件 1 先动作,则为了避免两执行构件发生干涉,必须在构件 1 向左摆回离开点 M 以后,构件 4 才能向左摆动进入点 M 以左的区域.

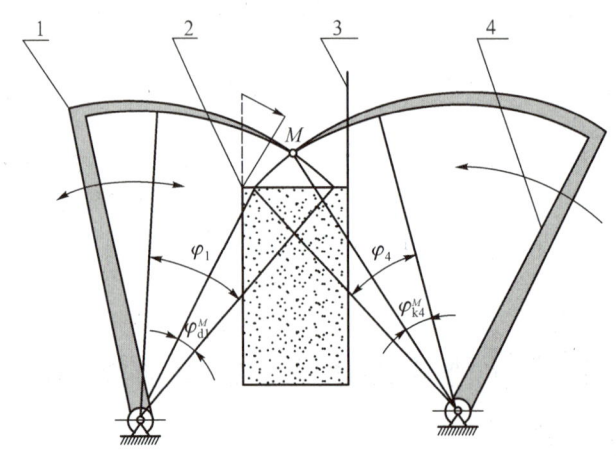

1—左折边机构;2—饼干;3—包装盒;4—右折边机构

图 2-10 饼干包装盒折边机构

此外,有时一个执行构件需要完成一个以上的动作,这些动作之间也需协调配合.

2.6.2 机械的运动循环图

如上所述,某些机械的各执行构件之间在动作上必须协调配合.如果协调配合关系遭到破坏,机械不仅不能完成预期的工作任务,甚至还会损坏机械设备.为了保证机械在工作时各执行构件间动作能协调配合,在设计机械时应编制用以表明在机械的一个工作循环中各执行构件运动配合关系的运动循环图(又称工作循环图).在编制运动循环图时,要从机械中选择一个构件作为定标构件,用它的运动位置(转角位移或时间)作为确定其他执行构件运动先后次序的基准.运动循环图通常有如下三种形式.

1. 表格式运动循环图

如图 2-11 所示为牛头刨床的运动循环图.它以牛头刨床主体机构——曲柄导杆机构中的曲柄为定标构件,以曲柄的转角为横坐标,安排了刨头和工作台运动的起讫时间.曲柄每转一周为一个工作循环.由图可以看出,工作台的进给过程是在刨头的空回行程中完成的.

刨头	工作行程	空回行程
工作台	停 止	进给

曲柄转角 φ 0°　　　90°　　180°　　270°　　360°

图 2-11 表格式运动循环图

2. 圆周式运动循环图

如图 2-12 所示为单缸四冲程内燃机的运动循环图. 它以曲轴作为定标构件, 曲轴每转 2 周为一个运动循环.

上述两种运动循环图, 只表示了各执行构件动作的先后次序和动作持续时间的长短, 而不能显示各执行构件在工作时间内的运动规律和各执行构件在位置上的协调配合关系.

3. 直角坐标式运动循环图

如图 2-13 所示为前述饼干包装盒折边机构的运动循环图, 图中横坐标表示机械分配轴(定标构件)运动的转角, 纵坐标表示执行构件的转角. 此图不仅能表示两执行构件动作的先后, 而且能表示两执行构件的工作行程和空回行程的运动规律以及它们在运动上的配合关系, 是一种比较完善的运动循环图.

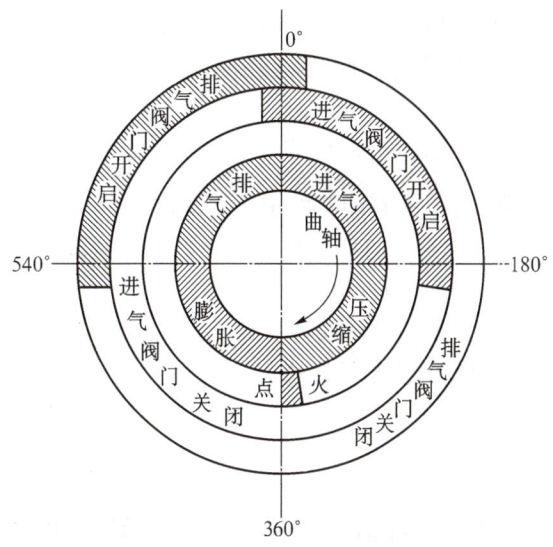

图 2-12 圆周式运动循环图

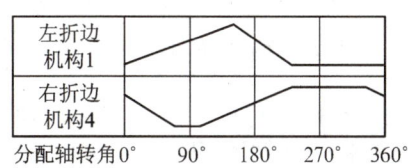

图 2-13 直角坐标式运动循环图

2.6.3 运动循环图的设计

合理地设计运动循环图, 是机械传动系统进一步设计的重要依据. 对于具有多个执行机构的机械而言, 除了编制执行机构的运动循环图以外, 往往还需设计机械系统的运动循环图. 它将保证各执行机构协调动作, 即运动的同步化. 机械系统各执行机构的运动循环图设计包括以下两方面内容.

1. 运动循环的时间同步化

各执行机构的运动循环只具有时间上的顺序关系, 而无空间上的相互干涉关系. 这些执行机构的运动循环之间的联系, 称为运动循环的时间同步化.

2. 运动循环的空间同步化

各执行机构的运动循环既有时间上的顺序关系, 又有空间上的相互干涉关系. 这些执行机构的运动循环之间的联系, 称为运动循环的空间同步化.

2.6.4 运动循环的设计案例

下面分别以自动打印机与饼干包装盒折边机构的运动循环设计为例予以说明.

1. 执行机构运动循环的时间同步化设计(自动打印机的时间同步化设计)

如图 2-14 所示为自动打印机运动循环的时间同步化设计示意图. 送料器 1 首先将产品 2 送至打印工位, 然后由打印头 3 对产品进行打印. 由此可知, 送料器 1 和打印头 3 对产品进行顺序作业, 故它们只具有时间上的顺序关系, 而无空间上的相互干涉, 因此只需进行时间同步化设计. 其步骤如下.

(1) 作出各执行机构的运动循环图. 根据打印工艺要求, 打印头的运动循环为

$$T_P = t_k + t_{ok} + t_d + t_o$$

式中 t_k——打印头的前进运动时间;
  t_{ok}——打印头在产品上的停留时间;
  t_d——打印头退回时间;
  t_o——打印头停歇时间.

相应的分配轴转角为

$$360° = \varphi_k + \varphi_{ok} + \varphi_d + \varphi_o$$

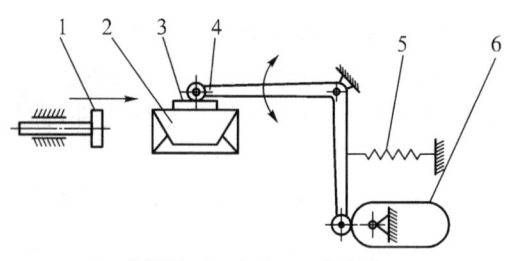

1—送料器; 2—产品; 3—打印头;
4—杠杆; 5—弹簧; 6—凸轮

图 2-14 自动打印机运动循环的时间同步化设计

为满足自动打印机在每班时间 T 内生产 A 件产品的要求, 即生产率 $Q = \dfrac{A}{60T}$ (件/min), 由于分配轴每转一周完成一个产品的打印, 所以取打印机分配轴转速 $n \geqslant Q$(r/min), 则运动循环 $T_P = \dfrac{1}{n}$(min) $= \dfrac{60}{n}$(s). 将 T_p 合理分配给 t_k, t_{ok}, t_d, t_o 后, 相应的分配轴转角分别为 φ_k, φ_{ok}, φ_d 和 φ_o, 由此绘制打印头的运动循环图[图 2-15(a)]. 同样步骤可绘制送料器运动循环图[图 2-15(b)].

(2) 确定机械运动循环 $T_{\max}$ 和 $T_{\min}$ 值. 图 2-16 是该机的最大运动循环 $T_{\max} = T_{p1} + T_{p2}$, 它机械地将两个执行机构的工作循环图合在一起, 显然是不经济的.

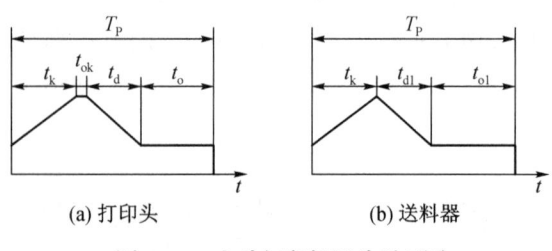

(a) 打印头 (b) 送料器

图 2-15 自动打印机运动循环图

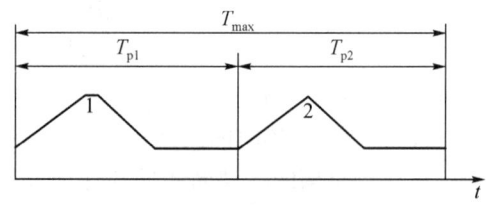

图 2-16 最大运动循环 $T_{\max}$

图 2-17 为最小运动循环 $T_{\min} = T_{p1} = T_{p2}$, 当送料器把产品送到打印工位时, 打印头正好压在产品上, 即点 1 与点 2 在时间上重合. 这种循环图在时间和顺序上基本满足设计要求, 但由于实际的执行机构存在运动规律误差、运动副间隙、受力元件变形以及自动机调整误差等原因, 不可能保证点 1 和点 2 完全重合, 这就会影响产品加工质量和自动机的正常工作.

(3) 确定合理的运动循环 T. 合理的运动循环 T 应使点 2 超前点 1 约 Δt, 与 Δt 相对应的分配轴转角一般取 $\Delta \varphi \geqslant 5° \sim 10°$. 图 2-18 是经过时间同步化设计的、合理的自动打印机的运动循环图.

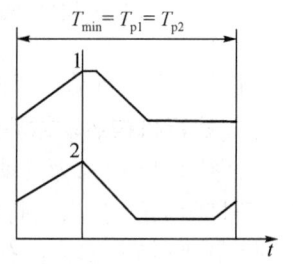

图 2-17 最小运动循环 $T_{\min}$

2. 执行机构运动循环的空间同步化设计(饼干包装盒折边机构的空间同步化设计)

(1) 设计各执行机构的运动循环图. 对于如图 2-10 所示饼干包装盒折边机构,根据其包装工艺的要求,设计两执行机构的运动循环图. 图 2-19(a)是左折边机构运动循环图,在时间上它先于右折边机构的动作. 图 2-19(b)是右折边机构运动循环图.

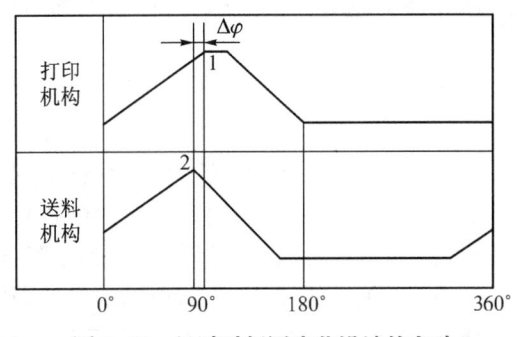

图 2-18 经过时间同步化设计的自动打印机运动循环图

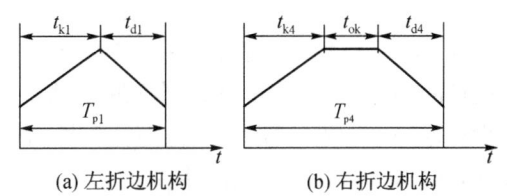

图 2-19 饼干包装盒折边机构运动循环图

(2) 绘制执行构件的位移曲线图. 两执行构件 1 和 4 都作摆动,摆角是时间 t 的函数,可作出它们的位移曲线图. 图 2-20(a),(b)分别是执行构件 1 和 2 的位移曲线. 在图 2-10 中看到,构件 1 的摆角为 φ_1,干涉点 M 的相对位置角为 φ_{d1}^M;构件 4 的摆角为 φ_4,干涉点 M 的相对位置角为 φ_{k4}^M. 由此在图 2-20(a)中找到点 M_1,在图 2-20(b)中找到点 M_4.

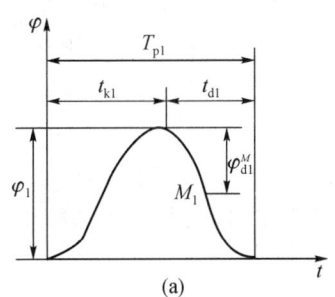 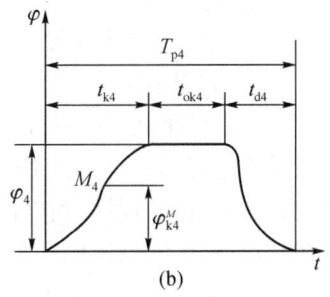

图 2-20 饼干包装盒折边机构执行构件的位移曲线

(3) 执行机构运动循环的空间同步化设计. 若将如图 2-20 所示两执行构件 1 和 4 的位移曲线以点肘和 M 相重合,则得两折边机构的运动循环在干涉点肘的极限状态(即图 2-21 虚线位置). 考虑到工作行程与空行程重合原则,须使执行构件 4 的位移曲线改变为如图 2-21 所示实线的情况.

同样,考虑到机构运转时的实际情况,适当地确定错位量 Δt,从而得到合理的空间同步化的执行机构运动循环图,再将它转换成分配轴的转角,即得到如图 2-13 所示运动循环图.

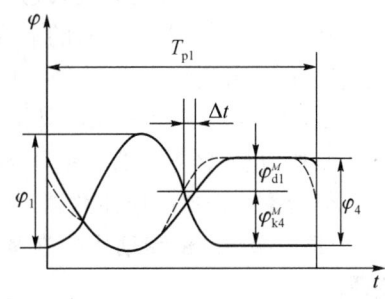

图 2-21 饼干包装盒折边机构执行机构运动循环的空间同步化

2.7 机械系统运动方案的评价

利用设计目录可以得到多个不同的设计方案,因此要对这些方案进行评价,以筛选出符合设计要求的最佳方案,一般可以考虑下列因素.

2.7.1 运动链的长短

任何一部机械,在满足同一生产要求时,应力求简单,由主动(输入)件到从动(输出)执行构件间的运动链要短.完成同样的运动要求,应采用构件数目和运动副数目较少的机构.减少构件和运动副的数目,可以简化机械的构造,降低制造费用,减轻机械质量,有利于降低成本,提高传动效率;可以减少由于各个零件制造误差而形成的运动链的运动累积误差,从而提高零件加工的工艺性和工作可靠性,提高传动精度.因此,在选型时有时宁可采用具有较小设计误差但结构简单的近似机构,也不采用理论上没有误差但结构复杂的机构.此外,减少构件数目还有利于提高传动系统刚性.

2.7.2 机构的排列顺序

一般说来,在机构的排列顺序上有如下一些规律.转变运动形式的机构(如凸轮机构、连杆机构、螺旋机构等)通常安排在运动链的末端(低速级),与执行构件靠近以简化运动链.链传动也宜布置在低速级,可使其产生的振动、噪声小些.而带传动等摩擦传动在传递同样转矩的条件下,与其他传动比较,其外廓尺寸要大得多.这些机构一般安排在运动链的起始端(高速级),以充分发挥其过载保护作用且减小传动尺寸.由于大尺寸的锥齿轮制造比较困难,为了减小其尺寸,通常也将其安排在高速级.

若运动链中既有齿轮传动又有蜗轮蜗杆传动,以传递动力为主时,应将蜗轮蜗杆机构布置在高速级,齿轮机构布置在低速级;当以传递运动为主时,尤其是传动精度要求较高时,宜将齿轮机构布置在高速级,蜗轮蜗杆机构布置在低速级.

2.7.3 传动比的分配

如图 2-22 所示传动方案,改进后增加了每级的减速比,在保证曲柄转速的前提下,由原来六级电动机改用四级电动机(使电动机转速由 975 r/min 增加到 1 460 r/min,外形尺寸减小),简化了结构,也减轻了机器的重量.

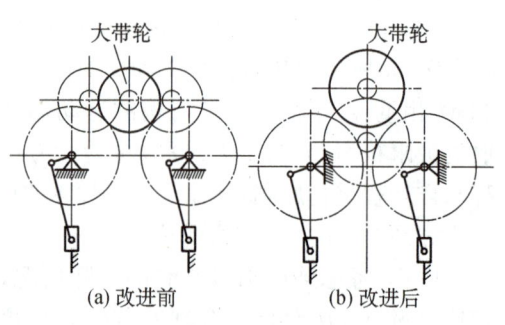

图 2-22 传动比分配

具体分配传动比时应注意以下两点.

1. 每一级传动的传动比应在其常用的范围内选取

如某一级传动的传动比过大,则会降低机构性能并使结构不合理,所以当齿轮传动的传动比为 8~10 时,一般应设计成两级传动.但是,对于带传动来说,由于外廓尺寸较大,如无特殊需要,很少采用多级传动.

2. 按先小后大原则分配传动比

当运动链为减速传动时(因电动机的速度一般较执行构件的速度要高,故通常都是减速传动),一般按照"先小后大"的原则分配传动比较为有利.如设 $i_1,i_2,\cdots,i_k$ 依次表示各级传动比,则宜取 $i_1<i_2<\cdots<i_k$,且相邻两级传动比的差值不要太大.运动链逐级减速,可使各级中间轴有较高的转速及较小的转矩,从而可使轴及轴上零件有较小的尺寸,使机构较为紧凑.

2.7.4 运动副的形式

运动副在机械传递运动的过程中起着重要的作用,它直接影响机械的结构、寿命、效率和灵敏度.一般来说,转动副元素制造简单,易保证运动副元素的配合精度,效率高.当要求将一根轴的转动转换为另一根轴的转动或摆动时,大多采用带有转动副的机构.移动副元素制造较困难,不易保证配合精度,效率低,易发生楔紧或自锁现象,故一般宜用于作直线运动或将回转运动转换为直线运动的场合.采用带高副的机构较易实现执行构件的运动规律,且可以减少运动副和构件,但高副元素一般形状复杂,易磨损,宜用于低速轻载的场合.

在某些情况下,应用高副机构可能比用低副机构的运动链更短.图 2-23 为钢板叠放机的两种机构简图,它的动作要求是将辊道上的钢板顺滑到叠放槽中.实践表明,这两种结构都能满足工作要求,但气动高副机构的结构要简单得多,维护检修也比电动机驱动的低副机构简单.

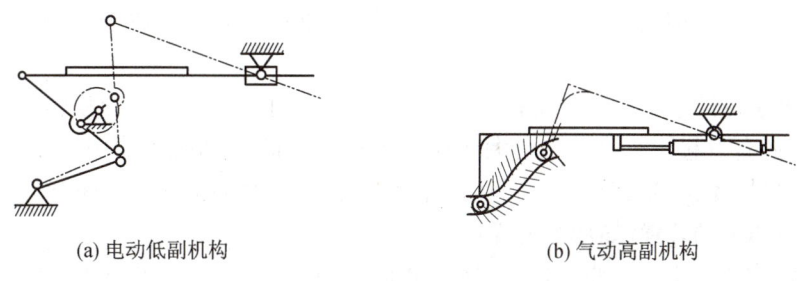

(a) 电动低副机构　　　　　　　(b) 气动高副机构

图 2-23　钢板叠放机构的两种机构简图

2.7.5 动力源的选择

动力源的选择是否恰当,对整个机械的性能、机械传动系统的组成及其繁简程度有重要影响.原动机的运动形式主要是回转运动和往复直线运动.当采用电动机、液压马达和气动马达等作为原动机时,原动件作回转运动.当采用往复式油缸、气缸等作为原动机时,原动件作往复直线运动.

就电动机而言,一般机械中用得最多的是交流异步感应电动机,这是因为它结构简单、价格便宜、效率高和使用方便.此外,还有直流电动机、自带减速装置的电动机、多速电动机、伺服电机、步进电机、力矩马达等.

改变驱动方式有可能使机构简化.例如,复杂机器的许多动作由单机统一驱动改成多机分别驱动,虽然增加了原动机的数目和对控制系统的要求,但传动链却可以大为简化,功率消耗也可以减少.又如,当有气、液源时常利用气、液压机构,这样可减少许多电动机、传动机构或转换运动形式的机构,同时又有利于减震、操作和调速的简化,特别对具有多个执行机构的工程机械、自动生产线和自动机等更应优先考虑.如图2-24所示机构要求摇杆实现Ⅰ和Ⅱ两个工作位置的变换.若利用曲柄摇杆机构,往往要用电动机带动一套减速装置驱动曲柄.为了使曲柄能停在要求的位置,还要有制动装置.如果改用气缸驱动,则结构将大为简化.

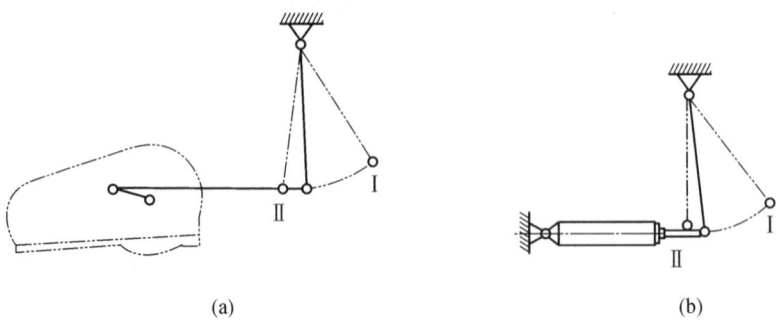

图2-24 改变驱动方式使机构简化

2.7.6 传力条件

机构要克服各种阻力工作,各个构件都要传递力.在外载荷一定的条件下,完成同样的动作要求,不同型式、尺寸参数的机构,各个构件和运动副受力不同,原动机消耗功率的大小也不同.对于连杆机构、凸轮机构,主要应使机构的工作压力角不要过大.对行程不大但工艺阻力很大的机构(如冲压机构)可应用"增力机构",使其在靠近返程死点位置时仍能正常工作.

在机械系统设计中应尽量避免有虚约束的机构,否则会增加加工量并导致装配困难,如果尺寸不当,还会引起杆件的内力增大或楔紧现象.在行星轮系等机构中,为了改善受力特性、缩小传动机构体积和减轻机构重量,常采用多个行星轮等虚约束构件,但必须在结构上合理改进或增添辅助装置(如均衡装置)等.

对高速机构往往要求平衡惯性力,使动载荷最小,并使构件和机构达到最佳的平衡.采用最大传动角和最大增力系数的机构均可通过减小原动轴上的力矩,从而减小原动机的功率、机构尺寸和重量.

2.7.7 机械效率

机械效率取决于组成机械的各个机构的效率.因此,当机械中包含效率较低的机构时,机械的总效率会随之降低.机械中各运动链所传递的功率可能相差很大,如大部分功率由主传动链传递,而辅助传动链(如进给传动链、分度传动链等)所传递的功率则很小,因此在设计时应使主传动链具有较高的机械效率.对于传递功率很小的辅助运动链,其机械效率的高低可放在次要地位,而着眼于其他方面的要求,如简化机构、减小外廓尺寸等.

需要说明的是,有些方案凭直觉思维便可剔除,而有些方案单靠经验很难决定取舍.较为实用的方法是综合考虑上述因素,列出选择表以决定优劣.工程上经常采用的评估手段是从价值工程出发,对方案进行技术经济指标评价.

第 3 章 机械驱动装置的选择与传动系统设计

3.1 机械驱动装置的选择

机械系统通常由原动机、传动系统和工作机三个基本部分组成.工作机是机械系统中的执行部分,原动机是机械系统的驱动部分,传动系统则把原动机和工作机有机地联系起来,实现能量传递和运动形式转换.机械驱动装置(原动机)按能量转换性质的不同分为第一类原动机和第二类原动机.原动机的具体分类如图 3-1 所示.

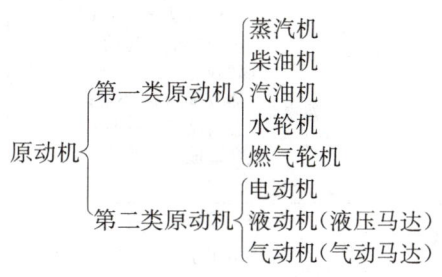

图 3-1 原动机类型

各种原动机的性能比较,见表 3-1 和表 3-2.

原动机的选用主要参考下列条件.

(1) 现场能源供应条件;

(2) 工作机载荷特性及其工作制度;

(3) 工作机对起动、平稳性、过载能力、调速和控制等方面的要求;

(4) 原动机是否工作可靠、操作与维修简便,是否需要防尘、防爆、防腐等;

(5) 原动机的初始成本与运行维护费用.

对于野外工作和移动式机械,除了具有专门配置的供电系统的电力机车、电车、电瓶车等选用电动机作为原动机以外,均采用第一类原动机(表 3-1).

在特殊的自然环境条件下,可利用水力、风力、海洋潮汐等作为动力,推动相应的机械工作,有时也不排除以人力和畜力作为动力.

一般机械采用第二类原动机,其中以电动机应用最为广泛.在有高压油供给系统的场合,可选用液压马达作为原动机.在有压缩空气站及供气系统的场合,可用气压马达作为原动机,它无污染,对易燃易爆环境适应性强,但噪声较大.

表 3-1　　　　　　　　　　　　第一类原动机性能比较

类型	蒸汽机	工业汽轮机		汽油机		柴油机	燃气轮机
机械特性	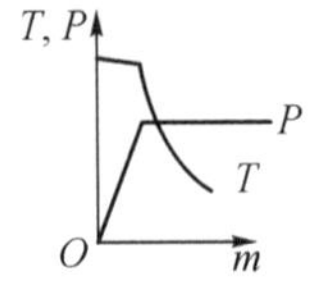 T,P 曲线图	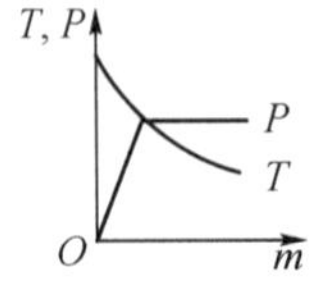 T,P 曲线图		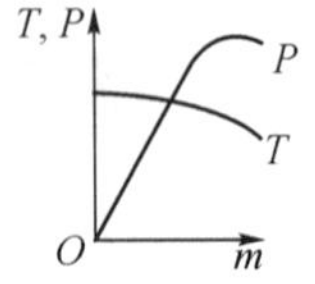 T,P 曲线图		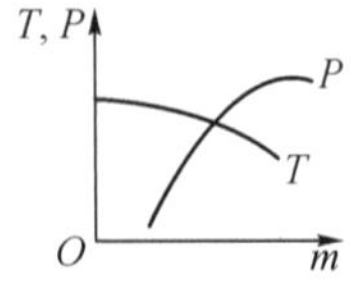 T,P 曲线图	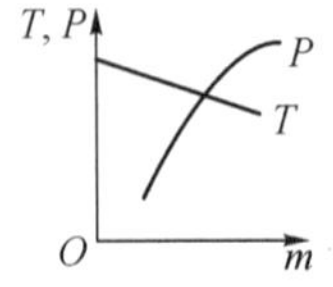 T,P 曲线图
功率范围/kW	3～1 800	小型 100～1 000	大型 10 000～1 200 000	四冲程 1.0～260	二冲程 0.6～110	5～38 000	50～25 000
功率/重量	较小	较大		大		较大	最大
热效率或油耗/[kg·(kW·h)$^{-1}$]	不冷凝<10% 冷凝<16%	冷凝 ≈15% 含锅炉效率	冷凝 ≈25%	0.340～0.275	0.51～0.42	0.25～0.20	0.42～0.25
特点	起动转矩大,能反转;转速和承载能力的变化范围大,设备简单,可用低级固体燃料,操作、维护简便;结构尺寸大,运转不平稳	起动转矩大,转速高,变速范围较大,运动平稳,寿命长;设备复杂,制造技术要求高,初始成本高;中型汽轮机的效率在大型和小型之间		结构紧凑,重量轻,便于移动,转速高(四冲程达 5 000 r/min,二冲程可达 8 000 r/min),能很快起动达到满载运转;热效率约为 25%;燃料昂贵,易燃,废气会造成大气污染		工作可靠,寿命长,维护简便,运转费用低,燃料较安全;热效率约为 36%;初始成本较高,废气会造成大气污染	结构紧凑,重量轻,起动快而转矩大,运转平稳,用水少,可用廉价燃油,维护简便;热效率为 30%;设备较复杂,制造技术要求高,初始成本高,燃料消耗较大(尤其是小尺寸燃气轮机)
应用	蒸汽供应方便的场合下选用才是经济的,现已较少使用	大功率高速驱动,如压缩机、泵和风机		多用于汽车		应用很广,如各种车辆、船舶、农业机械、工程机械、压缩机	大功率高速驱动,如机车、飞机、原油输送、发电

表 3-2　　　　　　　　　　　　第二类原动机性能比较

类型	电动机	气压马达(气缸)	液压马达(油缸)
尺寸	较大	较小	最小
功率/重量	大	比电动机大	最大
输出刚度	硬	软	较硬
调速方法和性能	直流电动机可通过改变电枢的电阻、电压或改变磁通进行调速;交流电动机可通过变频、变极或变转差率进行调速	用气阀控制,简单、迅速,但不精确	通过阀或泵改变流量,调速范围大
反转特性	通常是单向回转的,需要时可采用反向开关,或电路反向	通过方向控制阀反向供气,简单、迅速	通过方向控制阀反向供油或使变量调节装置超过中心位置

续 表

类型	电动机	气压马达(气缸)	液压马达(油缸)
运行温度的控制	在正常环境温度下使用,电动机采用风冷,温升应低于允许值	排气时空气膨胀而自冷	对油箱进行风冷或水冷
高温使用性能	受绝缘体的限制,采用耐热的绝缘材料和特殊设计,可提高使用温度	取决于结构材料的允许使用温度	受油液最高使用温度的限制,采用耐高温油可提高使用温度
防燃爆性能	需采用防爆电动机	介质不会燃爆,可用于易燃易爆的环境	用于易燃环境时,必须使用防燃性油
恶劣环境适应性	需采用防护式或封闭式电动机	适用于多尘、潮湿和不良的环境	需要密封结构
故障反应	运转故障或严重过载可能烧坏电动机,需考虑加装过载保护装置	过载不引起部件损坏	过载不引起部件损坏
噪声	噪声小	噪声较大,排气口应设消声器	噪声较大
初始成本	低	较高	高
运转费用	最低	最高	高
维护要求	较少	少	较多
功率范围	0.3~10 000 kW,范围极广	与马达类型及供气压力有关,适用范围为 15 kW 以下,特别适用于 0.75 kW 以下的高速传动	受实际油压(一般最大为 35 MPa)和马达尺寸的限制;功率小(0.75 kW 以下),效率低,成本高

3.2 传动类型的选择

3.2.1 传动系统的基本任务

传动系统是将原动机的运动和动力传递到工作机(执行机构)的中间装置. 传动系统的基本任务是保证工作机实现预期的运动要求和动力传递. 具体包括以下内容.

(1) 将原动机输出的速度降低或增大,以满足执行机构的需要;
(2) 采用变速传动来满足执行机构经常变速的要求;
(3) 把原动机输出的转矩变换为执行机构所需要的转矩或力;
(4) 把原动机输出的等速旋转运动转变为执行机构所要求的各种运动形态;
(5) 实现由一个或多个原动机驱动若干个相同或不相同速度的执行机构;
(6) 受机体外形、尺寸的限制,或为了安全和操作方便,当执行机构不宜与原动机直接连接时,也需要用传动装置来连接.

传动系统以原动机的输出量(力、运动、功率)作为输入量,其输出量为执行机构的输入量(力、运动、功率). 选择和设计传动系统时,需要研究这些量的变化及其相互关系(传动比 i、变矩系数 k 和传动效率等)以及各种传动元件的特性(如运动形式的转换、功率及转矩范围等).

机器的工作性能、可靠性、重量和成本,即其技术与经济性能,在很大程度上取决于传动装置的好坏.

3.2.2 传动类型的选择

根据机械的使用要求、工艺性能、结构要求、空间位置和总传动比等条件选择传动系统类型,并拟定从原动机到工作机之间传动系统的设计方案和总体布置.

传动类型的选择原则如下:

(1) 当原动机的输出转速、转矩、运动形式完全符合工作机构的工况要求时,可将原动机的输出轴与工作机构的输入轴用联轴器直接连接.这种直接连接方式不仅结构简单,而且传动效率最高.但是,当原动机的输出轴和工作机构的输入轴不在同一轴线上时,如两轴平行、相交或交错,也需要采用一定的机械传动装置.

(2) 小功率传动时,应在满足工作性能的前提下,选用结构简单、初始费用低的传动装置.

(3) 大功率传动时,应优先考虑传动的效率,选用效率高的传动装置,以节约能源、降低运转和维修费用.

(4) 当工作机没有变速要求,或虽然工作机要求变速,而其调速比与原动机调速比相适应时,应尽量采用定传动比传动装置.

(5) 若必须选用变传动比传动,除工作机需要连续变速的情况外,应尽量选用有级变速,原因是无级变速传动结构复杂,造价较高.

(6) 当载荷变化频繁且可能出现过载时,应考虑使用过载保护装置.

(7) 工作机要求与原动机同步时,应采用无滑动的传动装置.

(8) 对长期运转的固定设备应选用寿命长的传动装置,对移动式设备应选结构紧凑、重量轻的传动装置.

(9) 传动装置的选用必须与制造技术水平相适宜.

(10) 尽量选择专业厂家生产的标准、通用的传动装置.

3.2.3 传动系统的分类

传动系统可按传动比变化情况、驱动形式、工作原理、输出速度变化情况、能量流动路线等分类,也可根据功率大小、速度高低、轴线相对位置及传动用途等分类.

1. 按传动比变化情况分类

(1) 定传动比的传动系统. 对于执行机构(或执行构件)在某一确定的转速(或速度)下工作的机械,其传动系统只需固定传动比即可.

(2) 变传动比的传动系统. 很多机械需要根据工作条件选择最经济的工作速度. 例如机床在切削金属时,需要根据工件材料、硬度、刀具性能等选择适当的切削速度. 又如在驾驶汽车时,需要根据道路情况、坡度大小等选择适当的速度.

变传动比可分为下列三种情况.

① 有级变速传动. 有级变速传动只能在一定转速范围内输出有限的几种转速. 当变速级数较少或变速不频繁时,可采用停机交换带轮或交换齿轮传动;当变速级数较多或变速频繁时,常采用多级变速齿轮传动,如汽车常有5挡变速速度.

② 无级变速传动. 当执行机构或执行构件的转速需要在一定范围内连续变化时,可采用

无级变速传动,如采用各种机械无级变速器、液力耦合器与变矩器等.

③ 周期性变速传动.有些机械的工作速度按周期性规律变化,其输出角速度是输入角速度的周期函数,用来实现函数传动及改善机构的运动或动力特性,这在轻工自动机械、仪表和解算装置中应用较多.常用非圆齿轮、凸轮、连杆机构或组合机构等实现周期性变速传动,如在纺织机械中用非圆齿轮周期地改变经纱和纬纱的密度而获得具有一定花纹的纺织品;在滚筒式平板印刷机的自动送纸机构中采用非圆齿轮调节送纸速度,将非圆齿轮与连杆机构、槽轮机构组合以改善运动特性及减小冲击等.

2. 按驱动形式分类

(1) 独立驱动的传动系统.在下列情况下,常采用由一个原动机单独驱动一个执行机构的方案.

① 只有一个执行机构的传动系统,如曲柄压力机只有一个执行机构,即曲柄滑块机构.由电动机通过一对齿轮带动曲柄旋转,再通过连杆使滑块在机身的导轨中作往复运动.

② 运动不相关的多个执行机构的传动系统,如龙门起重机有三种主要运动:大车行走、小车行走和物料升降.这三种运动互不相关,都是独立的,它们的执行机构分别由各自的电动机单独驱动.

③ 数控机械的传动系统,如数控缠绕机、数控冲剪机以及各种数控机床等,一般都有多个执行机构.在实现复杂的运动组合或加工复杂的曲面时,各个执行机构的运动必须保证严格的工作顺序和协调配合.采用数字指令进行自动控制,每个执行机构都是由各自的电动机单独驱动.

(2) 集中驱动的传动系统.在下列情况下,常采用由一个原动机集中驱动多个执行机构的传动方案.

① 执行机构或执行构件之间有严格的传动比要求,如高精度丝杠车床的传动系统,加工时要求主轴与刀具的相对运动保持准确的传动比关系,即主轴每转一转刀架的移动距离为工件的螺旋导程 L. 该机床的主轴和刀架由一个无级变速电动机集中驱动,电动机经带传动和蜗杆传动驱动主轴,主轴经交换挂轮及丝杠、螺母驱动刀架.同时,为了保证加工螺纹的精度,进给传动链中不允许采用带传动、摩擦离合器等传动比不稳定的传动.

② 执行机构或执行构件之间有工作顺序要求,如自动机的执行机构虽然较多,但常采用一个原动机集中驱动.由于自动机的各个执行机构或执行构件的动作之间都有严格的时间先后和空间联系,通常由安装在分配轴上的凸轮来操纵和控制各个执行机构或执行构件的运动,分配轴每转一圈完成一个作业循环,各个执行机构或执行构件的动作顺序均由各自的凸轮曲线保证.

③ 各执行机构或执行构件的运动相互独立,如建筑工地打地基进行钻孔作业的地质钻机共有四个执行机构,各个执行机构的转速没有严格的传动比联系,故由一个原动机(柴油机或电动机)集中驱动,通过四条传动路线分别驱动泥浆泵、钻杆和主副卷扬机.采用一个原动机驱动,可以减少原动机数量,节省能源,对于野外作业机械具有显著的优势.对于中小型机械,可以简化传动系统.

(3) 联合驱动的传动系统.有两个或多个原动机经各自的传动链联合驱动一个执行机构的传动系统即为联合驱动的传动系统,主要用于低速、重载、大功率、执行机构少而惯性大的机械.例如,功率大于 1 000 kW 的矿井提升机的主减速器为双输入轴圆弧齿轮减速器,由两个电动机联合驱动.联合驱动的传动系统的优点是机械的工作负载可以由多台原动机分担,每台原动机的负载减小,从而使传动件尺寸减小,整机重量减轻.

3. 按工作原理分类

按工作原理分类,传动系统可分为机械传动、流体传动和电力传动三类. 表 3-3 列出了按工作原理不同分类的传动系统.

表 3-3   按工作原理不同分类的传动系统

传动系统类型			说　明
机械传动	摩擦传动	摩擦轮传动	圆柱形、槽形、圆锥形、圆柱圆盘式
		挠性件摩擦传动①	带传动:V 带(普通、窄形、大楔角、特殊用途)、平带、多楔带、圆带、双面 V 带绳及钢丝绳传动
		摩擦式无级变速传动	定轴(无中间体、有中间体); 动轴(行星及封闭行星式); 有挠性元件
	齿轮传动	圆柱齿轮传动	啮合形式:内、外啮合、齿条; 齿形曲线:渐开线、单、双圆弧、摆线; 齿向曲线:直齿、螺旋(斜)齿、曲线齿
		锥齿轮传动	啮合形式:外、内啮合、平顶及平面齿轮; 齿形曲线:渐开线、单、双圆弧; 齿向曲线:直齿、斜齿、弧线齿
		动轴轮系 (渐开线轮系、摆线针轮传动、谐波传动)	渐开线齿轮行星传动(单自由度、多自由度)、少齿差行星传动(摆线针轮、谐波、三环)
		非圆齿轮传动	可实现主、从动轴间传动比按周期性变化的函数关系
	啮合传动	蜗杆传动 圆柱蜗杆传动	直纹面(普通)圆柱蜗杆传动(阿基米德螺线、渐开线、延长渐开线)、曲纹面圆柱蜗杆传动(轴面、法面圆弧齿,锥面、环面包络的圆柱蜗杆)
		蜗杆传动 环面蜗杆传动	双包络蜗杆传动(直纹齿、曲纹齿)、单包络蜗杆传动(平面齿蜗轮、曲纹齿单包络蜗杆)
		蜗杆传动 锥蜗杆传动	—
		挠性啮合传动① (链传动、同步带传动)	链传动(套筒滚子链、套筒链、弯板链、齿形链)、带传动(同步带)
		螺旋传动① (滑动螺旋传动、滚动螺旋传动、静压螺旋传动)	摩擦形式:滑动、滚动、静压; 头数:单头、多头
		连杆机构①	曲柄摇杆机构(包括脉动无级变速器)、双曲柄机构、曲柄滑块机构、曲柄导杆机构、液压缸驱动的连杆机构
		凸轮机构	直动和摆动从动件的凸轮机构、反凸轮机构、凸轮式脉动无级变速器
		组合机构①	齿轮-连杆、齿轮-凸轮、凸轮-连杆、液压连杆机构
流体传动	气压传动①		运动形式:往复移动、往复摆动、旋转; 速度变化:恒速、有级变速、无级变速
	液压传动①		
	液力传动		液力变矩器; 液力耦合器
	液体黏性传动		与多片摩擦离合器相似,借改变摩擦片间的油膜厚度与压力,以改变油膜的剪切力进行无级变速传动

续 表

传动类型		说 明
电力传动	交流电力传动①	恒速、可调速(电磁滑差离合器、调压、串级、变频、无换向器电动机等)
	直流电力传动①	恒速、可调速(调磁通、调压、复合调速)
	磁力传动①	可透过隔离物传动(磁吸引式、涡流式)、不可透过隔离物传动(磁滞式、磁粉离合器)

注：① 可实现直线运动.

3.3 传动系统的总传动比及其分配

3.3.1 确定总传动比

原动机选定后,根据原动机的额定转速 n_m 和工作轴的转速 n_w,即可确定传动装置的总传动比为

$$i = \frac{n_m}{n_w} \tag{3-1}$$

并将总传动比 i 按各级传动进行分配：

$$i = i_1, i_2, i_3, \cdots, i_n \tag{3-2}$$

式中 $i_1, i_2, i_3, \cdots, i_n$——各级传动的传动比.

3.3.2 传动比的分配原则

传动比的合理分配直接影响传动装置的外形尺寸、重量、润滑条件、拆装性能和整个机器的工作能力,是运动计算的重要组成部分.

传动比分配的主要要求：
(1) 各级传动比应在推荐范围内选取；
(2) 使各级传动的承载能力得到充分发挥,并使其结构尺寸协调匀称；
(3) 使各级传动具有最小的外形尺寸、最小的重量和中心距；
(4) 建议使用不可约分的传动比,以避免某几个轮齿的磨损过分集中,降低噪声和振动.

工程实际中不可能使分配传动比的方案同时满足上述所有原则. 因此,设计时应拟定不同的分配方案,对比各种指标,最后确定一个合理方案.

3.3.3 齿轮传动系统各级传动比的最佳分配

当确定总传动比 i 之后,为了使减速系统结构紧凑,满足动态性能,提高传动精度,需要对各级传动进行合理分配. 齿轮传动系统传动比分配原则如下.

1. 最轻重量原则(先大后小)

对于小功率传动系统,为使传动装置的重量最轻,各级传动比分配公式为 $i_1 = i_2 =$

$i_3=\cdots=\sqrt[n]{i}$. 由于这个结论是在假定各主动小齿轮模数、齿数均相同的条件下导出的,因此该公式对大功率传动系统是不适用的.

2. 最小输出轴转角误差原则(先小后大)

为了提高传动系统的运动精度,各级传动比应按先小后大原则分配,以便降低齿轮的加工误差、安装误差以及回转误差对输出转角精度的影响. 设齿轮传动系统中各级齿轮的转角误差换算到末级输出轴上的总转角误差为 $\Delta\varphi_{max}$,则

$$\Delta\varphi_{max}=\frac{\sum_{i=1}^{n}\Delta\phi_k}{i_{kn}} \tag{3-3}$$

式中 $\Delta\phi_k$ ——第 k 个齿轮所具有的转角误差;

i_{kn} ——第 k 个齿轮的转轴至 n 级输出轴的传动比.

由式(3-3)可知,总转角误差主要取决于最末一级齿轮的转角误差和传动比. 因此,设计时最末几级的传动比应取大一些,并尽量提高最末一级齿轮副的加工精度.

3. 最小等效转动惯量原则(先小后大)

根据等效动力学模型,齿轮传动系统各部分质量与转动惯量换算到等效构件电动机轴上的等效转动惯量为

$$J=\sum_{i=1}^{k}m_i\left(\frac{v_{si}}{\omega}\right)^2+\sum_{i=1}^{k}J_{si}\left(\frac{\omega_i}{\omega}\right) \tag{3-4}$$

式中 m_i ——各部分质量;

J_{si} ——各部分转动惯量;

v_{si} ——各部分质心的线速度;

ω_i ——各部分质心的线速度;

ω ——电动机轴角速度.

由式(3-4)可知,电动机轴等效转动惯量主要取决于高速端传动构件的质量与转动惯量. 因此,应采用传动比“先小后大”原则,使换算到电动机轴上的等效转动惯量最小.

在设计中应根据上述原则,并结合实际情况的可行性和经济性对转动惯量、结构尺寸和传动精度提出适当要求. 具体讲有以下几点:对于要求体积小、重量轻的齿轮传动系统可用最轻重量原则;对于要求运动平稳、起停频繁和动态性能好的齿轮传动系统,可按最小等效转动惯量和最小输出轴转角误差的原则来处理;对于增速齿轮传动系统,由于增速时容易破坏齿轮工作平稳性,应在传动链开始工作时就增速,且每级增速比大于 1∶3,以增加传动系统刚度,减少传动误差;对于总传动比很大的齿轮传动系统,往往需要采用周转轮系或复合轮系.

第 4 章 机械系统方案设计实例

4.1 薄板冲床

4.1.1 设计要求

设计专用冲床,用于金属薄板的冲孔或落料.

4.1.2 功能分解

1. 运动功能

为完成冲压工艺过程,需实现下列运动功能要求.
(1) 冲头作上下往复运动,因此需要设计相应的冲压机构.
(2) 板料作纵向步进运动,因此需要设计板料纵向送料机构.
(3) 为了节约原材料,往往采用交错冲切方法,这样可以用同样数量的原材料加工出较多的工件,且减少边角余料.因此,板料在作纵向步进运动的同时,还应作横向停歇往复运动,以实现冲切孔位的交错排列,为此需设计板料横向送料机构.

2. 基本运动

对以上三个机构的运动功能作进一步分析,可知它们分别应进行下列基本运动.
(1) 冲压机构有三个基本运动:运动轴线的变换、运动形式的变换、运动方向的交替变换;
(2) 板料纵向送料机构有三个基本运动:运动轴线变换、运动缩小、运动停歇;
(3) 板料横向送料机构有四个基本运动:运动形式变换、运动缩小、运动方向的交替变换、运动停歇.

4.1.3 机构选用

驱动方式采用电动机驱动.利用表 2-4 给出的设计目录分别选择相应的机构,以实现这三个机构的各项功能,见表 4-1.

1. 冲压机构

考虑用连杆机构完成冲压所需的三种基本运动.用 A_1 表示冲压机构的设计矩阵,记为 $A_1 = [a_{13} \quad a_{33} \quad a_{43}]$,进一步发现 a_{13}(实现运动形式变换的曲柄滑块机构)、a_{33}(实现运动轴线变换的曲柄滑块机构)、a_{43}(实现运动方向交替变换的曲柄摇杆机构)的功能可用同一种连杆机构实现,故决定采用曲柄滑块机构 a_{33}. 它的优点是结构简单、加工与装配方便、能承受较大载荷且在行程终端可产生较大压力以满足冷冲工艺要求.

表 4-1　　　　　　　　　　　　薄板冲床的机构选型

功能	执行构件	工艺动作	执行机构		设计矩阵
冲压	冲头	直线往复运动	连杆机构	—	A_1
纵向送料	送料滚轮	单向步进转动	齿轮机构	—	A_2
横向送料	送料滚轮	横向停歇往复运动	凸轮机构	连杆机构	A_3

2. 板料纵向送料机构

采用齿轮机构较为适宜. 其设计矩阵初步拟为 $A_2=[a_{24}\ \ a_{34}\ \ a_{54}]$,且注意到 a_{34}(实现运动轴线变换的锥齿轮机构)可包容 a_{24}(实现运动缩小的外啮合圆柱齿轮机构)的功能,a_{54}(不完全齿轮机构)用来实现停歇转动.

3. 板料横向送料机构

可采用凸轮机构,也可采用连杆机构,即 $A_3=[a_{11}\ \ a_{21}\ \ a_{41}\ \ a_{51}]$,注意到可用 a_{41}(圆柱凸轮机构)包容其余三个机构的功能;或 $A_3=[a_{13}\ \ a_{23}\ \ a_{43}\ \ a_{53}]$,注意到可用 a_{13}(实现运动形式变换的曲柄滑块机构)包容 a_{23}(实现运动缩小的杠杆机构)、a_{43}(实现运动方向交替变换的曲柄摇杆机构)的功能.

4.1.4　机构组合

为使结构紧凑,拟采用串、并联混合结构. 当采用如图 4-1 所示机构组合方式时,由于 A_2 的 a_{54}(不完全齿轮机构)与 A_3 的 a_{51}(圆柱凸轮机构)或 a_{53}(六杆机构)功能一致,都是产生运动停歇,故可考虑合并使用同一机构以实现其停歇功能. 最终确定的功能结构如图 4-1 所示.

如图 4-2 所示虚线方框表示几个基本功能是由同一机构实现的. 对其中实现停歇功能 F_2 的机构作进一步选择,认为圆柱凸轮机构 a_{51}、六杆机构 a_{55}、不完全齿轮机构 a_{54} 都不如槽轮机构 a_{56} 或棘轮机构 a_{16} 简单实用,而其中棘轮机构 a_{16} 的可调性更好些,故最后决定采用棘轮机构实现运动停歇.

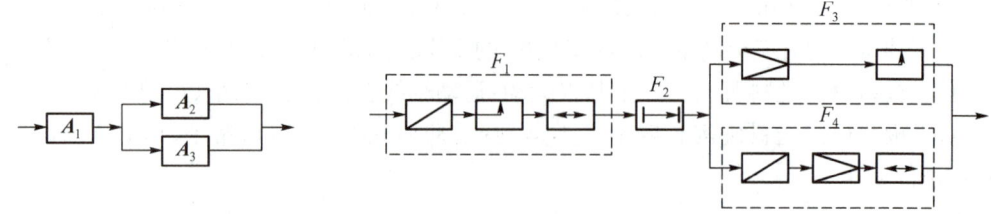

图 4-1　机构组合的串、并联混合结构　　　　图 4-2　专用冲床功能结构

实际采用的冲床设计方案如图 4-3 所示,运动与动力由电动机通过带传动传至曲轴 2,驱动冲头 1 上下往复运动,实现功能 F_1. 同时,运动传至偏心轮 3,通过双曲柄机构带动棘轮机构 4,实现功能 F_2. 之后分成两路,一路经过锥齿轮机构使滚轮 5 转动,实现板料纵向送进,即功能 F_3;另一路经过圆柱齿轮机构使曲轴 6 转动,以曲轴 6 为曲柄的滑块机构便带动整个滚轮送料机构作横向往复送进运动,实现功能 F_4. 整个冲床的加工工序如图 4-3 所示,

冲孔的位置为①—②—③—④等.

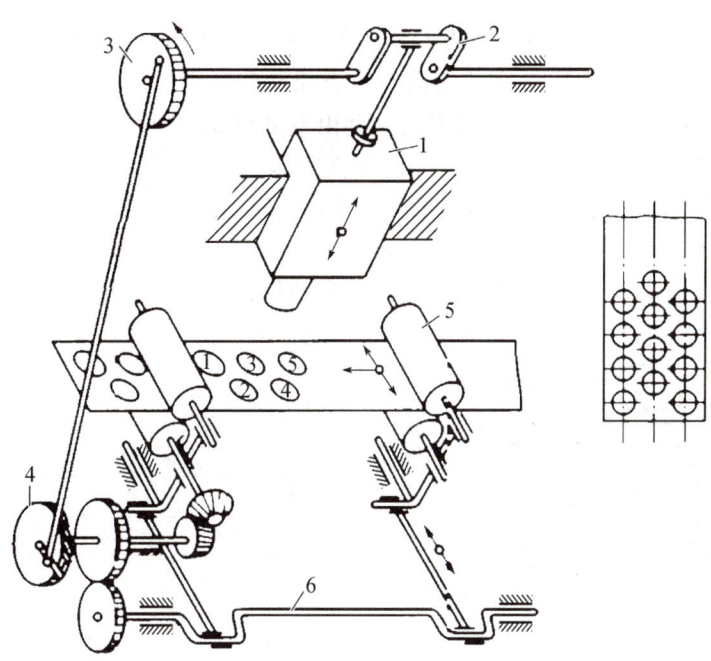

1—冲头；2、6—曲轴；3—偏心轮；4—棘轮机构；5—纵向送进滚轮

图 4-3 冲床设计方案

4.2 平台印刷机

4.2.1 设计要求

设计平台印刷机的主传动机构，设计参数见表 4-2.

表 4-2　　　　平台印刷机的主传动机构设计参数

项目		低速型	高速型
印刷生产率/(张·h^{-1})		1 920～2 000	4 000～4 500
版台行程长度/mm		730	795
压印区段长度/mm		440	415
滚筒直径/mm		232	360
电动机参数	功率/kW	1.5	3
	转速/(r·min^{-1})	940	1 450

4.2.2 功能分解

平台印刷机的工作原理是将铅版上凸出的痕迹借助油墨压印到纸张上。如图4-4所示,平台印刷机的压印动作在卷有纸张的滚筒与嵌有铅版的版台之间进行。工艺动作过程由输纸、着墨、压印、收纸四部分组成。各机构的运动由电动机驱动,运动由电动机经过减速装置后分成两路,一路经传动机构Ⅰ带动版台作直线往复运动,另一路经传动机构Ⅱ带动滚筒作回转运动。当版台与滚筒滚动接触时,在纸张上压印出字迹或图形。

版台工作行程中有三个区段,如图4-5所示。第一区段,输纸、着墨机构(未画出)相继完成输纸、着墨作业;第二区段,滚筒和版台完成压印动作;第三区段,收纸机构进行收纸作业。

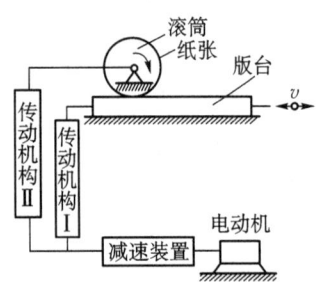

图4-4 平台印刷机的工作原理

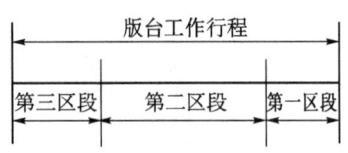

图4-5 版台工作行程的三个区段

通过对平台印刷机主传动机构的运动功能的分析,可知它的基本运动为版台的直线往复运动、滚筒的连续或停歇运动。

此外,还要满足下列传动性能要求。

(1) 在压印过程中,滚筒与版台之间作纯滚动,即在压印区段,滚筒表面点的线速度与版台的移动速度相等,以保证印刷质量。

(2) 版台在压印区内的速度变化限制在一定范围内(即运动尽可能平稳),以保证整个印刷幅面上的印痕浓淡一致。

4.2.3 机构选用

根据前述设计要求,版台应作直线往复运动,行程较大,且必须使工作行程中有一段等速运动(压印区段),并有急回特性;滚筒应作停歇(滚停式)或连续(有等速段)转动。这些运动要求不一定都能得到满足,但必须保证版台和滚筒在压印段内保持纯滚动关系,即滚筒表面点的线速度和版台速度相等,可在运动链中加入运动补偿机构,使二者运动达到良好的配合。

1. 版台传动机构选型

从表2-4的设计目录可知,将回转运动转换为直线往复运动的基本机构很多,如曲柄滑块机构、移动凸轮机构、螺旋机构、齿轮齿条机构等,但它们不能完全满足平台印刷机主传动机构的运动要求。

六杆机构(图4-6)的结构比较简单,加工制造比较容易,且有急回特性和扩大行程的作用,但作为执行构件的版台,其直线往复运动的速度是变化的,且构件数较多,机构刚性差,不宜用于高速场合。

因此,可将基本机构组合起来以满足设计要求.具体方案构思如下.

(1) 曲柄滑块-齿轮齿条组合机构(A_1). 如图4-7所示组合机构由偏置曲柄滑块机构与齿轮齿条机构串联而成.机构选型记为 A_1. 其中,下齿条为固定齿条,上齿条与版台固连在一起.该组合机构的主要特点:由齿轮齿条机构实现运动的放大,版台行程是滑块铰链中心点 C 的行程的两倍;而偏置曲柄滑块机构使上齿条(版台)的直线往复运动具有急回特性.

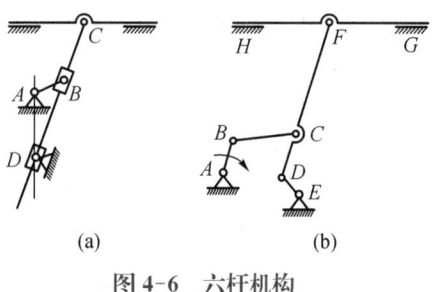

图4-6 六杆机构

(2) 双曲柄-曲柄滑块-齿轮齿条组合机构(A_2). 如图4-8所示组合机构记为 A_2,它的下齿条是可移动的,并可由下齿条输入另一运动(由凸轮机构实现),以得到所需的合成运动.当不考虑下齿条的移动时,上齿条(版台)运动的行程也是滑块铰链中心点 C 行程的两倍.齿轮与两个连杆机构串联,主要是用曲柄滑块机构满足版台的行程放大要求及回程时的急回特性,同时用双曲柄机构满足版台在压印区近似等速运动的要求.

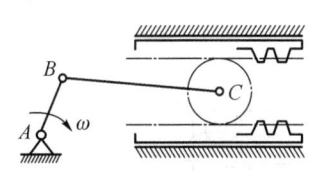

图4-7 曲柄滑块-齿轮齿条组合机构

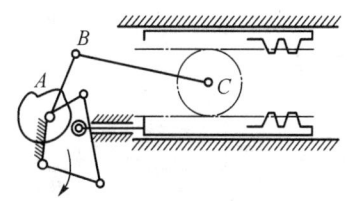

图4-8 双曲柄-曲柄滑块-齿轮齿条组合机构

(3) 齿轮可作轴向移动的齿轮齿条机构(A_3). 如图4-9所示机构记为 A_3,其齿轮齿条机构的上、下齿条均可移动,且都与版台固结在一起.当采用凸轮机构(图中未示出)拨动齿轮沿其轴向滑动时,可使齿轮时而与上齿条啮合,时而与下齿条啮合,实现版台的直线往复移动.若齿轮作等速转动,则版台作等速直线往复移动,这有利于提高印刷质量,使整个印刷幅面的印痕浓淡一致.但由于齿轮的拨动机构较复杂,故只在印刷幅面较大且对印痕浓淡均匀性要求较高时采用.

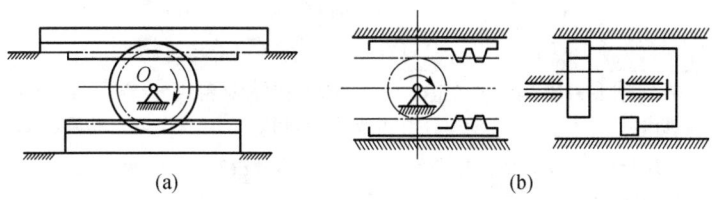

图4-9 齿轮可作轴向移动的齿轮齿条机构

2. 滚筒回转机构选型

(1) 转停式滚筒的齿轮齿条传动机构(B_1). 如图4-10所示机构记为 B_1,由版台上的齿条带动滚筒上的齿轮实现版台和滚筒间的纯滚动,该机构结构简单.但当版台空回时,滚筒应停止转动,因而需增加滚筒与版台间的脱离机构和版台的定位机构,以便版台空回时滚筒与版台脱离并定位.滚筒与版台运动的脱离装置可采用棘轮式超越离合器,滚筒的定位装置可采用如图 4-11 所示的凸轮定位机构.由于滚筒时转时停,惯性力矩较大,故不宜用于高速印刷场合.

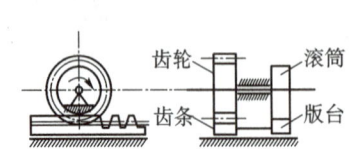
图 4-10 转停式滚筒运动方案

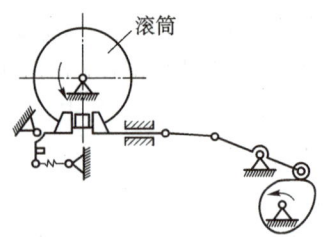
图 4-11 转停式滚筒的凸轮定位机构

（2）等速滚筒的齿轮传动机构（B_2）.如图 4-12 所示机构记为 B_2,滚筒是由齿轮机构直接带动的,因而其运动速度是常量.这种滚筒等速回转机构一般只与版台等速移动机构（如齿轮可作轴向移动的齿轮齿条机构）组合使用.

（3）连续转动滚筒的双曲柄机构（B_3）.如图 4-13 所示机构记为 B_3,是双曲柄机构与齿轮机构串联组成的滚筒回转机构,滚筒非等速转动.但当设计合适时,滚筒在压印区段的转速变化可以比较平缓,既保证了印刷质量,又因这种机构的滚筒作连续转动,其动态性能比转停式滚筒好.

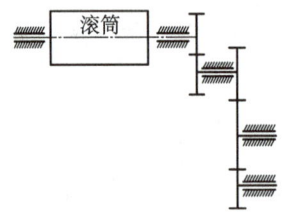
图 4-12 齿轮传动机构

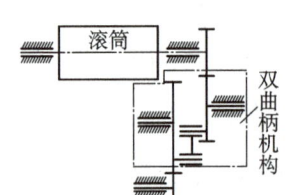
图 4-13 双曲柄机构

4.2.4 机构组合

上述各机构方案择优形成的机械系统运动方案,见表 4-3.

表 4-3　　　　　　　　版台传动机构与滚筒回转机构方案的组合

机械系统运动方案	E_1	E_2	E_3
版台传动机构	A_1（曲柄滑块-齿轮齿条组合机构）	A_2（双曲柄-曲柄滑块-齿轮齿条组合机构）	A_3（齿轮可作轴向移动的齿轮齿条机构）
滚筒回转机构	B_1（转停式滚筒的齿轮齿条传动机构）	B_3（连续转动滚筒的双曲柄机构）	B_2（等速滚的齿轮传动机构）

方案 1 的设计矩阵为 $\boldsymbol{E}_1 = [A_1 \quad B_2]$.版台运动（主传动）由曲柄滑块-齿轮齿条组合机构完成,具有急回特性和行程扩大功能,结构较紧凑,设计较简单.版台非等速移动.

滚筒的转停式回转由齿轮齿条机构实现,可保证滚筒表面点的线速度和版台速度在压印区段完全相等.滚筒与齿轮间装有单向离合器,以实现滚筒的单向转动.采用凸轮机构定位,保证了印刷机每个运动循环中滚筒停歇位置相同.为使版台回程时版台不与停歇的滚筒接触,滚筒下部被削掉一部分.

方案 2 的设计矩阵为 $\boldsymbol{E}_2 = [\boldsymbol{A}_2 \quad \boldsymbol{B}_2]$. 版台运动(主传动)由双曲柄-曲柄滑块-齿轮齿条组合机构完成,具有急回特性和行程扩大功能,并满足了版台在压印区近似等速的技术要求,结构较紧凑,机构设计较复杂.

滚筒的连续转动由双曲柄机构与齿轮机构串联组成的传动机构完成,虽然是非等速运动机构,但当设计合适时,连续转动式滚筒的动态性能比转停式滚筒好.

方案 3 的设计矩阵为 $\boldsymbol{E}_3 = [\boldsymbol{A}_3 \quad \boldsymbol{B}_3]$. 版台运动(主传动)由可作轴向移动的齿轮齿条机构完成,版台作等速直线往复移动,印刷质量较高,但齿轮的拨动机构较复杂,且存在冲击.

滚筒的连续转动由齿轮机构完成,该结构只能与版台等速运动机构组合使用.

根据用户每小时印刷 1 920 张的设计要求,选用低速型参数的生产条件,并根据前述方案评价的原则以及产品结构简单、紧凑,制造方便、成本低等性能指标,选取设计方案,实际采用的平台印刷机运动方案如图 4-14 所示.

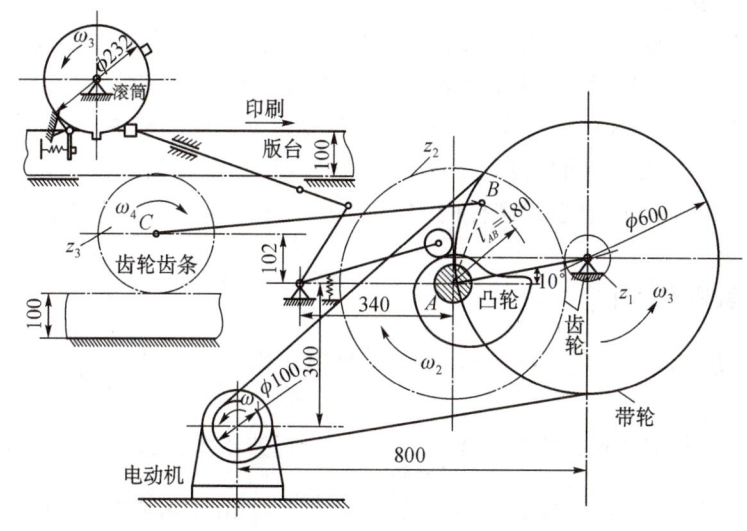

图 4-14 平台印刷机运动简图

4.2.5 传动方案

(1) 根据电动机的转速和印刷的生产能力,确定系统总传动比为

$$i = \frac{940}{\dfrac{1\,920}{60}} = 29.4$$

(2) 传动比分配选用二级转速,第一级采用带传动,选取带传动比为 6;第二级采用单级齿轮减速,齿轮传动比为 4.9.

由齿轮传动的强度确定齿轮的标准模数 $m = 5$ mm. 初选带轮直径为 $d_1 = 80$ mm, $d_2 = 480$ mm;齿轮齿数为 $z_1 = 20$, $z_2 = 98$.

4.2.6 运动协调设计

版台压印和返回为一个运动循环,应保证印刷机在印刷运动循环中,版台与滚筒的动作

在时间和位置上的协调.根据印刷机各执行机构的运动要求,绘制机构系统运动循环图如图 4-15 所示.

	0°	180°+θ	360°
曲柄	工作行程		非工作行程
版台	印刷过程		回程
滚筒齿轮	转动		停止
滚筒	转动		停止
凸轮从动件	等减速退回 | 近休止	等速靠近	远休止 | 等加速退让
	0° 20° 100°	260°	340° 360°

图 4-15 机构系统运动循环图

4.2.7 机构设计

1. 凸轮机构设计

由机构系统运动循环图可制定凸轮的从动件运动规律.由于该机械的运动速度较慢,动力特性要求低,因而升程过程选用等速运动.为满足定位时间长和快退的要求,回程选用等加速等减速运动.其运动规律如图 4-16(a)所示.根据运动简图的整体布置,选用摆动从动件盘形凸轮机构.基本参数:基圆半径 $r_b=80$ mm,滚子半径 $r_r=30$ mm,最大摆角 $\varphi=20°$,摆杆长度 $l=300$ mm,凸轮中心到摆杆的中心距 $a=340$ mm.凸轮零件设计如图 4-16(b)所示.

2. 曲柄滑块机构设计

由版台(齿条)的行程 $H=730$ mm,得出曲柄滑块机构的行程为 $\frac{730}{2}=365$ mm.根据有关设计手册选定连杆与曲柄长度之比 $\lambda=\frac{l_{BC}}{l_{AB}}=4$,行程速比系数 $K=1.05$.由此列出数学方程,求解得:曲柄长度 $l_{AB}=180$ mm,连杆长度 $l_{BC}=720$ mm,偏心距 $e=102$ mm.

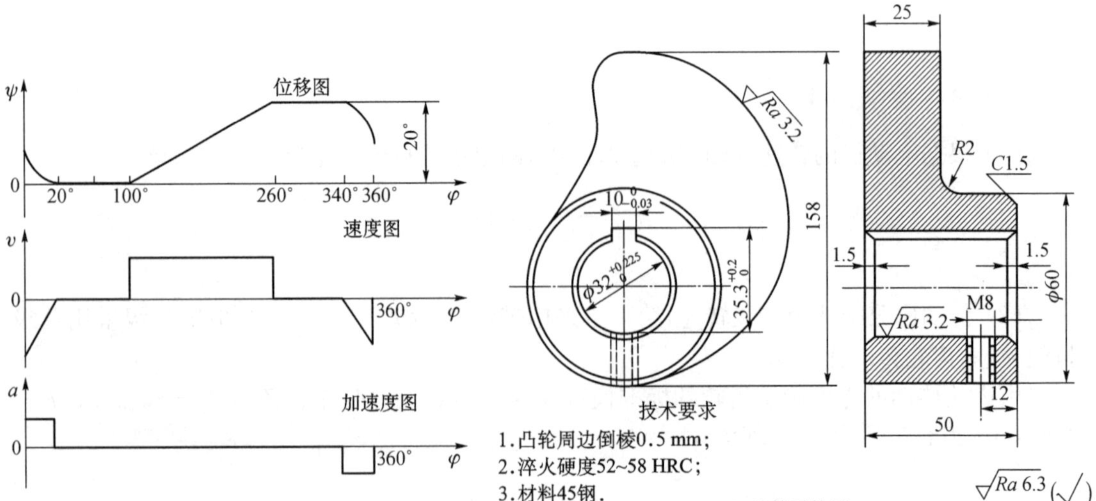

(a) 从动件运动规律

(b) 凸轮零件图

图 4-16 凸轮机构设计

4.3 铆钉冷镦机

4.3.1 设计要求

设计铆钉自动冷镦机,把成卷的线材通过校直、送料、切料、转送、镦锻、起模等工序,制成铆钉。

4.3.2 功能分解

本机器的功能是自动生产铆钉,其原理为冷态(室温)镦锻。它的运动功能可分解为4种工艺动作。

1. 进料

金属线材经进料机构校直后,被自动、定时地送入模具。执行构件作直线停歇运动。

2. 切断转送

进料停止后,切断转送机构将棒料切断并把它送至镦料工位。执行构件作直线停歇-等速运动及直线停歇-急回运动。

3. 镦锻成形

由镦锻机构镦出铆钉,执行构件作直线往复急回运动。

4. 起模顶料

由起模机构将铆钉从定模中推出,执行构件作直线往复停歇运动。

4.3.3 机构选用

利用表 2-4 的设计目录,并根据技术、经济及相容性的要求,确定 4 个工艺动作的执行构件——滚轮、切刀、镦头、顶杆,分别选择相应的机构以实现各项运动功能,见表 4-4。

表 4-4　　铆钉冷镦机的机构选型

功能	执行构件	工艺动作	执行机构	
进料	滚轮	直线停歇运动	曲柄摇杆-齿轮机构	—
切断转送	切刀	直线停歇—等速运动 直线停歇—急回运动	曲柄滑块-移动凸轮机构	—
镦锻成形	镦头	直线往复急回运动	曲柄滑块机构	—
起模顶料	顶杆	直线往复停歇运动	齿轮-摇杆机构	曲柄滑块-摇杆机构

4.3.4 机构组合

由于各执行机构的运动必须准确地协调配合,故采用集中驱动方式,原动机为电动机(3 kW, $n=1\,420 \text{ r/min}$)。电动机通过减速传动装置,带动曲轴回转,再由曲轴经过各个传动链带动执行机构运动,图 4-17 为铆钉冷镦机的运动简图(图 2-2 是它的运动设计方案示意图)。具体构思如下。

1. 镦压机构

镦压机构是冷镦机的主运动机构,其执行构件镦头作往复运动,由装在执行构件上的模具实现铆钉镦压成形.由于冷镦成形材料的抗力很大,镦压机构承受很大的载荷,所以采用了曲柄滑块机构(图中构件1,2,3及21).曲柄滑块机构在接近行程终点时,能获得较大的机械增益,这恰好是冷镦工作需要的.

2. 进料机构

工艺要求将线材13经校直后间歇地穿过进料口 a 和切断口 b,并伸出一定的料长,由于进料对传动平稳性要求不高,同时为适应不同规格的铆钉,进料长度应是可调的,故采用棘轮机构.进料机构的进料时间必须与主运动的镦压机构协调配合.因此,棘轮15的运动也来自曲柄1,通过曲柄摇杆机构(构件20,19,18)及四杆机构(构件18,17,16)驱动棘轮15,棘轮15与齿轮14′固连,经齿轮14及与齿轮14同轴固连的进料辊11(进料辊11和图中未画出的另一自由回转进料辊夹持着线材13),靠摩擦力将线材送进.在进料辊之前设置了5个辊子12,将盘料线材校直.

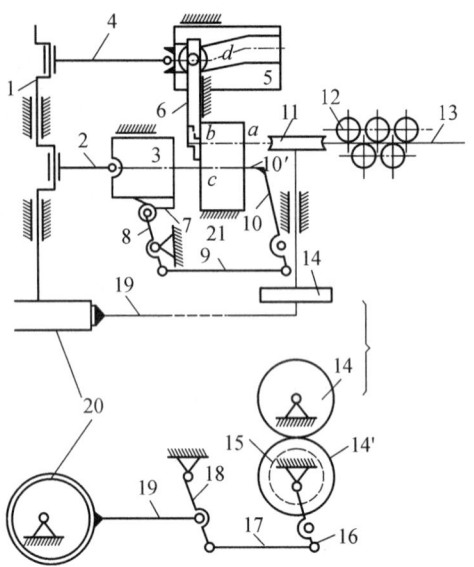

1,20—曲柄;2,4,9,16,18,19—连杆;
3,5,21—滑块;6—切刀;7—移动凸轮;
8—摆动从动件;10,10′—摇杆;11—进料辊;
12—辊子;13—线材;14,14′—齿轮;15—棘轮

图 4-17 铆钉冷镦机运动简图

3. 断料传送机构

当棒料进到预定位置后,用切刀6切断,并送到成形工位 c 处.考虑到切刀的行程不大,且在行程的始末有停歇要求,在运动过程(断料进刀过程)有等速运动要求,故采用移动凸轮机构5,6来完成动作.凸轮的运动来自曲柄1,通过曲柄滑块机构(构件1,4,5)推动移动凸轮5,凸轮上的凹槽 d 迫使切刀6按预期规律运动,切断材料,并把切断后的材料送到冷镦工位.

4. 起模顶料机构

起模工作在冷镦之后进行,并在新料送至冷镦工位前将已镦好的铆钉推出模具.为了协调配合的方便,也为了简化机构,移动凸轮7直接固定在滑块3上,通过摆动从动件8、连杆9、摇杆10及顶杆10′,在规定的时刻将工件从模具中推出.

4.3.5 运动协调设计

铆钉冷镦机的主运动机构是由曲柄滑块机构组成的镦锻机构,它往复一次完成一个工作循环,制出一个成品.其他进料、断料传送、起模机构为辅助机构.其工作循环图设计步骤如下.

1. 拟定镦头的运动曲线

镦头的位移和曲柄转角的关系(即运动曲线)是确定辅助机构动作次序和时间的依据,而辅助机构的动作是与镦锻机构相互配合的.

2. 拟定进料机构的运动曲线

镦头后退时进料机构开始送料,而镦头前进时,进料机构停止动作,可确定曲柄转角

0°～180°为送料时间,180°～360°为停止进料时间.

3. 拟定断料传送机构的运动曲线

为了简化机构,把切刀同时作为送料钳. 切刀断料后继续前进,将切好的棒料送到模具前的镦锻工位上.

送料结束在 180°的位置,切刀开始动作取曲柄在 185°位置. 曲柄再转过 40°,完成断料和传送动作,此时曲柄在 225°位置. 显然,此时切刀不能立即退回,应待镦头上的动模把棒料推入到定模板的模孔中后,才可退回,以使棒料稳定在工作位置. 但切刀停止时间又不能过久,否则切刀和传送夹钳将被镦头打坏,这段时间可从运动线图上确定. 取曲柄位于 254°时为切刀始退位置,此时工料被推入模孔中 5 mm. 取曲柄位于 300°时为切刀停止位置,此时镦头距定模 15 mm(刚好为夹钳高度),这样可以避免镦头碰到夹钳.

4. 拟定起模机构运动曲线

起模机构显然只能在镦头后退过程中把料推出模孔,但注意到铆钉的起模速度大于镦头后退速度,所以它应该在镦头后退一个铆钉长度后开始动作. 从运动线图上可以确定,起模运动从曲柄位于 130°时开始,160°时结束. 如图 4-18 所示为滑块(镦头)位移与曲柄转角关系曲线及其表格式运动循环图,图 4-19 是它的圆形运动循环图. 此例再次说明,机器运动循环图不仅表明了各执行机构动作的协调关系,而且从中可得出机构运动设计的某些原始参数,是挖掘机器生产潜力的一个重要途径,因此在机器设计中有着十分重要的作用.

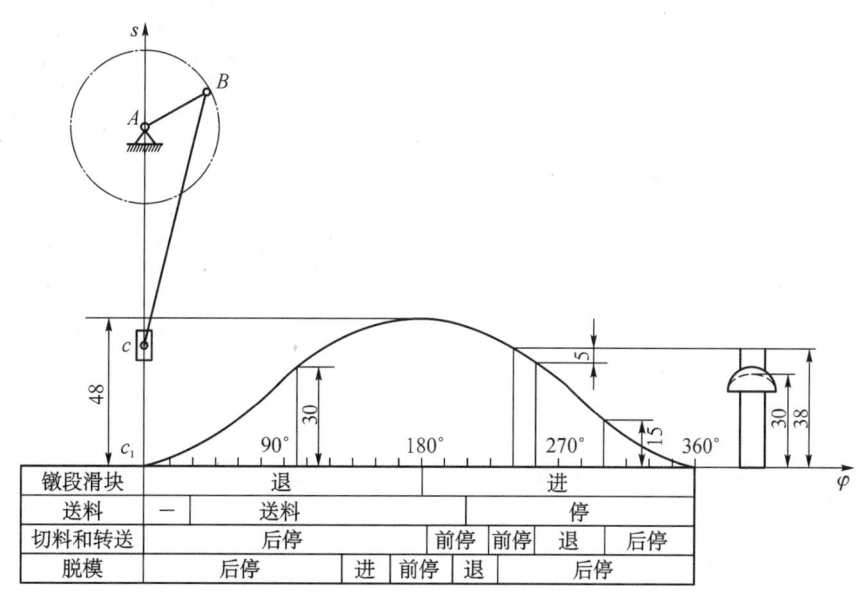

镦段滑块	退				进		
送料	—	送料			停		
切料和转送	后停			前停	前停	退	后停
脱模	后停	进	前停	退	后停		

图 4-18　滑块(镦头)位移与曲柄转角曲线及其表格式运动循环图

4.3.6 机构设计

机构设计包括运动设计与动力设计. 铆钉冷镦机的运动设计主要是根据镦压机构的运动参数,如镦头行程的大小、每分钟的往复次数,以及断料传送、进料机构行程的大小及其调节等确定各执行机构的运动学参数.

此外，还应对执行构件进行动力学分析及承载能力计算，包括强度、刚度、耐磨性、振动稳定性等，以保证机械系统安全可靠地工作，准确地实现规定功能，完成性能指标.

在进行承载能力计算时，应仔细地进行受力分析.首先需要知道生产阻力的大小及其变化规律，求得各构件所受外力、惯性力及惯性力偶矩、运动副的支反力和原动件上的平衡力或平衡力矩，并在分析其失效形式的基础上建立相应的强度条件.

如果执行机构工作速度较高或惯性参量较大，构件除受外载荷外还受到较大的惯性载荷，则构件在工作时容易产生弹性变形，引起机构动态误差，降低系统精度，甚至产生弹性振动，影响工作稳定性.

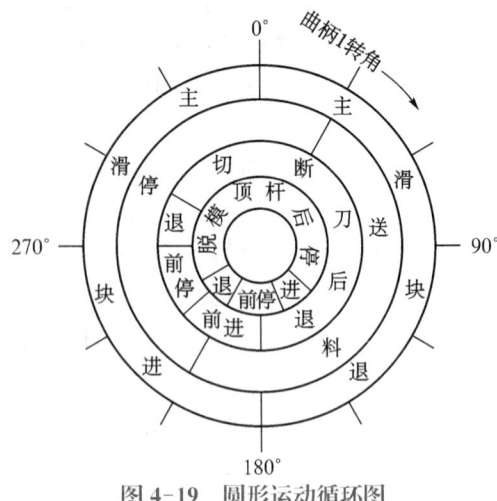

图 4-19　圆形运动循环图

运动副间隙不仅会降低执行系统的精确度，还会使构件运动时产生冲击和噪声，引起动载荷和振动，降低效率.

因此，对高速运行的执行机构系统进行动力学分析时，需注意构件弹性变形及运动副间隙的影响.

第二篇

机械设计课程设计

第5章 机械设计课程设计概述

5.1 机械设计课程设计的目的与内容

5.1.1 机械设计课程设计的目的

机械设计课程设计是与机械设计课程和机械设计基础课程对应的实践教学环节,同时也是学生第一次进行的、较全面的机械设计工程实训.其基本目的如下.

(1) 通过课程设计,综合运用机械类基础课程和其他先修课程的理论及生产实践的知识去分析和解决机械设计问题,并使所学基础理论得到进一步巩固和深化,培养分析和解决实际问题的能力.

(2) 了解和掌握常用机械零部件、机械传动装置和简单机械的设计过程、设计方法.学会从机械功能要求出发,合理选择传动机构类型,拟定设计方案,正确计算零部件的工作能力,确定零件的尺寸、形状、结构及材料,并考虑制造工艺、使用、维护、经济性和安全等问题,培养正确的设计思想和分析问题、解决问题的能力.

(3) 通过计算、查阅资料和绘图,学会运用标准、规范、手册、图册和查阅有关技术资料,培养机械设计的基本技能.

5.1.2 机械设计课程设计的内容

机械设计课程设计是学生第一次进行较为全面的机械设计训练,其性质、内容以及培养学生设计能力的过程均不能与专业课程设计或工厂的产品设计相等同.机械设计课程设计一般选择由机械设计课程所学过的大部分零部件所组成的机械传动装置或结构较简单的机械作为设计题目.现以目前采用较多的以减速器为主体的机械传动装置为例来说明课程设计的内容.如图5-1所示胶带输送机的传动装置通常包括以下主要设计内容.

(1) 传动方案的分析和拟定;
(2) 电动机的选择与传动装置运动和动力参数的计算;
(3) 传动件(如齿轮或蜗杆传动、带传动等)的设计;
(4) 轴的设计;
(5) 轴承及其组合部件设计;

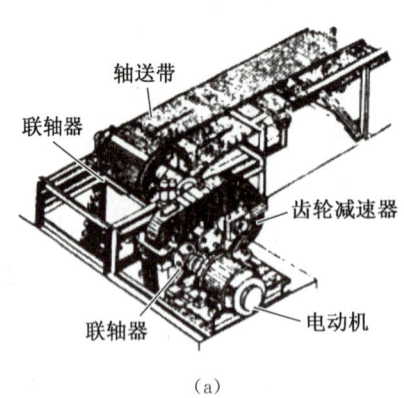
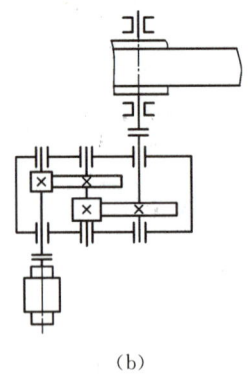

(a)   (b)

图 5-1   胶带输送机

(6) 键联接和联轴器的选择与校核;
(7) 润滑设计;
(8) 箱体、机架及附件的设计;
(9) 装配图和零件图的设计与绘制;
(10) 设计计算说明书的编写.

机械设计课程设计一般要求每个学生完成以下工作.
(1) 总图和传动装置部件装配图(A1 号或 A0 号图纸)1~2 张;
(2) 零件工作图若干张(传动件、轴和箱体、机架等,具体由教师指定);
(3) 设计计算说明书一份.

课程设计完成后应进行总结和答辩.

对于不同专业,由于培养要求和学时数不同,选题和设计内容及分量应有所不同.

5.2 机械设计课程设计的方法与步骤

5.2.1 机械设计课程设计的方法

(1) 独立思考,继承与创新. 任何设计都不可能是设计者独出心裁、凭空设想、不依靠任何资料所能实现的. 设计时,要认真阅读参考资料,继承或借鉴前人的设计经验和成果,但不能盲目地全盘抄袭,应根据具体的设计条件和要求,独立思考,大胆地进行改进和创新.

(2) 全面考虑机械零部件的强度、刚度、工艺性、经济性和维护等基本要求. 任何机械零部件的结构和尺寸,除了考虑它的强度和刚度外,还应综合考虑零件本身及整个部件的工艺性要求(如加工和装配工艺性)、经济性要求(如制造成本)、使用要求(如维护方便)等才能确定.

(3) 计算、结构设计交互进行. 在机械设计中,多数零件可以由承载能力计算确定零件的基本参数及尺寸,再通过草图设计决定其具体结构和其他相关尺寸. 而有些零件(如轴)则需先经初算和绘草图,得到初步符合设计条件的基本结构尺寸,然后再进行必要的计算,根据计算的结果,对结构和尺寸进行修改. 因此,计算和绘图互为依据,交叉进行. 这种边计算、边绘图、边修改的设计方法是机械设计中经常采用的方法,又称"三边"设计方法.

(4) 合理使用标准和规范. 设计时应尽量使用标准和规范,有利于零件的互换性和工艺性,同时也可减少设计工作量,节省设计时间. 对于国家标准或部门规范,一般都要严格遵守和执行. 设计中采用标准或规范的多少,是评价设计质量的一项指标. 因此,在课程设计中,凡是有标准或规范的,应该尽量采用.

5.2.2 机械设计课程设计的步骤

1. 设计准备

(1) 阅读和研究设计任务书,明确设计内容和要求;分析设计题目,了解原始数据和工作条件.

(2) 通过参观(模型、实物、生产现场)、看电视录像、参阅设计资料以及必要的调研等途径了解设计对象.

(3) 阅读本书有关内容,明确并拟定设计过程和进度计划.

2. 传动装置的总体设计

(1) 分析和拟定传动装置的运动简图.

(2) 选择电动机.

(3) 计算传动装置的总传动比和分配各级传动比.

(4) 计算各轴的转速、功率和转矩.

3. 各级传动的主体设计计算

设计计算齿轮传动、蜗杆传动、带传动和链传动等主要参数和尺寸.

4. 装配草图的设计和绘制

(1) 装配草图设计的准备工作:主要是分析和选定传动装置的结构方案.

(2) 初绘装配草图及轴和轴承的计算:作轴、轴上零件和轴承部件的结构设计;校核轴的强度、滚动轴承的寿命和键、联轴器的强度.

(3) 完成装配草图,并进行检查和修正.

5. 装配工作图的绘制和总成

(1) 绘制装配图.

(2) 标注尺寸、配合及零件序号.

(3) 编写零件明细表、标题栏、技术特性及技术要求等.

6. 零件工作图的设计和绘制

(1) 齿轮类零件的工作图.

(2) 轴类零件的工作图.

(3) 箱体、机架类零件的工作图. 具体内容由设计指导教师指定.

7. 设计计算说明书的编写

8. 设计总结和答辩

(1) 完成答辩前的准备工作.

(2) 参加答辩.

必须指出,上述设计步骤并不是一成不变的. 机械设计课程设计与其他机械设计一样,从分析总体方案开始到完成全部技术设计的整个过程中,由于在拟定传动方案时,甚至在完成各种计算设计时有一些矛盾尚未显露,而待结构形状和具体尺寸表达在图纸上时,这些矛盾才会充分暴露出来,故设计时须作必要修改,才能逐步完善,亦即需要"由主到次、由粗到细","边计算、边绘图、边修改"及设计计算与结构设计绘图交替进行,这种反复修正细化和优化的工作在设计中往往是经常发生的.

5.3 机械设计课程设计时应注意的事项

(1) 机械设计课程设计是学生第一次比较全面的设计训练,为提高学生工程设计能力和为以后更为复杂的设计工作打好基础.学生在设计的全过程中必须严肃认真,刻苦钻研,一丝不苟,精益求精,这样才能在设计思想、方法和技能各方面都获得较好的锻炼与提高.

(2) 机械设计课程设计是在教师指导下由学生独立完成的.教师的主导作用在于引导设计思路,启发学生独立思考,解析疑难问题,并按设计进度进行阶段审查.学生必须发挥设计的主动性,主动思考问题、分析问题和解决问题,而不应依赖指导教师查资料、给数据、定答案.

(3) 设计中要正确处理参考已有资料与创新的关系.设计是一项复杂、细致的劳动,通常设计不可能是由设计者脱离前人长期积累的经验和资料而凭空完成.熟悉和利用已有的资料,既可避免许多重复工作,加快设计进程,同时也是提高设计质量的重要保证.善于掌握和使用各种资料,如参考和分析已有的结构方案,合理选用已有的经验设计数据,也是设计工作能力的重要方面.然而,任何新的设计任务总是有其特定的设计要求和具体工作条件,因而学生不能盲目地、机械地抄袭资料,而必须具体分析,吸收新的技术成果,注意新的技术动向,创造性地进行设计,鼓励运用现代设计方法,使设计质量和设计能力都获得提高.

(4) 学生应在教师的指导下订好设计进程计划,注意掌握进度,按预订计划保质保量完成设计任务.前已述及,机械设计应边计算、边绘图、边修改,设计计算与结构设计绘图交替进行.这与按计划完成设计任务并不矛盾,学生应从第一次设计开始就注意逐步掌握正确的设计方法.

(5) 整个设计过程中要注意随时整理计算结果,并在设计草稿本上记下重要的论据、结果、参考资料的来源以及需要进一步探讨的问题,使设计的各方面都做到有理、有据.这对设计的正常进行、阶段自我检查和编写计算说明书都是必要的.

第6章 机械传动装置的总体设计

机械传动装置的总体设计,主要包括分析和拟定传动方案、选择原动机、合理分配传动比及计算传动装置的运动和动力参数,为计算各级传动件、设计和绘制装配草图提供条件.

6.1 分析和拟定传动装置的运动简图

一般工作机器通常由原动机、传动装置和工作装置三个基本职能部分以及操纵控制装置组成.传动装置传送原动机的动力、变换其运动,以实现工作装置预定的工作要求,它是机器的主要组成部分.实践证明,传动装置的重量和成本通常在整台机器中占有很大的比重;机器的工作性能和运转费用在很大程度上也取决于传动装置的性能、质量及设计布局的合理性.由此可见,在机械设计中合理拟定传动方案具有重要意义.

传动方案通常由运动简图表示.它用简单的符号代表一些运动副和机构,能显示机器运动链及运动特征.如图 5-1(a)所示为一胶带输送机传动装置的外形,图 5-1(b)即为其运动简图.这种简图不仅明确地表示了组成机器的原动机、传动装置和工作装置三者之间运动和力的传递关系,而且也是设计传动装置中各零部件的重要依据.

机器多以交流电动机作为原动机,它以满载转速 n_m 提供连续的回转运动.倘若机器工作轴需以 n_w 连续回转(图 6-1 所示的回转筛、图 6-2 所示的混砂机),那么拟定传动装置方案最基本的要求就是选择一个(或串联几个)传递连续回转运动的机构使其传动比(或总传动比) $i = \dfrac{n_m}{n_w}$,若工作装置所要求的运动不是等速连续回转,这就需要首先选择能将连续回转变换为工作构件所要求的运动特性的机构(此机构实际上为工作装置的一部分),再以该机构作等速连续回转的主轴作为工作轴,并算出该轴所需转速 n_w,然后按上述方法,在电动机与工作轴之间选择传递连续回转运动的机构,使其总传动比 $i = \dfrac{n_m}{n_w}$,最终实现工作装置所要求的运动.如图 5-1 所示胶带输送机,采用带传动机构将主动卷筒之等速连续回转运动变换成输送带的等速连续移动.设 v_w 为输送带要求的工作速度(m/s),D 为主动卷筒的直径(mm),则其工作轴(即主动卷筒轴)的转速应为

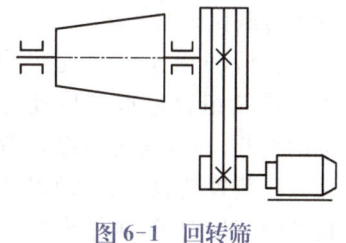

图 6-1 回转筛

$$n_w = \frac{6 \times 10^4 v_w}{\pi D} (\text{r/min}).$$

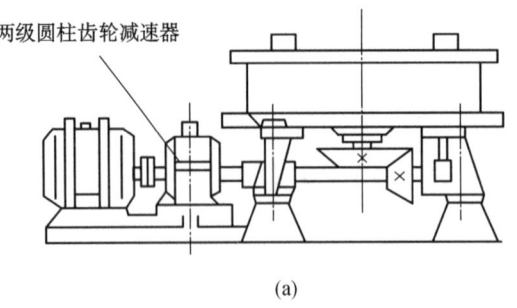
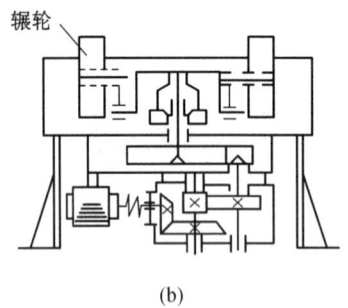

图 6-2 混砂机

实现工作装置预定的运动是拟定传动方案最基本的要求.但满足这个要求可以有不同的传动方式、不同的机构类型、不同的顺序和布局,以及在保证总传动比相同的前提下分配各级传动机构以不同的分传动比来实现的许多方案.这就需要将各种传动方案加以分析比较,针对具体情况择优选定.合理的传动方案除应满足机器预定的功能外,还要求结构简单、尺寸紧凑、工作可靠、制造方便、成本低廉、传动效率高和使用维护方便.要同时满足这些要求往往是困难的,设计者首先要保证重点要求.如图 6-3 所示是胶带输送机的四种传动方案.显然,方案 A 结构最紧凑,但在长期连续运转的条件下,由于蜗杆传动的效率较低,其功率损失较大;方案 B 的宽度尺寸较方案 C 小,但锥齿轮加工比圆柱齿轮困难;方案 D 的宽度和长度尺寸都比较大,且带传动不适应繁重的工作条件和恶劣的环境,但若用于链式或板式输送机,则带传动将能发挥过载保护的作用.

分析和选择传动机构的类型及其组合是拟定传动方案的重要一环,这时应综合考虑工作装置的载荷、运动以及机器的其他要求,再结合各种传动机构的特点和适用范围,加以分析比较,合理选择.为便于选型,将常用传动机构的性能、特点及其应用列于表 6-1 和表 6-2.传动装置中广泛采用减速器.常用减速器的型式、特点及其应用列于表 6-3.

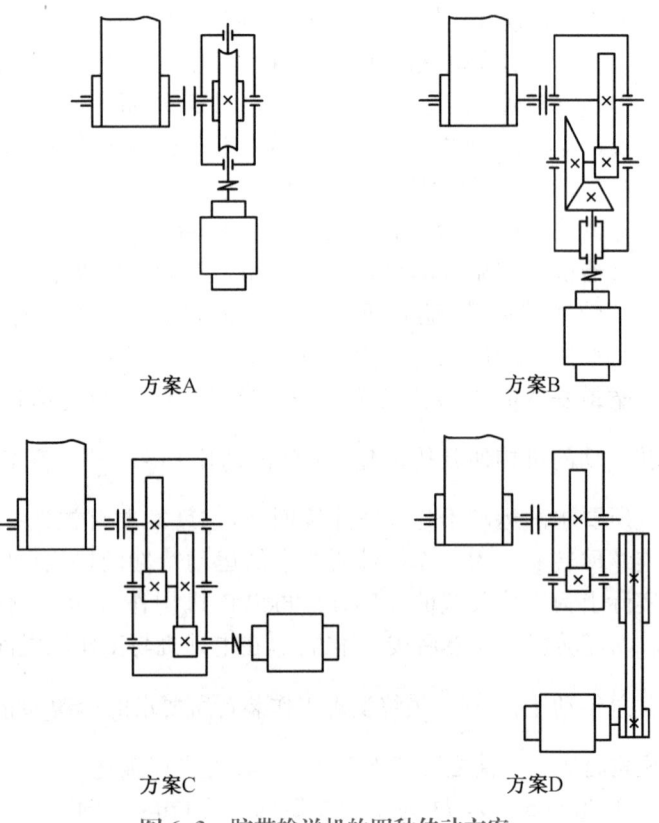

图 6-3 胶带输送机的四种传动方案

表 6-1 传递连续回转运动常用传动机构的性能

选用指标	传动机构									
	普通平带传动	普通 V 带传动	摩擦轮传动	链传动	普通齿轮传动		蜗杆传动	行星齿轮传动		
								渐开线齿	摆线针轮	谐波齿轮
常用功率/kW	小(≤20)	中(≤100)	小(≤20)	中(≤100)	大(最大达 50 000)		小(≤50)	大(最大达 3 500)	中(≤100)	中(≤100)
单级传动比常用值(最大值)	2～4(6)	2～4(15)	≤5～7(15～25)	2～5(10)	圆柱 3～5(10)	圆锥 2～3(6～10)	7～40(80)	3～83	11～87	50～500
传动效率	中	中	中	中	高		低	中		
许用的线速度/(m·s^{-1})	≤25	≤25～30	≤15～25	≤40	6 级精度 直齿≤18 非直齿≤36 5 级精度达 100		≤15～35	基本同普通齿轮传动		
外廓尺寸	大	大	大	大	小		小	小		
传动精度	低	低	低	中等	高		高	高		
工作平稳性	好	好	好	较差	一般		好	一般		
自锁能力	无	无	无	无	无		可有	无		
过载保护作用	有	有	有	无	无		无	无		
使用寿命	短	短	短	中等	长		中等	长		
缓冲吸振能力	好	好	好	中等	差		差	差		
要求制造及安装精度	低	低	中等	中等	高		高	高		
要求润滑条件	不需	不需	一般不需	中等	高		高	高		
环境适应性	不能接触酸、碱、油类、爆炸性气体		一般	好	一般		一般	一般		
成　本	低	低	低	中	中		高	高		

注:1. 传递连续回转运动,还可以采用双曲柄机构(一般为不等角速度)和万向联轴器(传递相交轴运动);
2. 表中普通齿轮传动指闭式普通渐开线齿轮传动,蜗杆传动指闭式阿基米德圆柱蜗杆传动.

表 6-2 实现其他特定运动常用机构的特点和应用

运动形式	传动机构	特点和应用
间歇回转	槽轮机构	运转平稳,工作可靠,结构简单,效率较高,多用来实现不需经常调节转动角度的转位运动
	棘轮机构	常用连杆机构或凸轮机构组合,以实现间歇回转;冲击较大,但转位角易调节,多用于转位角小于 45°或转动角度大小常需调节的低速间歇回转

续 表

运动形式		传动机构	特点和应用
移动	等速直线运动或环形运动	带传动	平稳，传递功率不大，多用于水平运输散粒物料或重量不大的非灼热机件，加装料斗后可作垂直提升
		链传动	传递功率较大，常用于各种环形移动的输送机
	往复直线运动	连杆机构	常用曲柄滑块机构；结构简单，制造容易，能传递较大载荷，耐冲击，但不宜高速；多用于对构件起始和终止有精确位置要求而对运动规律不必严格要求的场合
		凸轮机构	结构较紧凑，其突出优点是在往复移动中易于实现复杂的运动规律，如控制阀门的启闭很适宜；行程不能过大，凸轮工作面单位压力不能过大；重载容易磨损
		螺旋机构	工作平稳，可获得精确的位移量，易于自锁，特别适用于高速回转变成缓慢移动的场合，但效率低，不宜长期连续运转；往复可在任意时刻进行，无一定冲程
		齿轮齿条机构	结构简单紧凑，效率高，易于获得大行程，适用于移动速度较高的场合，但传动平稳性和精度不如螺旋传动
		绳传动	传递长距离直线运动最轻便，特别适用于起升重物之上下升降运动
往复摆动		连杆机构	常用曲柄摇杆机构、双摇杆机构；其他与作往复直线运动的连杆机构相同
		凸轮机构	与作往复直线运动的凸轮机构相同
		齿条齿轮机构	齿条往复移动，齿轮往复摆动；结构简单、紧凑，效率高；齿条的往复移动可由曲柄滑块机构获得，也可由气缸、油缸活塞杆的往复移动获得
曲线运动		连杆机构	用实验方法、解析优化设计方法或连杆图谱而获得近似连杆曲线
振动		凸轮机构	中等频率，中等负荷，如振动送砂机
		连杆机构	频率较低，负荷可大些，如振动输送槽
		旋转偏重惯性机构	频率较高，振幅不大且随负荷增大而减小，如惯性振动筛
		偏心轴强制振动机构	利用偏心轴强制振动；频率较高，振幅不大且固定不变，工作稳定可靠，但偏心轴固定轴承受往复冲击易损坏

表 6-3　　常用减速器的型式、特点及应用

名称		简图	传动比范围		特点及应用
			一般	最大值	
普通圆柱齿轮减速器	单级圆柱齿轮减速器		直齿≤4 斜齿≤6	10	轮齿可为直齿、斜齿或人字齿. 箱体常用铸铁铸造. 支承多采用滚动轴承，只有重型或特高速时才采用滑动轴承
	两级展开式圆柱齿轮减速器		8～40	60	这是两级减速器中应用最广泛的一种. 齿轮相对于轴承不对称，要求轴具有较大的刚度. 伸出轴上的齿轮常布置在远离轴伸出端的一边，以减少因弯曲变形所引起的载荷沿齿宽分布不均现象. 高速级常用斜齿，低速级可用斜齿或直齿. 建议用于载荷较平稳场合
	两级分流式圆柱齿轮减速器		8～40	60	低速轴上的齿轮相对于轴承为对称布置，载荷沿齿宽分布较均匀. 中间轴危险断面上的扭矩是传递转矩的一半. 高速级多用斜齿，一边右旋，另一边左旋，轴向力可抵消. 结构较复杂，需多用一对齿轮，轴向尺寸大. 建议用于变载荷场合

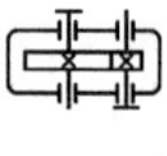

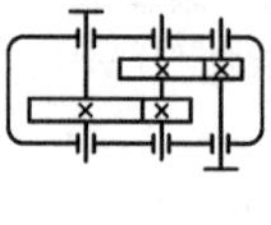

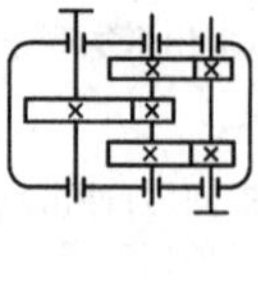

续 表

名称		简图	传动比范围		特点及应用
			一般	最大值	
普通圆柱齿轮减速器	两级同轴线式圆柱齿轮减速器		8～40	60	箱体长度较小，两大齿轮浸油深度可以大致相同．但减速器轴向尺寸及重量较大；高速级齿轮的承载能力不能充分利用；中间轴承润滑困难；中间轴较长，刚度差；仅能有一个输入端和输出端，限制了传动布置的灵活性
	三级展开式圆柱齿轮减速器		40～200	400	特点是传动比大，其余与两级展开式相同
圆锥及圆锥—圆柱齿轮减速器	单级圆锥齿轮减速器		直齿≤3 斜齿≤5	10	用于输入轴与输出轴相交的传动
	两级圆锥-圆柱齿轮减速器		8～15	圆锥直齿 20 圆锥斜齿 40	用于输入轴与输出轴相交而传动比较大的传动．锥齿轮应在高速级，以减小其尺寸，利于加工．轮齿可制成直齿或斜齿
	三级圆锥-圆柱齿轮减速器		25～75	200	用于输入轴与输出轴相交而传动比很大的传动．其他与两级圆锥-圆柱齿轮减速器相同
蜗杆减速器	单级蜗杆减速器	蜗杆下置式 蜗杆上置式	7～40	80	传动比大，结构紧凑，用于中小功率传动．下置式蜗杆减速器润滑条件较好，应优先选用．当蜗杆圆周速率 $v>4$ m/s 时，搅油损失大，才用上置式，蜗轮轮齿浸油，蜗杆轴承润滑较差
	两级蜗杆减速器		300～800	3 600	传动比很大，结构紧凑，但效率很低，用于小功率、传动比很大而结构紧凑的场合
蜗杆-齿轮减速器			60～90	480	传动比较单级蜗杆减速器大，较两级蜗杆减速器小，但效率较两级蜗杆减速器高
行星齿轮减速器	单级 NGW 型		3～9	12.5	比普通圆柱齿轮减速器尺寸小、重量轻、结构复杂、精度要求高，用于结构紧凑场合
	双级 NGW 型		10～60	160	结构紧凑，传动比范围大，效率较低，最好不用于长期动力传动，其余特性同单级 NGW
	N 型		7～71	100	结构紧凑，传动比范围大，制造精度要求高，目前只用于中小功率短期工作

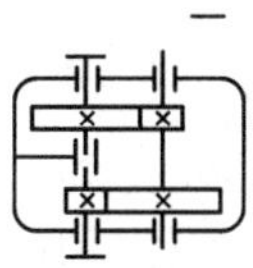

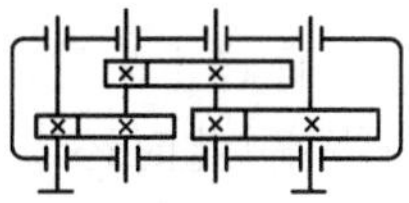

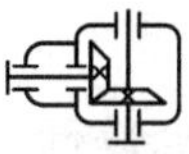

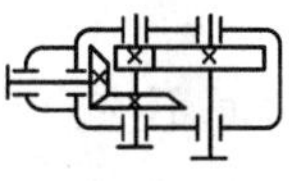

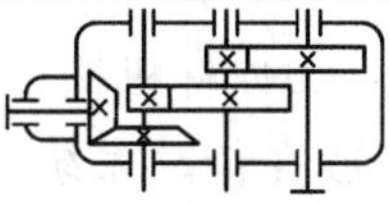

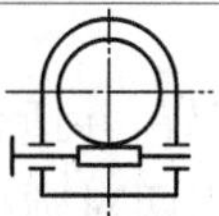

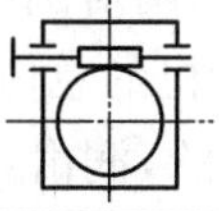

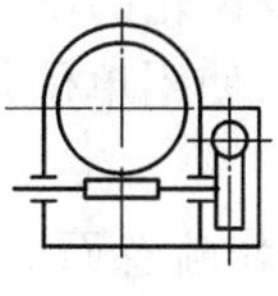

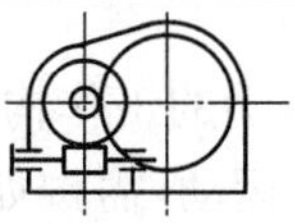

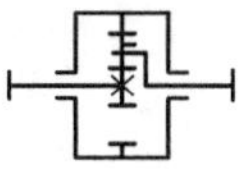

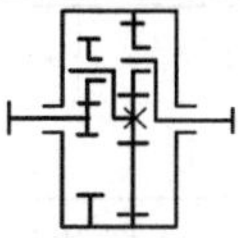

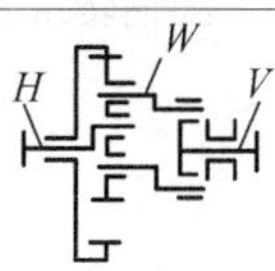

传动系统应有合理的顺序和布局.除必须考虑各级传动机构所适应的速度范围外,下列几点可供参考.

(1) 带传动承载能力较低,在传递相同转矩时结构尺寸较啮合传动大,但带传动平稳,能缓冲吸震,应尽量置于传动系统的高速级.

(2) 一般滚子链传动运转不均匀,有冲击,宜布置在低速级.

(3) 蜗杆传动的传动比大,承载能力较齿轮低,常布置在传动系统的高速级,以获得较小的结构尺寸.同时,由于有较高的齿面相对滑动速度,易于形成液体动压润滑油膜,也有利于提高承载能力及效率.

(4) 锥齿轮(特别是大模数锥齿轮)的加工比较困难,一般宜置于高速级,以减小其直径和模数.但需注意,当锥齿轮的速度过高时,其精度也需相应提高,此时还应考虑能否达到所需制造精度以及成本问题.

(5) 斜齿轮传动较直齿轮传动平稳,相对应用于高速级.

(6) 开式齿轮传动一般工作环境较差,润滑条件不良,外廓紧凑性可低于闭式传动,应布置在低速级.

(7) 制动器通常设在高速轴.传动系统中位于制动装置后面不应出现带传动、摩擦传动和摩擦离合器等重载时可能出现摩擦打滑的装置.

(8) 为简化传动装置,一般总是将改变运动形式的机构(如连杆机构、凸轮机构)布置在传动系统的末端或低速处;对于许多控制机构,一般也尽量放在传动系统的末端或低速处,以免造成大的累积误差,降低传动精度.

(9) 传动装置的布局应使结构紧凑、匀称,强度和刚度好,并适合车间布置情况和工人操作,便于装拆和维修.如图 6-2 所示两种型式混砂机都是用两对圆柱齿轮和一对锥齿轮减速传动.但布局不一样,效果就不相同.如图 6-2(a)所示混砂机的总体布局中,电动机和减速器在机器外面,结构不紧凑;传动装置中一对锥齿轮是开式的,润滑条件差,沙尘易落入,加速齿轮磨损,工作寿命较短;从动锥齿轮较大,制造较难;主动锥齿轮的支承跨距大,对该轴的强度和刚度均不利;且机架、电动机和减速器分别与地基联接,使用单位安装费事,在这几方面不及如图 6-2(b)所示改进后的混砂机.

(10) 在传动装置总体设计中,必须注意防止因过载或操作疏忽而造成机器损坏和人员工伤,可视具体情况在传动系统的某一环节加设安全保险装置.

(11) 在一台机器中可能有几个彼此之间必须严格协调运动的工作构件,如图 6-4(a)所示牛头刨床刀座的往复运动和支持工件的工作台的间歇进给运动,需按如图 6-4(b)所示运

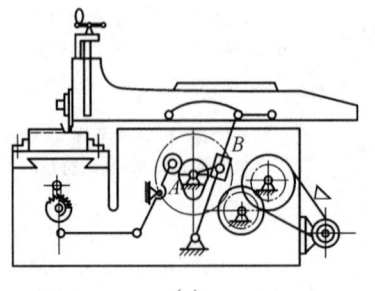

(a)

刀座	工作行程	空回行程	
工作台	停止	进给	停止

0　　曲柄转角 $\varphi \rightarrow$　　2π

(b)

图 6-4　牛头刨床简图及运动协调图

动循环图协调运动，一般均采用一台原动机驱动同一工作轴[图 6-4(a)中的 A 轴]，再由此通过控制机构[图 6-4(a)中的凸轮]使传动系统作并联分支. 如一台机器中各工作构件的运动彼此无需协调配合，则可由多台原动机分别驱动，也可共用一台原动机通过传动链并联分支驱动各个工作构件.

此外，尚需指出，在机械设计课程设计的任务书中，若已提供传动方案，则学生应论述该方案的合理性，也可提出改进意见，另行拟定更合理的方案.

6.2 原动机的选择

6.2.1 原动机的类型及应用

原动机是机器中运动和动力的来源，其种类很多，在机械中常见的有电动机、内燃机、液动机和气动机.

电动机是将电能转换为机械能的原动机. 一般来说，较其他原动机有较高的驱动效率，与被驱动的工作机的连接也较为方便，其种类和型号较多，并具有各种机械特性，可满足不同类型工作机械的要求，电动机还具有良好的调速性能，起动、制动、反向和调速以及远程测量与遥控均较方便，便于生产过程自动化管理. 因此，生产机械在有动力电源的场合应优先选用电动机作为原动机.

内燃机是将柴油或汽油作为燃料，在汽缸内部进行燃烧，直接将产生的气体所含的热能转变为机械能，其功率范围较宽，操作方便，起动迅速，便于移动，在汽车、飞机、船艇、野外作业的工程机械、农业机械中有广泛地应用；但由于其排气污染和噪声都较大，不宜用于室内机械.

液动机和气动机分别以液体和气体作为工作介质，两类原动机的工作原理也很相似，输出转矩的有液压马达和气动马达、旋转油缸和旋转气缸；作往复移动的有普通油缸和气缸. 液动机和气动机工作均较平稳，可无级调速，易实现自动控制；但二者都必须在有液源、气源的场合方可选用. 液动机比其他同功率的动力机体积小，重量轻，运动惯性小，低速性能好；但漏油时不能保证精确运动. 与液动机相比，气动机介质清结、费用少；但其工作压力较低，且由于空气的可压缩性较大、速度不稳定.

6.2.2 选用电动机

电动机已经系列化，通常由专门工厂按标准系列成批或大量生产. 机械设计中应根据工作载荷(大小、特性及其变化情况)、工作要求(转速高低、允差和调速要求、起动和反转频繁程度)、工作环境(尘土、金属屑、油、水、高温及爆炸气体等)、安装要求及尺寸、重量有无特殊限制等条件，从产品目录中选择电动机的类型和结构型式、容量(功率)和转速，确定具体型号.

1. 选择电动机的类型和结构型式

按供电电源的不同，电动机有直流电机和交流电机两大类. 直流电机结构复杂，同样功率情况下尺寸、重量较大，价格较高，用于调速要求高的场合. 交流电机按电机的转速与旋转磁场的转速是否相同可分为同步电机和异步电机两种.同步机结构较异步机复杂,造价较高,而且转速不能调节,但可改善电网的功率因数;用于长期连续工作而需保持转速不变的大型机械(如大功率离心水泵和通风机).生产单位一般用三相交流电源,如无特殊要求(如在较大范围内平稳地调速,经常起动和反转等),通常都采用三相交流异步电动机.我国已制定统一标准的Y系列电动机是一般用途的全封闭自扇冷鼠笼型三相异步电动机,适用于不易燃、不易爆、无腐蚀性气体和无特殊要求的机械,如金属切削机床、风机、输送机、搅拌机、农业机械和食品机械等.由于Y系列电动机还具有较好的起动性能,因此也适用于某些对起动转矩有较高要求的机械(如压缩机等).在经常起动、制动和反转的场合,要求电动机转动惯量小和过载能力大,此时宜选用起重及冶金用的YZ型或YZR型三相异步电动机.

三相交流异步电动机根据其额定功率(指连续运转下电机发热不超过许可温升的最大功率,其数值标在电动机铭牌上)和满载转速(指负荷相当于额定功率时的电动机转速;当负荷减小时,电机实际转速略有升高,但不会超过同步转速——磁场转速)的不同,具有系列型号.为适应不同的安装需要,同一类型的电动机结构又制成卧式、立式、机座带底脚或端盖有凸缘或既有底脚又有凸缘等若干种安装形式.各型号电动机的技术数据(如额定功率、满载转速、堵转转矩与额定转矩之比、最大转矩与额定转矩之比等)、外形及安装尺寸可查阅产品目录或有关机械设计手册.

2. 确定电动机功率

电动机的容量(功率)选得合适与否,对电动机的工作和经济性都有影响.当容量小于工作要求时,电动机不能保证工作装置的正常工作,或使电动机因长期过载而过早损坏;容量过大则电动机的价格高,能量不能充分利用,且因经常不在满载下运行,其效率和功率因数都较低,造成浪费.

电动机容量主要由电动机运行时的发热条件决定,而发热又与其工作情况有关.电动机的工作情况一般可分为两类.

(1) 用于长期连续运转、载荷不变或很少变化的、在常温下工作的电动机(如用于连续输送机械的电动机).选择这类电动机的容量,只需使电动机的负载不超过其额定值,电动机便不会过热.这样可按电动机的额定功率 P_m 等于或略大于电动机所需的输出功率 P_0,即 $P_m \geqslant P_0$,从手册中选择相应的电动机型号,而不必再进行发热计算.通常按选择 $P_m = (1 \sim 1.3) P_0$ 选择,电动机功率裕度的大小应视工作装置可能的过载情况而定.

电动机所需的输出功率为

$$p_0 = \frac{P_w}{\eta} \quad \text{kW} \tag{6-1}$$

式中　P_w——工作装置所需功率,kW;

　　　η——由电动机至工作装置的传动装置的总效率.

工作装置所需功率 P_w 应由机器工作阻力和运行速度经计算求得.机械设计课程设计中,通常可由设计任务书给定参数,按下式计算:

$$P_w = \frac{F_w \cdot v_w}{1\,000 \eta_w} \quad \text{kW} \tag{6-2}$$

或

$$P_w = \frac{T_w \cdot n_w}{9\,500\eta_w} \quad \text{kW} \tag{6-3}$$

式中 F_w ——工作装置的阻力，N；

v_w ——工作装置的线速度，m/s；

T_w ——工作装置的阻力矩，N·m；

n_w ——工作装置的转速，r/min；

η_w ——工作装置的效率.

由电动机至工作装置的传动装置总效率 η 按下式计算：

$$\eta = \eta_1 \cdot \eta_2 \cdot \eta_3 \cdot \cdots \cdot \eta_n \tag{6-4}$$

式中，η_1，η_2，η_3，…，η_n 分别为传动装置中每一级传动副（齿轮、蜗杆、带或链传动等）、每对轴承或每个联轴器的效率，其值可查阅机械设计手册，表 6-4 列出了部分数据.

表 6-4 机械传动效率的概略值

类别	传动型式	效率
圆柱齿轮传动	很好跑合的 6、7 级精度（稀油润滑）	0.98～0.99
	8 级精度的一般齿轮传动（稀油润滑）	0.97
	9 级精度（稀油润滑）	0.96
	加工齿的开式传动（干油润滑）	0.94～0.96
	铸造齿的开式传动	0.90～0.93
圆锥齿轮传动	很好跑合的 6、7 级精度（稀油润滑）	0.97～0.98
	8 级精度的一般齿轮传动（稀油润滑）	0.94～0.97
	加工齿的开式传动（干油润滑）	0.92～0.95
	铸造齿的开式传动	0.88～0.92
蜗杆传动	有自锁性的普通圆柱蜗杆传动（稀油润滑）	0.40～0.45
	单头普通圆柱蜗杆传动（稀油润滑）	0.70～0.75
	双头普通圆柱蜗杆传动（稀油润滑）	0.75～0.82
	三头和四头普通圆柱蜗杆传动（稀油润滑）	0.80～0.92
带传动	平带开式传动	0.98
	V 带传动	0.96
链传动	滚子链传动	0.96
	齿形链传动	0.97
摩擦传动	平摩擦轮传动	0.85～0.92
	卷绳轮传动	0.95
轴承（一对）	滚动轴承（球轴承取大值）	0.99～0.995
	滑动轴承（液体摩擦取大值，润滑不良取小值）	0.97～0.995
取轴器	浮动联轴器（滑块联轴器等）	0.97～0.99
	齿式联轴器	0.99
	弹性联轴器	0.99～0.995
	万向联轴器	0.95～0.98
减（变）速器	单级圆柱齿轮减速器	0.97～0.98
	两级圆柱齿轮减速器	0.95～0.96
	单级 NGW 型行星齿轮减速器	0.95～0.98
	单级圆锥齿轮减速器	0.95～0.96
	两级圆锥-圆柱齿轮减速器	0.94～0.95
	无级变速器	0.92～0.95

计算传动装置总效率时应注意以下五点.

① 所取传动副的效率是否已包括其轴承效率,如已包括则不再计入轴承效率.

② 轴承效率通常指一对轴承而言.

③ 同类型的几对传动副、轴承或联轴器,要分别计入各自的效率.

④ 蜗杆传动效率与蜗杆头数及材料有关,设计时应初选头数,估计效率,待设计出蜗杆传动后再确定效率,并修正前面的设计计算数据.

⑤ 资料推荐的效率值一般有一个范围,如工作条件差、加工精度低、维护不良时,则应取低值,反之,则取高值.

(2) 用于变载下长期运行的电动机、短时运行的电动机(工作时间短、停歇时间较长)和重复短时运行的电动机(工作时间和停歇时间都不长).其容量选择按等效功率法计算,并校验过载能力和起动转矩.需要时可参阅电力拖动等有关专著.

3. 电动机转速的选择

额定功率相同的同类型电动机,有几种转速可供选择,如三相异步电动机就有四种常用的同步转速,即 3 000 r/min,1 500 r/min,1 000 r/min,750 r/min. 电动机的转速高,极对数少,尺寸和质量小,价格也低,但传动装置的总传动比大,从而使传动装置的结构尺寸增大,成本提高;选用低转速的电动机则相反.因此,应对电动机及传动装置作整体考虑,综合分析比较,以确定合理的电动机转速.一般来说,如无特殊要求,通常多选用同步转速为 1 500 r/min 或 1 000 r/min 的电动机.

对于多级传动,为使各级传动机构设计合理,还可以根据工作机的转速及各级传动副的合理传动比,推算电动机转速的可选范围,即

$$n'_d = i'_a n = (i'_1 i'_2 \cdots i'_n) n \tag{6-5}$$

式中　n'_d——电动机可选转速范围,r/min;

　　　i'_a——传动装置总传动比的合理范围;

　　　$i'_1, i'_2, \cdots, i'_n$——各级传动副传动比的合理范围(表 6-1);

　　　n——工作机转速,r/min.

电动机的类型、结构、输出功率 P_0 和转速确定后,可由标准中查出电动机型号、额定功率、满载转速、外形尺寸、电动机中心高、轴伸尺寸、键联接尺寸等,并将这些参数列表备用.

通常按所需电动机功率 P_0 对传动装置进行设计计算,以免按电动机额定功率 P_m 设计使传动装置的工作能力可能超过工作机的要求而造成浪费.有些通用设备为留有储备能力,以备发展或不同工作需要,也可按额定功率 P_m 设计传动装置.传动装置的转速可按电动机满载转速 n_m(额定功率时的转速)计算,这一转速与实际工作时的转速相差不大.

6.3　传动装置总传动比的确定及各级传动比的分配

电动机选定后,根据电动机的满载转速 n_m 及工作轴的转速 n_w 可确定传动装置的总传动比 i,即

$$i=\frac{n_{\mathrm{m}}}{n_{\mathrm{w}}} \tag{6-6}$$

总传动比数值不大的可用一级传动，数值大的通常采用多级传动而将总传动比分配到组成传动装置的各级传动机构. 若传动装置由多级传动串联而成，必须使各级分传动比 i_1，i_2，i_3，…，i_k 的乘积与总传动比相等，即

$$i=i_1 \cdot i_2 \cdot i_3 \cdot \cdots \cdot i_k \tag{6-7}$$

合理分配传动比，是传动装置设计中的又一个重要问题. 它将影响传动装置的外廓尺寸、重量及润滑等很多方面. 具体分配传动比时，应注意以下七点.

(1) 各级传动的传动比最好在推荐范围内选取，对减速传动尽可能不超过其允许的最大值. 各类传动的传动比常用值及最大值可参见表 6-1.

(2) 应注意使传动级数少、传动机构数少、传动系统简单，以提高传动效率和减少精度的损失.

(3) 应使各传动的结构尺寸协调、匀称及利于安装，绝不能造成互相干涉. 如图 6-3 方案 D 的 V 带-单级齿轮减速器的传动中，若带传动的传动比过大，大带轮半径可能大于减速器输入轴的中心高，造成安装不便；又如图 6-5 所示，由于高速级传动比过大，造成高速级大齿轮与低速轴干涉相碰.

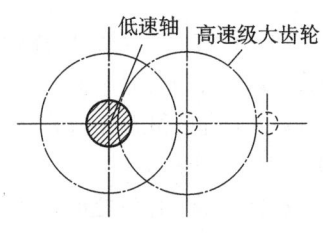

图 6-5 零件互相干涉

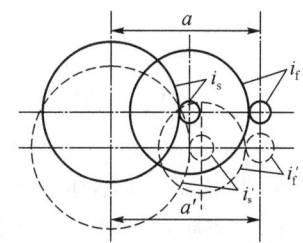

图 6-6 不同速比分配的外廓尺寸

(4) 应使传动装置的外廓尺寸尽可能紧凑. 如图 6-6 所示为两级圆柱齿轮减速器的两种方案，其总中心距相同 ($a=a'$)，总传动比相同 ($i_{\mathrm{f}} \cdot i_{\mathrm{s}}=i'_{\mathrm{f}} \cdot i'_{\mathrm{s}}$，$i_{\mathrm{s}}$ 和 i'_{f}，i'_{s} 分别为两种方案高速级和低速级的传动比)，由于速比分配不相同，其外廓尺寸就有差别，图中实线所示方案具有较小的外廓尺寸.

(5) 在卧式齿轮减速器中，常设计各级大齿轮直径相近，可使其浸油深度大致相等，便于齿轮浸油润滑. 由于低速级齿轮的圆周速度较低，一般其大齿轮直径可大一些，亦即浸油深度可深一些.

(6) 总传动比分配还应考虑载荷性质. 对平稳载荷，各级传动比可取简单的整数；对周期性变动载荷，为防止局部损坏，各级传动比通常取为质数.

(7) 对传动链较长、传动功率较大的减速传动，一般按"前小后大"的原则分配传动比，即自电动机向低速的工作轴各级传动比依次增大较为有利，这样可使各级中间轴有较高的转速及较小的转矩，从而可以减小中间级传动机构及其轴的尺寸和重量. 但从不同侧重点考虑具体问题时，也可能与这个原则有所不同.

此外，对标准减速器，其各级传动比按标准分配；对非标准减速器，可参考下述数据分配

传动比：

① 对于两级展开式圆柱齿轮减速器，一般按齿轮浸油润滑要求，即各级大齿轮直径相近的条件分配传动比，常取 $i_f \approx (1.3 \sim 1.6) i_s$，式中，$i_f$，$i_s$ 分别为减速器高速级和低速级的传动比；对同轴线式减速器则常取 $i_f \approx i_s \approx \sqrt{i}$，$i$ 为减速器总传动比。

② 对于圆锥-圆柱齿轮减速器，为使大锥齿轮的尺寸不致过大，应使高速级锥齿轮的传动比 $i_f \leqslant 3 \sim 4$，一般可取 $i_f \approx 0.25i$ 或 $i_f \approx 0.91\sqrt{i}$。

③ 对于蜗杆-齿轮减速器，可取低速级齿轮传动比 $i_s \approx (0.03 \sim 0.06)i$。

④ 对于两级蜗杆减速器，为了总体布置方便，常使两级传动比大致相等，即 $i_f \approx i_s = \sqrt{i}$。

传动装置的精确传动比与传动件的参数（如齿数、带轮直径等）有关，故传动件的参数确定以后，应验算工作轴的实际转速是否在允许误差范围以内。如不能满足要求，应重新调整传动比。若所设计的机器未规定转速允差范围，则通常可取±(3%~5%)。

6.4 传动装置运动和动力参数的计算

传动装置的运动和动力参数，主要是各轴的转速、功率和转矩，这些是进行传动件设计计算极为重要的依据。现以如图 6-7 所示带式输送机专用两级圆柱齿轮减速传动装置为例，说明机械传动装置的运动和动力参数计算。

设 $n_Ⅰ$，$n_Ⅱ$，$n_Ⅲ$ 和 n_w 分别为Ⅰ，Ⅱ，Ⅲ轴和工作轴（主动卷筒轴）的转速，单位为 r/min；$P_Ⅰ$，$P_Ⅱ$，$P_Ⅲ$ 和 P_w 分别为Ⅰ，Ⅱ，Ⅲ轴和工作轴的输出功率，kW；$T_Ⅰ$，$T_Ⅱ$，$T_Ⅲ$ 和 T_w 分别为Ⅰ，Ⅱ，Ⅲ轴和工作轴的转矩，N·m；$i_{0Ⅰ}$，$i_{ⅠⅡ}$，$i_{ⅡⅢ}$ 和 $i_{Ⅲw}$ 分别为电动机至Ⅰ轴，Ⅰ轴至Ⅱ轴，Ⅱ轴至Ⅲ轴和Ⅲ轴至工作轴之间的传动比（本例 $i_{0Ⅰ}=1$，$i_{Ⅲw}=1$）；$\eta_{0Ⅰ}$，$\eta_{ⅠⅡ}$，$\eta_{ⅡⅢ}$ 和 $\eta_{Ⅲw}$ 分别为电动机至Ⅰ轴，Ⅰ轴至Ⅱ轴，Ⅱ轴至Ⅲ轴和Ⅲ轴至工作轴之间的传动效率。

现按电动机轴至工作轴的传动顺序进行计算如下。

(1) 各轴转速

$$n_Ⅰ = \frac{n_m}{i_{0Ⅰ}}$$

$$n_Ⅱ = \frac{n_Ⅰ}{i_{ⅠⅡ}} = \frac{n_m}{i_{0Ⅰ} \cdot i_{ⅠⅡ}}$$

$$n_Ⅲ = \frac{n_Ⅱ}{i_{ⅡⅢ}} = \frac{n_m}{i_{0Ⅰ} \cdot i_{ⅠⅡ} \cdot i_{ⅡⅢ}}$$

$$n_w = \frac{n_Ⅲ}{i_{Ⅲw}} = \frac{n_m}{i_{0Ⅰ} \cdot i_{ⅠⅡ} \cdot i_{ⅡⅢ} \cdot i_{Ⅲw}} \tag{6-8}$$

式中　n_m——电动机满载转速，r/min。

(2) 各轴输入功率

$$P_Ⅰ = P_0 \cdot \eta_{0Ⅰ} = P_0 \cdot \eta_c$$

$$P_Ⅱ = P_Ⅰ \cdot \eta_{ⅠⅡ} = P_0 \cdot \eta_c \cdot \eta_r \cdot \eta_g$$

$$P_Ⅲ = P_Ⅱ \cdot \eta_{ⅡⅢ} = P_0 \cdot \eta_c \cdot \eta_r^2 \cdot \eta_g^2$$

$$P_w = P_{\text{III}} \cdot \eta_{\text{III}w} = P_0 \cdot \eta_c \cdot \eta_r^3 \cdot \eta_g^2 \cdot \eta_c' \tag{6-9}$$

式中　P_0——电动机的输出功率,kW;
　　　η_c——电动机和Ⅰ轴之间联轴器的效率;
　　　η_r——一对滚动轴承的效率;
　　　η_g——一对齿轮的效率;
　　　η_c'——Ⅲ轴和工作轴之间联轴器的效率.

$$T_{\text{I}} = 9\,550 \frac{P_{\text{I}}}{n_{\text{I}}} = 9\,550 \frac{P}{n_m} \cdot i_{0\text{I}} \cdot \eta_{0\text{I}} = 9\,550 \frac{P}{n_m} \cdot i_{0\text{I}} \cdot \eta_c$$

$$T_{\text{II}} = 9\,550 \frac{P_{\text{II}}}{n_{\text{II}}} = 9\,550 \frac{P_0}{n_m} \cdot i_{0\text{I}} \cdot i_{\text{I II}} \cdot \eta_c \cdot \eta_r \cdot \eta_g$$

$$T_{\text{III}} = 9\,550 \frac{P_{\text{III}}}{n_{\text{III}}} = 9\,550 \frac{P_0}{n_m} \cdot i_{0\text{I}} \cdot i_{\text{I II}} \cdot i_{\text{II III}} \cdot \eta_c \cdot \eta_r^2 \cdot \eta_g^2$$

$$T_w = 9\,550 \frac{P_w}{n_w} = 9\,550 \frac{P_0}{n_m} \cdot i_{0\text{I}} \cdot i_{\text{I II}} \cdot i_{\text{II III}} \cdot i_{\text{III}w} \cdot \eta_c \cdot \eta_r^3 \cdot \eta_g^2 \cdot \eta_c' \tag{6-10}$$

需要指出,本例计算式对于专用机器,取电动机的实际输出功率 P_0 作为设计功率;对于通用机器,则应取电动机的额定功率 P_m 作为设计功率,即将式(6-9)、式(6-10)中的 P_0 改用 P_m 计算.显然,后者计算偏于安全.

根据以上算得数据,列出表格,供以后设计计算使用,见表 6-5.

表 6-5　　　　　　　　　　各轴功率参数

参数	电动机轴	Ⅰ轴	Ⅱ轴	Ⅲ轴	工作轴
转速 $n/(\text{r} \cdot \text{min}^{-1})$					
功率 P/kW					
转矩 $T/(\text{N} \cdot \text{m})$					
传动比 i					
效率 η					

至此,传动装置的总体设计虽说已臻完成,但在具体传动件设计后,仍有可能发现该总体方案有不合理之处,此时则应修正总体方案,有时对其中某些关键问题还需进行科学实验和模拟试验.实际上,机械设计中常需拟定多种总体方案,加以分析比较择优而定.近来有用评分法选择方案,即对每一个方案用多项指标(如功率、效率、尺寸、重量、寿命、平稳性、工艺性、成本、使用……)按评分分级标准一一评定分值,以总分高的方案为优.设计中还越来越多地采用将设计追求的目标建立数学模型,通过电子计算机优化求解最优方案.

【例 6-1】　如图 6-7 所示为一带式输送机传动装置的运动简图.已知输送带的有效拉力 $F_w = 2\,600$ N,输送带速度 $v_w = 1.6$ m/s,卷筒直径 $D = 450$ mm,在室内常温下长期连续工作,载荷平稳,单向运转,环境有灰尘,无其他特殊要求.有三相交流电源,电压 380 V.试按所给运动简图和条

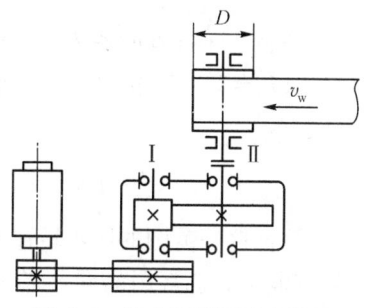

图 6-7　带式输送机运动简图

件,选择合适的电动机,计算传动装置的总传动比,并分配各级传动比;计算传动装置的运动和动力参数.

解 （1）选择电动机

① 选择电动机类型

按已知工作要求和条件选用 Y 系列一般用途的全封闭自扇形冷鼠笼型三相异步电动机.

② 确定电动机功率

工作装置所需功率 P_w 按式(6-2)计算：

$$P_w = \frac{F_w v_w}{1\,000 \eta_w} \text{ kW}$$

式中,$F_w = 2\,600$ N,$v_w = 1.6$ m/s,工作装置的效率本例考虑胶卷及其轴承的效率取 $\eta_w = 0.94$. 代入上式得

$$P_w = \frac{F_w v_w}{1\,000 \eta_w} = \frac{2\,600 \times 1.6}{1\,000 \times 0.94} = 4.43 \text{ kW}$$

电动机的输出功率 P_0 按式(6-1)计算：

$$P_0 = \frac{P_w}{\eta} \text{ kW}$$

式中,η 为电动机轴至卷筒轴的传动装置总效率.

由式(6-4),$\eta = \eta_b \cdot \eta_g \cdot \eta_r^2 \cdot \eta_c$；由表 6-4,取 V 带传动效率 $\eta_b = 0.96$,滚动轴承效率 $\eta_r = 0.995$,8 级精度齿轮传动（稀油润滑）效率 $\eta_g = 0.97$,滑块联轴器效率 $\eta_c = 0.98$,则

$$\eta = 0.96 \times 0.97 \times 0.995^2 \times 0.98 = 0.90$$

故

$$P_0 = \frac{P_w}{\eta} = \frac{4.43}{0.90} = 4.92 \text{ kW}$$

因载荷平稳,电动机额定功率 P_m 只需略大于 P_0 即可,选择 Y 系列电动机的数据选电动机的额定功率 P_m 为 5.5 kW.

③ 确定电动机转速

卷筒轴作为工作轴,其转速为

$$n_w = \frac{6 \times 10^4 v_w}{\pi D} = \frac{6 \times 10^4 \times 1.6}{\pi \times 450} = 67.91 \text{ r/min}$$

按表 6-1 推荐的各传动机构传动比范围：V 带传动比范围 $i'_b = 2 \sim 4$,单级圆柱齿轮传动比范围 $i'_g = 3 \sim 5$,则总传动比范围应为 $i' = 2 \times 3 \sim 4 \times 5 = 6 \sim 20$,可见电动机转速的可选范围为

$$n' = i' n_w = (6 \sim 20) \times 67.91 = 407.46 \sim 1\,358.2 \text{ r/min}$$

符合这一范围的同步转速有 750 r/min 和 1 000 r/min 两种,为减少电动机的重量和价格,有电机表选常用的同步转速有 1 000 r/min 的 Y 系列电动机 Y132M2-6,其满载转速 $n_m = 960$ r/min. 电动机的安装结构形式以及中心高、外形尺寸、轴伸长度等均可由电动机的

标准表中查出.

(2) 计算传动装置的总传动比和分配各级传动比

① 传动装置总传动比

$$i=\frac{n_\mathrm{m}}{n_\mathrm{w}}=\frac{960}{67.91}=14.14$$

② 分配传动装置各级传动比

由式(6-7), $i=i_\mathrm{b} \cdot i_\mathrm{g}$, 为使 V 带传动的外廓尺寸不致过大,取传动比 $i_\mathrm{b}=3$,则齿轮传动比:

$$i_\mathrm{g}=\frac{i}{i_\mathrm{b}}=\frac{14.14}{3}=4.71$$

(3) 计算传动装置的运动和动力参数

① 各轴转速由式(6-8)得

Ⅰ 轴 $\quad n_\mathrm{I}=\dfrac{n_\mathrm{m}}{i_\mathrm{b}}=\dfrac{960}{3}=320\ \mathrm{r/min}$

Ⅱ 轴 $\quad n_\mathrm{II}=\dfrac{n_\mathrm{I}}{i_\mathrm{g}}=\dfrac{320}{4.71}=67.91\ \mathrm{r/min}$

工作轴 $\quad n_\mathrm{w}=n_\mathrm{II}=67.91\ \mathrm{r/min}$

② 各轴输入功率由式(6-9)得

Ⅰ 轴 $\quad P_\mathrm{I}=P_0 \cdot \eta_\mathrm{b}=4.92 \times 0.96=4.72\ \mathrm{kW}$

Ⅱ 轴 $\quad P_\mathrm{II}=P_\mathrm{I} \cdot \eta_\mathrm{r} \cdot \eta_\mathrm{g}=4.72 \times 0.995 \times 0.97=4.55\ \mathrm{kW}$

工作轴 $\quad P_\mathrm{w}=P_\mathrm{II} \cdot \eta_\mathrm{r} \cdot \eta_\mathrm{g}=4.55 \times 0.995 \times 0.97=4.43\ \mathrm{kW}$

③ 各轴输入转矩由式(6-10)得

Ⅰ 轴 $\quad T_\mathrm{I}=9\,550\dfrac{P_\mathrm{I}}{n_\mathrm{I}}=9\,550 \times \dfrac{4.72}{320}=140.86\ \mathrm{N \cdot m}$

Ⅱ 轴 $\quad T_\mathrm{II}=9\,550\dfrac{P_\mathrm{II}}{n_\mathrm{II}}=9\,550 \times \dfrac{4.55}{67.91}=639.85\ \mathrm{N \cdot m}$

工作轴 $\quad T_\mathrm{w}=9\,550\dfrac{P_\mathrm{w}}{n_\mathrm{w}}=9\,550 \times \dfrac{4.43}{67.91}=622.98\ \mathrm{N \cdot m}$

电动机输出转矩 $\quad T_\mathrm{o}=9\,550\dfrac{P}{n}=9\,550 \times \dfrac{4.92}{960}=48.94\ \mathrm{N \cdot m}$

将以上算得的运动和动力参数列于表 6-6.

表 6-6 运动和动力参数

参数	电动机轴	Ⅰ轴	Ⅱ轴	工作轴
转速 $n/(\mathrm{r \cdot min^{-1}})$	960	320	67.91	67.91
功率 P/kW	4.92	4.72	4.55	4.43
转矩 $T/(\mathrm{N \cdot m})$	48.94	140.86	639.85	622.98
传动比 i	3.00		4.71	1.00
效率 η	0.96		0.965	0.975

第7章 机械传动件设计

7.1 机械传动件设计概述

在机械传动装置总体设计中,拟定传动方案、绘制运动简图是进行装配图设计必不可少的、极为重要的依据.传动装置包含很多机件,以如图 2-8 所示较简单的胶带输送机的传动装置而言,其中就包含大小带轮、齿轮、轴、轴承座、机架、联轴器、润滑和密封装置以及各种紧固件等很多机件.这些机件的材料和具体的结构、尺寸并不能从运动简图中反映出来,而必须通过强度或刚度等工作能力计算和结构设计来确定.组成传动装置的各机件,并非彼此孤立,而是相互关联和制约、有机地组合在一起.那么,首先应选择哪些机件进行强度、刚度等工作能力计算和结构设计呢?正确的回答应是"由主到次、由粗到细"."主"是指对事物有决定意义的环节.本例中机件虽多,但带轮、齿轮等传动件却是影响或决定整机运动特性的,是主要的;而其他机件则是为了支承它们,连接它们,使之具有确定位置和正常工作.因而,在设计次序上,前者应是主导和先行的,后者则是从属的,可以说是必须放在后一步进行.

当然,说传动件在机件设计中应是主导和先行,并不是说其全部结构和尺寸都要在装配草图设计前都加以确定.这是因为一方面传动件与轴以键相联,因而在与之相配的轴的结构尺寸尚未确定之前,其孔径和轮毂尺寸等也就无法确定;另一方面,轮辐、圆角和工艺斜度等结构尺寸对机件间的相对位置、安装及力的分析等关系不大,故不需要在装配草图设计以前考虑和完成,而是在装配草图设计、甚至在零件工作图设计过程中"由粗到细"地进行,以便集中精力解决主要矛盾,并减少返回修改的工作量.

各传动件的具体设计计算方法按机械设计教材,本书不再重复.下面仅就课程设计中对传动件设计计算时,应注意的一些问题作简要提示和说明.

7.1.1 要明确各传动件与其他机件的配装或协调关系

如各传动件需和轴、键配装;装在电动机轴上的小带轮直径与电动机中心高应相称;大带轮不要过大,以免与机架干涉相碰;展开式两级圆柱齿轮减速器中高速级大齿轮不能过大,以免与低速轴干涉相碰等.

7.1.2 变换运动形式和闭式传动设计

传动系统中如有变换运动形式的机构，如连杆、凸轮等，应先设计计算其运动尺寸；如有减速器、变速器等闭式传动，一般应先作闭式传动外的传动件(如带传动、链传动、开式齿轮传动等)的设计计算，以便于确定闭式传动内的传动比及各轴转速、转矩的准确数值，从而使随后设计闭式传动时的原始条件比较准确.

7.1.3 要明确在装配草图设计前各传动件应确定的内容

如对连杆、凸轮等变换运动形式的传动件应确定各有关的运动尺寸(回转副间中心距、移动副导路位置、凸轮廓线形状尺寸、摆动和移动的极限位置、运动所及空间和轨迹等)；对V带传动应确定V带型号和根数，带轮的材料、直径和轮缘宽度，中心距与中心线倾角；齿轮(蜗杆)传动应确定材料、模数、齿数(蜗杆头数)、分度圆螺旋角(蜗杆螺旋升角)、旋向、变位系数、分度圆、齿根圆、齿顶圆直径(蜗轮还有最大直径)、齿宽(蜗杆螺旋长度)及中心距等；对锥齿轮还有锥顶距、分度圆锥角及顶锥角. 此外，各级传动的速度、作用力也宜在设计装配草图以前确定.

7.1.4 材料的选择

注意材料选择应与设计计算方法、机件工作条件、毛坯制造方法等情况相适应，材料的种类应尽可能少. 如开式齿轮传动，由于润滑、密封条件差，应注意材料配对，使其具有较好的耐磨性. 选择齿轮材料时，应注意与毛坯制造方法相一致，如当齿轮顶圆直径估计不会超过500 mm时，可采用锻造毛坯，其材料应为锻钢；当顶圆直径大于500 mm时，多用铸造毛坯，材料相应为铸钢或铸铁，当小齿轮齿根圆直径与配装轴径相近时，应将齿轮和轴制成整体的齿轮轴，此时材料选择还应兼顾轴的要求. 不同的蜗杆副材料，适用的相对滑动速度范围不同，因此选材料时要初估相对滑动速度，对成批生产的直径较大的青铜蜗轮宜做成组合结构.

7.1.5 根据具体设计要求，合理选择参数

如对较高转速的滚子链传动，应尽量选取较小的链节距；当单列链不能满足传动能力要求时，应改选双列或多列链；开式齿轮传动一般支承刚度较小，应选择较小的齿宽系数，以减轻轮齿的载荷集中. 齿轮传动设计计算中尚需注意在选择齿数 $z_1(z_2)$、模数 $m(m_n)$ 和分度圆螺旋角 β 时，不能孤立地一个个决定，而应综合考虑. 当齿轮传动的中心距一定时，齿数多、模数小，则能增加重合度，改善传动平稳性，又能降低齿高，减小滑动系数，减少磨损和胶合. 但是齿数多、模数小又会降低轮齿的弯曲强度. 齿数取得太少会发生根切现象. 为避免根切，对于标准直齿圆柱齿轮，$z_{min}=17$；对于标准斜齿圆柱齿轮，$z_{min}=17\cos^3\beta$，β 为分度圆螺旋角；对于标准直齿锥齿轮 $z_{min}=17\cos^3\delta$，δ 为分度圆锥角；在开式齿轮传动中，为保证齿根弯曲强度，常取 $z_1=17\sim20$；在闭式齿轮传动中，通常可取 $z_1=20\sim40$. 为增加传动的平稳性，可在保证齿根弯曲强度的前提下，z_1 取大一些，但要同时兼顾传递动力用的齿轮模数一般不宜小于1.5～2 mm；在高速传动中，尽量避免大齿轮的齿数为小齿轮齿数的整倍数. 关于斜齿圆柱齿轮，分度圆螺旋角 β 的选取既不能太大，也不能太小，太大将使轴向力过大；太小则

不能充分体现斜齿轮的优越性. 初选 z_1 或 m_n 时,可取 $\beta=8°\sim12°$,然后将 m_n 及中心距 a 圆整后,再确定 β 的精确值.

7.1.6 行星齿轮

行星齿轮传动是以普通齿轮传动的工作能力和强度准则作为计算基础,但应注意行星齿轮传动的计算有其特点:如选择行星齿轮传动非变位齿轮的齿数时应满足同心条件、装配条件和邻界条件;要进行效率计算;要按折算行星轮数计算小齿轮上的计算转矩;要用齿轮相对于行星架的转速和圆周速度来计算应力循环次数和动载荷系数;为使载荷分配均匀,应设置均衡载荷的机构;要依次分析每个零件在外力作用下的平衡条件,再求啮合作用力和轴承上的支反力;对重量很大的高速旋转件,除啮合作用力外,还不能忽略行星轮支座上的离心力.

7.1.7 传动件的参数

传动件的主要参数确定以后,其结构尺寸有些应按几何关系公式计算,如齿轮和蜗轮的齿顶圆、齿根圆直径,V 带轮的轮缘宽度;有些则是按经验公式或数据来确定,如蜗轮最大直径和宽度、蜗杆螺旋长度、带轮的轮辐尺寸. 有些尺寸应在设计装配草图以前给予确定,如减速器中齿轮的中心距、齿轮顶圆直径和宽度;有些则需在装配图或零件图设计的过程中确定,如轮毂、轮辐结构尺寸以及圆角和工艺斜度等细部尺寸.

7.1.8 要正确处理设计计算的尺寸数据

有些数据应标准化,如 V 带的长度、滚子链的节距、齿轮和蜗轮的模数、蜗杆分度圆直径、轮毂孔直径和键槽尺寸等;有些尺寸需圆整,如轮缘内径、轮辐厚度、轮毂长度、轮宽、蜗杆螺旋长度等结构尺寸,以便于制造和测量;有些几何尺寸则必须求出其精确值,如齿轮传动、蜗杆传动的节圆、分度圆和齿顶圆直径、分度圆螺旋角、锥齿轮的分度圆锥角、锥顶角、锥顶距等啮合尺寸). 此外还要注意,有些几何尺寸必须彼此协调,如齿轮传动中心距必须等于相啮合齿轮的节圆半径之和,带传动中心距、带轮直径应与带的周长相符合.

7.2 常用传动件的结构

7.2.1 齿轮的结构

齿轮结构按其毛坯制造方法的不同有锻造、铸造和焊接三大类.

锻造毛坯适用于齿轮顶圆直径 $d_a \leqslant 500$ mm 时,材料为锻钢. 铸造毛坯适用于齿轮直径较大(一般,圆柱齿轮 $d_a > 400$ mm,锥齿轮 $d_a > 300$ mm) 时,常用材料为铸钢或铸铁. 对单件或小批生产的大齿轮,为缩短生产周期和减轻齿轮重量,有时也采用焊接齿轮结构.

齿轮结构尺寸主要按经验公式确定,对常见的齿轮的结构及尺寸在设计时可参见表 7-1 和表 7-2.

表 7-1　圆柱齿轮的结构及尺寸

锻造齿轮		
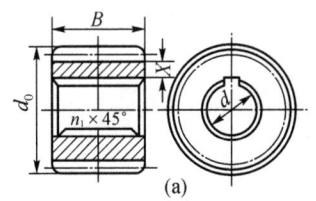 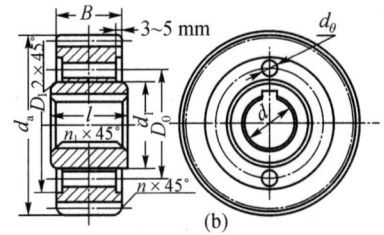	当 $X \geqslant 2.5m_e$ 时,用实心式[图(a),(b)] $d_1 \approx 1.6d$ $l = (1.2 \sim 1.5)d \geqslant B$ $D_1 = d_a - 10m_n$ $D_0 = 0.5(D_1 + d_1)$ $d_0 = 0.25(D_1 - d_1) \geqslant 100$ mm （d_0 较小时不钻孔） $n = 0.5m_n$ n_1 根据轴过渡圆角确定 当 $x < 2.5m_n$ 时,做成齿轮轴[图(c)] 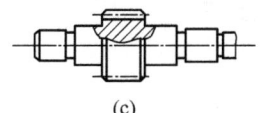	
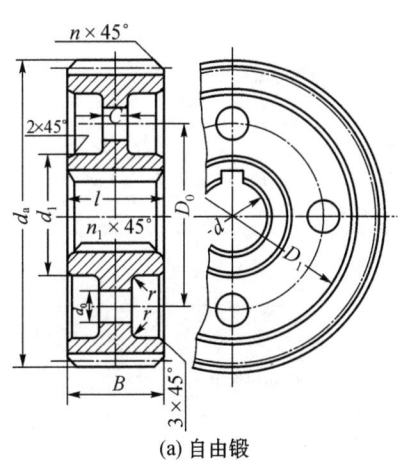 (a) 自由锻	$d_a = 200 \sim 500$ mm 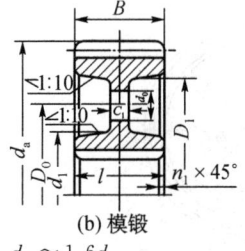 (b) 模锻 $d_1 \approx 1.6d$ $l = (1.2 \sim 1.5)d \geqslant B$ $D_1 = d_a - 10m_n$ $D_0 = 0.5(D_1 + d_1)$ $d_0 = 0.25(D_1 - d_1)$ $C = 0.3B$ $C_1 = (0.2 \sim 0.3)B$ $n = 0.5m_n$ n_1 根据轴过渡圆角确定 $r \approx 5$ mm	
铸造齿轮	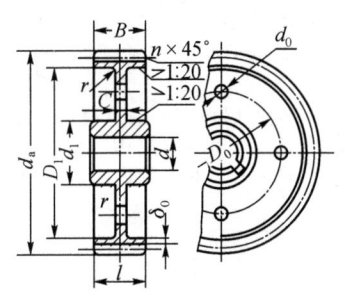	$d_a \leqslant 400$ mm $d_1 \approx 1.6d$（铸钢） $d_1 \approx 1.8d$（铸铁） $l = (1.2 \sim 1.5)d \geqslant B$ $\delta_0 = (2.5 \sim 4)m_n, \geqslant 8$ mm $n = 0.5m_n$ $D_0 = 0.5(D_1 + d_1)$ $d_0 = 0.25(D_1 - d_1)$ $C = 0.2B, \geqslant 10$ mm r 由结构确定

续　表

铸造齿轮	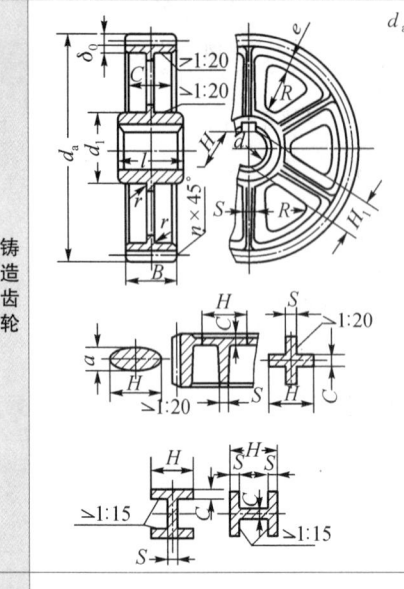	$d_a = 400 \sim 1\,000$ mm, $B \leqslant 200$ mm $d_1 \approx 1.6d$（铸钢） $d_1 \approx 1.8d$（铸铁） $l = (1.2 \sim 1.5)d \geqslant B$ $\delta_0 = (2.5 \sim 4)m_n, \geqslant 8$ mm $n = 0.5m_n; \ e = 0.8\delta_0$ $C = \dfrac{H}{5}, \geqslant 10$ mm $S = \dfrac{H}{6}, \geqslant 10$ mm $H = 0.8d; \ H_1 = 0.8H$ r, R 根据结构确定 铸造齿轮的轮辐剖面形状 椭圆形（用于轻载齿轮）：$a = (0.4 \sim 0.5)H$ T字形（用于中等载荷齿轮）：$C = \dfrac{H}{5}; \ S = \dfrac{H}{6}$ 十字形（用于中等载荷齿轮）：$C = \dfrac{H}{5}; \ S = \dfrac{H}{6}$ 工字形（用于重载齿轮）：$C = S = \dfrac{H}{5}$
焊接齿轮	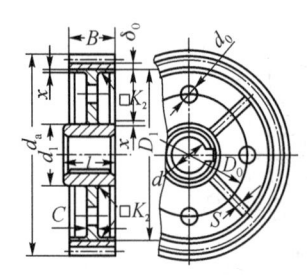	$d_a \leqslant 1\,000$ mm, $B \leqslant 240$ mm $d_1 \approx 1.6d$ $l = (1.2 \sim 1.5)d$ $\delta_0 = 2.5m_n, \geqslant 8$ mm $x = 5$ mm $C = (0.1 \sim 0.15)B, \geqslant 8$ mm $S = 0.8C$ $D_0 = 0.5(D_1 + d_1)$ $d_0 = 0.25(D_1 - d_1)$ 焊缝高度 $K_1 = 0.1d; \ K_2 = 0.05d, \geqslant 4$ mm 筋板采用 K_2 焊缝

表 7-2　　　　　锥齿轮的结构及尺寸

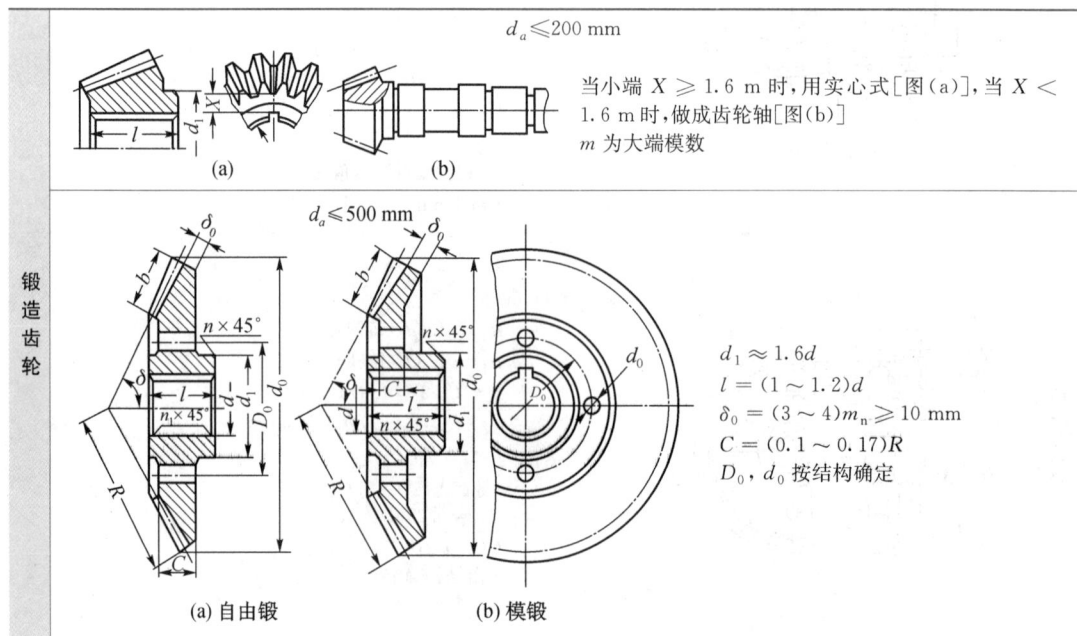

	(a)　　(b)	$d_a \leqslant 200$ mm 当小端 $X \geqslant 1.6$ m 时，用实心式[图(a)]，当 $X < 1.6$ m 时，做成齿轮轴[图(b)] m 为大端模数
锻造齿轮	(a) 自由锻　　(b) 模锻	$d_a \leqslant 500$ mm $d_1 \approx 1.6d$ $l = (1 \sim 1.2)d$ $\delta_0 = (3 \sim 4)m_n \geqslant 10$ mm $C = (0.1 \sim 0.17)R$ D_0, d_0 按结构确定

续 表

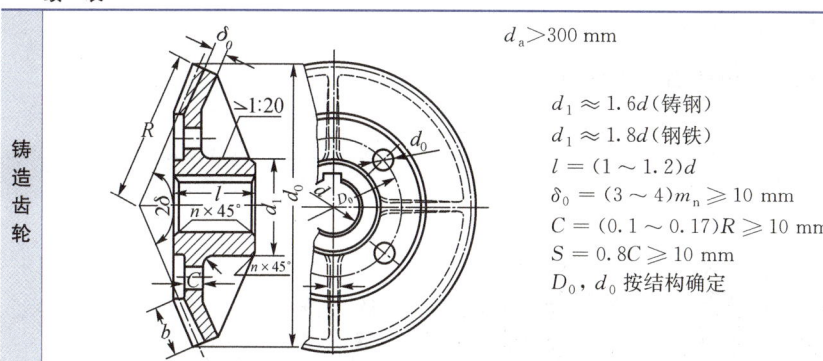

铸造齿轮		$d_a > 300$ mm $d_1 \approx 1.6d$(铸钢) $d_1 \approx 1.8d$(钢铁) $l = (1 \sim 1.2)d$ $\delta_0 = (3 \sim 4)m_n \geqslant 10$ mm $C = (0.1 \sim 0.17)R \geqslant 10$ mm $S = 0.8C \geqslant 10$ mm D_0, d_0 按结构确定

7.2.2 蜗杆和蜗轮的结构

蜗杆通常和轴制成一体,称为蜗杆轴,见表 7-3,对于车削的蜗杆,轴径 d 应比蜗杆根圆直径 d_{f1} 小 2~4 mm;铣削的蜗杆轴径 d 可大于 d_{f1},以增加蜗杆刚度.只有在蜗杆直径很大,即 $\left(\frac{d_{f1}}{d}\right) \geqslant 1.7$ mm 时,则可将蜗杆齿圈和轴分别制造,然后再套装在一起.蜗轮的结构型式有整体式、轮箍式、螺栓连接式和镶铸式,其典型结构及尺寸参见表 7-3.

表 7-3　　蜗杆、蜗轮的典型结构

蜗杆		(a) 车削蜗杆 $d \leqslant d_{f_1} - (2 \sim 4)$mm $C >$ 退刀槽宽度 $\alpha = 20°$ 或 30° (b) 铣削蜗杆
蜗轮	 (a)　(b) (c)　(d)	$f \approx 1.7\ m \geqslant 10$ mm $\delta \approx 2\ m \geqslant 10$ mm $d_1 = (1.6 \sim 1.8)d$ $l = (1.2 \sim 1.8)d$ $d_0 = (0.075 \sim 0.12)d \geqslant 5$ mm $l_0 \approx 2d_0$ $C \approx 0.3B$ $C_1 \approx 0.25B$ (a) 整体式,适用于 $d_{w2} \leqslant 100$ mm 的青铜蜗轮和任意直径的铸铁蜗轮 (b) 轮箍式,轮缘用青铜,轮芯用铸铁,通常采用 $\frac{H7}{m6}$ 配合,并加台肩和 6~8 个螺钉固定 (c) 螺栓联接式,采用铰制孔用螺栓联接,螺栓数量按剪切强度计算确定,并校核挤压强度 (d) 镶铸式,青铜轮缘镶铸在铸铁轮芯上,适于大批生产

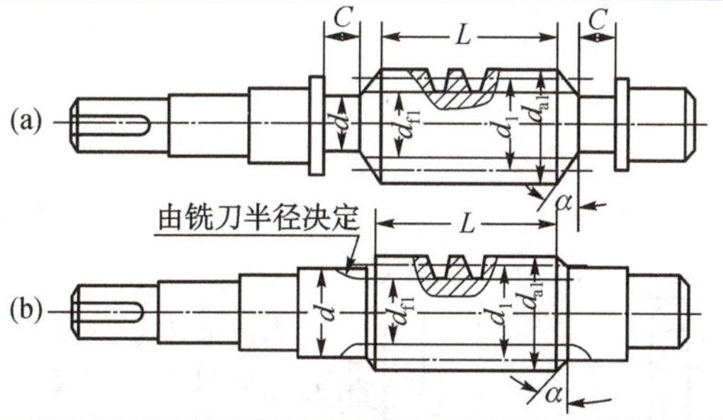

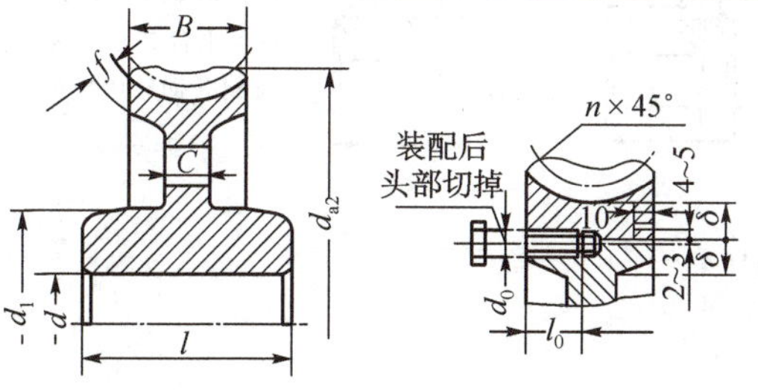

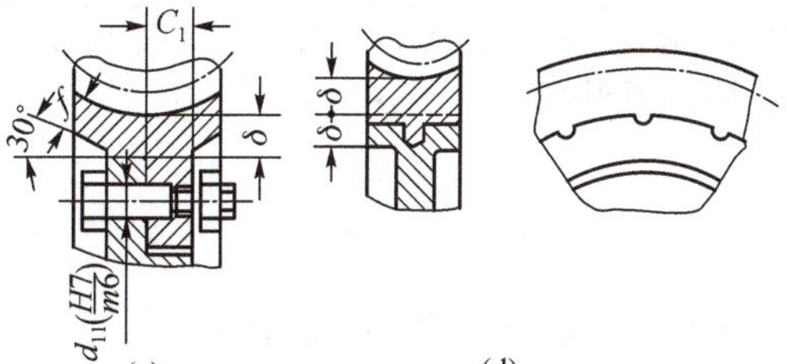

7.2.3 滚子链链轮结构

滚子链链轮的主要尺寸和结构型式参见表 7-4。

表 7-4　　滚子链链轮的主要尺寸和结构型式

主要尺寸	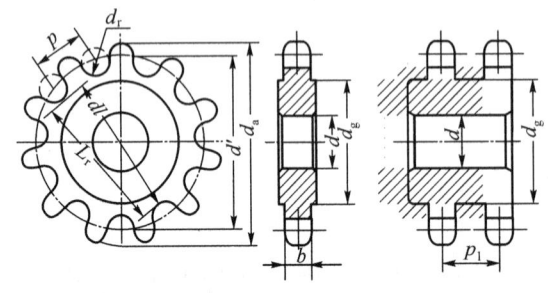 z—链轮齿数 p—链条节距 d_r—滚子直径 p_r—排距 h—内链板高度 分度圆直径 $d' = \dfrac{p}{\sin\dfrac{180°}{z}}$；齿顶圆直径 $d_a = p\left(0.54 + \cot\dfrac{180°}{z}\right)$；齿根圆直径 $d_f = d' - d_r$ 最大齿根距离 L_r；偶数齿 $L_s = d_f$，奇数齿 $L_x = d'\cos\dfrac{90°}{z} - d_r$ 齿侧凸缘或多列链排间槽直径 $d_g \leq p\cot\dfrac{180°}{z} - 1.04h - 0.76$
结构型式	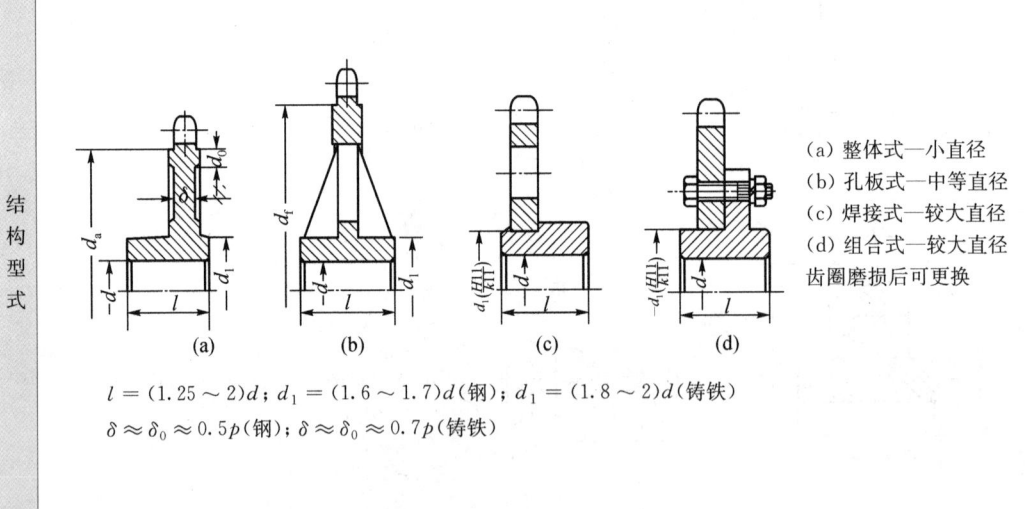 (a) 整体式—小直径 (b) 孔板式—中等直径 (c) 焊接式—较大直径 (d) 组合式—较大直径 齿圈磨损后可更换 $l = (1.25 \sim 2)d$；$d_1 = (1.6 \sim 1.7)d$(钢)；$d_1 = (1.8 \sim 2)d$(铸铁) $\delta \approx \delta_0 \approx 0.5p$(钢)；$\delta \approx \delta_0 \approx 0.7p$(铸铁)

注：当链轮采用三圆弧一直线标准齿形时，链轮工作图上不必画出其端面齿形，只需注明"齿形按 3RGB/T 1244—1997 规定制造"即可，但在工作图上应画出轴面齿形及尺寸，并标出或列表注出 p，D_r，z，L_x。

7.2.4 V 带轮的结构

V 带轮的结构型式及尺寸参见表 7-5，中等直径的可用腹板式[图(a)]；当直径大于 300 mm 时，可用椭圆轮辐式[图(b)]；当直径很小时，用实心式[图(c)]。

表 7-5 普通 V 带轮的结构及尺寸

结构型式

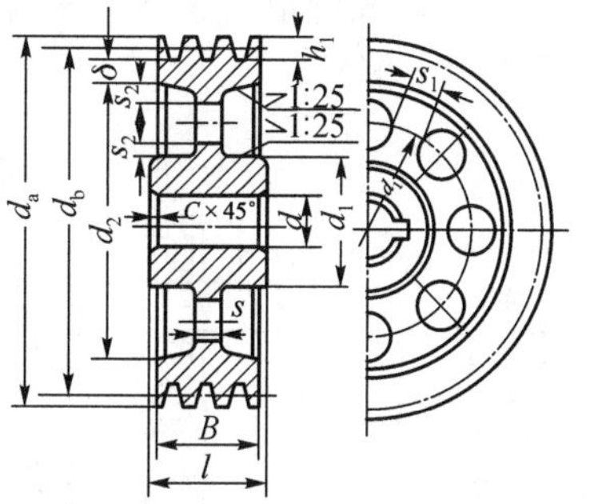

(a)

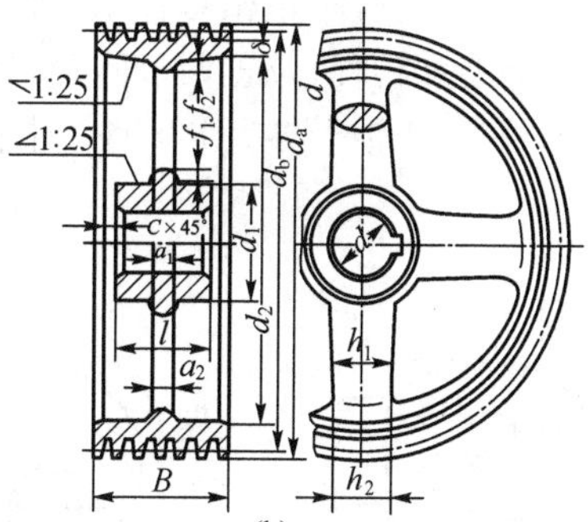

(b)

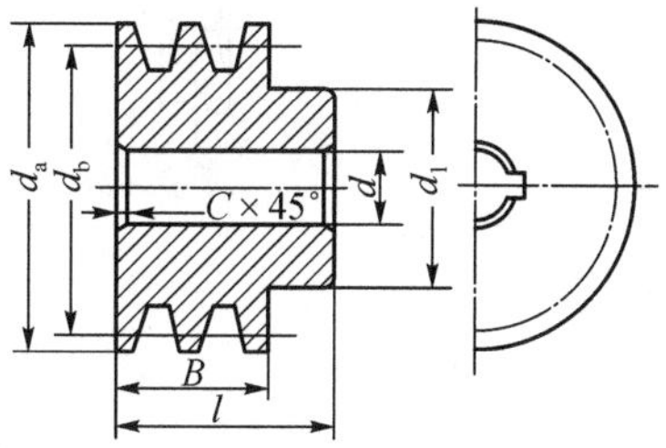

(c)

$d_1=(1.8\sim2)d$	$h_1=290\sqrt[3]{\dfrac{P}{nZ_A}}$, mm
$l=(1.5\sim2)d$	P—传递的功率,kW
$d_2=d_a-2(\delta+h_c)$	n—带轮的转速,r/min
$s=(0.2\sim0.3)B$	Z_A—轮辐数
δ, B, h,见下	$h_2=0.8h_1$
$s_1\geqslant1.5\,s$	$a_1=0.4h_1$
$s_2\geqslant0.5\,s$	$a_2=0.8a_1$
$d_k=\dfrac{d_1+d_2}{2}$	$f_1=0.2h_1$
	$f_2=0.2h_2$

普通V带截面及轮缘尺寸

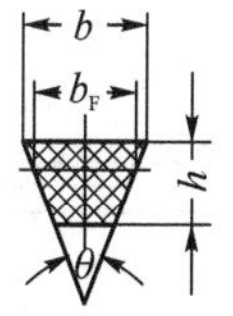

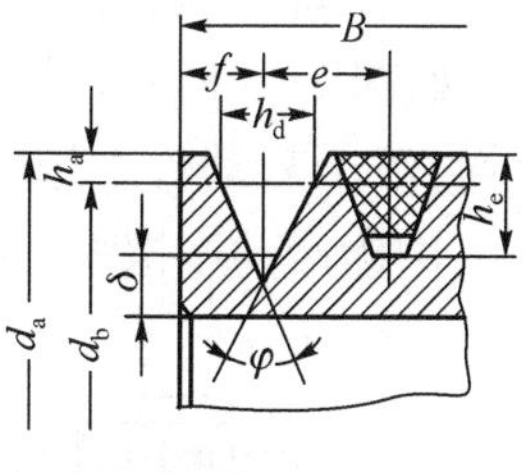

型　号		Y	Z	A	B	C	D	E
b_p/mm		5.3	8.5	11.0	14.0	19.0	27.0	32.0
b/mm		6	10	13	17	22	32	38
h/mm		4.0	6.0	8.0	10.5	13.5	19	23.5
θ		40°						
h_c/mm		6.3	9.5	12	15	20	28	33
h_{amin}/mm		1.6	2.0	2.75	3.5	4.8	8.1	9.6
e/mm		8	12	15	19	25.5	37	44.5
f/mm		7	8	10	12.5	17	23	29
b_d/mm		5.3	8.5	11.0	14.0	19.0	27.0	32.0
δ/mm		5	5.5	6	7.5	10	12	15
B/mm		$B=(z-1)e+2f$, z 为带根数						
φ 32°	对应的 d_d	≤60	—	—	—	—	—	—
φ 34°	对应的 d_d	—	≤80	≤118	≤190	≤315	—	—
φ 36°	对应的 d_d	>60	—	—	—	—	≤475	≤600
φ 38°	对应的 d_d	—	>80	>118	>190	>315	>475	>600

7.2.5 连杆传动件的设计

连杆传动机构设计确定其回转副中心距、移动件导路位置等运动尺寸后进行结构设计. 连杆常设计成“杆”状,短杆有时设计成偏心轮或曲轴形状. 回转副的结构有滑动铰链[图

7-1(a),(b)]和滚动铰链[图 7-1(c)].移动副的结构如图 7-2 所示之多种形式接触面的导轨,其中圆柱形导轨应有防止相对转动的结构和措施(图 7-3).连杆传动件结构设计中常要考虑避免轨迹干涉和行程、位置调节问题,如图 7-4 所示连杆设计成弯形杆是为了避免在其摆动范围内与轴毂 M 轴干涉,图 7-1(c)中杆件通过螺纹可调节其长度.

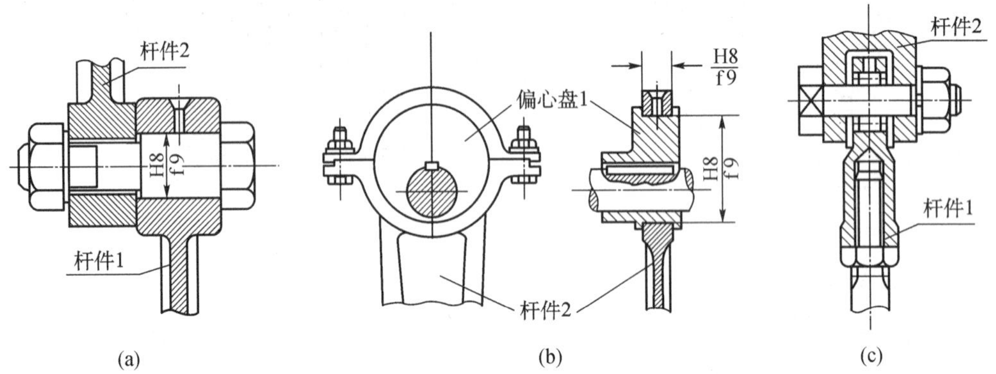

图 7-1 回转副结构

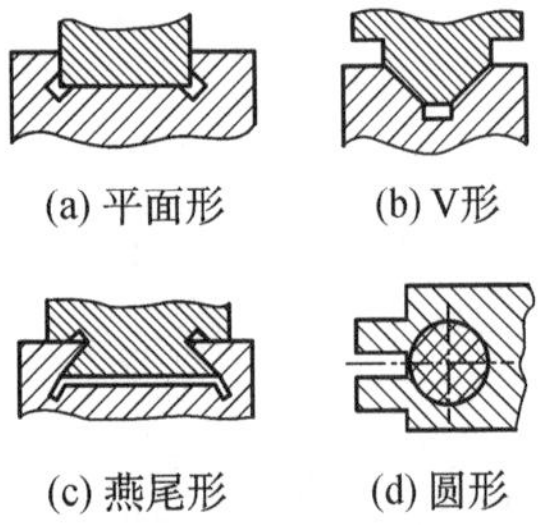

图 7-2 导轨接触面 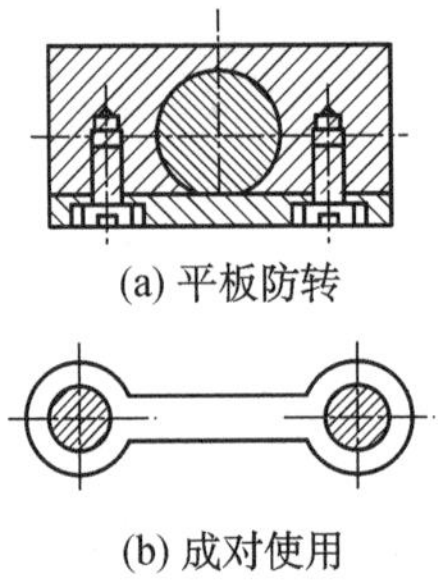　　图 7-3 圆柱形导轨防止相对转动 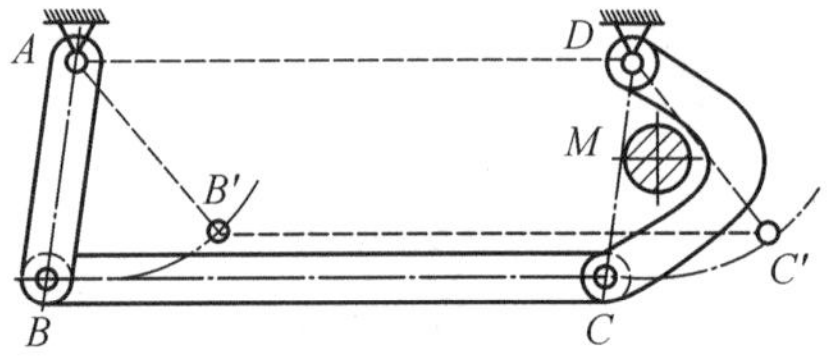　　图 7-4 避免导轨干涉

7.2.6 凸轮传动件的结构

最简单、最常见的是整体式凸轮,不需要经常更换的凸轮、较小的凸轮一般均常用这种结构.在需要经常更换凸轮的场合(如自动机)可采用镶块式凸轮,如图 7-5 所示,其凸轮廓线由若干镶块通过与鼓轮上的螺纹组合拼接而成.如图 7-6 所示为滚子从动件上滚子结构及其连接方式,其中图 7-6(a)直接采用滚动轴承作为滚子,图 7-6(b)为滑动摩擦滚子结构.

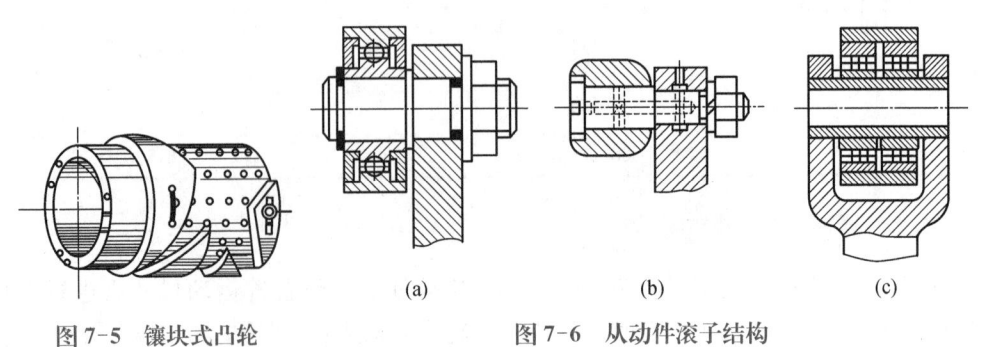

图 7-5 镶块式凸轮　　图 7-6 从动件滚子结构

图7-6(c)为滚动轴承的外圈上再压配一个套圈,套圈磨损后可以更换.图7-7为回转式凸轮平底从动件的结构,其平底采用圆盘形工作面.上述滚子和平底圆盘的半径均须与凸轮廓线相适应.

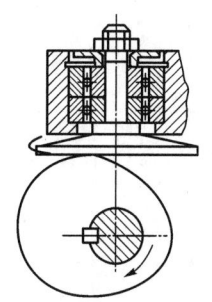

图7-7 平底从动件结构

第8章 减速器结构设计

8.1 减速器的组成

减速器的基本结构由轴系部件、箱体以及减速器附件等组成.根据不同要求和类型,减速器有多种结构型式.

如图 8-1 所示为二级圆柱齿轮减速器,图中标出了组成减速器的主要零部件的名称、相互关系及箱体部分尺寸.一般用途的减速器箱体采用铸铁制造,对于受较大冲击载荷的重型减速器可采用铸钢制造,单件生产的减速器可采用钢板焊接而成.一般情况下,减速器箱体采用剖分式的箱体结构.对蜗杆减速器也可采用整体式箱体结构.

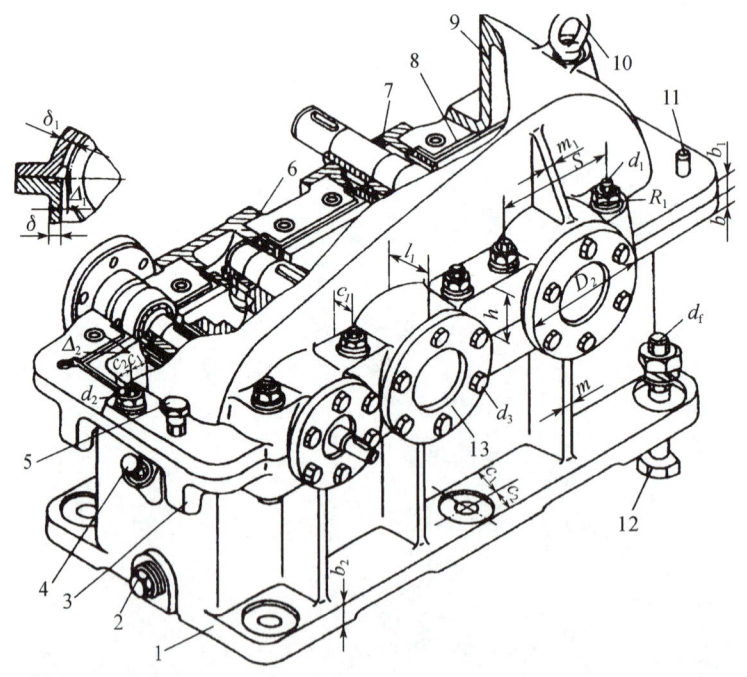

1—箱座;2—放油螺塞;3—吊钩;4—油标;5—起盖螺钉;6—调整垫片;7—密封装置;
8—输油沟;9—上箱盖;10—吊环螺钉;11—定位销;12—地脚螺栓;13—轴承盖

图 8-1 二级圆柱齿轮减速器

如图 8-2 所示为圆锥-圆柱齿轮减速器，如图 8-3 所示为蜗杆减速器。

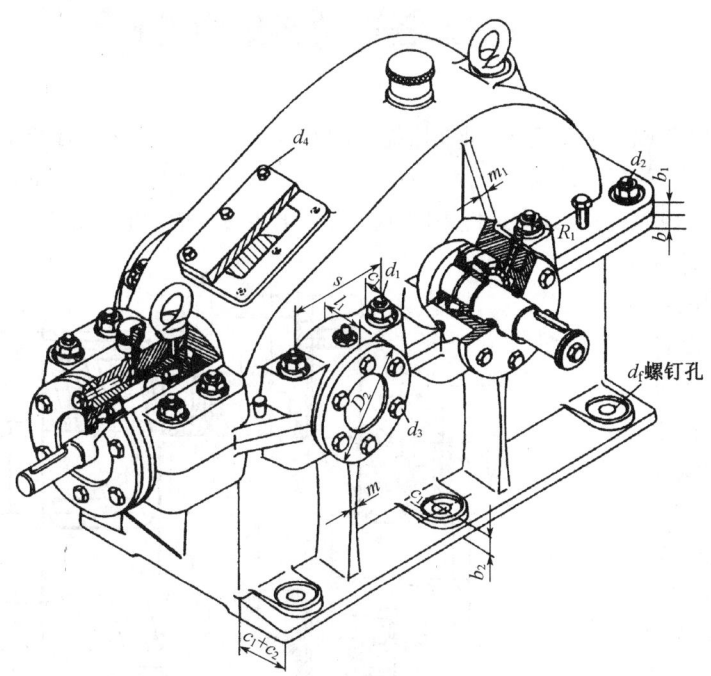

图 8-2　圆锥-圆柱齿轮减速器

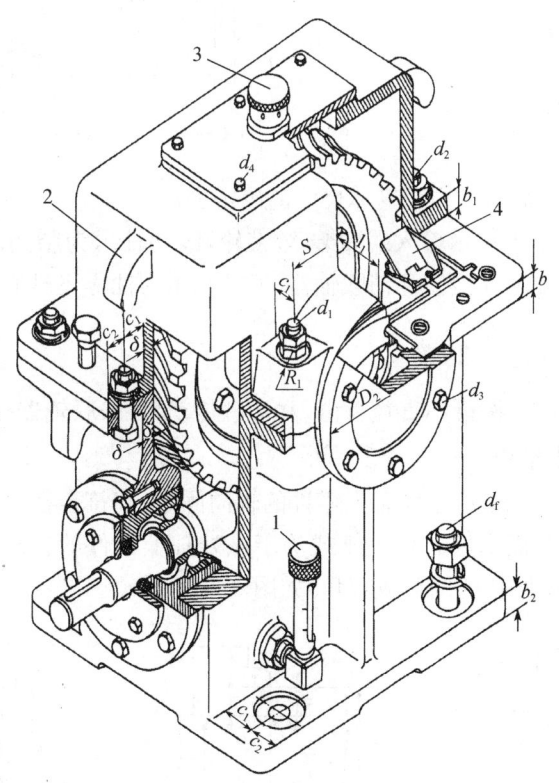

1—油标；2—吊耳；3—通气器；4—刮油板

图 8-3　蜗杆减速器

8.2 减速器的轴系结构设计

轴系结构设计与以下因素有关:轴在机器中的安装位置及形式;轴上零件的类型、尺寸及配置、定位和固定方式;载荷的性质、大小、方向及分布情况;轴的加工和装配工艺性等.由于影响轴结构的因素较多,其结构随具体条件不同而灵活变化,因此,轴一般并无标准的结构形式.

轴系结构设计的主要内容是确定轴的各段直径和长度,在设计过程中,既要满足强度的要求,也要保证轴上零件的定位、固定和装配方便,轴承的润滑、密封及间隙调整.减速器的轴一般都做成阶梯形,其径向尺寸逐段变化,这样有利于满足各轴段不同的使用要求.

轴系结构设计是在初步计算轴径后才进行的,轴的最小直径的计算见第二篇中式(9-1).

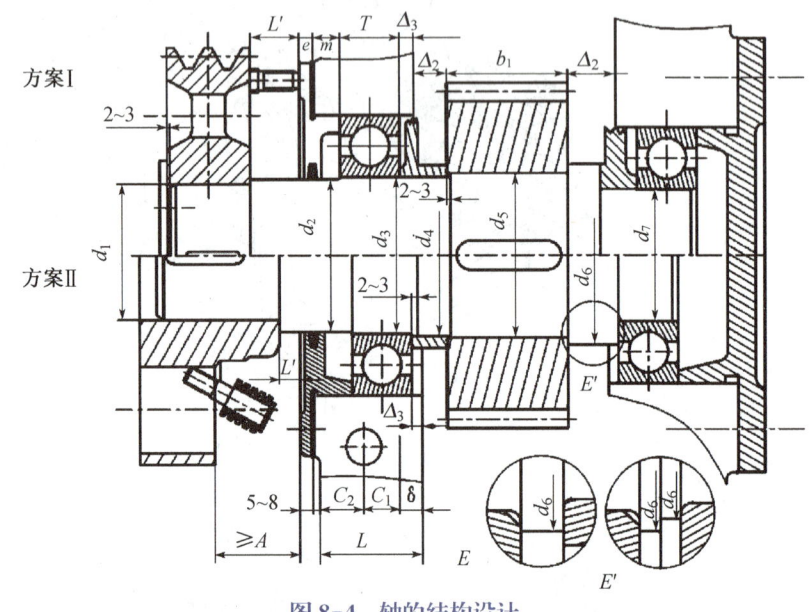

图 8-4 轴的结构设计

下面以图 8-4 为例,说明轴的结构和具体尺寸的确定方法.

如图 8-4 所示,方案 I 表示输入端安装 V 带轮,滚动轴承为脂润滑,轴承室内侧设封油环;方案 II 表示输入端安装弹性套柱销联轴器,滚动轴承为油雾飞溅润滑,不设封油环.

8.2.1 各段轴的直径的确定

(1) 外伸轴段直径 d_1 按最小直径算出,并考虑传动零件(联轴器孔径、带轮轮毂孔径)和电机尺寸等因素的要求给出.

(2) 密封轴段的直径 d_2 应考虑轴上零件的轴向固定,并符合密封件标准轴颈要求,一般情况下,定位轴肩的定位面高度 h 应大于或等于该处轴上零件的轮毂孔的圆角半径 r' 或倒角深度 $c(c;r$ 为轴上零件孔的倒角或圆角,如图 8-5 所示).

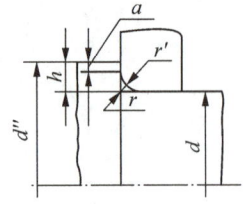 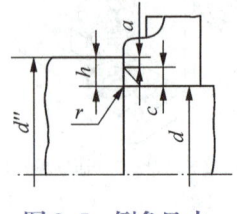 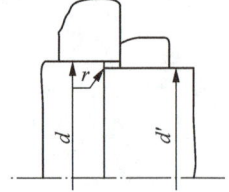

图 8-5 倒角尺寸

(3) 根据安装方便和轴承内径要求,确定安装轴承处的直径 d_3,应比前段直径大 1~5 mm,并且要符合所选轴承内径尺寸. 一般情况下,同一根轴上的轴承应成对使用,所以安装轴承的两段轴的直径应一致.

(4) 安装轴承定位套筒或挡油板处的直径 d_4 可与轴承处相同,也可与轴承处不同.

(5) 安装齿轮处的直径 d_5,应根据受力合理和装拆方便的原则确定,一般比前一段直径大 2~5 mm.

(6) 固定齿轮的轴环直径 d_6,应根据定位要求确定.

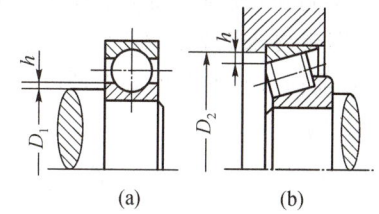

图 8-6 轴承的定位轴肩的拆卸高度

为了便于滚动轴承的拆装,应留有足够的拆卸高度,因而轴承定位轴肩的高度应符合滚动轴承标准中安装尺寸要求,即固定轴承的轴肩尺寸应小于滚动轴承内圈,如图 8-6 所示.

8.2.2 各段轴长度的确定

(1) 外伸轴长度取决于外伸端安装零件的尺寸,例如,带轮的轮毂宽度或联轴器的尺寸.

(2) d_2 段轴的长度应考虑轴上零件的尺寸. 若轴段装有联轴器,则应留出足够的装配尺寸. 例如,当选用弹性套柱销联轴器时,应留有安装尺寸 A(由联轴器的型号确定). 采用不同轴承端盖,外伸长度也不同. 当采用凸缘式轴承端盖时,应考虑拆卸轴承端盖螺钉时所需要的长度 L'(图 8-4 中方案Ⅱ). 若轴端装有其他传动零件(如带轮),为了传动件的轮毂不影响螺钉的装拆,应考虑尺寸 L'(图 8-4 中方案Ⅰ),一般 $L'=15\sim20$ mm 或更大. 画出轴承端盖凸缘 e 和轴承端盖尺寸 m,以确定 d_2 轴段的长度.

(3) d_3 段轴的长度,应考虑轴承内侧至箱体内侧应留有一定的距离 Δ_3,其大小取决于轴承的润滑方式. 采用脂润滑时,应留有较大的间距 $\Delta_3 \approx 8\sim12$ mm,以便放置挡油环,防止润滑油溅入带走润滑脂;若采用油润滑(图 8-4 中方案Ⅱ)一般所留间距为 $\Delta_3 \approx 3\sim5$ mm,初选轴承并确定轴承宽度,确定挡油板或套筒的尺寸,此时,还应考虑轴段齿轮端面距箱体内壁的距离 Δ_2(一般取 $\Delta_2 \geqslant \delta$,$\delta$ 为箱体的壁厚,见表 8-2),这样就能确定直径 d_3 轴的长度.

(4) d_5 轴段的直径应按照齿轮轮毂宽度确定,要略小于齿轮轮毂的宽度 2~3 mm,以保证定位可靠.

注意:安装键的轴段,应使键槽尽量靠近轴上零件装入一端,以便在装配时,轮毂上的键槽与轴上的键槽比较容易对准. 一般情况下,键的长度比轮毂的长度短 5~10 mm. 当轴沿键长方向有多个键槽时,各键槽应布置在轴的同一母线上. 如轴颈尺寸相差不大,各键槽断面尺寸可按直径较小的轴段选取,以便用同一把刀具加工.

(5) d_6 轴段长度的确定,应考虑齿轮距箱体内壁的距离 Δ_2 及轴环尺寸的要求.

(6) d_7 轴段长度的确定,应考虑轴承宽度和挡油环的尺寸.

8.2.3 轴的结构工艺要求

轴的结构工艺要求主要是指轴的结构应便于加工、装配、拆卸、检测和维修. 为便于选用刀具和量具,各配合处直径如前所述应圆整为标准值. 对磨削加工(粗糙度 $Ra \leqslant 0.8~\mu m$)或车制螺纹的轴表面,应分别留出砂轮越程槽及螺纹退刀槽,其结构尺寸分别见表 12-8 和

表 12-55.为便于装配,轴端应制成倒角,倒角尺寸见表 12-7;对过盈配合表面的压入端,最好有倒锥面或柱体引导结构.为减少应力集中,轴径过渡处应制有圆角;对配合表面处,为保证零件端面紧靠轴肩定位面,其圆角半径 r 应小于该处轴上零件轮毂孔的圆角半径 R 或倒角深度 c(表 12-7).各倒角和圆角应尽可能一致,以便减少刀具数目和加工时的换刀次数.

不同配合性质、加工精度和粗糙度的轴表面应予区分.一般采用阶梯轴结构区分表面,必要时也可采取名义轴径相同、但轴径偏差不同来区分表面.为减少应力集中源和便于加工,目前在某些场合还有出现设计光轴的趋势.

8.3 减速器的箱体设计

减速器的箱体是其上所有零件的机座,是支撑和固定轴系零部件、保证轴上传动零件的正确相对位置,同时承受作用在减速器上载荷的重要零件.一般情况下,箱体还兼作润滑油的油箱,具有充分润滑和密封箱体内零件的作用.

8.3.1 箱体的结构型式

1. 铸造箱体和焊接箱体

减速器箱体一般采用灰铸铁 HT150 或者 HT200 制造.当承受振动和冲击载荷时,可用铸钢(ZG270-7,ZG310-570)或者高强度的铸铁(QT500-7).铸造箱体的刚性好,外形美观,易于切削加工,能吸收振动和消除噪声,但重量较重,适宜批量生产.对于单件或小批量生产的箱体,可采用钢板(Q215,Q235)焊接而成,但焊接时易产生热变形,要求较高的焊接技术及焊后作退火处理.焊接箱体壁薄,重量轻,材料省,生产周期短.

2. 剖分式箱体和整体式箱体

为了方便轴系部件的安装和拆卸,箱体大部分做成剖分式的,由箱座和箱盖组成,取轴的中心线所在平面为剖分面.箱座和箱盖采用普通螺栓连接,用圆锥销定位.

大型的立式圆柱齿轮减速器中,为了便于制造和安装,有时也采用两个剖分面.对于小型的蜗杆减速器,可采用整体式箱体,整体式箱体结构紧凑,重量较轻,易于保证轴承与座孔的配合要求,但装拆和调整不如剖分式箱体方便.

8.3.2 铸造箱体的结构分析

箱体的具体结构与减速器的传动件、轴系和轴承部件以及润滑和密封等有关,同时,在设计箱体时,还应综合考虑使用要求、强度、刚度及铸造、机械加工和装拆工艺等多方面因素.

对于单级圆柱齿轮减速器箱体结构,图 8-7 为其箱体的初始设计图.设计时,当齿轮的中心距、齿宽和齿顶圆直径确定后,初步设想箱体做成剖分式的,上、下箱体具有一定的壁厚 δ_1 和 δ,接合面上设有轴承座孔,箱体内壁与小齿轮两端面的间距设定为 Δ_2,齿顶圆与箱体内壁之间的距离设定为 Δ_1,大齿轮的齿顶圆与上箱盖内壁的距离设定为 Δ_1,下箱体内底壁与大齿轮齿顶圆之间的距离不应小于 30~50 mm,按结构或油的容量确定.

为了保证减速器的上下箱体定位和连接可靠,其结合面都应向外做出一定厚度的凸缘,凸缘的宽度由其连接螺栓所需的扳手空间 c_1 和 c_2 来确定.

在箱体上为了安置支撑轴旋转的轴承以及轴承密封、定位需要的轴承端盖,可在座孔周围的箱壁上扩展成具有一定宽度 L 的轴承座(图 8-4),并在轴承座两旁设置凸台,使连接具有足够的刚性.凸台的结构如图 8-8 所示,轴承座孔两侧螺栓的距离 S 不宜过大也不宜过小,一般取 $S \approx D_2$,D_2 为凸缘式轴承盖的外径.对有输油沟的箱体应注意螺栓孔不能与油沟相通,以免漏油及油沟失去供油作用;对于无输油沟的箱体可取 $S < D_2$,但是应注意,连接螺栓不要与端盖螺钉发生干涉.凸台高度 h 应以连接螺栓中心线位置 S 值和保证装配时有足够的扳手空间 c_1 值绘图来确定,凸台高度的确定过程如图 8-9 所示.为了制造加工方便,各轴承座凸台高度应当一致,并且按最大轴承座凸台高度确定.为保证操作扳手的空间,将会不必要地增加凸台高度.

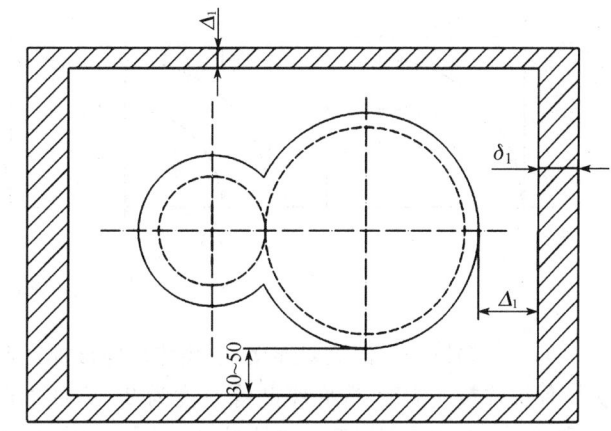

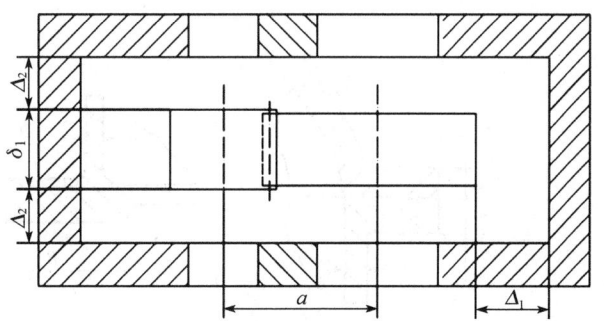

图 8-7 箱体的初始设计图

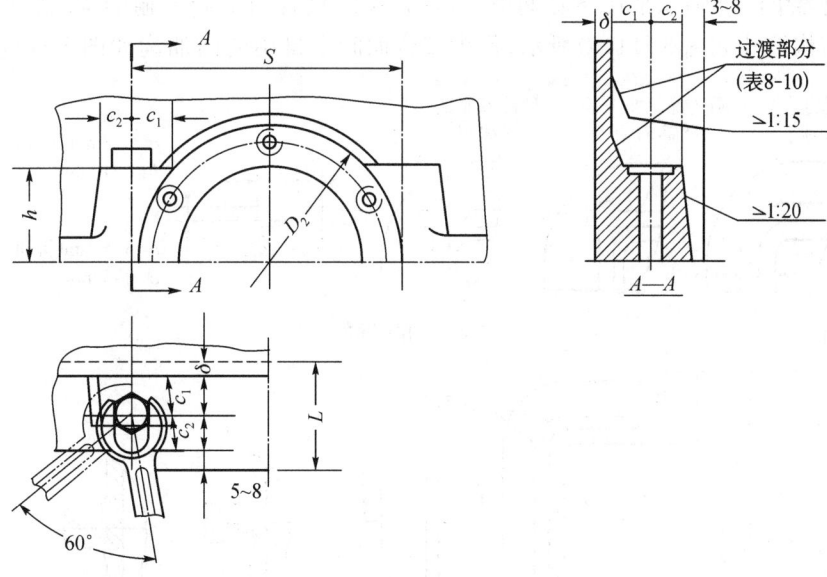

图 8-8 轴承座凸台的结构

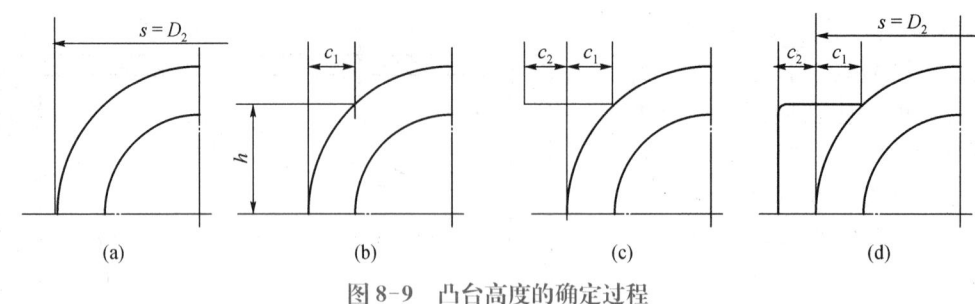

图 8-9 凸台高度的确定过程

为使下箱体与其他机架连接,下箱体也应该作出凸缘,箱体底座凸缘结构如图 8-10 所示. 为了保证连接的刚度,取底座凸缘厚度为 2.5δ,底面凸缘宽度 B 由地脚螺栓扳手空间的尺寸 c_1 和 c_2 来定,为了保证箱座的刚性,底部凸缘的接触宽度应超过内壁位置,即 $B \geqslant c_1 + c_2 + \delta$.

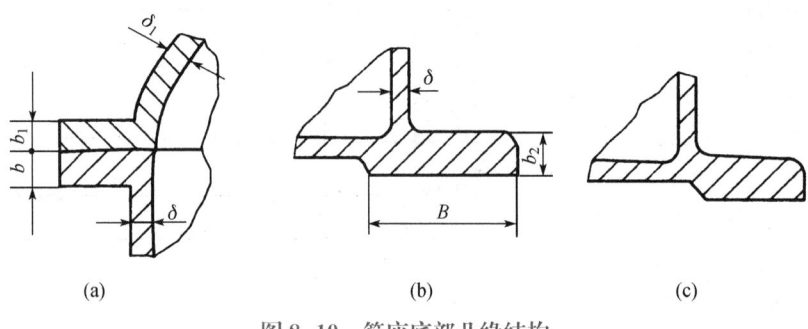

图 8-10 箱座底部凸缘结构

为了增加轴承的座的刚性,轴承座处可设肋板,肋板的厚度通常取 0.85 mm 的壁厚.

当减速器中滚动轴承采用飞溅润滑时,常在箱座接合面上制出输油沟. 输油沟的制造方法及其结构尺寸如图 8-11(a)所示;作为接合面间密封用的回油沟如图 8-11(b)所示,

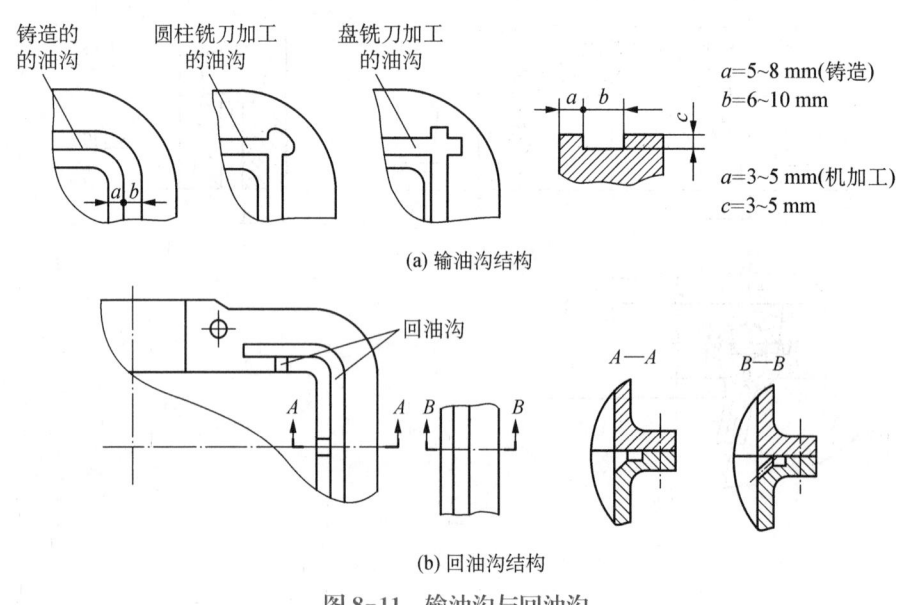

图 8-11 输油沟与回油沟

其剖面尺寸与输油沟相同,但需要开回油道,且在与箱盖接合面内壁相接触的边缘处不应制倒棱.

箱盖大多数采用两圆弧及切线的形式,大齿轮所在侧箱盖的外表面圆弧以大齿轮轴心为圆心,半径 $R_2 = \frac{d_{a1}}{2} + \Delta_1 + \delta_1$,在一般情况下轴承座凸台均在圆弧内侧,而小齿轮所在一侧箱盖的外表面圆弧(圆弧中心不一定是小齿轮轴)位于该处轴承座凸台以外较好,也可以不全在其外.

箱体结构工艺性对箱体制造质量、成本、检修维护等有直接影响,因此,设计时也应加以重视. 在设计铸造箱体,应力求壁厚均匀,过渡平缓,金属无局部积聚,起模容易等. 为保证液态金属流动通畅,铸件壁厚不可过薄,最小壁厚见表 8-1.

表 8-1　　　　　　　　　　　砂型铸件的最小壁厚　　　　　　　　　　单位:mm

铸件尺寸	铸钢	灰铸铁	球墨铸铁	铝合金	铜合金
<200×200	8	6	6	3	3～5
200×200～500×500	>10～12	>6～10	12	4	6～8
>500×500	15～20	15～20		6	

为避免缩孔或应力裂纹,薄厚壁之间应采用平缓的过渡结构,为避免金属积聚,两壁间不宜采用锐角连接.

设计铸件应考虑起模方便. 为便于起模,铸件沿起模方向应有 1:10～1:20 的斜度. 铸造箱体沿起模方向有凸起结构时,需在模型上设置活块如图 8-12 所示,使造型中起模复杂,故应尽量减少凸起结构. 当有多个凸起部分时,应尽量将其连成一体,以便起模方便,如图 8-13 所示.

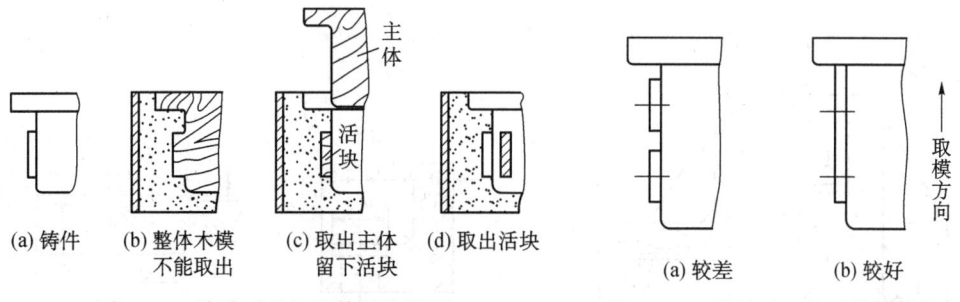

图 8-12　铸造时凸起结构活块设置　　　　图 8-13　铸造时凸起结构连成一体

8.3.3 箱体的结构尺寸

由于箱体的结构和受力情况比较复杂,目前尚无对箱体进行强度和刚度计算的成熟的方法,箱体的结构尺寸通常根据其中的传动件、轴和轴系部件的结构按经验设计关系在减速器装配草图的设计和绘制过程中确定. 图 8-14 和图 8-15 分别为常见的齿轮和蜗杆减速器铸造箱体的结构尺寸. 表 8-2 为铸铁箱体尺寸的经验关系.

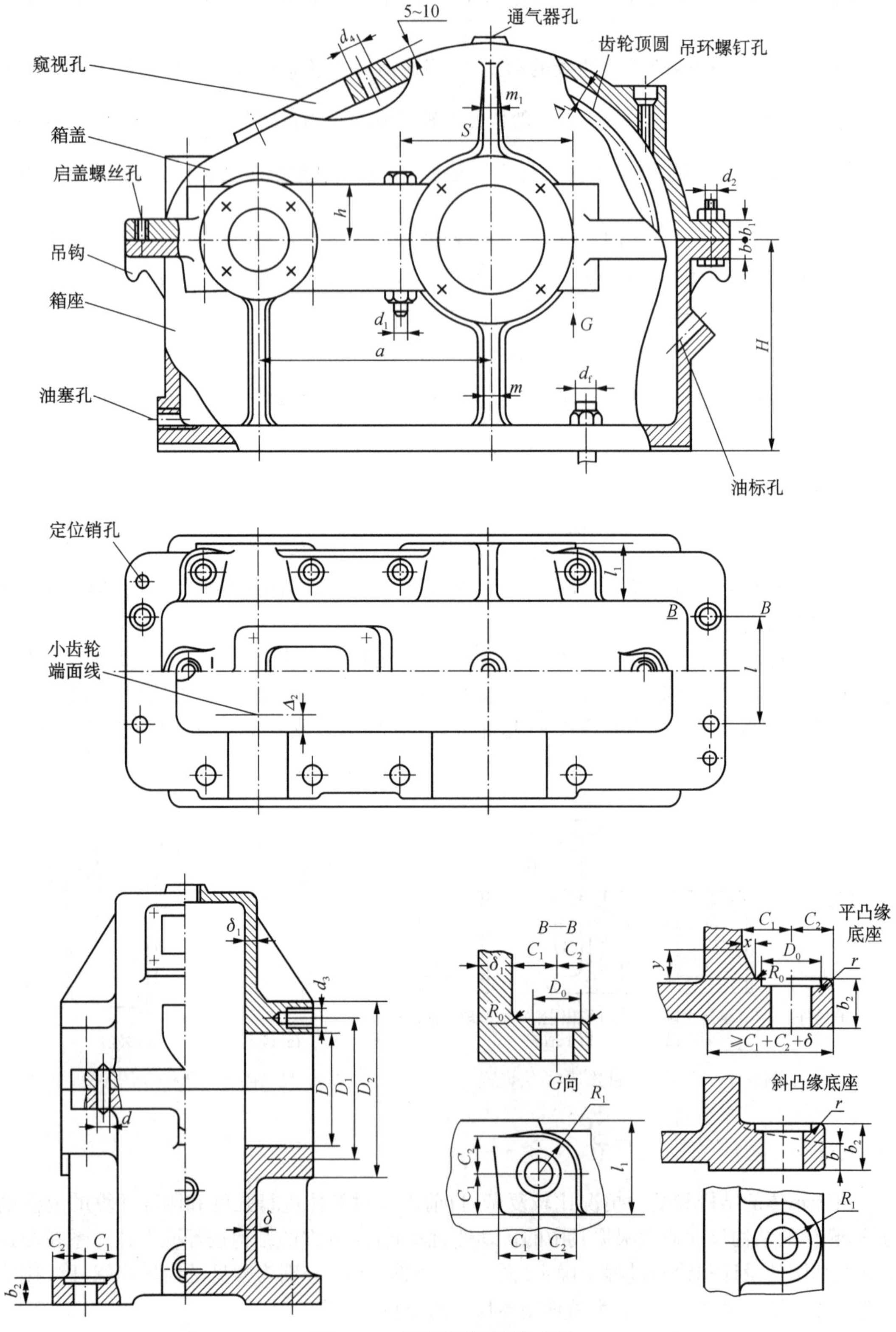

图 8-14 齿轮减速器箱体结构

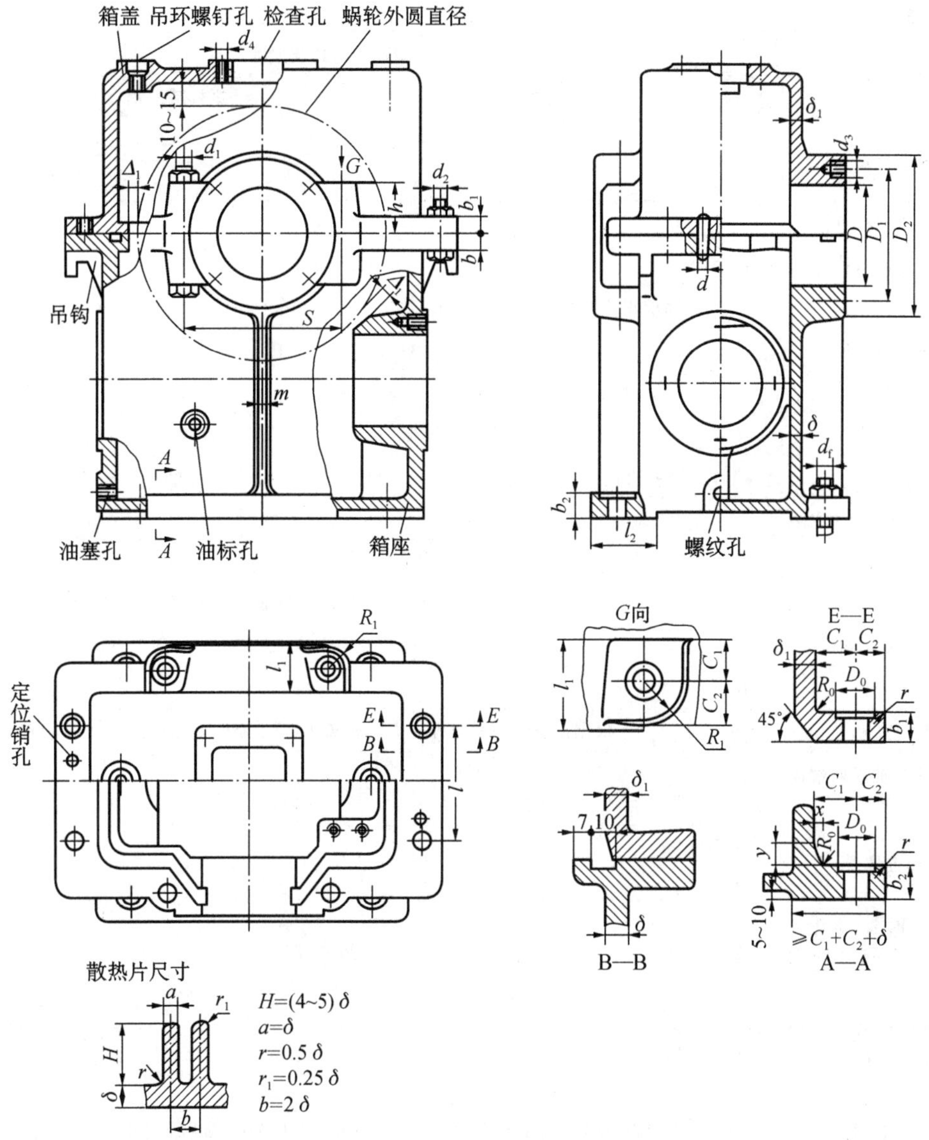

图 8-15 蜗杆减速器箱体结构

表 8-2　　　　　减速器铸铁箱体主要结构尺寸关系　　　　　单位：mm

名　　称	符号	减速器型式及尺寸关系	
		齿轮减速器	蜗杆减速器
箱座(体)壁厚	δ	$0.025a+\Delta \geqslant 8$	$0.04a+3 \geqslant 8$
箱盖壁厚	δ_1	$0.085\delta \geqslant 8$	蜗杆上置：$\approx \delta$ 蜗杆下置 $0.085\delta \geqslant 8$
箱座凸缘厚度	b	$b=1.5\delta$	
箱盖凸缘厚度	b_1	$b_1=1.5\delta_1$	
箱座底凸缘厚度	b_2	$b_2=2.5\delta$	

续　表

<table>
<tr><th rowspan="2">名　称</th><th rowspan="2">符号</th><th colspan="8">减速器型式及尺寸关系</th></tr>
<tr><th colspan="6">齿轮减速器</th><th colspan="2">蜗杆减速器</th></tr>
<tr><td rowspan="2">地脚螺栓直径及数目</td><td rowspan="2">d_f
n</td><td>a</td><td>$\leqslant 100$</td><td colspan="2">$100 \sim 200$</td><td colspan="2">> 200</td><td colspan="2" rowspan="2">$n = \dfrac{底座凸缘周长之半}{200 \sim 300} \geqslant 4$</td></tr>
<tr><td>d_f</td><td>12</td><td colspan="2">$0.04a + 8$</td><td colspan="2">$0.047a + 8$</td></tr>
<tr><td>轴承旁连接螺栓直径</td><td>d_1</td><td colspan="8">$0.75d_f$</td></tr>
<tr><td>箱盖箱座连接螺栓直径</td><td>d_2</td><td colspan="8">$(0.5 \sim 0.6)d_f$；螺栓间距：150～200</td></tr>
<tr><td rowspan="3">轴承端盖螺钉直径</td><td rowspan="3">d_3</td><td colspan="2">轴承座孔外圈直径 D</td><td colspan="2">45～65</td><td colspan="2">70～100</td><td>110～140</td><td>150～230</td></tr>
<tr><td colspan="2">d_3</td><td colspan="2">8</td><td colspan="2">10</td><td>12</td><td>16</td></tr>
<tr><td colspan="2">螺钉数目</td><td colspan="2">4</td><td colspan="2">4</td><td>6</td><td>6</td></tr>
<tr><td>检查孔盖螺钉直径</td><td>d_4</td><td colspan="8">单级减速器：$d_4 = 6$；双级减速器：$d_4 = 8$</td></tr>
<tr><td rowspan="3">d_f，d_1，d_2 至箱外壁距离 d_f，d_2 至凸缘边缘距离</td><td rowspan="3">c_1 c_2</td><td>螺栓直径</td><td>M8</td><td>M10</td><td>M12</td><td>M16</td><td>M20</td><td>M24</td><td>M30</td></tr>
<tr><td>c_{1min}</td><td>14</td><td>16</td><td>18</td><td>22</td><td>24</td><td>34</td><td>40</td></tr>
<tr><td>c_{2min}</td><td>12</td><td>14</td><td>16</td><td>20</td><td>24</td><td>28</td><td>35</td></tr>
<tr><td>轴承座外径</td><td>D_2</td><td colspan="8">$D + (5 \sim 5.5)d_3$；D 轴承外圈直径</td></tr>
<tr><td>轴承旁连接螺栓距离</td><td>S</td><td colspan="8">以 Md_1 和 Md_3 螺钉互不干涉，尽量靠近，一般取 $S \approx D_2$</td></tr>
<tr><td>轴承旁凸台半径</td><td>R_1</td><td colspan="8">c_2</td></tr>
<tr><td>轴承旁凸台高度</td><td>h</td><td colspan="8">根据低速轴轴承座外径 D_2 和 Md_1 扳手空间 c_1 的要求，由结构确定</td></tr>
<tr><td>箱体外壁至轴承座端面距离</td><td>L_1</td><td colspan="8">$c_1 + c_2 + (5 \sim 8)$</td></tr>
<tr><td>箱盖、箱座筋厚</td><td>m_1
m</td><td colspan="8">$m_1 \geqslant 0.85\delta_1$；$m \geqslant 0.85\delta$</td></tr>
<tr><td>大齿轮齿顶圆（蜗轮外圆）至箱体内壁间的距离</td><td>Δ_1</td><td colspan="8">$\Delta_1 \geqslant 1.2\delta$</td></tr>
<tr><td>轮齿（锥齿轮或蜗轮轮毂）端面至箱体内壁间的距离</td><td>Δ_2</td><td colspan="8">$\Delta_2 \geqslant \delta$</td></tr>
</table>

注：1. 对于圆柱齿轮传动，a 为低速级中心距；对于锥齿轮传动，a 为大小齿轮平均分度圆半径之和；对于圆锥-圆柱齿轮传动，a 为圆柱齿轮传动的中心距.

2. Δ 与减速器的级数有关；对于单级减速器 $\Delta_1 = 1$ mm；对于两级减速器 $\Delta_1 = 3$ mm.

3. 表中所列 D_2 的尺寸关系适用于螺钉连接式轴承盖，对于嵌入式轴承盖 $D_2 = 1.25D + 10$ mm.

8.4 减速器的润滑和密封

减速器箱体内的传动件和轴承都需要良好的润滑，其主要目的是减少摩擦、磨损和提高传动效率. 润滑过程中润滑油带走热量，使热量通过箱体表面散发在周围空气中，因而润滑又起到冷却、散热的作用.

减速器的润滑对其结构的设计有直接影响，如轴承的润滑方式影响到轴承的轴向位置和阶梯轴的轴向尺寸. 因此，在设计减速器具体结构之前，应先确定与减速器的润滑有关的问题.

8.4.1 减速器的润滑

1. 传动件的润滑

绝大多数减速器的传动件都采用油润滑，其主要润滑方式为浸油润滑. 对于高速传动，则采用喷油润滑.

(1) 浸油润滑

浸油润滑是将传动件的一部分浸入油池中，当传动件转动时，粘在上面的油被带到啮合区进行润滑. 这种润滑方式适用于齿轮圆周速度 $v \leqslant 12$ m/s，蜗杆圆周速度 $v \leqslant 10$ m/s 的场合.

传动件浸入油中的深度要合适，圆柱齿轮浸油深度以 1 个齿高但不小于 10 mm 为宜. 当速度较小 ($v < 0.5 \sim 0.8$ m/s) 时，允许浸油深度达 $\frac{1}{6} \sim \frac{1}{3}$ 的分度圆半径(从齿顶圆开始量). 圆锥齿轮则浸入整个齿宽(至少应浸入半个齿宽).

在多级齿轮传动中，当高速级大齿轮浸油深度合适时，可能低速级大齿轮浸油过深. 此时，高速级大齿轮可采用带油轮来润滑，利用带油轮将油带入高速级齿轮啮合区进行润滑，如图 8-16 所示；低速级仍采用浸油润滑.

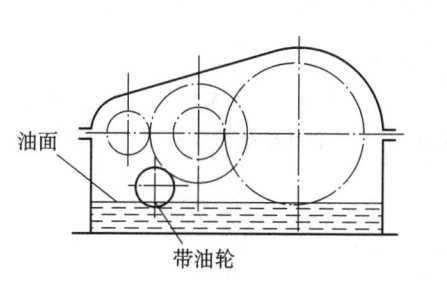

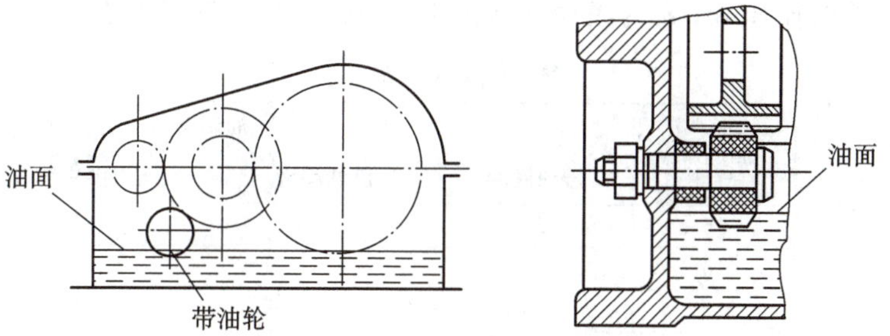

图 8-16　采用带油轮浸油润滑

(a) 蜗杆上置式　(b) 蜗杆下置式

图 8-17　蜗杆传动浸油润滑

蜗杆减速器的传动件采用浸油润滑时，当蜗杆圆周速度 v 为 5～10 m/s 时，建议采用蜗杆上置式结构，如图 8-17(a) 所示，将蜗轮浸入油池中，其浸油深度与圆柱齿轮相同；当蜗杆圆周速度 $v < 5$ m/s 时，建议采用蜗杆下置式结构，如图 8-17(b) 所示，将蜗杆浸入油池中，其浸油深度为 0.75～1 个齿高，但油面不应超过滚动轴承最低滚动体的中心，以免轴承因搅油损耗大而降低效率. 当油面达到滚动轴承最低滚动体的中心而蜗杆尚未浸入油中或浸油深度不够时，可在蜗杆轴上安装溅油轮如图 8-18 所示，利用溅油轮将油带至蜗轮端面，而后流入啮合区进行润滑.

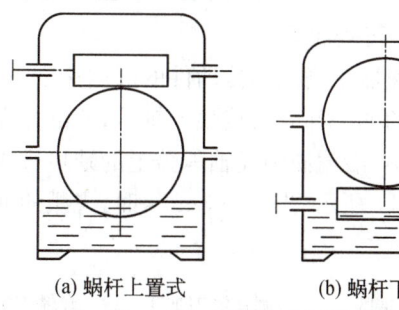

浸油润滑的油池应保持一定的深度和储油量. 齿顶圆距油池底部的距离不应小于 30～50 mm，以免搅起油池底部的杂质. 多级传动时，每传递 1 kW 功率需油 0.35～0.7 L，多级传动时油量按比例增加.

(2) 喷油润滑

当齿轮圆周速度 $v > 12$ m/s 或蜗杆圆周速度 $v > 10$ m/s 时，不能采用浸油润滑. 这是因

为粘在轮齿上的润滑油会被离心力甩出而达不到啮合区,而且搅油损耗大,使油温升高,降低润滑油的性能;同时,圆周速度高还容易搅起油池底部的杂质.此时,应采用喷油润滑,即用油泵将润滑油直接喷到啮合区进行润滑,如图 8-18 所示.

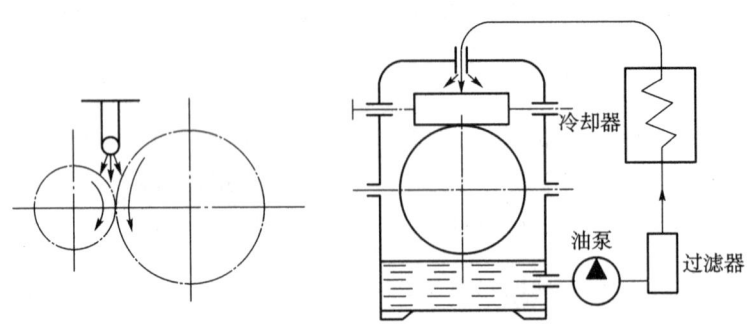

(a) 齿轮传动喷油润滑　　　　(b) 蜗杆传动喷油润滑

图 8-18　喷油润滑

2. 滚动轴承的润滑

减速器中滚动轴承的润滑采用油润滑和脂润滑.滚动轴承的润滑方式一般根据 dn 值选择(d 为滚动轴承内径,mm;n 为滚动轴承转速,r/min),具体选择见表 8-3.

表 8-3　　　　　　　　　　　轴承润滑方式的选择

轴承类型	脂润滑	油润滑			
		浸油润滑	滴油润滑	压力供油润滑	油雾润滑
深沟球轴承	16	25	40	60	>60
角接触球轴承	16	25	40	60	>60
圆柱滚子轴承	12	25	40	60	>60
圆锥滚子轴承	10	16	23	30	—
推力球轴承	4	6	12	15	—

(1) 飞溅润滑

减速器中当浸油传动件的圆周速度 $v > 2$ m/s 时,轴承可采用飞溅润滑.传动件旋转时飞溅出的油一部分直接溅入轴承,一部分先溅到箱壁上,然后再顺着箱盖的内壁流入箱座的输油沟中,沿输油沟经轴承盖上的缺口进入轴承室,如图 8-19 所示.输油沟的结构及其尺寸如图 8-11 所示.当 $v > 3$ m/s 时,飞溅的油形成油雾,可以直接润滑轴承,此时箱座上可不设输油沟.

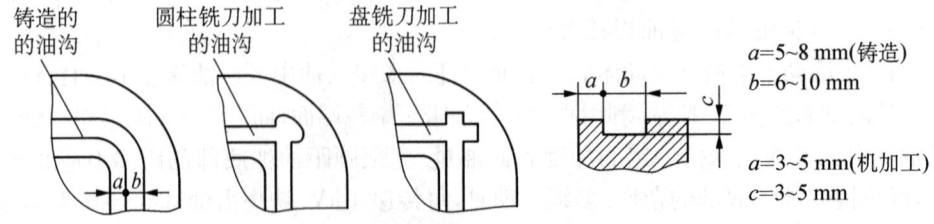

图 8-19　输油沟的结构和尺寸

(2) 刮板润滑

下置式蜗杆即使圆周速度 $v > 2$ m/s,但由于蜗杆位置太低,且与蜗轮轴在空间呈垂直方向布置,飞溅的油仍难以进入蜗轮的轴承室,此时,蜗轮轴的轴承可采用刮板润滑.如图 8-20(a)所示,当蜗轮转动时,利用装在箱体内的刮油板,将轮缘侧面上的油刮下,油沿输油沟流向轴承;或如图 8-20(b)所示,将刮下的油直接导入轴承室.

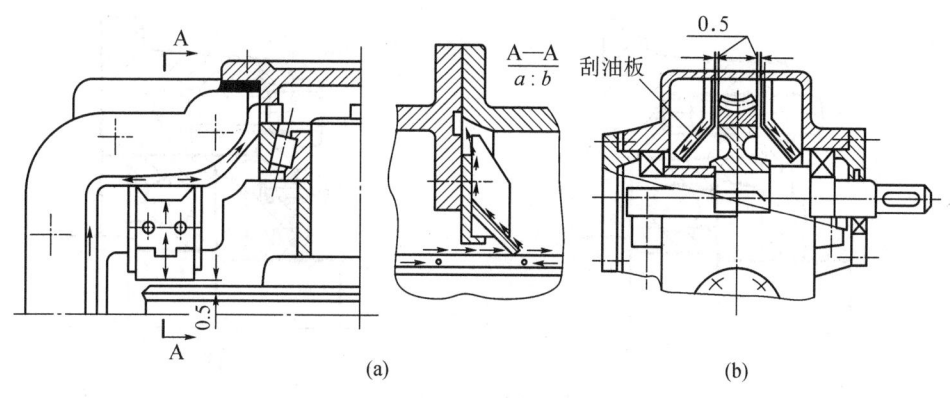

图 8-20 刮板润滑

(3) 浸油润滑

下置式蜗杆的轴承常采用浸油润滑.此时,油面不应超过滚动轴承最低滚动体的中心,以免搅油损耗太大.

(4) 脂润滑

减速器中当浸油齿轮的圆周速度太低难以飞溅形成油雾,或难以导入轴承室,或难以使轴承油润滑时,可采用润滑脂润滑.润滑脂通常在装配时填入轴承室,其装填量一般不超过轴承室空间的 $\frac{1}{3} \sim \frac{1}{2}$,以后每年添加 1~2 次.添置时可拆去轴承盖,也可如图 8-21 所示采用旋盖式油杯或采用压力脂枪从压注油杯向轴承室注入润滑脂.采用脂润滑时,一般应在轴承室内侧设置封油环或其他内部密封装置,以免油池中的油进入轴承室稀释润滑油.

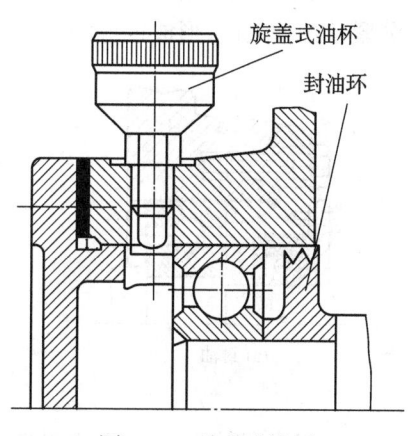

图 8-21 旋盖式油杯

8.4.2 减速器的密封

减速器需要密封的部位一般包括轴外伸处、轴承室内侧、箱体接合面和轴承端盖、窥视孔和排油孔接合面等.

1. 轴外伸处的密封

在减速器中轴外伸处进行密封,其密封装置放置在轴承外侧,用于使轴承与箱体外部隔离,以防润滑剂泄出及外部的灰尘、水分及其他污物进入轴承而导致轴承的磨损或腐蚀.设计时应根据轴密封表面的圆周速度、周围环境及润滑剂性质等选用合适的密封并设计合理的结构.常见的密封装置有以下四种形式.

(1) 毡圈式密封

毡圈式密封(图 8-22)是利用将矩形截面的毡圈嵌入梯形槽中对轴产生压紧作用,从而实现密封. 毡圈及梯形槽的尺寸见第三篇中表 12-78.

毡圈式密封结构简单,但磨损快,密封效果差. 它主要用于脂润滑和接触面速度不超过 5 m/s 的油润滑的场合.

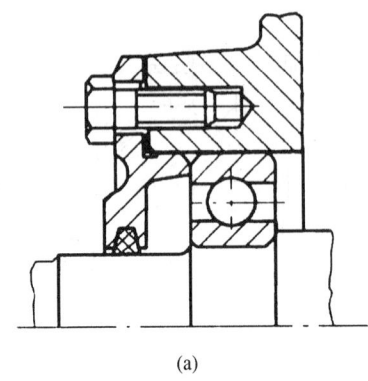

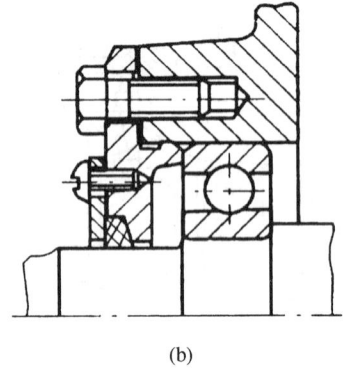

(a)　　(b)

图 8-22　毡圈式密封

(2) 皮碗式密封

皮碗式密封(图 8-23)是利用密封圈唇形结构部分的弹性和弹簧圈的箍紧力,使唇形部分紧贴在轴表面,形成过盈配合,起到密封作用.

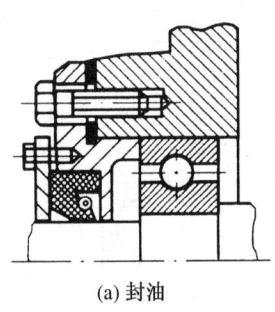

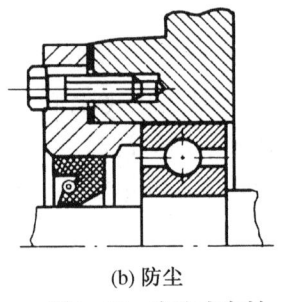

(a) 封油　　(b) 防尘　　(c) 双向密封

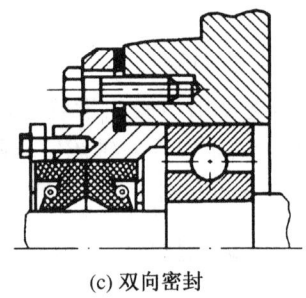

图 8-23　皮碗式密封

皮碗式密封性能好,工作可靠,寿命长,可用于接触面速度不超过 7 m/s 的油润滑和脂润滑的场合.

(3) 油沟式密封

油沟式密封(图 8-24)是利用轴与轴承盖孔之间的环槽和微小间隙来实现密封的. 环槽中填入润滑脂,密封效果会更好. 油沟密封槽的尺寸见第三篇中表 12-82.

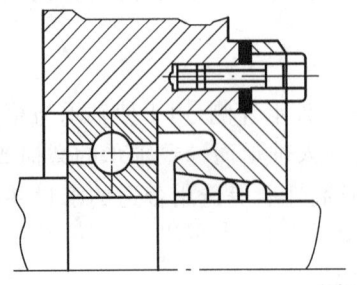

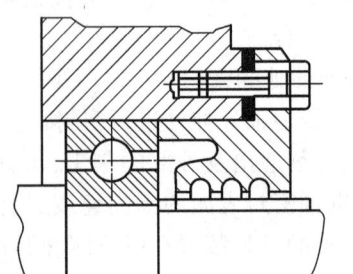

图 8-24　油沟式密封

油沟式密封结构简单，密封效果较差，适用于脂润滑及较清洁的场合.

(4) 迷宫式密封

迷宫式密封(图 8-25)是利用固定在轴上的转动元件与轴承盖间构成的曲折而狭窄的缝隙来实现密封的. 缝隙内填入润滑脂，可以提高密封效果.

迷宫式密封效果好，密封件不磨损，可用于脂润滑和油润滑的场合度的限制.

2. 轴承室内侧的密封

轴承室内侧密封装置安装在轴承内侧，按其作用分有封油环和挡油环两种.

(1) 封油环

当轴承采用脂润滑时，应在箱体轴承座内侧安装封油环. 封油环可将轴承室与箱体内部隔开，防止轴承室内的润滑脂向箱体内泄漏，或者箱体内的润滑油溅入轴承室而稀释和带走油脂. 具结构尺寸和安装如图 8-26 所示.

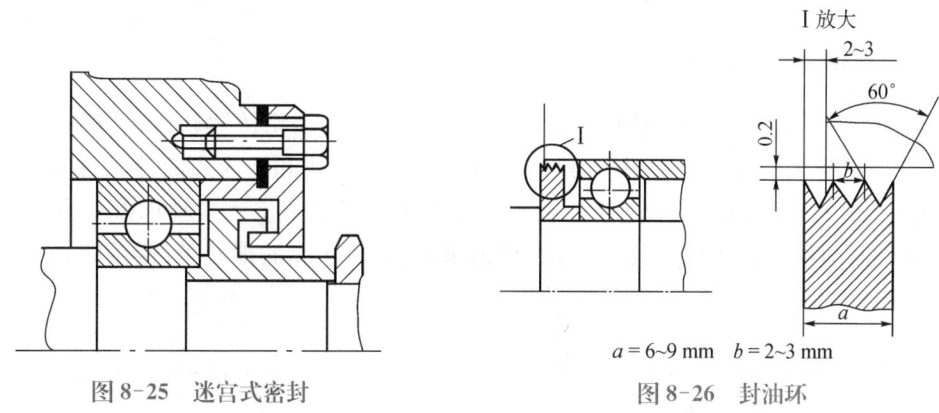

图 8-25 迷宫式密封

$a=6\sim9$ mm　$b=2\sim3$ mm

图 8-26 封油环

(2) 挡油环

当轴承采用油润滑，当小齿轮(尤其是斜齿轮)的直径小于轴承座孔直径时，为防止轮齿啮合过程中的油(是刚啮合过的热油，常混合磨屑等杂物)过多涌入轴承，须在小齿轮与轴承之间安装挡油环. 挡油环有冲压件[图 8-27(a)]和机加工件[图 8-27(b)]两种. 前者适用于成批生产，后者适用于单件或小批生产.

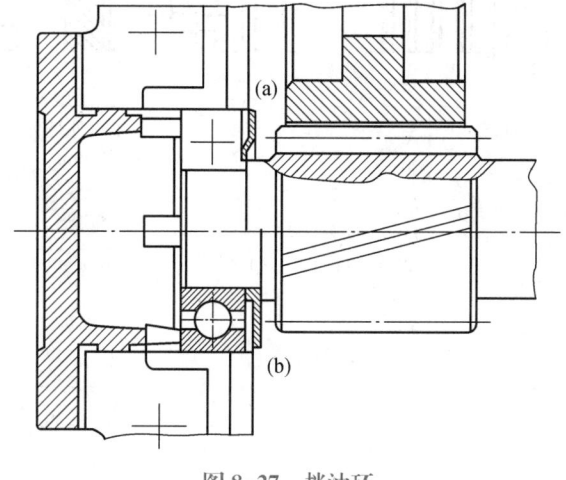

图 8-27 挡油环

3. 箱体的密封

箱体与箱座接合面的密封常用涂水玻璃或密封胶的方法来实现. 因此,对接合面的几何精度和表面粗糙皮都有一定要求. 为了提高接合面的密封性、可在接合面上开回油沟[图 8-11(b)],使渗到接合面之间的油重新流回箱体内部.

8.5 减速器附件结构设计

为了保证减速器正常工作和具备完善的性能,如检查传动件的啮合情况、注油、排油、通气和便于安装和吊运等. 减速器箱体上常设有某些必要的装置和零件,这些装置和零件及箱体上相应的局部结构称为附件. 这些附件应按照其用途设置在机体的合适位置,并且要便于加工和装拆.

8.5.1 轴承盖、套杯

轴承盖用于固定轴承、调整轴承间隙及承受轴向载荷,多用铸铁制造,其材料一般为铸铁(HT150)或钢(Q215, Q235). 按照结构形式分螺钉连接式和嵌入式两种. 每种形式中,按是否有通孔又分为透盖和闷盖,透盖的轴孔内应设置密封装置. 嵌入式轴承盖有装 O 形密封圈和无密封圈两种. 前者密封性能好,用于油润滑;后者用于脂润滑. 螺钉连接式轴承盖的结构尺寸见表 8-4.

表 8-4　　螺钉连接式轴承盖的结构尺寸

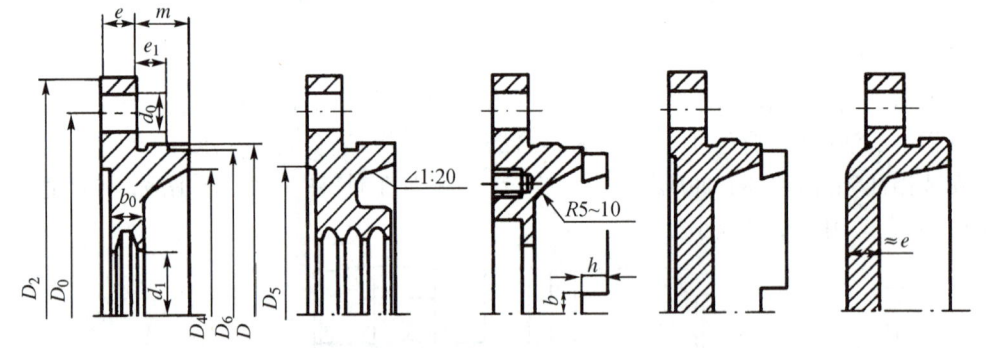

<table>
<tr><td rowspan="5">$d_0 = d_3 + 1$
d_3——轴承盖联接螺栓直径,尺寸见右表
$D_0 = D + 2.5d_3$
$D_2 = D_0 + 2.5d_3$
$e = 1.2d_3$
$e_1 \geqslant e$
m 由结构确定</td><td rowspan="5">$D_4 = D - (10 - 15)$
$D_5 = D_0 - 3d_3$
$D_6 = D - (2 \sim 4)$
b_1, d_1 由密封件尺寸确定
$b = 5 \sim 10$
$h = (0.8 \sim 1)b$</td><td>轴承外径 D/mm</td><td>螺钉直径 d_3/mm</td><td>螺钉数</td></tr>
<tr><td>45~65</td><td>6</td><td>4</td></tr>
<tr><td>70~100</td><td>8</td><td>4</td></tr>
<tr><td>110~140</td><td>10</td><td>6</td></tr>
<tr><td>150~230</td><td>12~16</td><td>6</td></tr>
</table>

注:材料为 HT150.

螺钉连接式轴承盖调整轴承间隙方便,密封性能好,应用广泛.嵌入式轴承端盖不用螺钉连接,结构简单,但座孔中须镗削环形槽,加工麻烦,该结构调整轴承间隙不便,多用于不调整轴承间隙处.

嵌入式轴承盖的结构尺寸见表 8-5.

表 8-5　　　　　　　　　　嵌入式轴承盖的结构尺寸　　　　　　　　　　单位:mm

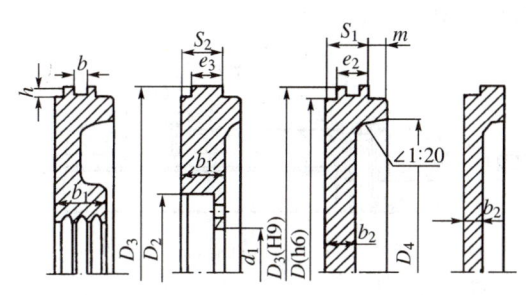

$S_1 = 15 \sim 20$
$S_2 = 10 \sim 15$
$e_2 = 8 \sim 12$
$e_3 = 5 \sim 8$
m 由结构确定
$D_1 = D + e_2$,装有 O 形密封圈时,按 O 形密封圈外径取整
$b_2 = 8 \sim 10$
其余尺寸由密封尺寸确定

注:材料为 HT150.

8.5.2　调整垫片

调整垫片由多片很薄的软金属制成,用以调整轴承间隙.有的垫片还要起调整传动零件(如蜗轮、圆锥齿轮等)轴向位置的作用.调整垫片组的结构尺寸见表 8-6.

表 8-6　　　　　　　　　　调整垫片组的结构尺寸

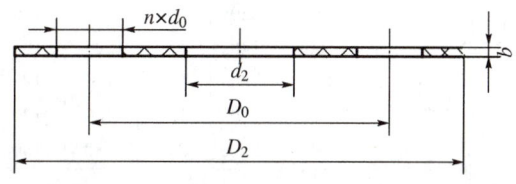

	A 组			B 组			C 组		
厚度 b/mm	0.5	0.2	0.1	0.5	0.15	0.1	0.5	0.15	0.125
片数 Z	3	4	2	1	4	4	1	3	3

用于螺钉式轴承盖:$d_2 = D + (2 \sim 4)$ mm,D 为轴承外径;D_0,D_2,d_0 同轴承盖.
用于嵌入式轴承盖:$D_2 = D - 1$ mm;d_2 按轴承外圈的安装尺寸;无需 d_0 孔.

8.5.3　窥视孔和窥视孔盖

在减速器上部可以看到传动零件啮合处要开窥视孔,以便检查齿面接触斑点和齿侧间隙,了解啮合情况.润滑油也由此注入机体内.窥视孔应设在能看到传动零件啮合区的位置,并有足够的大小,以便手能伸入进行操作,如图 8-28 所示.

窥视孔上要有盖板,以防止污物进入机体内和润滑油飞溅出来.机体上开窥视孔处应凸起一块(3~5 mm),以便机械加工出支撑盖板表面并用垫片加强密封.盖板常用钢板或铸铁制成,用 M6~M10 螺钉紧固,其典型结构如图 8-29 所示.

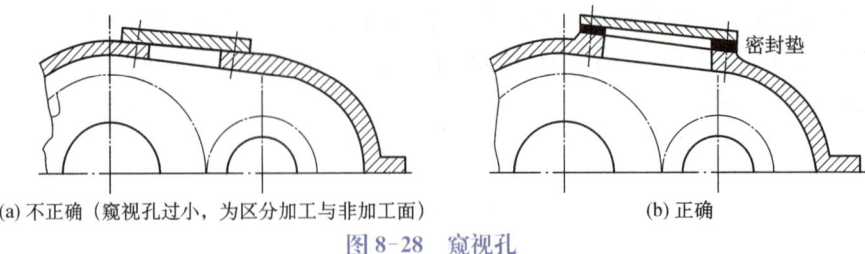

(a) 不正确（窥视孔过小，为区分加工与非加工面）　　(b) 正确

图 8-28　窥视孔

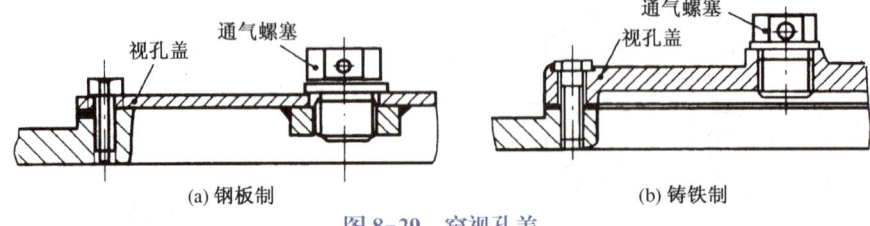

(a) 钢板制　　(b) 铸铁制

图 8-29　窥视孔盖

窥视孔及其盖板的结构尺寸见表 8-7.

表 8-7　　　　　　　　　　窥视孔及其盖板的结构尺寸　　　　　　　　　　单位:mm

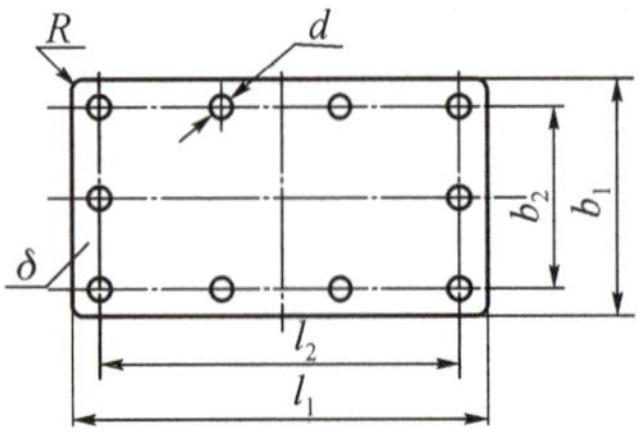

减速器中心距 a, a_Σ		l_1	l_2	b_1	b_2	直径 d	孔数	盖厚 δ	R
单级	$a \leqslant 150$	90	75	70	55	7	4	4	5
	$a \leqslant 250$	120	105	90	75	7	4	4	5
	$a \leqslant 350$	180	165	140	125	7	8	4	5
	$a \leqslant 450$	200	180	180	160	11	8	4	10
	$a \leqslant 550$	220	200	200	180	11	8	4	10
双级	$a_\Sigma \leqslant 250$	140	125	120	105	7	8	4	5
	$a_\Sigma \leqslant 425$	180	165	140	125	7	8	4	5
	$a_\Sigma \leqslant 500$	220	190	160	130	11	8	4	15
	$a_\Sigma \leqslant 650$	270	240	180	150	11	8	6	15

8.5.4　放油螺塞

为了更换油,应把污油全部排出,并进行机体内清洗,应在箱体底部油池最低位置开设放油孔.平时,放油孔用螺塞和防漏垫圈堵严.为了便于加工,放油孔处的机体外壁应有加工凸台,经机械加工成为放油螺塞头部的支撑面,并加封油垫圈以免漏油,如图 8-30 所示.

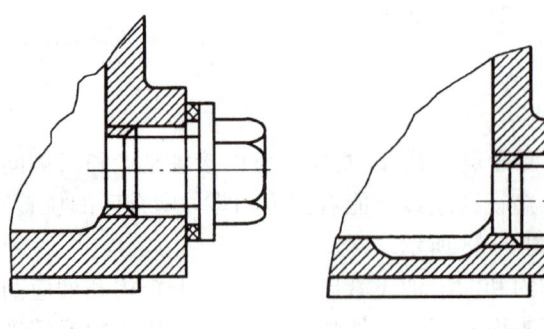
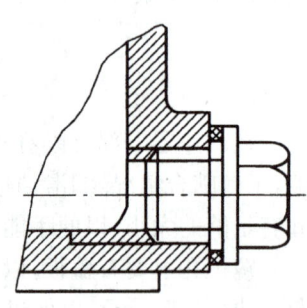

(a) 不正确　　　　　　(b) 正确　　　　　　(c) 正确(有半边孔入螺纹,工艺性差)

图 8-30　放油孔的位置

放油孔螺塞一般采用 Q235，封油垫圈可用石棉橡胶板或皮革制成，其结构尺寸见表 8-8，放油孔螺塞的直径可按箱体壁厚的 2～3 倍选取.

表 8-8　　　　　　　　　　排油孔螺塞及封油垫圈的结构尺寸　　　　　　　　　　单位:mm

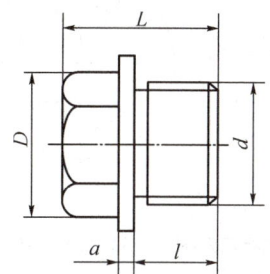
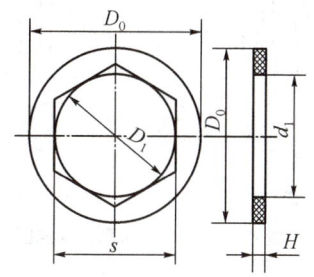

d	D_0	L	l	a	D	s	d_1	H
M14×1.5	22	22	12	3	19.6	17	15	2
M16×1.5	26	23	12	3	19.6	17	17	2
M20×1.5	30	28	15	4	25.4	22	22	2
M24×2	34	31	16	4	25.4	22	26	2.5
M27×2	38	34	18	4	31.2	27	29	2.5

8.5.5　油标

油标用来显示箱内油面高度，以保证油池中有正常的油量. 油标一般设在机体便于观察、油面较稳定的部位，如低速轴附近. 油标的种类很多，有的已经标准化了. 常见的油标种类有杆式油标（表 8-9）、旋塞式油标（表 8-10）、圆形游标（表 8-11）、管状油标（表 8-12）和长形油标（表 8-13）. 其中，管状油标、圆形游标和长形油标为直接观察式油标.

表 8-9　　　　　　　　　　　　杆式油标的结构尺寸　　　　　　　　　　　　单位:mm

d	d_1	d_2	d_3	h	a	b	c	D	D_1
M12	4	12	6	28	10	6	4	20	16
M16	4	16	6	35	12	8	5	26	22
M20	6	20	8	42	15	10	6	32	26

表 8-10　　　　　　　　　　　旋塞式油标的结构尺寸　　　　　　　　　　　单位:mm

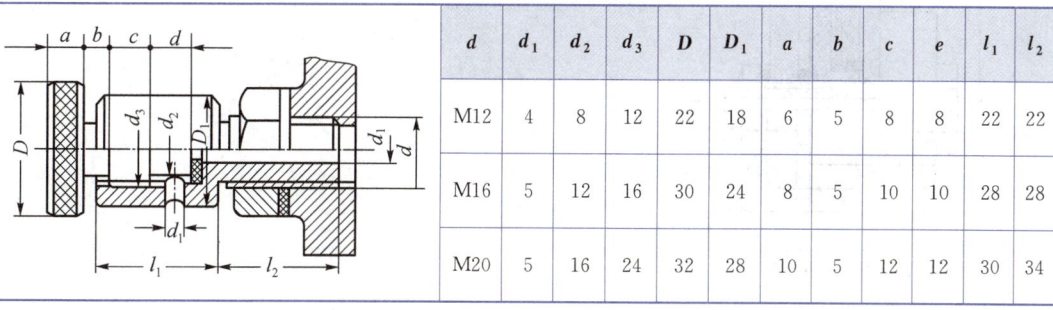

d	d_1	d_2	d_3	D	D_1	a	b	c	e	l_1	l_2
M12	4	8	12	22	18	6	5	8	8	22	22
M16	5	12	16	30	24	8	5	10	10	28	28
M20	5	16	24	32	28	10	5	12	12	30	34

表 8-11　　　　圆形游标的结构尺寸

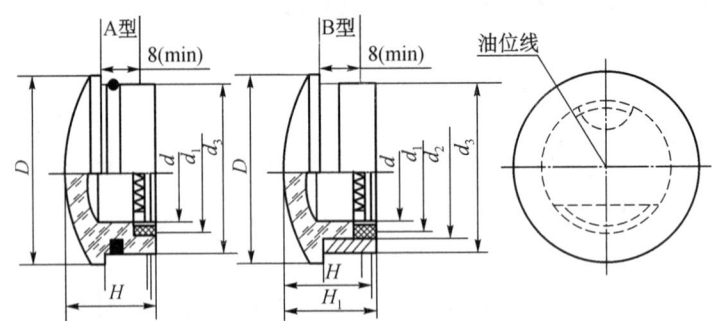

标记示例　视孔 d=32 mm、A 型压配式圆形油标的标记为：油标 A32 JB/T 7941.1—1995　单位：mm

d	D	d_1		d_2		d_3		H	H_1	O 形橡胶密封圈（按 GB/T 3452.1—1992）
		基本尺寸	极限偏差	基本尺寸	极限偏差	基本尺寸	极限偏差			
12	22	12	−0.050 −0.160	17	−0.050 −0.160	20	−0.065 −0.195	14	16	15×2.65
16	27	18		22	−0.065 −0.195	25				20×2.65
20	34	22	−0.065 −0.195	28		32	−0.080 −0.240	16	18	25×3.55
25	40	28		34	−0.080 −0.240	38				31.5×3.55
32	48	35	−0.080 −0.240	41		45		18	20	38.7×3.55
40	58	45		51	−0.100 −0.290	55	−0.100 −0.290			48.7×3.55
50	70	55	−0.100 −0.290	61		65		22	24	
63	85	70		76		80				

表 8-12　　　　管状油标的结构尺寸　　　　单位：mm

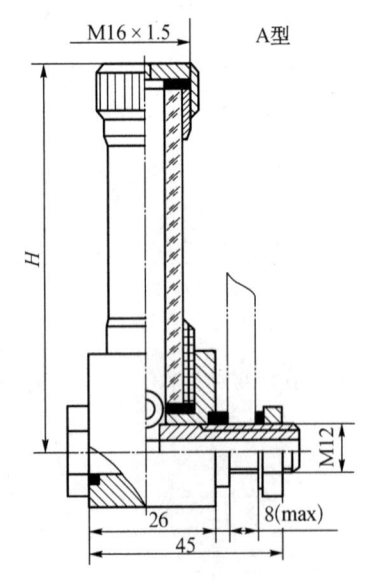

H	O 形橡胶密封圈（按 GB/T 3452.1—1992）	六角薄螺母（按 GB/T 6172—2000）	弹性垫圈（按 GB/T 861.1—1987）
80，100，125，160，200	11.8×2.65	M12	12

标记示例　H=200、A 型管状油标的标记为：
油标　A200　JB/T 7941.4—1995

注：B 型管状油标尺寸见 GB/T 7941.4—1995.

表 8-13　　　　　　　　　　　长形油标的结构尺寸　　　　　　　　　　　单位：mm

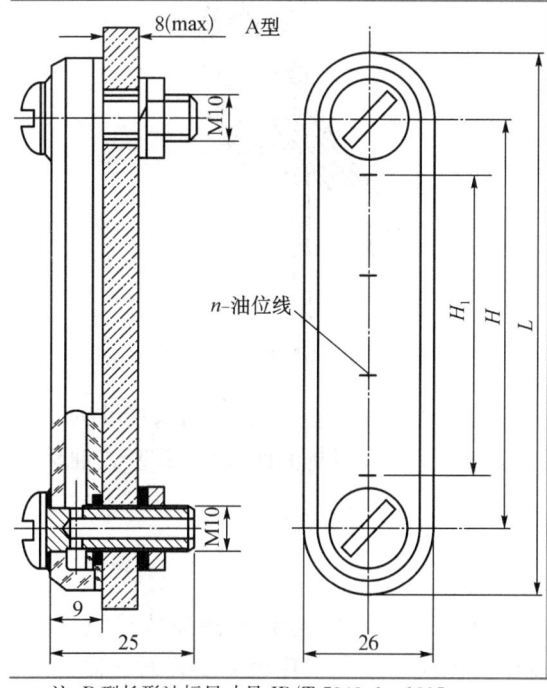

H		H_1	L	n
基本尺寸	极限偏差			(条数)
80	±0.17	40	110	2
100		60	130	3
125	±0.20	80	155	4
160		120	190	6
O 形橡胶密封圈 (按 GB/T 3452.1 —1992)	六角螺母 (按 GB/T 6172 —2000)	弹性垫圈 (按 GB/T 861.1 —1987)		
10×2.65	M10	10		

标记示例　$H=80$、A 型长形油标的标记为：
油标 A80　JB/T 7941.3—1995

注：B 型长形油标尺寸见 JB/T 7943.1—1995.

　　杆式油标结构简单，在减速器中应用较多. 为了便于加工和节省材料，油标的手柄和尺杆常由两个元件铆接或焊接在一起，如图 8-31 所示，安装时，可采用螺纹连接，也可以采用 $\dfrac{\text{H9}}{\text{h8}}$ 配合装入. 检查箱体内油面高低时拔出油标，以杆上的油痕判断油面高低. 油尺上的两条刻线的位置分别对应最高油面和最低油面，如图 8-32 所示. 如果在减速器运转的过程中检查油面，为避免因油的搅动影响检查效果，可在油尺外装隔离套，如图 8-33 所示.

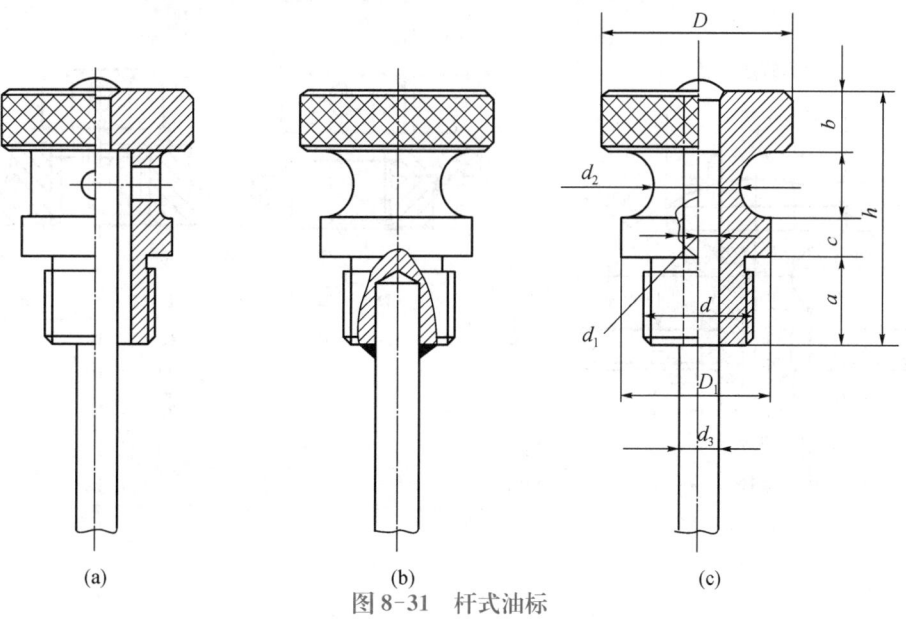

图 8-31　杆式油标

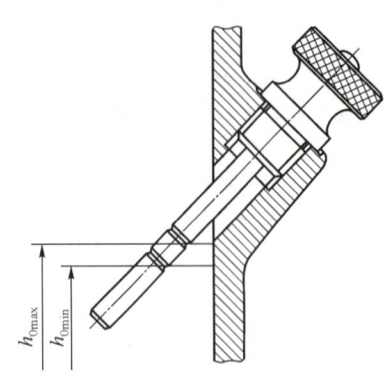

图 8-32　油尺的刻线

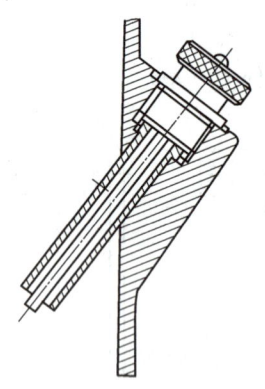

图 8-33　带隔离套的油尺

表 8-10 中旋塞式油标应分别在箱座的最高和最低油面处各装一只，其结构尺寸列于表中. 观测油面时，拧松有滚花旋钮的螺塞，观察有无油液流出，判断油面高度. 旋塞式油标结构较复杂，但所占空间位置小，安装部位灵活.

8.5.6　通气器

减速器运转时，由于摩擦发热使机体内温度升高，气压增大，导致润滑油从缝隙(如剖面、轴伸处间隙)向外渗漏，使密封失灵. 因此，多在机盖顶部或窥视孔盖上安装通气器，使机体内热涨气体自由逸出，达到机体内外气压相等，提高机体有缝隙处的密封性能. 通气器的结构应具有防止灰尘进入箱体以及足够的通气能力. 常用的通气器有通气塞、通气帽和通气罩三种结构形式. 通气塞一般适用小尺寸及发热较小的减速器，并且环境比较干净. 通气罩一般用于较大型的减速器. 通气器的结构尺寸见表 8-14.

表 8-14　通气器的结构尺寸　单位：mm

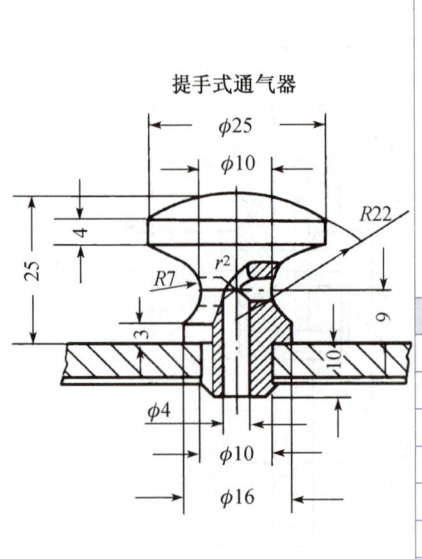

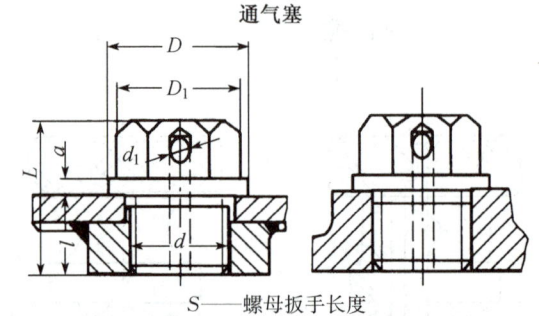

提手式通气器

通气塞

S——螺母扳手长度

d	D	D_1	S	L	l	a	d_1
M12×1.25	18	16.5	14	19	10	2	4
M16×1.5	22	19.6	17	23	12	2	5
M20×1.5	30	25.4	22	28	15	4	6
M22×1.5	32	25.4	22	29	15	4	7
M27×1.5	38	31.2	27	34	18	4	8
M30×2	42	36.9	32	36	18	4	8
M33×2	45	36.9	32	38	20	4	8
M36×3	50	41.6	36	46	25	5	8

续表

通气帽

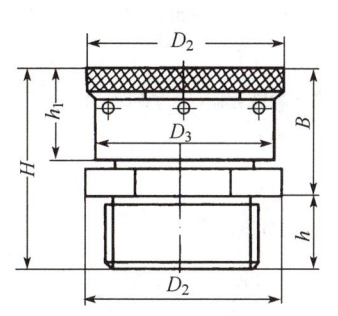
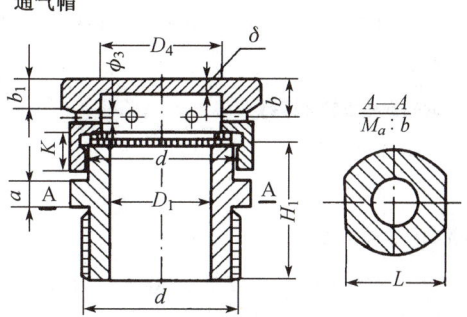

d	D_1	B	h	H	D_2	H_1	a	δ	K	b	h_1	b_1	D_3	D_4	L	孔数
M27×1.5	15	≈30	15	≈45	36	32	6	4	10	8	22	6	32	18	32	6
M36×2	20	≈40	20	≈60	48	42	8	4	12	11	29	8	42	24	41	6
M48×3	30	≈45	25	≈70	62	52	10	5	15	13	32	10	56	36	55	8

通气罩

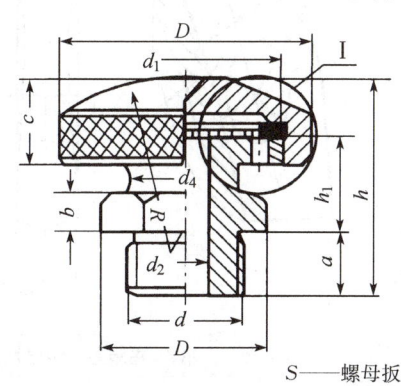
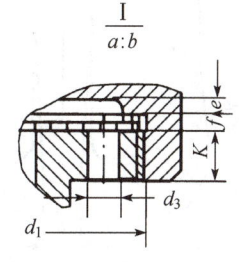

S——螺母扳手长度

d	d_1	d_2	d_3	d_4	D	h	a	b	c	h_1	R	D_1	S	K	e	f
M18×1.5	M33×1.5	8	3	16	40	40	12	7	16	18	40	25.4	22	6	2	2
M27×1.5	M48×1.5	12	4.5	24	60	54	15	10	22	24	60	36.9	32	7	2	2
M36×1.5	M64×1.5	16	6	30	80	70	20	13	28	32	80	53.1	41	10	3	3

8.5.7 吊环螺钉、吊耳和吊钩

为了拆装和搬运减速器,应在机盖上设置吊环螺钉或吊耳,在机座上设置吊钩.当减速器的质量较大时,搬运整台减速器,只能用在机座上的吊钩,而不允许用机盖上的吊环螺钉或吊耳,以免损坏机盖和机座连接凸缘接合面的密封性.

吊环螺钉是标准件,其公称直径的大小根据起重质量按第三篇中表 12-46 选取.减速器的参考质量见表 8-15.采用吊环螺钉使机械加工工艺复杂,所以,常在减速器的机盖上直接铸出吊钩或吊耳,在机座上的吊钩也是直接铸出来的.吊耳、吊钩的结构尺寸见表 8-16.

表 8-15　　减速器的质量

一级圆柱齿轮减速器（a 为中心距）					
a/mm	100	150	200	250	300
m/kg	32	85	155	260	350

二级圆柱齿轮减速器						
a/mm	100×150	150×200	175×250	200×300	250×350	250×400
m/kg	135	230	305	490	725	980

二级同轴圆柱齿轮减速器						
a/mm	100	150	200	250	300	350
m/kg	120	180	330	500	600	800

锥齿轮减速器（R 为锥距）					
R/mm	100	150	200	250	300
m/kg	50	60	100	190	290

锥齿轮圆柱齿轮减速器					
R/mm	100	100	150	200	250
a/mm	150	200	250	300	400
m/kg	180	300	400	600	800

蜗杆减速器						
a/mm	100	120	150	180	210	250
m/kg	65	80	160	330	350	540

表 8-16　　吊耳和吊钩的结构尺寸　　单位：mm

吊耳（在箱盖上铸出）		吊耳环（在箱盖上铸出）	
	$C_3=(4\sim5)\delta_1$ $C_4=(1.3\sim1.5)C_3$ $b=(1.8\sim2.5)\delta_1$ $R=C_4$ $r_1\approx0.2C_3$ $r\approx0.25C_3$ δ_1——箱盖壁厚		$d=b$ $b\approx(1.8\sim2.5)\delta_1$ $R\approx(1\sim2)d$ $e\approx(0.8\sim1)d$
吊钩（在箱盖上铸出）		**吊钩（在箱盖上铸出）**	
	$K=C_1+C_2$ $H\approx0.8K$ $h\approx0.5H$ $r\approx0.25K$ $b\approx(1.8\sim2.5)\delta$		$K=C_1+C_2$ $H\approx0.8K$ $h\approx0.5H$ $r\approx\frac{K}{6}$ $b\approx(1.8\sim2.5)\delta$ H_1——按结构确定

8.5.8　定位销

在剖分式机体中，为了保证轴承座孔的加工和安装精度，在机盖和机座用螺栓连接后，

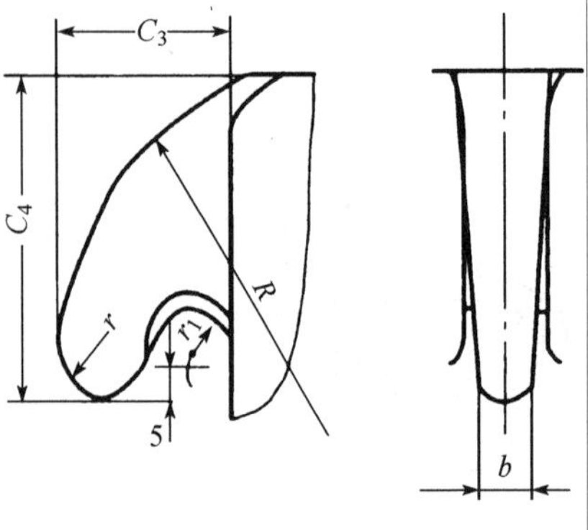

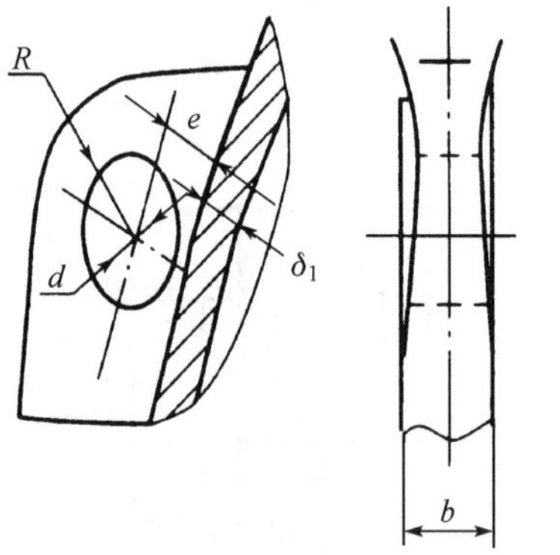

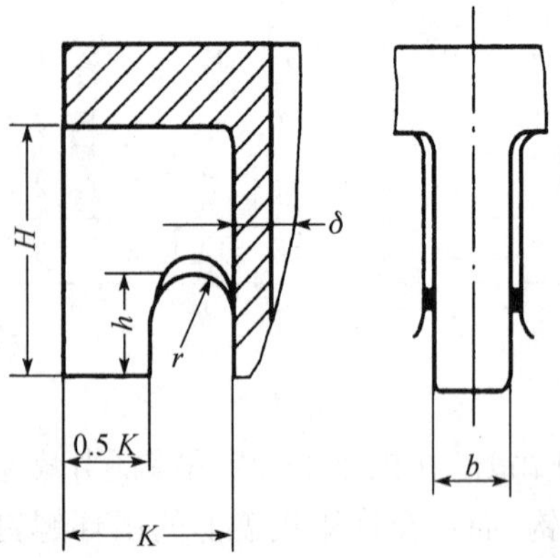

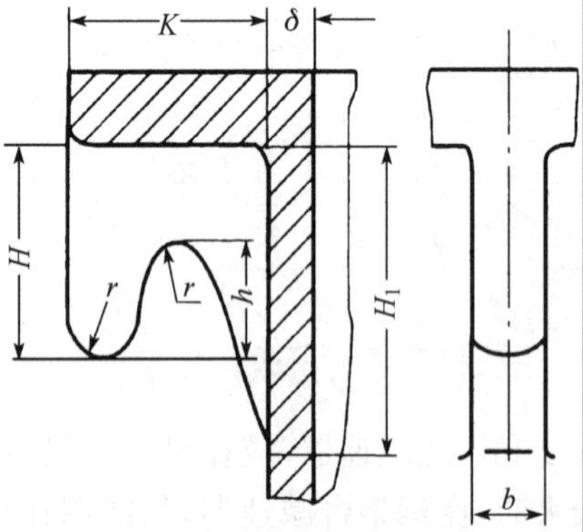

镗孔之前装上两个定位销,如图 8-34 所示.一般采用圆锥销作定位销,两个定位销的距离应尽量远些,常安置在机体纵向两侧的连接凸缘上,并呈非对称布置,以加强定位效果.

定位销的公称直径一般取 $d=(0.7\sim0.8)d_2$,d_2 为箱座和箱盖连接螺栓的直径,其大小应大于机座和机盖连接凸缘的总厚度,以利于装拆.圆锥销是标准件,设计时,可按第三篇中表 12-60 查取选用.

圆锥销孔的加工分两道工序.现用钻头钻出圆柱孔,再用 1:50 锥度的铰刀铰配出圆锥孔.

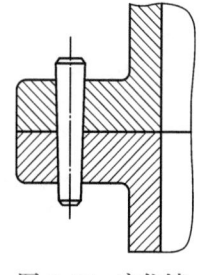

图 8-34 定位销

8.5.9 启盖螺钉

为了提高密封性能,机盖和机座连接凸缘的接合面上常涂有水玻璃或密封胶,这样接合面较紧,给拆卸带来不便.为了便于拆下机盖,在机盖的凸缘上常装有 1~2 个启盖螺钉.在起盖时,拧动此螺钉可将机盖顶起,如图 8-35 所示.

螺钉上的螺纹长度应大于机盖凸缘厚度.螺杆端部要做成圆柱形或大倒角,以免起盖时顶坏螺纹.起盖螺钉的直径和长度可以与机盖和机座的连接螺栓取同一规格.

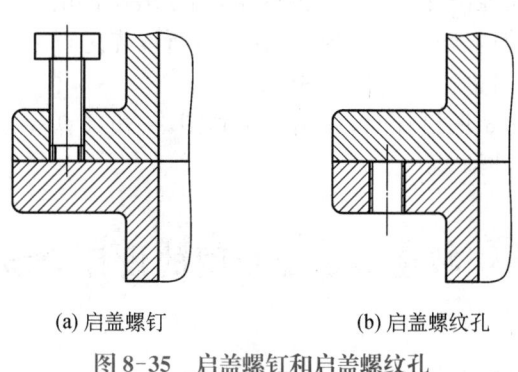

(a) 启盖螺钉　　　　(b) 启盖螺纹孔

图 8-35 启盖螺钉和启盖螺纹孔

对于安放在野外的减速器,为避免雨水沿起盖螺钉流入接合面,进而流入机体内,此时,起盖螺钉应安装在机座的凸缘上.

第9章 减速器装配图的设计与绘制

减速器装配图的设计是减速器设计过程中的重要环节,表达了各零部件之间的相互位置、工作原理、尺寸关系、装配关系以及各零件的结构形状,同时也是绘制零件工作图、进行减速器组装、调试、使用和维护的技术依据。

装配图的设计是在总体方案、主要参数和尺寸等初步确定的基础上设计具体的结构,在设计过程中,要综合考虑各零件的工作状况、强度、刚度要求、寿命、加工、调整、装拆、润滑、密封、制造加工、工艺性及经济性等多方面的因素,由于装配图的设计和绘制比较复杂,往往难以一次就设计绘制出结构合理、表达规范的图纸,所以先进行减速器装配草图的设计,然后经过反复修改完善后,再进行正式装配图的设计。

在进行减速器装配图草图设计时,采用一边画图,一边计算,一边修改的设计方法逐步完成,使之达到最优的设计结果。

9.1 减速器装配草图的设计与绘制

9.1.1 绘制减速器装配草图前的准备工作

1. 绘制减速器装配草图前的准备工作

通过参观或装拆实际的减速器,观看录像,阅读相关手册、图册和教材上的相关内容,了解减速器各零部件的功用、结构特点及其相互位置关系等,做到对设计内容心中有数。

2. 准备有关设计数据

(1) 按所选的电动机型号查出其安装尺寸,如电动机外伸轴的直径 D、轴伸的长度 L 及电动机中心高 H。

(2) 选择联轴器的类型,联轴器的类型应根据传动系统的工作条件、转矩大小、转速以及两轴对中情况等因素选择,确定联轴器轴孔直径和长度。

(3) 带轮轴孔直径和长度。

(4) 确定传动零件的主要参数和尺寸,如中心距、分度圆直径、齿顶圆直径、齿轮的宽度及轮毂的长度等。

(5) 按工作条件初步选择轴承的类型,确定滚动轴承的润滑和密封方式。

(6) 确定减速器箱体的结构形式(如剖分式或整体式等),并计算出其各部分尺寸以及附件设计等。

3. 选择视图、图样比例尺及布置图面位置

（1）选择视图

装配图所选的视图必须简明的表达各零件的基本外形、结构及装配关系，一般减速器选用主视图、俯视图和侧视图三个视图来表达，必要时还应有局部剖视图、向视图和局部放大图。

（2）图样比例尺

图纸的幅面应符合标准规定（如第三篇中表 12-1），课程设计建议采用 A1 或 A0 号图纸绘制装配图。绘图时，为了加强真实感，应尽量选用 1∶1 的比例尺，若视图相对图纸尺寸过大或过小时，也可选用其他合适且常用的图样比例。

（3）合理布置图面

根据减速器传动零件的中心距、齿顶圆直径、轮宽等主要结构尺寸，并参照类似结构的减速器装配图，估计出减速器的轮廓尺寸，同时考虑零件序号、尺寸标注、明细表、标题栏及技术要求等所需要的图面空间，合理布置图面。

9.1.2 减速器装配草图的设计与绘制

传动零件、轴和轴承是减速器的主要零件，其他零件的结构和尺寸随着这些零件而定，绘图时先画主要零件，后画次要零件；由箱内零件画起，内外兼顾，逐步向外画，先画零件的中心线及轮廓线，后画细部结构。以一个视图为主兼顾几个视图。

1. 圆柱齿轮减速器

（1）确定箱内传动件的中心线、轮廓线及箱体的内壁线

首先，画出箱内传动零件的中心线、齿顶圆、分度圆、齿根圆、轮缘及轮毂宽等轮廓线。如图 9-1 所示，画二级圆柱齿轮减速器时，应注意使一轴上的齿顶不要与另一齿轮表面相碰，两级齿轮端面间距 c 要大于 $2m$（m 为齿轮的模数），并不大于 8 mm。按箱体内壁与小齿轮端面应留有一定的间距 $\Delta_2 \geqslant \delta$（$\delta$ 为箱座壁厚）的关系画出沿箱体长度方向的两条内壁线，再按箱体内壁与大齿轮齿顶圆应留有一定间距 $\Delta_1 \geqslant 1.2\delta$ 的关系画出沿箱体宽度方向的一条内壁线，画图时应以一个视图为主，兼顾几个视图。小齿轮齿顶圆与箱体内壁间的距离 Δ_1 暂不定，待进一步设计结构时，再由正视图上箱体结构的投影确定。对于箱体底部的内壁位置，由于考虑齿轮润滑及冷却需要一定的装油量，并使脏物能沉淀，箱体底部内壁与最大齿轮齿顶圆的距离 b_0 应大于 $30 \sim 50$ mm。

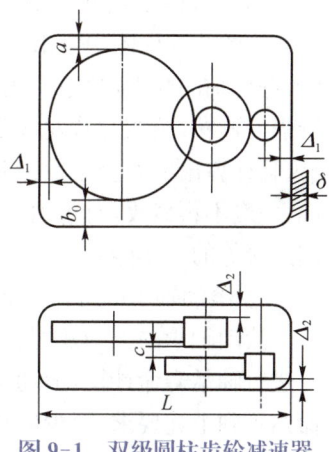

图 9-1　双级圆柱齿轮减速器齿轮端面间距

（2）初步估计轴的外伸端直径

通过绘图进行轴和轴承部件结构的初步设计，定出轴的支承距离及轴上零件作用力的位置，轴的直径按照下列公式进行估算：

$$d \geqslant C\sqrt[3]{\frac{P}{n}} \text{ mm} \tag{9-1}$$

按上式估算的轴径圆整为标准直径后常作为轴伸出端的最小直径，此时 C 取较小值；若该轴段开有一个键槽，轴径应增大 5%，有两个键槽，应增大 10%。

如果轴的外伸端安装皮带轮或者链轮，则按上述方法确定的轴径作为带轮或链轮轮毂的孔径. 当轴的外伸端通过联轴器与电动机或工作机相连时，则初步估算的轴的直径必须与电动机轴或联轴器孔相匹配，即轴外伸端的轴径与电动机或工作机的轴径不能相差太大，按照计算转矩校核选择联轴器，所选联轴器孔径的范围与被连接两轴的直径相适应.

在上述初定轴的外伸端直径的基础上，可初定轴颈直径、选择轴承的类型，考虑轴上所装的零件，轴承的布置，润滑密封要求以及箱体内壁线位置等情况，通过绘图进行轴和轴承部件结构的初步设计，有关这些零部件结构的分析、尺寸关系、设计资料等已在本书第 8 章中作了详细的叙述，图 9-2 中表达了轴的结构和尺寸，为轴和轴承、键等零件的校核计算提供数据.

图 9-2　单级圆柱齿轮减速器的装配草图绘制过程

(3) 轴、滚动轴承及键连接的校核计算

① 轴的强度校核

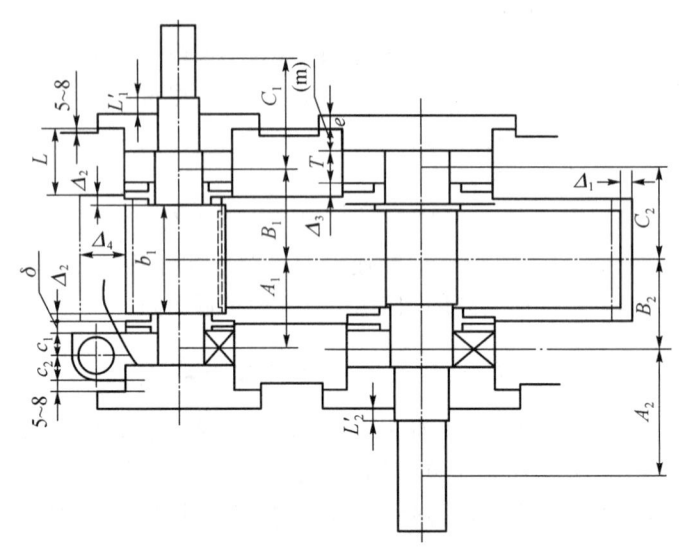

轴上力作用点和支点跨距可从初绘的装配底图中定出，传动件力作用点的位置取轮缘宽度的中点，绘出轴的受力计算简图，分析轴的受力，按适当比例绘制弯矩图、扭矩图及当量弯矩图，参照教材对各危险截面进行强度校核，校核时若发现轴的强度不够，则应增加轴径，或修改轴的结构参数，如果强度足够，且计算出的安全系数或计算应力与许用值相差不大，则以轴结构设计时确定的轴径为准，一般不再修改，对于轴的强度富裕过大的情况，应在综合考虑刚度、结构要求以及轴承和键连接等的工作能力后决定是否修改，以防顾此失彼.

② 滚动轴承的寿命计算

滚动轴承的类型及配置之前已经选定，在轴的结构尺寸确定后，轴承的型号即可确定，可进行轴承寿命计算，滚动轴承的寿命最好与减速器的使用寿命大致相符，若计算轴承的寿命达不到上述要求，至少应达到减速器的检修期，在使用过程中定时更换轴承，在轴承寿命达不到规定要求时，可先考虑选用另一直径系列的轴承，其次再考虑更换轴承的类型，提高轴承的基本额定动载荷.

③ 键连接强度校核

平键连接主要校核其挤压强度，计算时须注意应校核键、轮毂、轴三者中挤压强度的弱者，若强度不够，可增加键的长度，或者改用花键、双键，甚至可以考虑增加轴径来满足强度要求.

(4) 进行传动件、固定装置、密封装置、箱体及附件的结构设计

传动件的结构设计和尺寸关系可参阅第 7 章的叙述和分析，固定装置、密封装置、箱体及附件的结构设计和尺寸关系可参阅第 8 章的叙述和分析，注意绘图时应先主件后附件，先主体后局部，先轮廓后细部，同时在三个视图上交替进行.

如图 9-3 所示为减速器(图 9-2)经上述设计以后所得的装配草图.

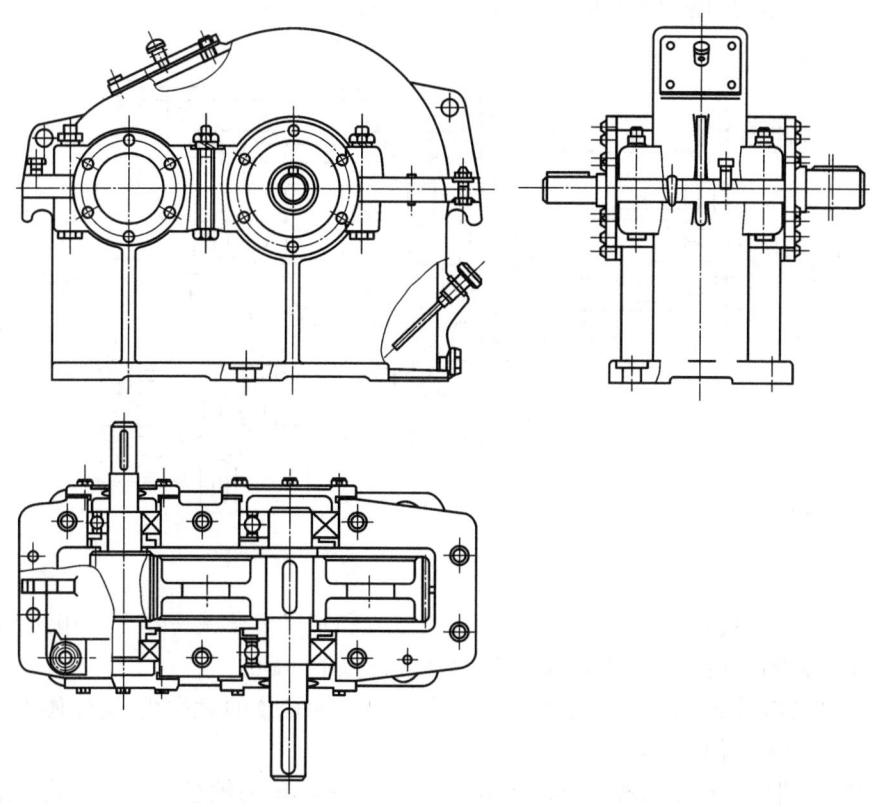

图 9-3 单级圆柱齿轮减速器的装配草图

以上较详细地阐述了单级圆柱齿轮减速器装配草图的设计与绘制,双级圆柱齿轮、圆锥-圆柱齿轮以及蜗杆等减速器的装配草图的设计绘制步骤和方法基本相同.

双级展开式圆柱齿轮减速器的装配草图如图 9-4 所示.

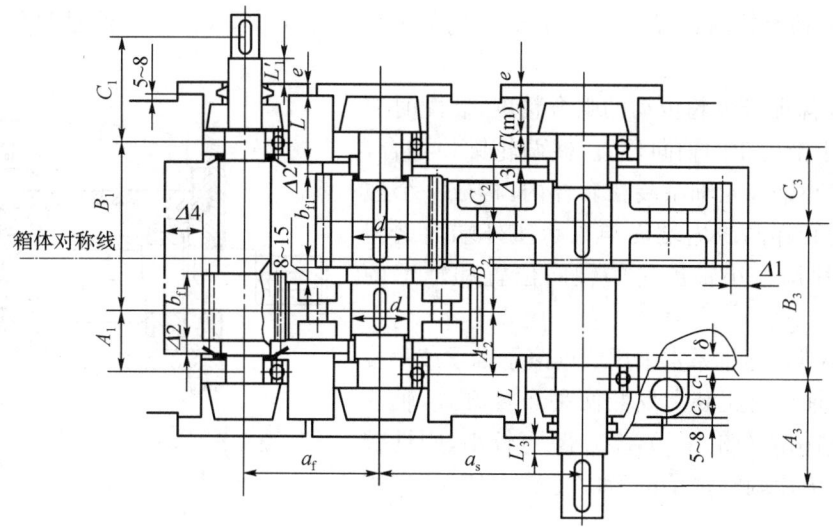

图 9-4 双级展开式圆柱齿轮减速器的装配草图

2. 圆锥-圆柱齿轮减速器

如图 9-5 所示为圆锥-圆柱齿轮减速器的装配草图.

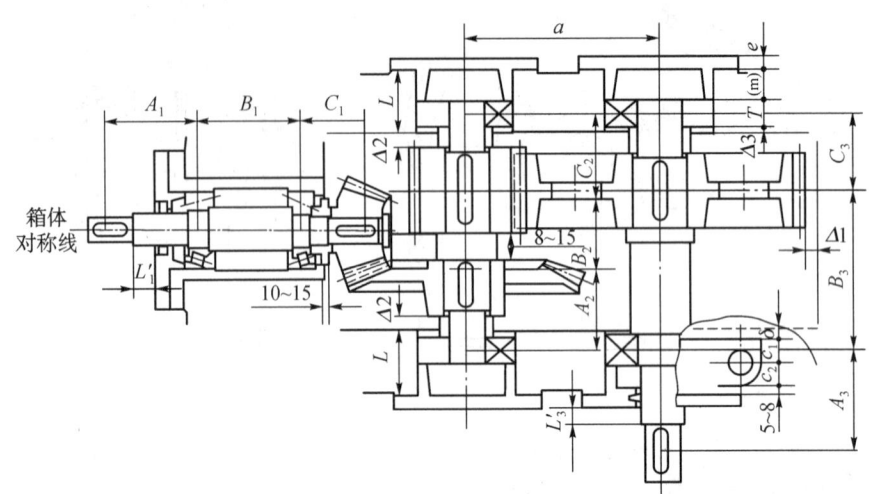

图 9-5　圆锥-圆柱齿轮减速器的装配草图

圆锥-圆柱齿轮减速器装配草图的设计步骤虽然和圆柱齿轮减速器大体相同,但也有些不同的地方. 在设计圆锥-圆柱齿轮减速器时,应注意以下问题.

(1) 绘制减速器草图时,多以小锥齿轮的中心线作为箱体的对称线,这样便于大锥齿轮调头安装时改变轴的伸出方向.

(2) 圆锥-圆柱齿轮减速器的中间轴用式(9-1)初估确定的轴径作为与齿轮相配的轴头的直径,式中 C 值可取大些.

(3) 在确定圆柱齿轮轮廓时,中间轴上应使小圆柱齿轮的端面与大圆锥齿轮的端面间有一定的距离,一般取 8~15 mm.

(4) 在锥齿轮减速器中,小圆锥齿轮一般多采用悬臂结构,要求具有良好的刚性,为了使小锥齿轮轴具有较大的刚度,设计时两轴承支承点的距离不宜设计过小,一般取 $B_1 \approx 2.5d$,d 为轴承处的轴径,同时,小锥齿轮的悬臂长度 $C_1 \approx 0.5B_1$,使轴系轴向尺寸更紧凑.

(5) 为保证锥齿轮传动的啮合精度,装配时需要调整大小锥齿轮的轴向位置,使两轮锥顶重合,因此,常将小锥齿轮轴系装在套杯内,构成一个独立组件. 用套杯凸缘内端面与轴承座外端面之间的一组垫片调整小锥齿轮的轴向位置和轴承的间隙.

(6) 小锥齿轮轴系常采用圆锥滚子轴承或角接触球轴承,轴承有正装和反装两种布置方式,轴承采用正装结构时(图 9-6),支点跨距较小,刚性较差,但通过垫片调整轴承的游隙比较方便,故应用较多.

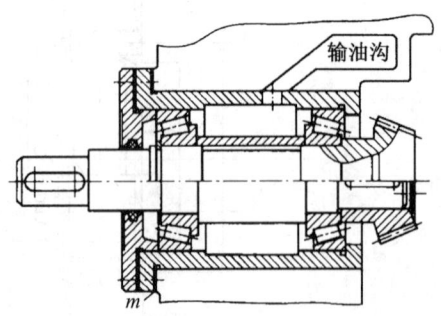

图 9-6　小锥齿轮轴承组合(正装)

当轴承采用反装结构时(图 9-7),支点跨距较大,刚性较好,轴承游隙是靠轴上圆螺母来调整的,操作不方便,且需在轴上制出螺纹,产生应力集中,削弱轴的强度,故应用较少.当要求两轴承布置结构紧凑而又需要提高轴系刚度时才采用这种结构.

3. 蜗杆减速器

如图 9-8 所示为一下置式蜗杆减速器的装配草图,由于蜗杆与蜗轮的轴线呈空间交错,所以不

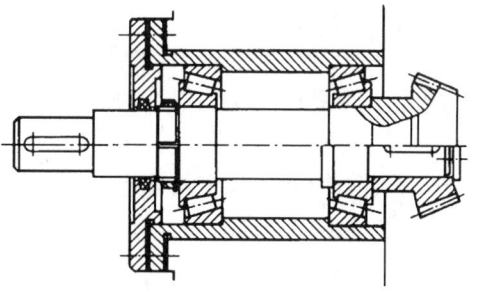

图 9-7 小锥齿轮轴承组合(反装)

能在一个视图上表达出蜗杆与蜗轮的结构关系,绘制草图时要在主视图与左视图上同时进行.

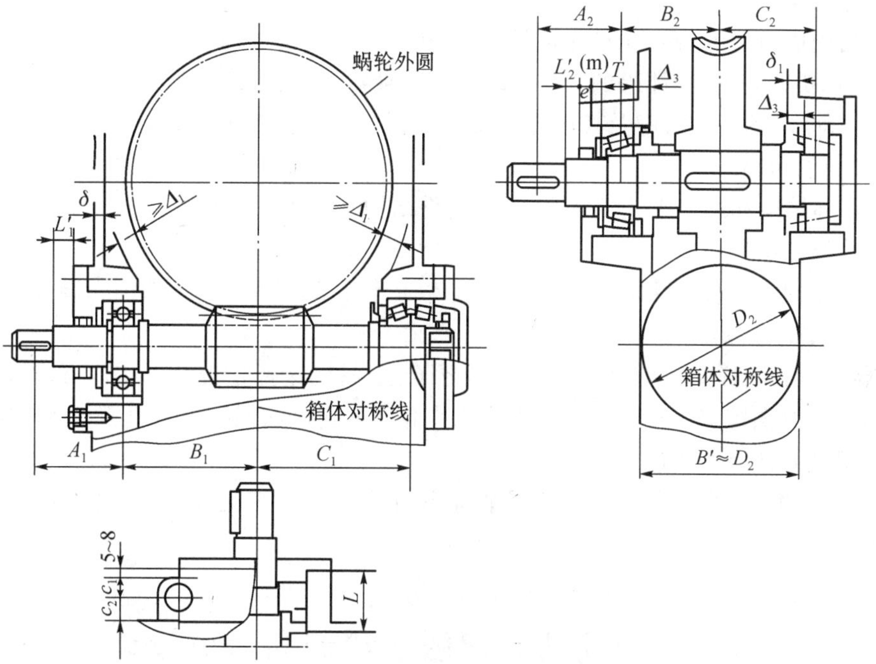

图 9-8 下置式蜗杆减速器的装配草图

绘制蜗杆减速器装配草图时,先在主视图和侧视图上画出蜗杆、蜗轮的中心线后,根据设计计算所得蜗杆、蜗轮的设计参数,画出蜗轮和蜗杆的轮廓,在主视图上确定箱体的内壁和外壁位置.设计时,应注意以下问题.

(1) 为了提高蜗杆轴的刚度,其支承距离应尽量减少,因此,在设计时蜗杆轴的轴承座常向箱体内延伸,内伸部分的凸台直径一般取为螺钉联接式轴承盖的凸缘外径 D_3,为使轴承座尽量内伸,设计内伸部分时,可将轴承座内伸端设计成斜面,并使轴承座内伸端部与蜗轮外圆之间的距离不小于 Δ_1,查第二篇中表 8-2,由此可确定轴承座内端面的位置.

(2) 箱体的宽度通常取为蜗杆轴承座外端面外径,即 $B' \approx D_2$,根据推荐的箱体壁厚 δ 值可确定箱体宽度方向的外壁和内壁.

(3) 当蜗杆轴较短且温升不很高时,蜗杆轴可采用两端固定的支承结构,当蜗杆轴较长时,热膨胀伸长量大,常采用一端固定、一端游动的支承结构,固定端一般设在轴的非外伸端

并常采用套杯的结构,以便固定和调整轴承。为了便于加工,游动端也常采用套杯或选用外径与座孔尺寸相同的轴承,设计时应使蜗杆轴承座孔直径相同且大于蜗杆的外径,以便于箱体上轴承座孔的加工和蜗杆的安装。

(4) 对于连续工作的蜗杆减速器应进行热平衡计算,如果散热能力不足,需采用散热措施,增大散热面积,如在箱体上加设散热片;如果还不能满足要求,则可考虑在蜗杆轴上加设风扇,在油池中增设冷却水管等强迫冷却措施。

9.1.3 装配草图的检查和修正

完成减速器装配草图后,应对装配草图仔细检查,认真修正,检查一般从箱内零件开始检查,然后扩展到箱外附件,检查时应把三个视图对照起来,以便发现问题,检查的主要内容有以下五个方面。

(1) 装配草图与传动装置方案简图是否一致,三个视图的对应关系是否正确,轴外伸端的位置、电动机的布置、箱体外的零件(如带轮、联轴器等)是否符合传动方案的要求。

(2) 传动件、轴、轴承、键及其他零件结构是否合理,定位、固定、调整、加工、装拆、润滑、密封是否方便、可靠。

(3) 箱体结构和加工工艺性是否合理,附件结构是否正确,布置是否合理,箱体内油面高度是否符合要求等。

(4) 重要的零部件是否满足强度、刚度、寿命等要求,其计算结果是否正确,计算出的尺寸与设计计算是否一致。

(5) 图纸幅面、样图比例尺、图面布置是否合适,视图选择是否恰当,图面布置是否合理,是否符合机械制图国家标准的规定,投影关系是否正确,啮合轮齿、螺孔及滚动轴承等的规定画法和简化画法是否正确。

这一阶段的主要任务是对减速器的轴系部件进行结构细化设计,并完成减速器箱体及其附件的设计。

9.2 减速器装配图的绘制和总成设计

装配图是在装配草图的基础上绘制的,在设计时要综合考虑装配草图中各零件的材料、强度、刚度、加工、装拆、调整和润滑等要求,修改其错误或不合理之处,保证装配图的设计质量,使之成为可供生产用的、正式的、完整的装配工作图。

绘制减速器装配图的主要工作包括:绘制与加深装配图各视图,标注主要尺寸和配合,写出减速器的技术特性,编写技术要求,进行零部件的编号,编制零件明细表和标题栏等。

9.2.1 完成装配图

装配工作图可以根据装配草图重新绘制,如果装配草图质量良好,无需作较多的或重大的改动,可以在原装配草图上继续进行装配工作图的绘制。绘制时应注意以下四个方面。

(1) 装配工作图各视图应完整、清晰,避免采用虚线表示零件的结构形状。

(2) 对必须表达的内部结构或细部结构,可以采用局部剖视图或向视图表示,绘制剖视图时,同一零件在各剖视图中的剖面线方向和间距应一致;相邻的不同零件,其剖面线方向和间距应取不同,以示区别.

(3) 装配图上某些结构可以用机械制图标准规范的简化画法.例如,螺栓、螺母、滚动轴承可以采用简化画法;对于相同类型、规格、尺寸、材料的螺栓连接可以只画一个,其他的用中心线表示.

(4) 装配图绘制好后,先不要加深,待零件工作图设计完成后,可能会修改装配图中某些不合理的结构或尺寸,为保证图面整洁,加深前应对装配图各个视图仔细检查与修改,然后加深完成装配图的设计.

9.2.2 标注主要尺寸和配合

根据使用要求,在装配图中应标注的尺寸有:特性尺寸、外形尺寸、安装尺寸和配合尺寸.

1. 特性尺寸

特性尺寸是表明减速器的技术性能、规格或特征的尺寸,如传动零件的中心距及其偏差值等.

2. 外形尺寸

外形尺寸是表明减速器总长、总宽和总高的尺寸,以便表明占有的空间尺寸,供包装运输和布置安装场所作参考.

3. 安装尺寸

安装尺寸是表明减速器安装在基础上或安装其他零、部件所需的尺寸.如减速器箱体底面的尺寸,底座凸缘厚度,地脚螺栓孔的直径、中心距和定位尺寸,减速器的中心高,轴外伸端的配合直径、配合长度等.

4. 配合尺寸

配合尺寸是表明减速器内各配合零件之间装配关系的尺寸.主要零件的配合处都应标出尺寸、配合性质和精度等级,如传动零件与轴头,轴承内孔与轴颈,轴承外圈与轴承座孔,轴承套杯与轴承座孔,轴与联轴器的配合尺寸等.由于配合与精度的选择对于减速器的工作性能、加工工艺及制造成本影响很大,标注这些尺寸时应根据设计资料认真考虑和选定.

减速器主要零件的荐用配合见表 9-1,供设计时参考.

表 9-1 减速器主要零件的荐用配合

配 合 零 件	荐 用 配 合		装 拆 方 法
传动零件与轴 联轴器与轴	一般情况	$\dfrac{H7}{r6}, \dfrac{H7}{n6}$	用压力机
	要求对中良好 及很少装拆	$\dfrac{H7}{n6}$	用压力机 (较紧的过渡配合)
	经常装拆	$\dfrac{H7}{m6}, \dfrac{H7}{k6}$	用手锤打入 (一般的过渡配合)
滚动轴承内孔与轴	见表 12-66,表 12-67,表 12-68,表 12-69		用压力机 (实际为过盈配合)
滚动轴承外圈与座孔			木锤或徒手装拆

续 表

配 合 零 件	荐 用 配 合	装 拆 方 法
轴承套杯与座孔	$\dfrac{H7}{h6}$, $\dfrac{H7}{js6}$	徒手装拆
轴承盖与座孔(或套杯孔)	$\dfrac{H7}{d11}$, $\dfrac{H7}{h8}$, $\dfrac{H7}{f9}$, $\dfrac{J7}{f7}$	
嵌入式轴承盖与座孔凹槽	$\dfrac{H11}{d11}$	
套筒、溅油轮、封油环、挡油环等与轴	$\dfrac{H7}{h6}$, $\dfrac{E8}{k6}$, $\dfrac{E8}{js6}$, $\dfrac{D11}{k6}$	

标注尺寸时,尺寸线布置应力求整齐、清晰,并尽可能标注在反映主要结构关系的视图上.标注配合时,优先采用基孔制,当零件的一个表面同时与两个或更多零件相配合,且配合性质又互不相同时,往往采用不同基准制的配合.

9.2.3 编制零部件的序号

为了便于读图、装配及生产准备工作,必须对装配图上的所有零件进行编号.装配图中零件序号的编排应符合机械制图国家标准的有关规定,序号应安排在视图的外边,并沿水平方向及垂直方向以顺时针或逆时针顺序依次整齐排列,避免重复和遗漏.对于不同种类的零件均需独立编号,而形状、尺寸及材料完全相同的零件只需标一个序号.各独立部件,虽然是由几个零件所组成的,如滚动轴承、通气器、油标等,也只编一个序号.对于装配关系清楚的零件组,如螺栓、螺母和垫圈,可共用一条引线,但各零件仍应分别给予编号.如图9-9所示,应注意编号线不能相互交叉,且尽量不与剖面线平行,编号数字的字体要比尺寸数字大1~2号.

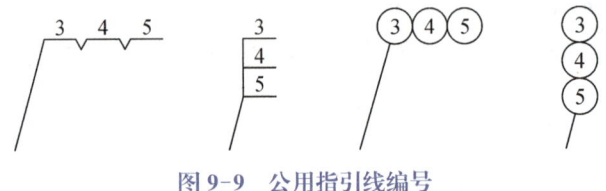

图9-9 公用指引线编号

9.2.4 明细表和标题栏

明细表是整个减速器所有零件、部件的详细目录,对装配图中每一个序号均应在明细表中由下向上顺序编填,各标准件应按规定方式标记,完整的填写各零、部件的编号、名称、主要尺寸、数量、材料、标准规格等,材料应注明牌号,外购件一般应在备注栏内写明,编制明细表是最后确定材料及标准件的过程,应认真对待.要注意尽量减少材料和标准件的品种和规格.

标题栏应布置在图纸的右下角,用以说明减速器的名称、视图比例、件数、重量和图号等基本信息.本课程设计采用的明细表和标题栏格式参见表9-2.

表 9-2　　　　　　　装配图的明细表和标题栏格式（本课程设计用）

明细表

06					
05	杆式油标	1	Q235		组合件
04	滚动轴承	2		GB/T 276—1994	6309，外购
03	螺栓	8	Q235	GB/T 5782—2000	M12×90
02	齿轮	1	45		$m=2, z=120$
01	箱座	1	HT200		
序号	名　　称	数量	材料	标　　准	备注

标题栏

（装配图名称）			图号		第（　）张
			比例		共（　）张
设计	（签名）	（日期）			
绘图			（课程名称）		（班级学号）
审阅					

9.2.5　编写减速器的技术特性

应在装配图上的适当位置写出或用表格形式列出减速器的技术特性，减速器的技术特性包括输入功率、输入转速、传动效率、总传动比及各级传动比、传动特性（各级传动件的主要几何参数、精度等级）等．双级圆柱齿轮减速器的技术参数见表 9-3．

表 9-3　　　　　　　　双级圆柱齿轮减速器的技术参数

输入功率 /kW	输入转速 /(r·min^{-1})	额定输出转矩 /N	总传动比 i	传动参数						
				第一级				第二级		
				m_n	$\dfrac{z_2}{z_1}$	β	精度等级	m_n	$\dfrac{z_2}{z_1}$	β	精度等级

9.2.6　编写技术要求

装配图的技术要求是用文字说明在视图上无法表达的有关装配、调整、检验、润滑、维护等方面的内容．具体与设计要求有关，在减速器装配图上通常写出的技术要求有如下七个方面．

1. 装配前的零件表面要求

在装配前所有零件要用煤油或汽油清洗，配合表面涂上润滑油，箱体内不允许有任何杂物存在，箱体内壁应涂上防蚀涂料，箱体不加工表面应涂以某种颜色油漆．

2. 滚动轴承的轴向游隙及其调整

为了保证滚动轴承的正常工作,在安装时必须留出一定的轴向游隙,对于可调游隙轴承(如角接触球轴承和圆锥滚子轴承),其轴向游隙值可通过查轴承手册查出,对于深沟球轴承,可在轴承盖与轴承外圈端面间留有一定的间隙 $\Delta = 0.25 \sim 0.40$ mm,以允许轴承的热伸长量,这些轴向游隙值应标注在技术要求中。

轴承轴向游隙的大小可通过垫片和螺纹零件来进行调整,用垫片调整轴向游隙时(图 9-10),先用轴承端盖将轴承预紧,则轴承端盖与轴承座之间留有间隙 δ,用厚度为 $\delta + \Delta$ 的一组垫片置于轴承端盖与轴承座孔端面之间,即可得所需要的游隙 Δ。

用螺纹零件调整轴向游隙时(图 9-11),将螺钉或螺母拧紧至基本消除轴承轴向游隙,然后再退转到留有需要的轴向游隙时为止,最后锁紧螺母即可。

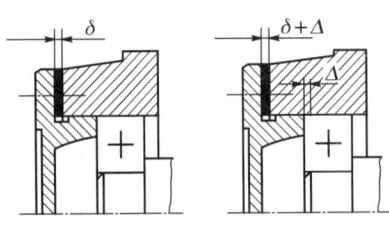
图 9-10 垫片调整轴向游隙

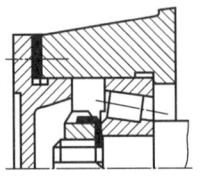
图 9-11 螺纹零件调整轴向游隙

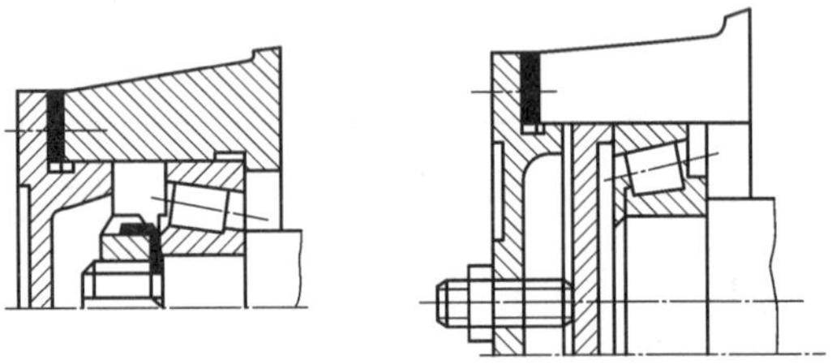

3. 传动侧隙量和接触斑点

齿轮或蜗杆与蜗轮安装后,所要求的传动侧隙和齿面接触斑点是由传动精度确定的,具体的数值参见第 12 章,查出后写在技术要求中,供装配时检查用。

传动侧隙的大小与传动中心距有关,检查时可用塞尺测量,或将铅丝放入相互啮合的两齿面间,然后测量铅丝变形后厚度即可。

接触斑点的要求是根据传动件的精度确定的,检查斑点的方法是,在主动轮啮合齿面上涂色,并将其转动 2~3 周,观察从动轮啮合齿面的着色情况,由此分析接触区的位置及接触面积的大小。

当传动侧隙或接触斑点不符合要求时,可对齿面进行跑合、刮研或调整传动件的啮合位置,对于锥齿轮减速器,可通过垫片调整两轮位置,使其锥顶重合。对于蜗杆减速器可通过调整蜗轮轴承垫片(一端加垫片、一端减垫片),使蜗杆轴线与蜗轮的中间平面重合。

4. 润滑要求

润滑剂对减速器的传动性能有很大影响,对减少运动副间的摩擦、降低磨损和散热冷却起着重要作用,同时也有减振、防锈剂冲洗杂质的作用,在技术要求中应注明传动件和轴承所用润滑剂的品种、用量和更换时间。

选择传动件的润滑剂时,应考虑传动特点、载荷性质、载荷大小及运转速度。一般对于重型齿轮传动应选用黏度大、油性及极压性好的润滑油。轻载、高速、间歇工作的传动件可选黏度较小的润滑油。蜗杆传动由于不利于形成油膜,可选既含有极压添加剂,还加有油性添加剂的工业齿轮油;开式齿轮传动可选耐蚀、抗氧化及减磨性好的开式齿轮油。

当传动件与轴承采用同一润滑剂时,应优先满足传动件的要求,适当兼顾轴承的要求。

对多级传动,应按高速级和低速级对润滑剂黏度要求的平均值来选择润滑剂.

减速器换油时间取决于油中杂质的多少和被氧化与被污染的程度,一般为半年左右.

5. 密封要求

减速器箱体的剖分面、各接触面和密封处均不允许漏油,剖分面上允许涂密封胶或水玻璃,但不允许塞入任何垫片或填料,轴伸处密封应涂上润滑油.

6. 实验要求

减速器装配后,要做空载试验和负载试验,空载试验是在额定转速下,正、反转各 1 h,要求运转平稳、噪声小、连接不松动、不漏油、不渗油等.负载试验是在额定转速和额定功率下进行,要求油池温升不超过 35℃,轴承温升不超过 40℃.

7. 包装、运输和外观要求

箱体表面要涂防锈漆;外伸轴及其零件需涂油并包装严密;运输及装卸不可倒置.

第 10 章 零件工作图的设计与绘制

10.1 零件工作图设计概述

零件工作图是制造、检验和制定零件工艺规程的基本技术文件,它是由装配图拆绘设计而成,零件图既要反映设计意图,又要考虑到加工装配的可能性和合理性,一张完整、正确的零件图必须能够全面、正确、清晰地表示零件的结构、制造和检验所需的全部尺寸和技术要求,零件图的设计质量对减少废品、降低成本、提高生产率等至关重要.

在机械设计课程设计中,绘制零件图的目的是培养学生的设计能力和掌握零件图的设计内容、要求和绘制方法.根据教学要求,指导教师指定绘制1~3个典型零件的工作图.

10.1.1 视图的选择和布置

零件图必须根据工程制图中规定的画法并以较少的视图和剖面合理布置图面,清楚表达零件的内、外部结构形状和尺寸,每个零件的视图应布置在一个标准图幅内,优先选用1∶1的比例,根据零件表达的需要,对于局部细小的结构,如有必要,可以采用局部放大图.

零件图的基本结构和主要尺寸应与装配图一致,不应随意改动,如必须改动时,应对装配图做相应的修改.

10.1.2 尺寸标注

零件图上的尺寸是加工与检验的依据.在图上标注尺寸时,要正确选择尺寸的基准面,做到尺寸齐全、标注合理、正确、书写清晰、不遗漏、不重复.对于装配图中未标明的一些细小结构,如退刀槽、圆角、倒角等,在零件工作图中都应完整、正确地绘制出来.

对于配合尺寸或精度要求较高的几何尺寸,应标注出尺寸的极限偏差.

零件图上要标注必要的形位公差,它是评定零件加工质量的重要指标之一,应按设计要求由标准查取,并标注,具体数值和标注方法见 12 章.

零件的所有加工表面和非加工表面都要注明表面粗糙度,如较多表面具有同一粗糙度时,为了方便起见,可集中标注在图纸的右上角,并加"其余"字样.但仅允许标注使用最多的一种粗糙度.粗糙度的选择应根据设计要求确定,在保证正常工作的前提下,尽量取较大的粗糙度数值.

对于传动零件,要列出主要参数、精度等级和误差检验项目表.

10.1.3 编写技术要求

零件在制造过程或检验时所必须保证的设计要求和条件,不便用图形或符号表示时,应在零件图技术要求中列出,它的内容比较广泛多样,需视具体零件的加工方法和要求确定.

10.1.4 标题栏

标题栏按国家标准格式设置在图纸的右下角,包括零件的名称、图号、数量、材料、比例等内容.其格式见表 10-1.

表 10-1　　　　　　　　　零件图标题栏格式(本课程设计用)

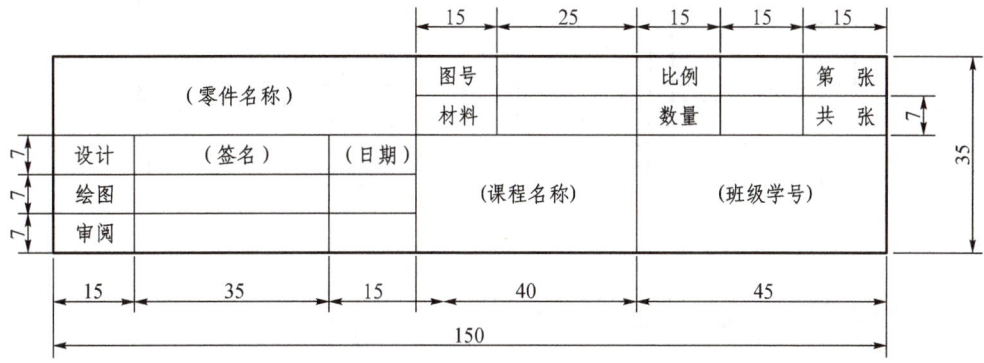

10.2 轴类零件工作图的设计与绘制

10.2.1 视图选择

一般轴类零件只需绘制一个主视图即可基本表达清楚,视图上表达不清楚的键槽和孔等,可用剖面图或剖视图辅助表达,对于轴的细部结构,如螺纹退刀槽、中心孔等,必要时应绘制局部放大图,以便确切地表达出形状并标注尺寸.

10.2.2 尺寸标注

轴类零件一般都是回转体,因此其几何尺寸主要有:各轴段的直径尺寸、各轴段的长度尺寸、键槽尺寸和位置、其他细部结构尺寸(如退刀槽、砂轮越程槽、倒角、圆角等).

标注各轴段的直径时,当各轴段直径有几段相同时,应逐一标注,不得省略,凡有配合要求的轴段,应标注尺寸及偏差值.

标注各轴段的长度时,应根据设计及工艺要求确定尺寸基准,合理标注,不允许出现封闭尺寸链,长度尺寸精度要求较高的轴段应直接标注.取加工误差不影响装配要求的轴段作为封闭环,其长度尺寸不标注.

对所有圆角、倒角等细部结构尺寸应标注无遗漏或在技术要求中说明.

现以如图 10-1 所示的轴类零件图的尺寸标注加以说明.主要基准面选择在轴肩 I-I 处,它是大齿轮的轴向定位面,同时也影响其他零件在装配图中的位置,只要正确地定出轴肩 I-I 的位置,就能保证各零件的轴上的位置,尺寸 L_2,L_3,L_4,L_5,L_7 等都是以轴肩 I-I 作为基准一次标注,加工时一次测量,可减少加工误差.ϕ_1 左轴承段处和 ϕ_6 密封段处的轴段长度误差大小不影响装配精度和使用,故不标注,加工误差累计在该轴段上,也避免了封闭尺寸链.

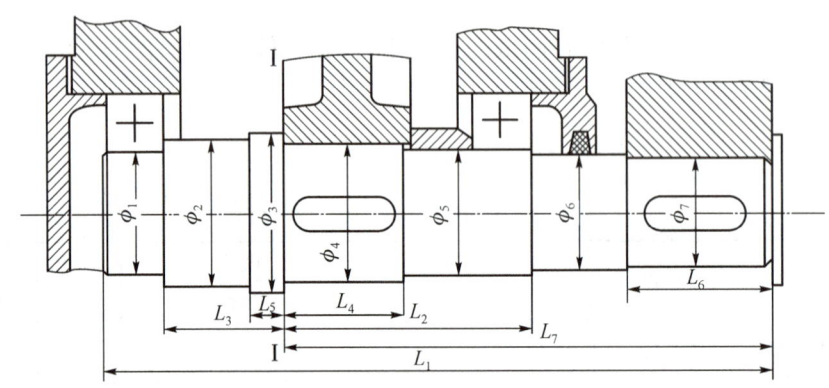

图 10-1　轴类零件图的尺寸标注

10.2.3　标注尺寸公差和形位公差

普通减速器中,轴的长度尺寸一般不标注尺寸公差,对于有配合要求的直径,应按装配图中选定的配合类型标注尺寸公差.

为了保证轴的加工精度和装配质量,轴的重要表面应标注形状和位置公差,表 10-2 中列出了轴的形位公差推荐项目和精度等级,供设计时参考(具体形位公差值,见第 12 章).

表 10-2　　　　　　　　　　轴的形位公差推荐项目

内容	项目		符号	对工作性能影响
形状公差	与传动零件相配合表面的	圆度	○	影响传动零件与轴配合的松紧及对中性
		圆柱度	/○/	
	与轴承相配合表面的	圆度	○	影响轴承与轴配合的松紧及对中性
		圆柱度	/○/	
位置公差	齿轮和轴承的定位端面相对其配合表面的	端面圆跳动	↗	影响齿轮和轴承的定位及其受载的均匀性
		同轴度	◎	
		全跳动	↗↗	

续表

内容	项目		符号	对工作性能影响
位置公差	与齿轮等传动零件相配合的表面以及与轴承相配合的表面相对于基准轴线的	径向圆跳动	↗	影响传动零件和轴承的运转偏心
		全跳动	↗↗	
	键槽相对轴中心线的	对称度	=	影响键受载的均匀性及装拆的难易
		平行度	//	

10.2.4 标注表面粗糙度

轴的所有表面都要加工,其表面粗糙度数值可按表 10-3 推荐的数值选取,在满足设计要求的前提下,应选取较大值或查阅其他有关手册确定.

10.2.5 撰写技术要求

轴类零件的技术要求主要包括以下五个方面.

(1) 对零件材料的机械性能和化学成分的要求,允许的代用材料等.

(2) 对零件材料表面性能的要求,如热处理方法、热处理后的表面硬度、渗碳层深度及淬火深度等.

(3) 对机械加工的要求,如是否要求保留中心孔,若要保留,应在图上画出或按国家标准加以说明.若与其他零件配合一起加工(如配钻或配铰等),也应予以说明.

(4) 对图中未注明的圆角、倒角的说明以及其他特殊要求.

(5) 对铸件及其他毛坯件的要求,如要求不允许有氧化皮或毛刺等.

表 10-3   轴的表面粗糙度的荐用值

加工表面	表面粗糙度值			
与齿轮等传动零件及联轴器等轮毂相配合的表面	3.2;1.6;0.8;0.4			
与普通精度等级滚动轴承相配合的表面	0.8(当轴承内径 $D \leqslant 80$ mm) 1.6(当轴承内径 $D > 80$ mm)			
与传动件及联轴器相配合的轴肩表面	6.3;3.2;1.6			
与滚动轴承相配合的轴肩表面	3.2;1.6			
平键键槽	3.2~1.6(工作面),6.3(非工作面)			
与轴承密封装置相接触的表面	毡圈油封	橡胶油封		间隙或迷宫式
	与轴接触处的圆周速度/$(m \cdot s^{-1})$			3.2~1.6
	≤3	>3~5	>5~10	
	3.2~1.6	0.8~0.4	0.4~0.2	
其他表面	6.3~3.2(工作面),12.5~6.3(非工作面)			

10.3 齿轮类零件工作图的设计与绘制

齿轮类零件包括齿轮、蜗杆和蜗轮等.这类零件的工作图除了轴类零件图的上述要求外,还应有供加工和检验用的啮合特性表.

10.3.1 视图选择

齿轮、蜗轮等盘类零件一般选取1~2个视图,主视图轴线水平布置,并作剖视表达内部结构,侧视图只绘制主视图表达不清楚的键槽、毂孔,可画出完整视图,也可只画出局部视图.

对于组合式蜗轮结构,须分别绘制蜗轮的组装图,齿轮轴和蜗杆轴的视图与轴类零件图相似,为了表达齿形的有关特征及参数,必要时应画出局部剖视图.

10.3.2 尺寸标注

齿轮的各径向尺寸以轴线为基准标注,齿宽方向的尺寸以端面为基准标出.齿轮的齿根圆是根据齿轮参数加工的结果,在图纸上可不标出,分度圆直径虽不能直接测量,但它是设计计算的基本尺寸,故应该标注(一般在啮合特性表中注出),齿顶圆直径、轴孔直径、轮毂直径、轮辐(或腹板)等是齿轮生产加工中不可缺少的尺寸,均须标注.

圆锥齿轮的锥角、锥距是保证啮合的重要参数,必须精确标注,锥角应精确到分,锥距应精确到0.01 mm.同时还应标注基准面到锥顶的距离,对于圆角、倒角、键槽的尺寸标注应做到既不重复标注,又不遗漏.

10.3.3 标注尺寸公差和形位公差

齿轮的轴孔和端面既是工艺基准也是测量和安装的基准,为了保证安装质量和切齿精度,对端面和孔中心线的垂直度和端面跳动度均有要求,圆柱齿轮常以齿顶圆作为齿面加工时定位找正的工艺基准或作为检验齿厚的测量基准,应标注齿顶圆公差和径向圆跳动.

齿轮基准面的尺寸公差和形位公差的项目以及相应数值的确定都与传动的工作条件有关,通常按照齿轮精度等级确定其公差数值,以下说明齿轮工作图上需标注的尺寸公差和形位公差项目.

(1) 齿顶圆直径的极限偏差;
(2) 轴孔或齿轮轴轴颈的公差;
(3) 键槽宽度 b 的极限偏差和尺寸 $d-t_1$ 的极限偏差;
(4) 从分锥(或节锥)顶至定位面的距离及其公差;
(5) 齿轮齿顶圆的径向跳动公差;
(6) 齿轮端面的端面跳动公差;
(7) 键槽的对称度公差.

齿轮类零件的各类形位公差推荐项目见表10-4.

表 10-4　　齿轮形位公差推荐项目

内容	项目	精度等级	符号	对工作性能影响
形状公差	与轴配合的孔的圆柱度	7～8	⌭	影响传动零件与轴配合的松紧及对中性
位置公差	圆柱齿轮以齿顶圆为工艺基准时，顶圆的径向圆跳动	按齿轮、蜗杆、蜗轮和锥齿轮的精度等级确定	↗	影响齿厚的测量精度，并在切齿时产生相应的齿圈径向跳动误差，使零件加工中心位置与设计位置不一致，引起分齿不均，同时会引起齿向误差； 影响齿面载荷分布及齿轮副间隙的均匀性
	锥齿轮顶锥的径向圆跳动			
	蜗轮顶圆的径向圆跳动			
	蜗杆顶圆的径向圆跳动			
	基准端面对轴线的端面圆跳动			
	键槽对孔轴线的对称度	8～9	⌯	影响键与键槽受载的均匀性及其装拆时的松紧

10.3.4　标注表面粗糙度

齿轮类零件各加工表面都应标明粗糙度，粗糙度的数值应与齿轮的精度相适应，表 10-5 列出齿轮类零件的表面粗糙度的荐用值.

表 10-5　　齿轮类零件的表面粗糙度的荐用值

加工表面		表面粗糙度值			
传动精度等级		6	7	8	9
轮齿工作面	圆柱齿轮	0.8～0.4	1.6～0.8	3.2～1.6	6.3～3.2
	锥齿轮	—	0.8	1.6	3.2
	蜗杆、蜗轮	—	0.8	1.6	3.2
顶圆	圆柱齿轮	—	1.6	3.2	6.3
	锥齿轮	—	—	3.2	3.2
	蜗杆、蜗轮	—	1.6	1.6	3.2
轴/孔	圆柱齿轮	—	0.8	1.6	3.2
	锥齿轮	—	—	—	6.3～3.2
与轴肩配合面		3.2～1.6			
齿圈与轮芯配合表面		3.2～1.6			
平键键槽		3.2～1.6(工作面)，6.3(非工作面)			

10.3.5　啮合特性表

在齿轮(蜗轮)零件图的右上角应列出啮合特性表，内容包括：齿轮基本参数、精度等级、相应的误差检验项目及偏差和公差，啮合特性表的格式见本章的传动零件图例.

10.3.6　技术要求

(1) 对毛坯的要求，如铸件不允许有缺陷，锻件毛坯不允许有氧化皮及毛刺等.

(2) 对齿轮(蜗轮)材料的机械性能和化学成分的要求，及允许代用的材料.

(3) 对材料表面机械性能的要求,如热处理方法、热处理后的硬度、渗碳层深度及淬火深度等.

(4) 对未注明倒角、圆角半径的说明.

(5) 其他说明,如对大型或高速齿轮的平衡校验的要求等.

10.4 箱体类零件工作图的设计与绘制

为了便于装拆,减速器的箱体常常设计成剖分式,由箱盖和箱座组成,绘制箱体零件图应分别绘出箱座零件图和箱盖零件图.

10.4.1 视图选择

箱体类零件是机器中结构比较复杂的零件,为了清楚地表达箱体各部分的结构和尺寸,通常需要采用三个视图,即主视图、俯视图和左(或右)视图来表达,有时还应增加一些局部视图、向视图和局部放大图,例如,排油孔、螺栓孔、油标孔、检查孔等细部结构.

10.4.2 尺寸标注

箱体尺寸繁多,标注尺寸时,既要考虑铸造、加工工艺及测量和检验的要求,又要全而不乱,不重复、不遗漏、一目了然,一般从以下四个方面进行.

1. 选择尺寸基准

为了便于加工和测量,保证箱体零件的加工精度,标注尺寸时所选的基准面最好以加工基准面作为基准,如剖分式箱体的箱座和箱盖高度方向的相对位置尺寸最好以底面和剖分面 A 作为基准面.如图 10-2 所示,即定位尺寸都从箱座和箱盖的剖分面和底面注起,这些尺

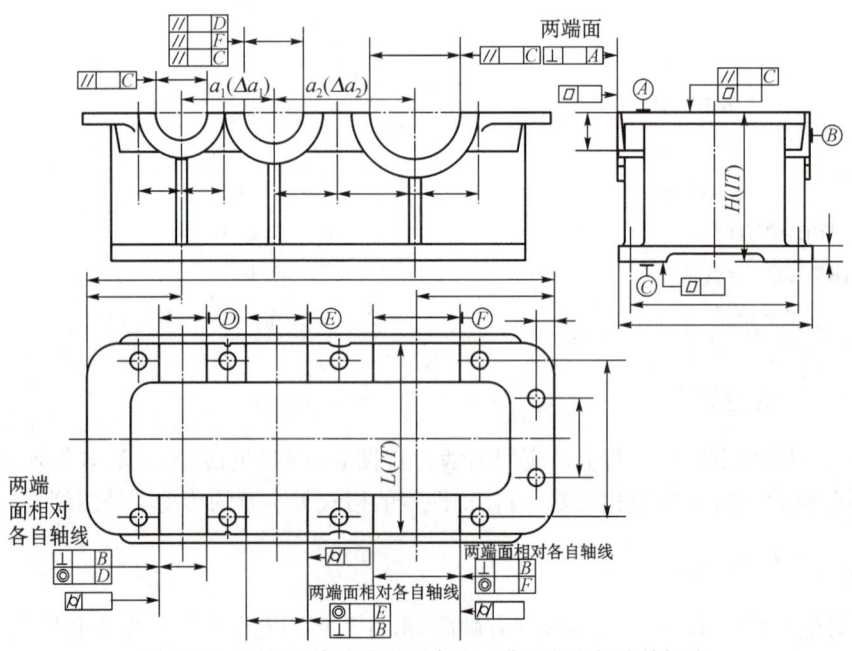

图 10-2 圆柱齿轮减速器箱座的基准面和形位公差标注

寸如箱座高度、排油孔、油标孔位置高度、底座厚度、凸缘厚度、轴承螺栓凸缘的高度等,其中以底座底面为主要基准,因为它是剖分面、轴承座孔等加工的工艺基准.对于圆柱齿轮减速器的箱体,沿箱体长度方向作为基准面的还有轴承座孔中心线,可标注轴承孔位置、轴承座孔中心距、轴承座螺栓孔位置、地脚螺栓孔位置尺寸等,沿箱体宽度方向的基准面可以以纵向对称中心线作为基准,标注箱体宽度、螺栓孔沿宽度方向的位置尺寸以及地脚螺栓孔位置尺寸等,如图10-2,图10-3,图10-4所示,此外,检查孔、加强肋、油沟、吊钩等尺寸可按具体结构选择相应的合适基准进行标注.

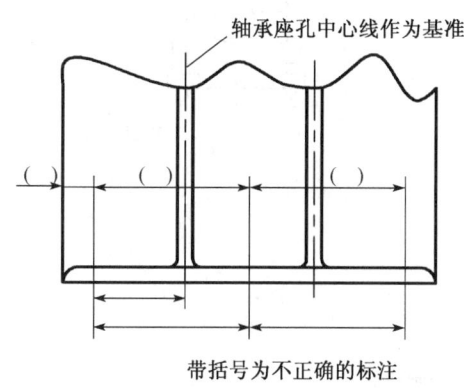

图 10-3 箱座螺孔中心尺寸的标注

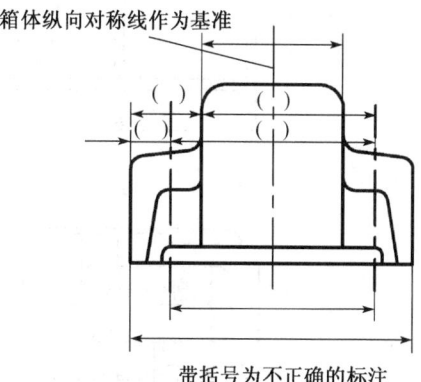

图 10-4 箱盖宽度尺寸的标注

对于锥齿轮减速器的箱体,作为标注尺寸的基准面有底面 C 和剖分面 A、各轴承座端面 B 和 D,如图 10-5 所示.

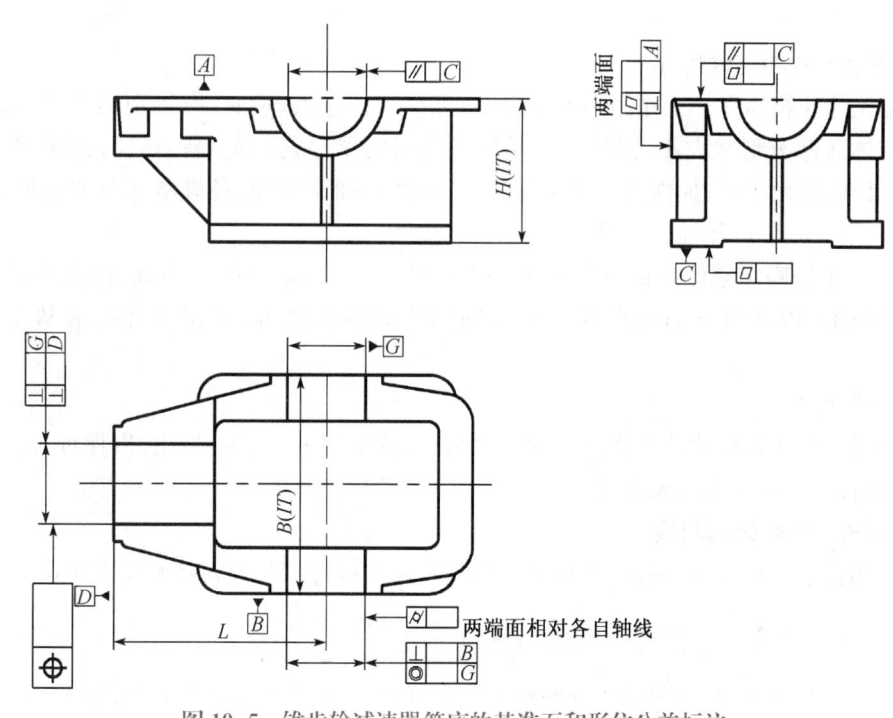

图 10-5 锥齿轮减速器箱座的基准面和形位公差标注

对于蜗杆减速器箱体，一般也是以底面 C、剖分面 A 和轴承座外端面 B 作为基准面，如图 10-6 所示.

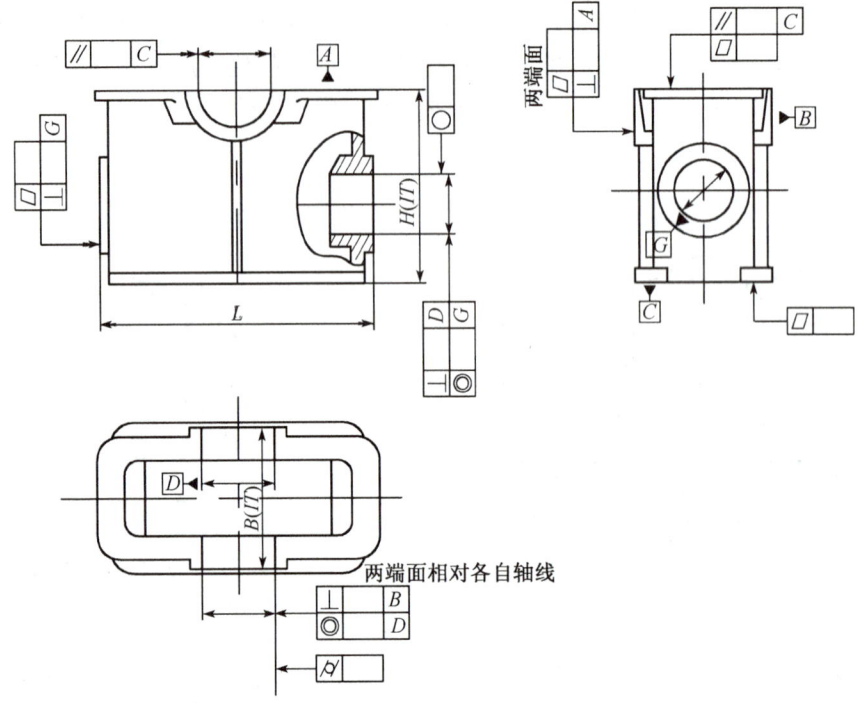

图 10-6　蜗杆减速器的基准面和形位公差标注

2. 形状尺寸和定位尺寸

这类尺寸在箱体零件工作图中数量最多，标注工作量大，费时，应特别细心，形状尺寸是指表明箱体各部分形状大小的尺寸，如箱座和箱盖的壁厚、长、宽、高、孔径、孔深、螺纹孔尺寸、凸缘尺寸、圆角半径、加强肋厚度及高度、各曲线的曲率半径、各倾斜部分的斜度等. 这类尺寸应直接标出，不应经任何运算.

定位尺寸是确定箱体各部分相对于基准的位置尺寸，如孔的中心线、曲线的曲率中心位置、孔的轴线以及斜度的起点等与基准间的距离和夹角等. 定位尺寸都应从基准直接标注.

3. 性能尺寸

性能尺寸是影响减速器工作性能的重要尺寸，这类尺寸应直接标出，以保证加工的准确性，如传动件的中心距及其偏差等.

4. 倒角、圆角、拔模斜度

铸造箱体上所有倒角、圆角、拔模斜度均应在图中标注清楚或在技术要求中说明.

10.4.3　标注尺寸公差和形位公差

箱体尺寸公差、形位公差和表面粗糙度的标注可参见图 10-2，图 10-5，图 10-6. 箱体尺寸公差、形位公差的推荐项目见表 10-6.

表 10-6　　箱体尺寸公差、形位公差推荐项目

内容	项目	推荐值		符号
尺寸公差	箱座底面至剖分面高度 H 的偏差	$h11$		—
	两轴承座孔外端面之间的距离 $L(B)$ 的偏差	有尺寸链要求	$\frac{1}{2}$IT11	—
		没有尺寸链要求	$h14$	
	箱体轴承座孔中心距偏差 Δa	$\Delta a=(0.7\sim0.8)f_a$		—
	锥齿轮齿轮副轴间距极限偏差 f_a	数值见第 12 章		—
	锥齿轮齿轮副轴交角极限偏差 E_Σ	数值见第 12 章		—
	蜗杆轴承座孔的轴线相对蜗轮轴承座孔轴线的传动轴交角极限偏差 f'_Σ	$f'_\Sigma=(0.7\sim0.8)f_\Sigma\dfrac{L}{B}$		—
形状公差	轴承座孔的圆柱度	圆柱度为孔尺寸公差的 0.3 倍		⌭
	箱体接触面的平面度	对底面	$\leqslant 0.05/100$ mm/mm	▱
		对剖分面	$\leqslant 0.02/100$ mm/mm	
		对轴承座孔端面	$\leqslant 0.03/100$ mm/mm	
位置公差	底面与剖分面的平行度	$\leqslant 0.05/100$ mm/mm		//
	轴承座孔轴线与底面的平行度	$h11$		
	剖分面与轴承座端面的垂直度	$\leqslant 0.05/100$ mm/mm		⊥
	轴承座孔(基准孔)轴线对端面的垂直度	普通级滚子轴承	$T=0.03\sim0.04$	
		普通级球轴承	$T=0.08\sim0.1$	
	两轴承座孔的同轴度	非调心球轴承	IT6	◎
		非调心滚子轴承	IT5	

10.4.4　标注表面粗糙度

箱体上与其他零件接触的表面应予加工，并与非加工表面区分开，箱体表面的粗糙度推荐值见表 10-7.

表 10-7　　减速器箱体加工荐用的表面粗糙度值

加工表面	表面粗糙度值/μm
减速器剖分面	3.2 ～ 1.6 (刮研)
与普通精度等级滚动轴承相配的轴承座孔	1.6(轴承孔径 $D>80$ mm) 0.8(轴承孔径 $D\leqslant 80$ mm)
轴承座凸缘的外端面	3.2 ～ 1.6
螺栓孔、螺栓或螺钉沉头座	12.5 ～ 6.3
轴承端盖及套杯的其他配合面	6.3 ～ 1.6
油沟及检查孔的联接面	12.5 ～ 6.3
减速器的底面	12.5 ～ 6.3
圆锥销孔	1.6 ～ 0.8

10.4.5 技术要求

箱体零件图的技术要求主要包括以下六个方面.
(1) 铸件清理及之后进行的时效处理；
(2) 箱座和箱盖的轴承座孔应合起来进行镗孔；
(3) 剖分面上的定位销孔加工,应将箱盖和箱座固定后配钻、配铰；
(4) 注明铸造拔模斜度、圆锥度、未注圆角半径和倒角；
(5) 箱体内表面需用煤油清洗,并涂上防侵蚀涂料；箱体外表面涂选定的油漆；
(6) 箱体应进行消除内应力的处理.

以上技术要求不一定全部列出,有时只需要将其中重要的项目列出即可.

第11章 编写设计计算说明书

11.1 设计计算说明书的内容

11.1.1 机械原理课程设计说明书的主要内容

设计计算说明书是整个设计计算过程的整理和总结,是图纸设计的理论依据,同时也是审核设计的重要技术文件之一.因此,编写设计计算说明书是设计工作的重要组成部分,应在完成全部设计计算及图纸后进行编写,具体内容视设计任务而定.

机械原理课程设计说明书大致包括以下内容.
(1) 设计题目(包括设计条件和要求).
(2) 原动机的选择.
(3) 传动比的分配.
(4) 传动机构的选择与比较.
(5) 执行机构的选择与比较.
(6) 机械系统运动方案的拟定与比较.
(7) 机械运动简图或进一步绘制的运动方案布置图.
(8) 机械系统运动循环图.
(9) 所选机构的运动分析与设计、机构运动分析线图、凸轮设计图样.
(10) 所选机构的动力分析与设计及动力分析图.
(11) 设计所用方法及其原理的简要说明.
(12) 必要的计算公式或所调用的程序名.
(13) 如有自编的主程序、子程序,应绘制编程框图,打印出自编的全部程序,对程序中的符号、变量作出说明,并列出数学模型中的符号与程序中符号的对照表.
(14) 用表格列出计算结果,使用计算机或人工绘制主要的曲线图.
(15) 对结果进行分析讨论.
(16) 主要参考资料.

上述内容包括了机械运动方案的选择与设计(机构选型及其组合)、机械的运动分析与设计、机械的动力分析与设计三部分训练内容.各高校可根据本校的具体情况及不同专业的需要,选择合适的课程设计题目,确定课程设计说明书的具体内容,或比较全面,或偏重某个方面,但要保证课程设计的基本内容及其完整性与综合性.

在进行设计时,应对总功能进行功能分解,分解后可将每一功能进行工艺动作分析,在设计说明书中列出分解图,如图 11-1 所示.

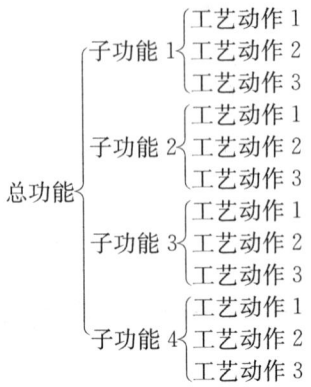

图 11-1　功能分解图

在进行执行机构选型时,因为同一功能可由不同机构实现其功能,并且在设计时应至少选择 2~3 种机构进行对比(一般要求在一个总设计方案中应包括齿轮机构、凸轮机构及连杆机构),因此,可将实现同一功能的不同机构示意图及机构特点填写在以下示例表中,在设计说明书中列出.

1. 子功能 1 的机构选型

(1) 能实现工艺动作 1 的机构及其特点

① ＿＿＿＿＿＿＿机构

示意图	机构特点

② ＿＿＿＿＿＿＿机构

示意图	机构特点

③ _____ 机构

示意图	机构特点

等等.

(2) 能实现工艺动作 2 的机构及其特点

① _____ 机构

示意图	机构特点

② _____ 机构

示意图	机构特点

③ _____ 机构

示意图	机构特点

等等.

2. 子功能 2 的机构选型

(1) 能实现工艺动作 1 的机构及其特点

① _____ 机构

示意图	机构特点

② _____ 机构

示意图	机构特点

③ _____ 机构

示意图	机构特点

等等.

(2) 能实现工艺动作 2 的机构及其特点

① _____ 机构

示意图	机构特点

② ＿＿＿＿＿＿机构

示意图	机构特点

③ ＿＿＿＿＿＿机构

示意图	机构特点

等等.

(3) 能实现工艺动作 3 的机构及其特点

① ＿＿＿＿＿＿机构

示意图	机构特点

② ＿＿＿＿＿＿机构

示意图	机构特点

③ _____ 机构

示意图	机构特点

等等.

在方案评定时,每个学生应至少有两种组合方案,对其运动简图进行绘制,并综合评价其优缺点.

11.1.2 机械设计课程设计说明书的主要内容

机械设计课程设计计算说明书主要包括以下六部分内容.

(1) 设计任务书.

(2) 目录. 目录应列出说明书中的各项内容的标题和页次,层次要清晰.

(3) 正文. 说明书的正文主要为设计依据和过程,主要包括以下内容.

① 机械系统的总体方案拟定. 针对运动和动力要求,选择传动的类型,对其结构和性能进行分析,并针对多种方案的可行性进行比较,择优选择初步的设计方案.

② 原动机的选择.

③ 传动装置运动及动力参数计算.

④ 传动零件的设计计算. 主要包括带传动、齿轮传动、蜗杆传动等的设计计算.

⑤ 轴的计算. 按扭转强度条件初步估算轴的直径,对轴进行结构设计,并按照弯、扭复合强度条件进行校核,精确验算轴的安全系数.

⑥ 滚动轴承的选择及寿命计算. 内容包括滚动轴承的选择依据、型号和寿命计算.

⑦ 键联接的选择及校核.

⑧ 联轴器的选择计算. 包括联轴器的选择依据、校核计算及型号.

⑨ 传动零件及轴承的润滑方式、润滑剂及密封装置的选择.

⑩ 减速器附件的选择和说明.

⑪ 其他需要说明的内容.

(4) 设计小结. 简要说明课程设计的体会,设计优缺点的分析等.

(5) 致谢.

(6) 参考文献.

将设计过程中所用到的参考书、手册等资料,按照序号、作者、书名、出版单位和出版时间顺序列出.

11.2 设计计算说明书的要求及注意事项

课程设计的计算说明书要求简洁、计算正确、论述清楚、文字精练通顺、插图简明、书写工整规范,同时还应注意以下事项.

(1) 应在书写设计计算说明书时对其内容进行合理规划,做到层次清晰、重点突出.

(2) 说明书中文字简洁通顺,书写整齐规范,计算过程应列出计算公式,代入有关数据,写出计算结果,标明单位.

(3) 说明书中所引用的重要计算公式或数据要注明出处,主要参数、尺寸、规格和计算结果,在右侧计算结果栏列出.

(4) 为清楚地说明计算内容,说明书中还应附有与文字叙述和计算有关的简图,如系统的总体设计方案简图、轴的结构简图、轴和轴系的受力分析图、弯矩图、转矩图等.

(5) 设计计算说明书要用统一的课程设计用纸,用黑或蓝墨水工整书写,标出页数,编好目录,然后装订成册.

11.3 设计计算说明书的书写格式

设计计算说明书的书写格式应统一,采用统一的课程设计说明书封面,说明书正文部分内容的书写应分为两栏,即设计计算过程栏、依据和结果栏,书写格式参见表 11-2.

表 11-2   设计计算说明书书写格式示例

计算过程及说明	计算结果
四、齿轮传动的设计计算 1. 高速级齿轮传动的计算 (1) 选择齿轮的材料、热处理的方式和精度等级 小齿轮:45 钢,调质,250HBS 大齿轮:45 钢,正火,200HBS 选用 8 级精度 (2) 按照齿面接触疲劳强度初步计算齿轮参数 因为为闭式软齿面,故先按齿面接触疲劳强度进行设计,即按照下式进行计算. $$d_{1t} \geq \sqrt[3]{\frac{2K_t T_1}{\phi_d \varepsilon_\alpha} \cdot \frac{u+1}{u} \left(\frac{Z_H Z_E}{[\sigma_H]}\right)^2}$$ 式中各参数: ① 试选载荷系数 $K_t = 1.4$; ② 计算小齿轮的转矩 $$T = 9.55 \times 10^6 \frac{P_1}{n_1} = 9.55 \times 10^6 \times \frac{5}{1\,440} = 33\,160 \text{ N} \cdot \text{mm}$$ ③ …… $$d_{1t} \geq \sqrt[3]{\frac{2K_t T_1}{\phi_d \varepsilon_\alpha} \cdot \frac{u+1}{u} \left(\frac{Z_H Z_E}{[\sigma_H]}\right)^2}$$ $$= \sqrt[3]{\frac{2 \times 1.4 \times 33\,160}{1.0 \times 1.687} \cdot \frac{4.7+1}{4.7} \left(\frac{2.45 \times 189.8}{402}\right)^2}$$ $$= 44.70 \text{ mm}$$	小齿轮:45 250HBS 大齿轮:45 200HBS $K_t = 1.4$ $d_{1t} = 44.70 \text{ mm}$

续 表

计算过程及说明	计算结果
（3）确定传动尺寸 ① 计算圆周速度 $v = \dfrac{\pi d_{1\text{t}} n_1}{60 \times 1\,000} = \dfrac{\pi \times 44.7 \times 1\,440}{60 \times 1\,000} = 3.37 \text{ m/s}$ ② 计算载荷系数 K …… ③ 确定模数 m_n $m_\text{n} = \dfrac{d_1 \cos \beta}{z_1} = \dfrac{47.02 \times \cos 12°}{25} = 1.84 \text{ mm}$ 取为标准模数 $m_\text{n} = 2 \text{ mm}$ ④ 计算中心距 $a = \dfrac{m_\text{n}(z_1 + z_2)}{2\cos \beta} = \dfrac{2 \times (25 + 118)}{2 \times \cos 12°} = 146.19 \text{ mm}$ 圆整为 $a = 150 \text{ mm}$ …… …… （4）校核齿根弯曲强度 …… …… （5）齿轮结构设计 ……	$v = 3.37 \text{ m/s}$ $m_\text{n} = 2 \text{ mm}$ $a = 150 \text{ mm}$

11.4　课程设计答辩

11.4.1　整理课程设计资料

课程设计任务完成后,应将装订好的设计计算说明书和折叠好的图纸一并装入课程设计专用袋中,准备答辩.

11.4.2　准备答辩

答辩是课程设计教学过程的最后环节.通过答辩可以回顾和总结课程设计的全部过程,加深对设计方法和设计步骤的领会和理解,及时发现设计计算和图纸中存在的问题,从而明确所作设计的优缺点.提出今后在设计中应注意的问题,因此,做好课程设计的答辩准备工作非常重要,为使答辩顺利进行,在答辩前应做好如下准备.

（1）在答辩前对课程设计进行总结,并对以下内容进行深入剖析：总体方案的确定、轴的受力分析、强度计算、结构设计、材料选择、主要参数及尺寸确定、润滑、密封和加工工艺等各个方面.

（2）对所绘制的减速器装配图、零件工作图及设计计算说明书作认真检查,把在设计中尚未弄懂、不甚清楚以及考虑不周的问题搞清楚,弄明白,以便在提高机械设计能力方面取得更大的收益.

（3）答辩前,设计图纸(减速器装配图、零件工作图)和设计计算说明书要经过指导教师签字通过后,方可进行答辩.答辩时每个学生单独进行,答辩过程中所提的问题,一般以课程设计所涉及的设计方法、设计图纸及设计计算说明书为基础,就总体设计、主要计算参数的选取、轴的结构设计、尺寸公差、润滑密封、工程制图及标准的运用等方面提出问题,由学生来作答.

设计答辩后,指导教师可根据独立完成设计的能力、设计图纸的质量、设计计算说明书书写是否规范、计算是否完整及答辩时回答问题的情况,并考虑学生在设计过程中的表现,综合评定成绩.

答辩结束后,将图纸按标准规定折叠,和装订好的设计计算说明书一并装入课程设计专用袋内,并上交,资料袋封面写上班级、姓名、学号、指导教师、题目等内容.

第三篇

机械设计常用资料

第12章 机械设计常用标准和规范

12.1 一般标准

表 12-1　　　　　图纸幅面（GB/T 14689—2008）

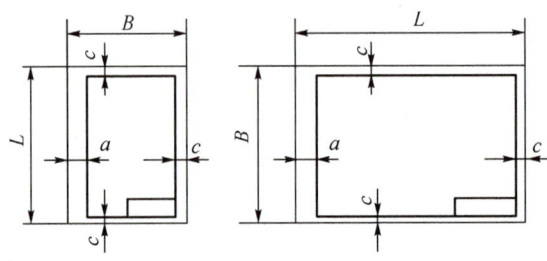

幅面代号	A0	A1	A2	A3	A4
$B \times L$	841×1 189	594×841	420×594	297×420	210×297
c		10			5
a			25		

注：1. 必要时可将表中幅面尺寸的短边成整数倍加长．
　　对 A0：短边边长可加长 2，3 倍；A1：短边边长可加长 3，4 倍．
　　A2：短边边长可加长 3，4，5 倍；A3：短边边长可加长 3*，4*，5，6，7 倍．
　　A4：短边边长可加长 3*，4*，5*，6，7，8，9 倍．
　　其中带 * 为首先选择加长．
　2. 不留装订边时，对 A0、A1 四边均为 20，对 A2、A3、A4 四边均为 10．

表 12-2　　　　　图样比例（GB/T 14690—1993）

原值比例	缩小的比例	放大的比例
1∶1	(1∶1.5)；1∶2；(1∶2.5)；(1∶3)；(1∶4)；1∶5；(1∶6)；1∶10；(1∶1.5×10^n)；1∶2×10^n；(1∶2.5×10^n)；(1∶3×10^n)；(1∶4×10^n)；1∶5×10^n；(1∶6×10^n)；1∶10^n	2∶1；(2.5∶1)；(4∶1)；5∶1；2×10^n∶1；(2.5×10^n∶1)；(4×10^n∶1)；(5×10^n∶1)；10^n∶1

注：1. n 为正整数；
　2. 括号内为必要时允许采用的比例．

表 12-3　　　　　　　　　　装配图标题栏格式

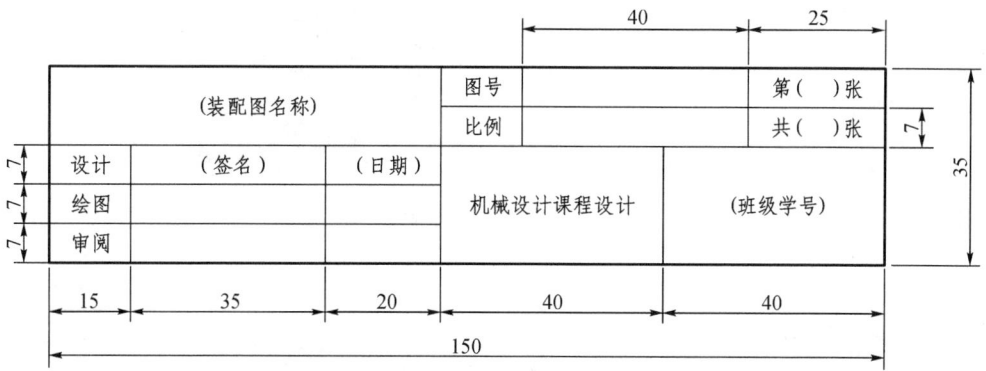

表 12-4　　　　　　　　　　装配图明细表格式

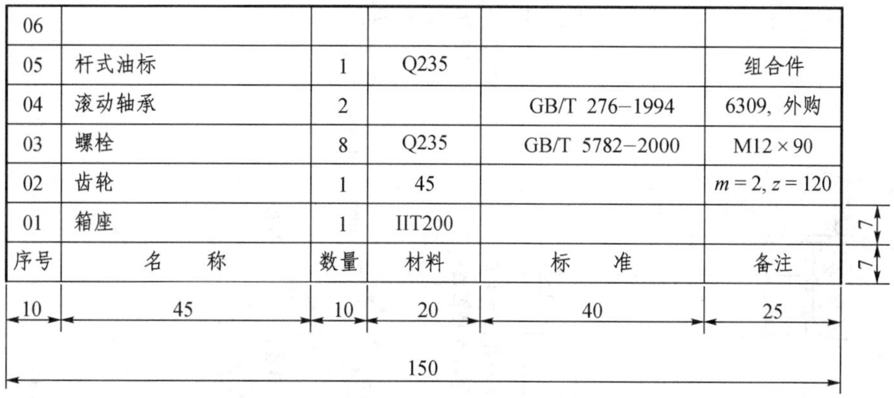

06					
05	杆式油标	1	Q235		组合件
04	滚动轴承	2		GB/T 276—1994	6309，外购
03	螺栓	8	Q235	GB/T 5782—2000	M12×90
02	齿轮	1	45		$m=2,z=120$
01	箱座	1	HT200		
序号	名　　称	数量	材料	标　　准	备注
10	45	10	20	40	25

150

表 12-5　　　　　　标准尺寸(直径、长度、高度等)(GB/T 2822—2005)　　　　　　单位:mm

R10	R20	R10	R20	R40	R10	R20	R40	R10	R20	R40	R10	R20	R40
1.25	1.25	12.5	12.5	12.5	40.0	40.0	40.0	125	125	125	400	400	400
	1.40			13.2			42.5			132			425
1.60	1.60		14.0	14.0		45.0	45.0		140	140		450	450
	1.80			15.0			47.5			150			475
2.00	2.00	16.0	16.0	16.0	50.0	50.0	50.0	160	160	160	500	500	500
	2.24			17.0			53.0			170			530
2.50	2.50		18.0	18.0		56.0	56.0		180	180		560	560
	2.80			19.0			60.0			190			600
3.15	3.15	20.0	20.0	20.0	63.0	63.0	63.0	200	200	200	630	630	630
	3.55			21.2			67.0			212			670
4.00	4.00		22.4	22.4		71.0	71.0		224	224		710	710
	4.50			23.6			75.0			236			750
5.00	5.00	25.0	25.0	25.0	80.0	80.0	80.0	250	250	250	800	800	800
	5.60			26.5			85.0			265			850
6.30	6.30		28.0	28.0		90.0	90.0		280	280		900	900
	7.10			30.0			95.0			300			950
8.00	8.00	31.5	31.5	31.5	100	100	100	315	315	315	1 000	1 000	1 000
	9.00			33.5			106			335			1 060
10.00	10.0		35.5	35.5		112	112		355	355		1 120	1 120
	11.2			37.5			118			375			1 180

注：1. 选择系列及单个尺寸时，应首先在优先数系 R 系列中选用标准尺寸，选用顺序为 R10，R20，R40，如果必须将数值圆整，可在相应的 R′系列(本表未列出)中选用标准尺寸。
　　2. 本标准适用于机械制造业中有互换性或系列化要求的主要尺寸，其他结构尺寸也应尽量采用，不适用于由主要尺寸导出的因变量尺寸、工艺上工序间的尺寸和已有相应标准规定的尺寸。

表 12-6　　中心孔(GB/T 145—2001)　　单位:mm

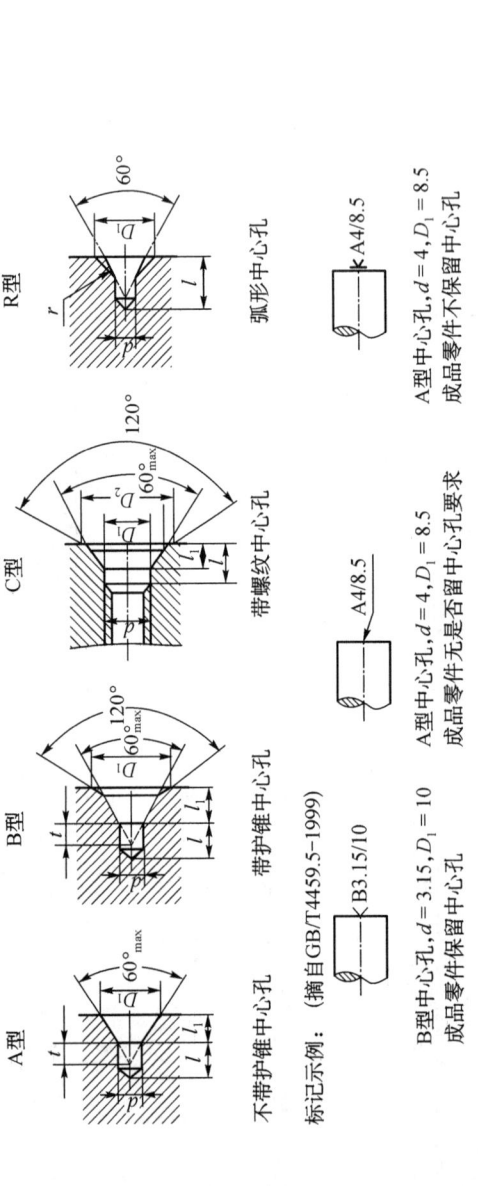

A型　B型　C型　R型

不带护锥中心孔　带护锥中心孔　带螺纹中心孔　弧形中心孔

标记示例：(摘自GB/T4459.5-1999)

B3.15/10

B型中心孔，$d=3.15$，$D_1=10$
成品零件保留中心孔

A4/8.5

A型中心孔，$d=4$，$D_1=8.5$
成品零件无是否留中心孔要求

A4/8.5

A型中心孔，$d=4$，$D_1=8.5$
成品零件不保留中心孔

d			D_1			l_1（参考）		t（参考）		l_{max}	r		D	D_1	D_2	l	l_1（参考）	选择中心孔的参考数值	
											max	min							
A型	B型	R型	A型	B型	R型	A型	B型	A型	B型	R型			C型					原料端部最小直径	轴状原料最大直径 D_0
(0.50)	—	—	1.06	—	—	0.48	—	0.5	—	—	—	—							
(0.63)	—	—	1.32	—	—	0.60	—	0.6	—	—	—	—							
(0.80)	—	—	1.70	—	—	0.78	—	0.7	—	—	—	—							
1.00			2.12	3.15	2.12	0.97	1.27	0.9		2.3	3.15	2.50							
(1.25)			2.65	4.00	2.65	1.21	1.60	1.1		2.8	4.00	3.15							
1.60			3.35	5.00	3.35	1.52	1.99	1.4		3.5	5.00	4.00							

续 表

d			D_1			l_1（参考）		t（参考）		l_{max}	r max	r min	D	D_1	D_2	l	l_1（参考）	选择中心孔的参考数值	
A 型	B 型	R 型	A 型	B 型	R 型	A 型	B 型	A 型	B 型	R 型			C 型					原料端部最小直径	轴状原料最大直径 D_0
2.00			4.25	6.30	4.25	1.95	2.54	1.8		4.4	6.30	5.00						8	>10～18
2.50			5.30	8.0	5.30	2.42	3.20	2.2		5.5	8.00	6.30						10	>18～30
3.15			6.70	10.00	6.70	3.07	4.03	2.8		7.0	10.0	8.00	M3	3.2	5.8	2.6	1.8	12	>30～50
4.00			8.50	12.50	8.50	3.90	5.05	3.5		8.9	12.5	10.0	M4	4.3	7.4	3.2	2.1	15	>50～80
(5.00)			10.60	16.00	10.60	4.85	6.41	4.4		11.2	16.0	12.5	M5	5.3	8.8	4.0	2.4	20	>80～120
6.30			13.20	18.00	13.20	5.98	7.36	5.5		14.0	20.0	16.0	M6	6.4	10.5	5.0	2.8	25	>120～180
(8.00)			17.00	22.40	17.00	7.79	9.36	7.0		17.9	25.0	20.0	M8	8.4	13.2	6.0	3.3	30	>180～220
10.00			21.20	28.00	21.20	9.70	11.66	8.7		22.5	31.5	25.0	M10	10.5	16.3	7.5	3.8	35	>180～220
													M12	13.0	19.8	9.5	4.4	42	>220～260
													M16	17.0	25.3	12.0	5.2	50	>260～300
													M20	21.0	31.3	15.0	6.4	60	>300～360
													M24	25.0	38.0	18.0	8.0	70	>360

注：1. 括号内尺寸尽量不用；

2. 选择中心孔的参考数值不属 GB/T 145—2001 内容，仅供参考；

3. A 型和 B 型中心孔的尺寸 l 取决于中心钻的长度，此值不应小于 t.

表 12-7　　　　　　　　零件倒角和圆角尺寸（GB/T 6403.4—2008）　　　　　　　　单位：mm

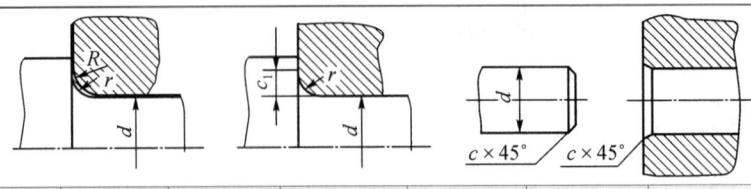

轴（孔）径 d	3～6	>6～10	>10～18	>18～30	>30～50	>50～80	>80～120	>120～180
r 或 c	0.4	0.6	0.8	1.0	1.6	2.0	2.5	3.0
R 或 c_1	0.5	1	1.5	2	2.5	3	4	5

注：与滚动轴承相配合的轴及轴承座孔处的倒角、圆角半径参见滚动轴承部分.

表 12-8　　　　　　　　砂轮越程槽尺寸（GB/T 6403.5—2008）　　　　　　　　单位：mm

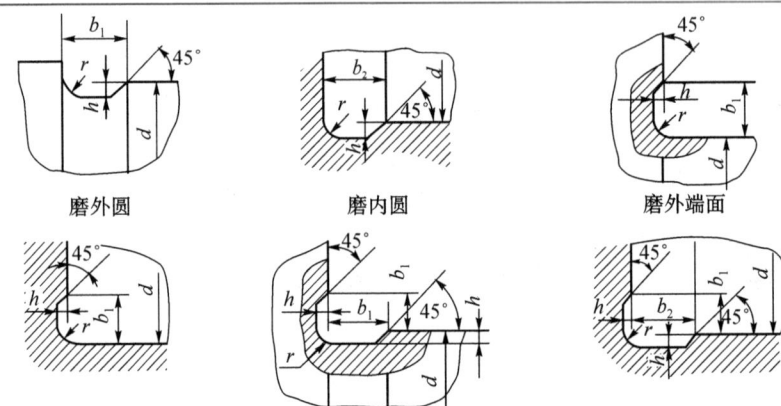

b_1	0.6	1.0	1.6	2.0	3.0	4.0	5.0	8.0	10
b_2	2.0		3.0		4.0		5.0	8.0	10
h	0.1		0.2	0.3	0.4		0.6	0.8	1.2
r	0.2		0.5	0.8	1.0		1.6	2.0	3.0
d	～10			>10～50		>50～100		>100	

表 12-9　　　　　　　　插齿退刀槽（JB/ZQ 4238—2006）　　　　　　　　单位：mm

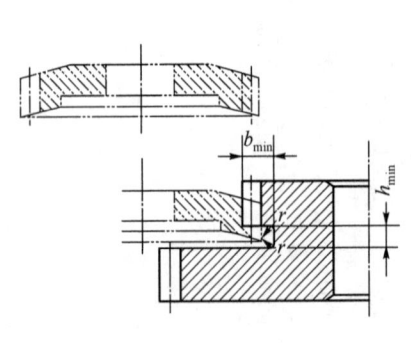

模数	h_{min}	b_{min}	r
2	5	5	0.5
2.5	6	5	0.5
3	6	7.5	0.5
4	6	10.5	1.0
5	7	13	1.0
6	7	15	1.0
7	7	16	1.0
8	8	19	1.0
9	8	22	1.0
10	8	24	1.0
12	9	28	1.0
14	9	33	1.0

表 12-10　　　　　　　　　铸造斜度（JB/ZQ 4254—2006）

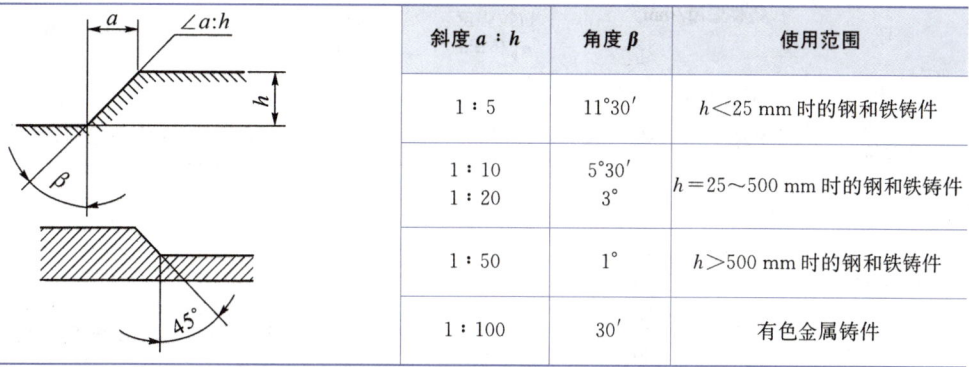

斜度 $a:h$	角度 β	使用范围
1∶5	11°30′	$h<25$ mm 时的钢和铁铸件
1∶10 1∶20	5°30′ 3°	$h=25\sim500$ mm 时的钢和铁铸件
1∶50	1°	$h>500$ mm 时的钢和铁铸件
1∶100	30′	有色金属铸件

注：当设计不同壁厚铸件时，在转折点处的斜角还可增大到 30°～45°。

表 12-11　　　　　　　铸造过渡斜度（JB/ZQ 4254—2006）　　　　　　　单位：mm

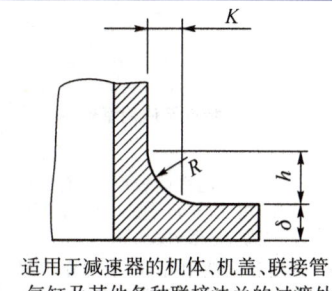

适用于减速器的机体、机盖、联接管、气缸及其他各种联接法兰的过渡处

铸铁和铸钢件的壁厚 δ	K	h	R
10～15	3	15	5
>15～20	4	20	5
>20～25	5	25	5
>25～30	6	30	8
>30～35	7	35	8
>35～40	8	40	10
>40～45	9	45	10
>45～50	10	50	10

12.2　常用材料

12.2.1　黑色金属材料

表 12-12　　　　　　　灰铸铁铸件预计的力学性能（GB/T 9439—1988）

牌号	铸件壁厚/mm		抗拉强度 σ_b/MPa	硬度 HBS	应用举例
	>	≤			
HT100	2.5	10	130	114～173	托盘、盖、罩、手轮、把手、重锤等形状简单且性能要求不高的零件
	10	20	100		
	20	30	90		
	30	50	80		
HT150	2.5	10	175	132～197	水泵壳、管子、管路附件、机床工作台、床身、阀体等
	10	20	145		
	20	30	130		
	30	50	120		
HT200	2.5	10	220	151～229	齿轮、带轮、凸轮、联轴器、机床床身、泵、阀体、划线平板及有一定耐腐蚀要求的容器等
	10	20	195		
	20	30	170		
	30	50	160		

续 表

牌号	铸件壁厚/mm >	铸件壁厚/mm ≤	抗拉强度 σ_b/MPa	硬度 HBS	应用举例
HT250	4.4	10	270	180～269	齿轮、联轴器、齿轮箱、气缸套、液压缸、泵体、机座等
	10	20	240		
	20	30	220		
	30	50	200		
HT300	10	20	290	207～313	适用于制造床身、导轨、齿轮、曲轴、凸轮、车床卡盘、高压液压缸、高压泵体、冷冲模等
	20	30	250		
	30	50	230		
HT350	10	20	340	238～357	
	20	30	290		
	30	50	260		

表 12-13　　球墨铸铁件(GB/T 1348—1988)

牌号	抗拉强度 σ_b/MPa 最小值	屈服强度 $\sigma_{0.2}$/MPa 最小值	伸长率 δ 最小值	供参考 布氏硬度 HBS	特性及应用举例
QT400-18	400	250	18%	130～180	韧性高、低温性能较好,并有一定的耐腐蚀性,用于汽车、拖拉机中的牵引枢、壳体、支架、导架、拨叉等
QT400-15	400	250	15%	130～180	
QT450-10	450	310	10%	160～210	强度和韧性中等,用于制作内燃机油泵齿轮,汽轮机的中温气缸隔板,水轮机阀门体等
QT500-7	500	320	7%	170～230	
QT600-3	600	370	3%	190～270	高强度、高耐磨性、并有一定的韧性,用于制作部分机床的主轴、空压机、冷冻机的曲轴、缸体、缸套,矿车轮,小水轮发电机主轴、中小型柴油机、汽油机曲轴,部分轻型柴油机、汽油机的凸轮轴、气缸套、农业机械小负荷齿轮等
QT700-2	700	420	2%	225～305	
QT800-2	800	480	2%	245～335	
QT900-2	900	600	2%	280～360	具有高强度、较好的耐磨性、较高的弯曲疲劳强度.用于内燃机中的凸轮轴、拖拉机的减速齿轮、连杆等

表 12-14　　一般工程用铸造碳钢(GB/T 11352—1989)

牌号	屈服强度 σ_s 或 $\sigma_{0.2}$ /MPa	抗拉强度 σ_b /MPa	伸长率 δ	收缩率 ψ	冲击吸收功 A_{kv} /J	特点及应用
ZG200-400	200	400	25%	40%	30	韧性和塑性好,但强度和硬度低,焊接性好,铸造性差用于载荷不大、韧性好的零件,如轴承盖、底板、阀体、机架等
ZG230-450	230	450	22%	32%	25	
ZG270-500	270	500	18%	25%	22	有一定韧性和塑性,强度和硬度较高,切削性好,用于飞轮、机架、联轴器、连杆、缸体等
ZG310-570	310	570	15%	21%	15	
ZG340-640	340	640	10%	18%	10	强度、硬度和耐磨性高,但塑、韧性差,用于运输机齿轮、车轮、联轴器、重载机架等

注：1. 表中所列的各牌号性能,适用于厚度为 100 mm 以下的铸件,当铸件厚度超过 100 mm 时,表中规定的屈服强度仅供设计使用.
2. 表中冲击吸收功的试件缺口为 2 mm.

表 12-15 碳素结构钢(GB/T 700—1988)

牌号	等级	拉伸试验														冲击试验		应用举例
		屈服强度 σ_s/MPa						抗拉强度 σ_b/MPa	伸长率 δ_s						温度/℃	V型冲击值(纵向)/J	
		钢材厚度(直径)/mm							钢材厚度(直径)/mm								
		≤16	>16~40	>40~60	>60~100	>100~150	>150		≤16	>16~40	>40~60	>60~100	>100~150	>150			
		不小于							≥							≥	
Q195	—	195	185	—	—	—	—	315~430	33%	32%		—	—	—	—	—	受较轻载荷的零件、冲压件和焊接件
Q215	A	215	205	195	185	175	165	335~450	31%	30%	29%	28%	27%	26%	—	—	垫圈、焊接件和渗碳零件
	B														20	27	
Q235	A	235	225	215	205	195	185	375~500	26%	25%	24%	23%	22%	21%	—	—	金属结构件,焊接件、螺栓、螺母,C、D级用于重要的焊接构件,可作渗碳零件,但心部强度低
	B														20	27	
	C														0		
	D														−20		
Q255	A	255	245	235	225	215	205	410~550	24%	23%	22%	21%	20%	19%	—	—	轴、吊钩等零件,焊接性能尚可
	B														20	27	
Q275	—	275	265	255	245	235	225	490~630	20%	19%	18%	17%	16%	15%	—	—	

注:1. 钢牌号 Q195 的屈服强度仅供参考,不作交货条件.
2. 进行拉伸试验时,钢板和钢带应取横向试样,伸长率允许比表中的值降低 1%(绝对值),型钢应取纵向试样.
3. 用沸腾钢轧制各牌号的 B 级钢材,其厚度(直径)一般不大于 25 mm.
4. 冲击试样的纵向轴线应平行于轧制方向.

表 12-16　　　　　　　优质碳素结构钢（GB/T 699—1999 摘录）

牌号	试样毛坯尺寸/mm	推荐热处理/℃			力学性能					硬度 ≤		应用举例
		正火	淬火	回火	抗拉强度 σ_b MPa	屈服强度 σ_s MPa	伸长率 δ	收缩率 ψ	冲击吸收功 A_k/J	未热处理	退火钢	
					≥							
08F	25	930			295	175	35%	60%		131		管子、垫片、垫圈、套筒、短轴等
10	25	930			335	205	31%	55%		137		用于制造拉杆、卡头、钢管垫片、垫圈、铆钉等
15	25	920			375	225	27%	55%		143		螺栓、螺钉、拉条、法兰盘及化工贮器、蒸汽锅炉
20	25	910			410	245	25%	55%		156		管子、导管、杠杆、轴套、螺钉、起重钩等
25	25	900	870	600	450	275	23%	50%	71	170		轴、辊子、联轴器、垫圈、螺栓、螺钉及螺母
35	25	870	850	600	530	315	20%	45%	55	197		用于制造曲轴、转轴、轴销、杠杆、连杆、横梁、链轮、圆盘、套筒钩环、垫圈、螺钉、螺母等
45	25	850	840	600	600	355	16%	40%	39	229	197	用于制造齿轮、齿条、链轮、轴、键、销、蒸汽透平机的叶轮、压缩机及泵的零件、轧辊等
55	25	820	820	600	645	380	13%	35%		255	217	用于制造齿轮、连杆、轮圈、轮缘、扁弹簧及轧辊等
30Mn	25	880	860	600	540	315	20%	45%	63	217	187	用于制造螺栓、螺母、螺钉等
40Mn	25	860	840	600	590	355	17%	45%	47	229	207	轴、万向联轴器、曲轴、连杆及高应力下工作的螺栓及螺母等
50Mn	25	830	830	600	645	390	13%	40%	31	255	217	齿轮、齿轮轴、摩擦盘、凸轮和截面在 80 mm 以下的心轴等
60Mn	25	810			695	410	11%	35%		269	229	适于制造弹簧、弹簧垫圈、弹簧环和片以及冷拔钢丝和发条

注：热处理推荐保温时间为：正火不小于 30 min，空冷；淬火不小于 30 min，水冷；回火不小于 1 h。

表 12-17　合金结构钢(GB/T 3077—1999)

牌号	试样毛坯尺寸/mm	热处理					力学性能					硬度	应用举例
		淬火			回火		抗拉强度 σ_b /MPa	屈服点 σ_s /MPa	断后伸长率 δ_s	断面收缩率 ψ	冲击吸收功 A_k/J	钢材退火或高温回火供应状态 HBS ≤	
		加热温度/℃		冷却剂	加热温度/℃	冷却剂	≥						
		第一次淬火	第二次淬火										
20Mn2	15	850	—	水、油	200	水、空气	785	590	10%	40%	47	187	小齿轮、小轴、钢套、链板等，渗碳淬火 56～62HRC
		880	—	水、油	440	水、空气							
35Mn2	25	840	—	水	500	水	835	635	12%	45%	55	207	重要用途的螺栓及小轴等，可代替 40Cr，表面淬火 40～50HRC
45Mn2	25	840	—	油	550	水、油	885	735	10%	45%	47	217	万向联轴器、齿轮、齿轮轴、蜗杆、曲轴、连杆、花键轴和摩擦盘等
35SiMn	25	900	—	水	570	水、油	885	735	15%	45%	47	229	可做中小型轴类、齿轮类零件以及在 430°以下工作的重要紧固件
42SiMn	25	880	—	水	590	水	885	735	15%	40%	47	229	可替代 40Cr、34CrMo 钢做大齿圈，适于作表面淬火件
20MnVB	15	860	—	油	200	水、空气	1 080	885	10%	45%	55	207	可替代 20Cr、20CrNi 钢做渗碳零件
20SiMnVB	15	900	—	油	200	水、空气	1 175	980	10%	45%	55	207	可做高级渗碳齿轮等零件
20Cr	15	880	780～820	水、油	200	水、空气	835	540	10%	40%	47	179	齿轮、齿轮轴、蜗杆、凸轮、活塞销等，也用于速度较大受中等冲击的调质零件
40Cr	25	850	—	油	520	水、油	980	785	9%	45%	47	207	重要的齿轮、轴、曲轴、连杆、螺栓、螺母等零件，并用于直径大于 40 mm 要求低温冲击韧性的轴与齿轮等
20CrMnMo	15	850	—	油	200	水、空气	1 180	885	10%	45%	55	217	传动齿轮和曲轴等
35CrMo	25	850	—	油	550	水、油	980	835	12%	45%	63	227	做大截面齿轮和重载传动的轴等
20CrNi	25	850	—	水、油	460	水、油	785	590	10%	50%	63	197	重要渗碳零件，如齿轮、轴、曲轴、连杆、螺栓等
20CrMnTi	15	880	870	油	200	水、空气	1 080	835	10%	45%	35	217	用于要求强度、韧度高的重要渗碳零件，如齿轮、轴、蜗杆、离合器等

注：1. 表中所列热处理温度允许调整范围：淬火±15℃，低温回火±20℃，高温回火±50℃；
2. 硼钢在淬火前可先经正火，正火温度应不高于其淬火温度，铬锰钛钢第一次淬火可用正火代替；
3. 拉伸试验时试样钢尚不能发现屈服，无法测定屈服点 σ_s 情况下，可以测规定残余拉伸应力 $\sigma_{r0.2}$。

12.2.2 有色金属材料

表 12-18　　铸造轴承合金(GB/T 1174—1992)

种类	合金牌号	Sn	Pb	Cu	Sb	布氏硬度 HBS	应用举例
锡基轴承合金	ZSnSb12Pb10Cu4	其余	9.0～11.0	2.5～5.0	11.0～13.0	29	汽轮机、压缩机、机车、发电机、球磨机、轧机减速器、发动机等各种机器的滑动轴承衬
锡基轴承合金	ZSnSb11Cu6	其余	0.35	5.5～6.5	10.0～12.0	27	汽轮机、压缩机、机车、发电机、球磨机、轧机减速器、发动机等各种机器的滑动轴承衬
铅基轴承合金	ZPbSb16Sn16Cu2	15.0～17.0	其余	1.5～2.0	15.0～17.0	30	汽轮机、压缩机、机车、发电机、球磨机、轧机减速器、发动机等各种机器的滑动轴承衬
铅基轴承合金	ZPbSb15Sn5	4.0～5.5	其余	0.5～1.0	14.0～15.5	20	汽轮机、压缩机、机车、发电机、球磨机、轧机减速器、发动机等各种机器的滑动轴承衬

表 12-19　　铸造铜合金(GB/T 1176—1987)

合金牌号	铸造方法	力学性能,≥				应用举例
		抗拉强度 s_b/MPa	屈服强度 $s_{0.2}$/MPa	伸长率 d_s	布氏硬度 HBS	
ZCuSn5Pb5Zn5	S, J	200	90	13%	590*	轴瓦、衬套、缸套、活塞离合器、泵体压盖以及蜗轮等
ZCuSn5Pb5Zn5	Li, La	250	100*	13%	635*	轴瓦、衬套、缸套、活塞离合器、泵体压盖以及蜗轮等
ZCuSn10Pb1	S	220	130	3%	785*	连杆、衬套、轴瓦、齿轮、蜗轮等
ZCuSn10Pb1	J	310	170	2%	885*	连杆、衬套、轴瓦、齿轮、蜗轮等
ZCuSn10Pb1	Li	330	170*	4%	885*	连杆、衬套、轴瓦、齿轮、蜗轮等
ZCuSn10Pb1	La	360	170*	6%	885*	连杆、衬套、轴瓦、齿轮、蜗轮等
ZCuSn10Zn2	S	240	120	12%	685*	在中等及较高载荷和小滑动速度下工作的重要管配件,以及阀、旋塞、泵体、齿轮、叶轮和蜗轮等
ZCuSn10Zn2	J	245	140*	6%	785*	在中等及较高载荷和小滑动速度下工作的重要管配件,以及阀、旋塞、泵体、齿轮、叶轮和蜗轮等
ZCuSn10Zn2	Li, La	270	140*	7%	785*	在中等及较高载荷和小滑动速度下工作的重要管配件,以及阀、旋塞、泵体、齿轮、叶轮和蜗轮等
ZCuAl10Fe3Mn2	S	490	—	15%	1 080	齿轮、轴承、衬套、管嘴,以及耐热配件等
ZCuAl10Fe3Mn2	J	540	—	20%	1 175	齿轮、轴承、衬套、管嘴,以及耐热配件等
ZCuAl10Fe3	S	490	180	13%	980	轴套、螺母、蜗轮以及 250°以下工作的管配件
ZCuAl10Fe3	J	540	200	15%	1 080*	轴套、螺母、蜗轮以及 250°以下工作的管配件
ZCuAl10Fe3	Li, La	540	200	15%	1 080*	轴套、螺母、蜗轮以及 250°以下工作的管配件

注:带"*"号的数据为参考值,代号 S—砂型铸造,J—金属型铸造,Li—离心铸造,La—连续铸造.

12.2.3 型钢和型材

表 12-20　　热轧等边角钢(GB/T 706—2008)

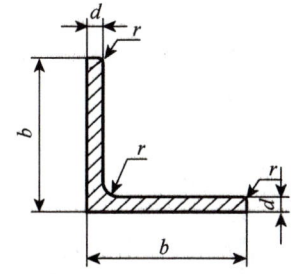

标记示例:普通碳素结构钢 Q235A,尺寸为 160 mm×160 mm×16 mm 的热轧等边角钢标记如下:

热轧等边角钢

$$\frac{160\times160\times16-\text{GB/T 706—2008}}{\text{Q235A-GB/T 700—2006}}$$

型号	尺寸/mm		
	b	d	r
2	20	3	3.5
		4	
2.5	25	3	
		4	
3.0	30	3	4.5
		4	
3.6	36	3	
		4	
		5	
4	40	3	5
		4	
		5	
4.5	45	3	
		4	
		5	
		6	
5	50	3	5.5
		4	
		5	
		6	

型号	尺寸/mm		
	b	d	r
5.6	56	3	6
		4	
		5	
		6	
6.3	63	4	7
		5	
		6	
		8	
		10	
7	70	4	8
		5	
		6	
		7	
		8	
7.5	75	5	9
		6	
		7	
		8	
		10	

型号	尺寸/mm		
	b	d	r
8	80	5	9
		6	
		7	
		8	
		10	
9	90	6	10
		7	
		8	
		10	
		12	
10	100	6	12
		7	
		8	
		10	
		12	
		14	
		16	

表 12-21　　热轧槽钢(GB/T 707—1988)

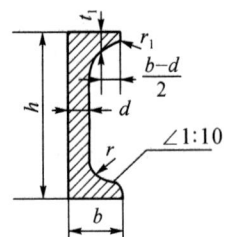

标记示例：普通碳素结构钢 Q235A，尺寸为 180 mm×68 mm×7 mm 的热轧槽钢标记如下：

热轧槽钢

$\dfrac{180 \times 68 \times 7\text{-GB/T 707—1988}}{\text{Q235A-GB/T 700—1988}}$

型号	尺寸/mm					
	h	b	d	t_1	r	r_1
5	50	37	4.5	7.0	7.0	3.5
6.3	63	40	4.8	7.5	7.5	3.8
8	80	43	5.0	8.0	8.0	4.0
10	100	48	5.3	8.5	8.5	4.2
12.6	126	53	5.5	9.0	9.0	4.5
14a	140	58	6.0	9.5	9.5	4.8
14b	140	60	8.0	9.5	9.5	4.8
16a	160	63	6.5	10.0	10.0	5.0
16	160	65	8.5	10.0	10.0	5.0
18a	180	68	7.0	10.5	10.5	5.2
18	180	70	9.0	10.5	10.5	5.2
20a	200	73	7.0	11.0	11.0	5.5
20	200	75	9.0	11.0	11.0	5.5
22a	220	77	7.0	11.5	11.5	5.8
22	220	79	9.0	11.5	11.5	5.8
25a	250	78	7.0	12.0	12.0	6.0
25b	250	80	9.0	12.0	12.0	6.0
25c	250	82	11.0	12.0	12.0	6.0
28a	280	82	7.5	12.5	12.5	6.2
28b	280	84	9.5	12.5	12.5	6.2
28c	280	86	11.5	12.5	12.5	6.2
32a	320	88	8.0	14.0	14.0	7.0
32b	320	90	10.0	14.0	14.0	7.0
32c	320	92	12.0	14.0	14.0	7.0
36a	360	96	9.0	16.0	16.0	8.0
36b	360	98	11.0	16.0	16.0	8.0
36c	360	100	13.0	16.0	16.0	8.0

表 12-22　　热轧工字钢(GB/T 706—1988)

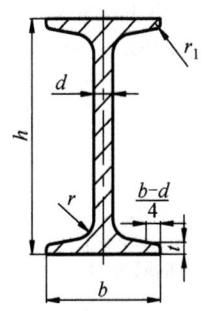

标记示例：普通碳素结构钢 Q235A，尺寸为 400 mm×144 mm×12.5 mm 的热轧工字钢标记如下：

热轧工字钢

$$\frac{400\times 144\times 12.5\text{-GB/T } 706-1988}{\text{Q235A-GB/T } 700-1988}$$

型号	尺寸/mm					
	h	b	d	t	r	r_1
10	100	68	4.5	7.6	6.5	3.3
12.6	126	74	5.0	8.4	7.0	3.5
14	140	80	5.5	9.1	7.5	3.8
16	160	88	6.0	9.9	8.0	4.0
18	180	94	6.5	10.7	8.5	4.3
20a	200	100	7.0	11.4	9.0	4.5
20b	200	102	9.0	11.4	9.0	4.5
22a	220	110	7.5	12.3	9.5	4.8
22b	220	112	9.5	12.3	9.5	4.8
25a	250	116	8.0	13.0	10.0	5.0
25b	250	118	10.0	13.0	10.0	5.0
28a	280	122	8.5	13.7	10.5	5.3
28b	280	124	10.5	13.7	10.5	5.3
32a	320	130	9.5	15.0	11.5	5.8
32b	320	132	11.5	15.0	11.5	5.8
32c	320	134	13.5	15.0	11.5	5.8
36a	360	136	10.0	15.8	12.0	6.0
36b	360	138	12.0	15.8	12.0	6.0
36c	360	140	14.0	15.8	12.0	6.0

表 12-23　　热轧钢板厚度(GB/T 709—2006)　　单位:mm

厚度	0.20, 0.25, 0.30, 0.35, 0.40, 0.45, 0.50, 0.60, 0.65, 0.70, 0.75, 0.8, 0.9, 1.0, 1.1, 1.2, 1.3, 1.4, 1.5, 1.6, 1.7, 1.8, 2.0, 2.2, 2.5, 2.8, 3.0, 3.2, 3.5, 3.8, 3.9, 4.0, 4.2, 4.5, 4.8, 5.0

注:1. 钢板宽度系列:600, 650, 700, 750, 800, 850, 900, 950, 1 000, 1 100, 1 250, 1 400, 1 500, 1 600, 1 700, 1 800, 2 000;
2. 材料为碳素钢.

表 12-24　　冷轧钢板厚度(GB/T 708—2006)　　单位:mm

厚度	0.50, 0.55, 0.60, 0.65, 0.70, 0.75, 0.8, 0.9, 1.0, 1.2, 1.3, 1.4, 1.5, 1.6, 1.8, 2.0, 2.2, 2.5, 2.8, 3.0, 3.2, 3.5, 3.8, 3.9, 4.0, 4.5, 5, 6, 7, 8, 9, 10, 11, 12, 13, 14, 15, 16, 17, 18, 19, 20, 21, 22, 25, 26, 28, 30, 32, 34, 36, 38, 40, 42, 45, 48, 50, 52, 55～100(间隔为 5)

注:1. 钢板宽度系列:600, 650, 700, 710, 750, 800, 850, 900, 950, 1 000, 1 100, 1 250, 1 400, 1 420, 1 500, 1 600, 1 700, 1 800, 1 900, 2 000, 2 100, 2 200, 2 300, 2 400;
2. 材料为优质碳素结构钢.

表 12-25　　热轧圆钢(GB/T 702—2004)　　单位:mm

直径	5.5, 6, 6.5, 7, 8, 9, 10, 11, 12, 13, 14, 15, 16, 17, 18, 19, 20, 21, 22, 23, 24, 25, 26, 27, 28, 29, 30, 31, 32, 33, 34, 35, 36, 38, 40, 42, 45, 48, 50, 53, 55, 56, 58, 60, 63, 65, 68, 70, 75, 80, 85, 90, 95, 100, 105, 110, 115, 120, 125, 130, 140, 150, 160, 170, 180, 190, 200, 220, 250

注:材料为普通碳素钢、优质碳素钢.

12.3 极限与配合、形位公差和表面粗糙度

12.3.1 极限与配合

表 12-26　　标准公差数值(GB/T 1800.3—1998)

基本尺寸/mm		标准公差等级																	
		IT1	IT2	IT3	IT4	IT5	IT6	IT7	IT8	IT9	IT10	IT11	IT12	IT13	IT14	IT15	IT16	IT17	IT18
>	至	/μm																	
	3	0.8	1.2	2	3	4	6	10	14	25	40	60	100	140	250	400	600	1 000	1 400
3	6	1	1.5	2.5	4	5	8	12	18	30	48	75	120	180	300	480	750	1 200	1 800
6	10	1	1.5	2.5	4	6	9	15	22	36	58	90	150	220	360	580	900	1 500	2 200
10	18	1.2	2	3	5	8	11	18	27	43	70	110	180	270	430	700	1 100	1 800	2 700
18	30	1.5	2.5	4	6	9	13	21	33	52	84	130	210	330	520	840	1 300	2 100	3 300
30	50	1.5	2.5	4	7	11	16	25	39	62	100	160	250	390	620	1 000	1 600	2 500	3 900
50	80	2	3	5	8	13	19	30	46	74	120	190	300	460	740	1 200	1 900	3 000	4 600
80	120	2.5	4	6	10	15	22	35	54	87	140	220	350	540	870	1 400	2 200	3 500	5 400
120	180	3.5	5	8	12	18	25	40	63	100	160	250	400	630	1 000	1 600	2 500	4 000	6 300
180	250	4.5	7	10	14	20	29	46	72	115	185	290	460	720	1 150	1 850	2 900	4 600	7 200

续表

基本尺寸/mm		标准公差等级																
		IT1	IT2	IT3	IT4	IT5	IT6	IT7	IT8	IT9	IT10	IT11	IT12	IT13	IT14	IT15	IT16	IT17	IT18
>	至	/μm																
250	315	6	8	12	16	23	32	52	81	130	210	320	520	810	1 300	2 100	3 200	5 200	8 100
315	400	7	9	13	18	25	36	57	89	140	230	360	570	890	1 400	2 300	3 600	5 700	8 900
400	500	8	10	15	20	27	40	63	97	155	250	400	630	970	1 550	2 500	4 000	6 300	9 700
500	630	9	11	16	22	32	44	70	110	175	280	440	700	1 100	1 750	2 800	4 400	7 000	11 000
630	800	10	13	18	25	36	50	80	125	200	320	500	800	1 250	2 000	3 200	5 000	8 000	12 500
800	1 000	11	15	21	28	40	56	90	140	230	360	560	900	1 400	2 300	3 600	5 600	9 000	14 000
1 000	1 250	13	18	24	33	47	66	105	165	260	420	660	1 050	1 650	2 600	4 200	6 600	10 500	16 500
1 250	1 600	15	21	29	39	55	78	125	195	310	500	780	1 250	1 950	3 100	5 000	7 800	12 500	19 500
1 600	2 000	18	25	35	46	65	92	150	230	370	600	920	1 500	2 300	3 700	6 000	9 200	15 000	23 000
2 000	2 500	22	30	41	55	78	110	175	280	440	700	1 100	1 750	2 800	4 400	7 000	11 000	17 500	28 000
2 500	3 150	26	36	50	68	96	135	210	330	540	860	1 350	2 100	3 300	5 400	8 600	13 500	21 000	33 000

注:1. 基本尺寸大于 500 mm 的 IT1 至 IT5 的标准公差数值为试行的;
　　2. 基本尺寸小于或等于 1 mm 时,无 IT14 至 IT18。

表 12-27　　　　　　　　　　　　轴的极限偏差(GB/T 1800.3—1999)　　　　　　　　　　　　单位:μm

基本尺寸/mm		a					b				
>	至	9	10	11	12	13	9	10	11	12	13
	3	−270 −295	−270 −310	−270 −330	−270 −370	−270 −410	−140 −165	−140 −180	−140 −200	−140 −240	−140 −280
3	6	−270 −300	−270 −318	−270 −345	−270 −390	−270 −450	−140 −170	−140 −188	−140 −215	−140 −260	−140 −320
6	10	−280 −316	−280 −338	−280 −370	−280 −430	−280 −500	−150 −186	−150 −208	−150 −240	−150 −300	−150 −370
10	18	−290 −333	−290 −360	−290 −400	−290 −470	−290 −560	−150 −208	−150 −240	−150 −300	−150 −370	−150 −186
18	30	−300 −352	−300 −384	−300 −430	−300 −510	−300 −630	−150 −208	−150 −240	−150 −300	−150 −370	−150 −186
30	40	−310 −372	−310 −410	−310 −470	−310 −560	−310 −700	−150 −208	−150 −240	−150 −300	−150 −370	−150 −186
40	50	−320 −382	−320 −420	−320 −480	−320 −570	−320 −710	−150 −208	−150 −240	−150 −300	−150 −370	−150 −186
50	65	−340 −414	−340 −460	−340 −530	−340 −640	−340 −800	−150 −208	−150 −240	−150 −300	−150 −370	−150 −186
65	80	−360 −434	−360 −480	−360 −550	−360 −660	−360 −820	−150 −208	−150 −240	−150 −300	−150 −370	−150 −186
80	100	−380 −467	−380 −520	−380 −600	−380 −730	−380 −920	−150 −208	−150 −240	−150 −300	−150 −370	−150 −186

续 表

基本尺寸/mm		a					b				
>	至	9	10	11	12	13	9	10	11	12	13
100	120	−410 −497	−410 −550	−410 −630	−410 −760	−410 −950	−150 −208	−150 −240	−150 −300	−150 −370	−150 −186
120	140	−460 −560	−460 −620	−460 −710	−460 −860	−460 −1 090	−150 −208	−150 −240	−150 −300	−150 −370	−150 −186
140	160	−520 −620	−520 −680	−520 −770	−520 −920	−520 −1 150	−150 −208	−150 −240	−150 −300	−150 −370	−150 −186
160	180	−580 −680	−580 −740	−580 −830	−580 −980	−580 −1 210	−150 −208	−150 −240	−150 −300	−150 −370	−150 −186
180	200	−660 −775	−660 −845	−660 −950	−660 −1 120	−660 −1 380	−150 −208	−150 −240	−150 −300	−150 −370	−150 −186
200	225	−740 −855	−740 −925	−740 −1 030	−740 −1 200	−740 −1 460	−150 −208	−150 −240	−150 −300	−150 −370	−150 −186
225	250	−820 −935	−820 −1 005	−820 −1 110	−820 −1 280	−820 −1 540	−150 −208	−150 −240	−150 −300	−150 −370	−150 −186
250	280	−920 −1 050	−920 −1 130	−920 −1 240	−920 −1 440	−920 −1 730	−150 −208	−150 −240	−150 −300	−150 −370	−150 −186
280	315	−1 050 −1 180	−1 050 −1 260	−1 050 −1 370	−1 050 −1 570	−1 050 −1 860	−150 −208	−150 −240	−150 −300	−150 −370	−150 −186
315	355	−1 200 −1 340	−1 200 −1 430	−1 200 −1 560	−1 200 −1 770	−1 200 −2 090	−150 −208	−150 −240	−150 −300	−150 −370	−150 −186
355	400	−1 350 −1 490	−1 350 −1 580	−1 350 −1 710	−1 350 −1 920	−1 350 −2 240	−150 −208	−150 −240	−150 −300	−150 −370	−150 −186
400	450	−1 500 −1 655	−1 500 −1 750	−1 500 −1 900	−1 500 −2 130	−1 500 −2 470	−150 −208	−150 −240	−150 −300	−150 −370	−150 −186
450	500	−1 650 −1 805	−1 650 −1 900	−1 650 −2 050	−1 650 −2 280	−1 650 −2 620	−150 −208	−150 −240	−150 −300	−150 −370	−150 −186

基本尺寸/mm		c				d					
>	至	9	10	11	12	8	9	10	11	12	13
	3	−60 −85	−60 −100	−60 −120	−60 −160	−20 −34	−20 −45	−20 −60	−20 −80	−20 −120	−20 −20
3	6	−70 −100	−70 −118	−70 −145	−70 −190	−30 −48	−30 −60	−30 −78	−30 −105	−30 −150	−30 −30
6	10	−80 −116	−80 −138	−80 −170	−80 −230	−40 −62	−40 −76	−40 −98	−40 −130	−40 −190	−40 −40
10	18	−95 −138	−95 −165	−95 −205	−95 −275	−50 −77	−50 −93	−50 −120	−50 −160	−50 −230	−50 −50
18	30	−110 −162	−110 −194	−110 −240	−110 −320	−65 −98	−65 −117	−65 −149	−65 −195	−65 −275	−65 −65
30	40	−120 −182	−120 −220	−120 −280	−120 −370	−80 −119	−80 −142	−80 −180	−80 −240	−80 −330	−80 −80
40	50	−130 −192	−130 −230	−130 −290	−130 −380						

续 表

基本尺寸/mm		c				d					
>	至	9	10	11	12	8	9	10	11	12	13
50	65	−140 −214	−140 −260	−140 −330	−140 −440	−100 −146	−100 −174	−100 −220	−100 −290	−100 −400	−100 −100
65	80	−150 −224	−150 −270	−150 −340	−150 −450						
80	100	−170 −257	−170 −310	−170 −390	−170 −520	−120 −174	−120 −207	−120 −260	−120 −340	−120 −470	−120 −120
100	120	−180 −267	−180 −320	−180 −400	−180 −530						
120	140	−200 −300	−200 −360	−200 −450	−200 −600	−145 −208	−145 −245	−145 −305	−145 −395	−145 −545	−145 −145
140	160	−210 −310	−210 −370	−210 −460	−210 −610						
160	180	−230 −330	−230 −390	−230 −480	−230 −630						
180	200	−240 −355	−240 −425	−240 −530	−240 −700	−170 −242	−170 −285	−170 −355	−170 −460	−170 −630	−170 −170
200	225	−260 −375	−260 −445	−260 −550	−260 −720						
225	250	−280 −395	−280 −465	−280 −570	−280 −740						
250	280	−300 −430	−300 −510	−300 −620	−300 −820	−190 −271	−190 −320	−190 −400	−190 −510	−190 −710	−190 −190
280	315	−330 −460	−330 −540	−330 −650	−330 −850						
315	355	−360 −500	−360 −590	−360 −720	−360 −930	−210 −299	−210 −350	−210 −440	−210 −570	−210 −780	−210 −210
355	400	−400 −540	−400 −630	−400 −760	−400 −970						
400	450	−440 −595	−440 −690	−440 −840	−440 −1 070	−230 −327	−230 −385	−230 −480	−230 −630	−230 −860	−230 −230
450	500	−480 −635	−480 −730	−480 −880	−480 −1 110						

基本尺寸/mm		e					f				
>	至	6	7	8	9	10	5	6	7	8	9
	3	−14 −20	−14 −24	−14 −28	−14 −39	−14 −54	−6 −10	−6 −12	−6 −16	−6 −20	−6 −31
3	6	−20 −28	−20 −32	−20 −38	−20 −50	−20 −68	−10 −15	−10 −18	−10 −22	−10 −28	−10 −40
6	10	−25 −34	−25 −40	−25 −47	−25 −61	−25 −83	−13 −19	−13 −22	−13 −28	−13 −35	−13 −49

续 表

基本尺寸/mm		e					f				
>	至	6	7	8	9	10	5	6	7	8	9
10	18	−32 −43	−32 −50	−32 −59	−32 −75	−32 −102	−16 −24	−16 −27	−16 −34	−16 −43	−16 −59
18	30	−40 −53	−40 −61	−40 −73	−40 −92	−40 −124	−20 −29	−20 −33	−20 −41	−20 −53	−20 −72
30	40	−50 −66	−50 −75	−50 −89	−50 −112	−50 −150	−25 −36	−25 −41	−25 −50	−25 −64	−25 −87
40	50										
50	65	−60 −79	−60 −90	−60 −106	−60 −134	−60 −180	−30 −43	−30 −49	−30 −60	−30 −76	−30 −104
65	80										
80	100	−72 −94	−72 −107	−72 −126	−72 −159	−72 −212	−36 −51	−36 −58	−36 −71	−36 −90	−36 −123
100	120										
120	140	−85 −110	−85 −125	−85 −148	−85 −185	−85 −245	−43 −61	−43 −68	−43 −83	−43 −106	−43 −143
140	160										
160	180										
180	200	−100 −129	−100 −146	−100 −172	−100 −215	−100 −285	−50 −70	−50 −79	−50 −96	−50 −122	−50 −165
200	225										
225	250										
250	280	−110 −142	−110 −162	−110 −191	−110 −240	−110 −320	−56 −79	−56 −88	−56 −108	−56 −137	−56 −186
280	315										
315	355	−125 −161	−125 −182	−125 −214	−125 −265	−125 −355	−62 −87	−62 −98	−62 −119	−62 −151	−62 −202
355	400										
400	450	−135 −175	−135 −198	−135 −232	−135 −290	−135 −385	−68 −95	−68 −108	−68 −131	−68 −165	−68 −223
450	500										

基本尺寸/mm		g					h				
>	至	4	5	6	7	8	1	2	3	4	5
	3	−2 −5	−2 −6	−2 −8	−2 −12	−2 −16	0 −0.8	0 −1.2	0 −2	0 −3	0 −4
3	6	−4 −8	−4 −9	−4 −12	−4 −16	−4 −22	0 −1	0 −1.5	0 −2.5	0 −4	0 −5
6	10	−5 −9	−5 −11	−5 −14	−5 −20	−5 −27	0 −1	0 −1.5	0 −2.5	0 −4	0 −6
10	18	−6 −11	−6 −14	−6 −17	−6 −24	−6 −33	0 −1.2	0 −2	0 −3	0 −5	0 −8
18	30	−7 −13	−7 −16	−7 −20	−7 −28	−7 −40	0 −1.5	0 −2.5	0 −4	0 −6	0 −9
30	40	−9 −16	−9 −20	−9 −25	−9 −34	−9 −48	0 −1.5	0 −2.5	0 −4	0 −7	0 −11
40	50										
50	65	−10 −18	−10 −23	−10 −29	−10 −40	−10 −56	0 −2	0 −3	0 −5	0 −8	0 −13
65	80										

续 表

基本尺寸/mm		g					h				
>	至	4	5	6	7	8	1	2	3	4	5
80	100	−12 −22	−12 −27	−12 −34	−12 −47	−12 −66	0 −2.5	0 −4	0 −6	0 −10	0 −15
100	120										
120	140	−14 −26	−14 −32	−14 −39	−14 −54	−14 −77	0 −3.5	0 −5	0 −8	0 −12	0 −18
140	160										
160	180										
180	200	−15 −29	−15 −35	−15 −44	−15 −61	−15 −87	0 −4.5	0 −7	0 −10	0 −14	0 −20
200	225										
225	250										
250	280	−17 −33	−17 −40	−17 −49	−17 −69	−17 −98	0 −6	0 −8	0 −12	0 −16	0 −23
280	315										
315	355	−18 −36	−18 −43	−18 −54	−18 −75	−18 −107	0 −7	0 −9	0 −13	0 −18	0 −25
355	400										
400	450	−20 −40	−20 −47	−20 −60	−20 −83	−20 −117	0 −8	0 −10	0 −15	0 −20	0 −27
450	500										

基本尺寸/mm		h								j	
>	至	6	7	8	9	10	11	12	13	5	6
	3	0 −6	0 −10	0 −14	0 −25	0 −40	0 −60	0 −100	0 −140	±2	+4 −2
3	6	0 −8	0 −12	0 −18	0 −30	0 −48	0 −75	0 −120	0 −180	+3 −2	+6 −2
6	10	0 −9	0 −15	0 −22	0 −36	0 −58	0 −90	0 −150	0 −220	+4 −2	+7 −2
10	18	0 −11	0 −18	0 −27	0 −43	0 −70	0 −110	0 −180	0 −270	+5 −3	+8 −3
18	30	0 −13	0 −21	0 −33	0 −52	0 −84	0 −130	0 −210	0 −330	+5 −4	+9 −4
30	40	0 −16	0 −25	0 −39	0 −62	0 −100	0 −160	0 −250	0 −390	+6 −5	+11 −5
40	50										
50	65	0 −19	0 −30	0 −46	0 −74	0 −120	0 −190	0 −300	0 −460	+6 −7	+12 −7
65	80										
80	100	0 −22	0 −35	0 −54	0 −87	0 −140	0 −220	0 −350	0 −540	+6 −9	+13 −9
100	120										
120	140	0 −25	0 −40	0 −63	0 −100	0 −160	0 −250	0 −400	0 −630	+7 −11	+14 −11
140	160										
160	180										
180	200	0 −29	0 −46	0 −72	0 −115	0 −185	0 −290	0 −460	0 −720	+7 −13	+16 −13
200	225										
225	250										

续 表

基本尺寸/mm		h								j	
>	至	6	7	8	9	10	11	12	13	5	6
250	280	0 −32	0 −52	0 −81	0 −130	0 −210	0 −320	0 −520	0 −810	+7 −16	±16
280	315										
315	355	0 −36	0 −57	0 −89	0 −140	0 −230	0 −360	0 −570	0 −890	+7 −18	±18
355	400										
400	450	0 −40	0 −63	0 −97	0 −155	0 −250	0 −400	0 −630	0 −970	+7 −20	±20
450	500										

基本尺寸/mm		j	js								
>	至	7	1	2	3	4	5	6	7	8	9
	3	+6 −4	±0.4	±0.6	±1	±1.5	±2	±3	±5	±7	±13
3	6	+8 −4	±0.5	±0.75	±1.25	±2	±2.5	±4	±6	±9	±15
6	10	+10 −5	±0.5	±0.75	±1.25	±2	±3	±4.5	±8	±11	±18
10	18	+12 −6	±0.6	±1	±1.5	±2.5	±4	±5.5	±9	±14	±22
18	30	+13 −8	±0.75	±1.25	±2	±3	±4.5	±6.5	±11	±17	±26
30	40	+15 −10	±0.75	±1.25	±2	±3.5	±5.5	±8	±13	±20	±31
40	50										
50	65	+18 −12	±1	±1.5	±2.5	±4	±6.5	±9.5	±15	±23	±37
65	80										
80	100	+20 −15	±1.25	±2	±3	±5	±7.5	±11	±18	±27	±44
100	120										
120	140	+22 −18	±1.75	±2.5	±4	±6	±9	±12.5	±20	±32	±50
140	160										
160	180										
180	200	+25 −21	±2.25	±3.5	±5	±7	±10	±14.5	±23	±36	±58
200	225										
225	250										
250	280	±26	±3	±4	±6	±8	±11.5	±16	±26	±41	±65
280	315										
315	355	+29 −28	±3.5	±4.5	±6.5	±9	±12.5	±18	±29	±45	±70
355	400										
400	450	+31 −32	±4	±5	±7.5	±10	±13.5	±20	±32	±49	±78
450	500										

续 表

基本尺寸/mm		js				k					m
>	至	10	11	12	13	4	5	6	7	8	4
	3	±20	±30	±50	±70	+3 0	+4 0	+6 0	+10 +0	+14 0	+5 +2
3	6	±24	±38	±60	±90	+5 +1	+6 +1	+9 +1	+13 +1	+18 0	+8 +4
6	10	±29	±45	±75	±110	+5 +1	+7 +1	+10 +1	+16 +1	+22 0	+10 +6
10	18	±35	±55	±90	±135	+6 +1	+9 +1	+12 +1	+19 +1	+27 0	+12 +7
18	30	±42	±65	±105	±165	+8 +2	+11 +2	+15 +2	+23 +2	+33 0	+14 +8
30	40	±50	±80	±125	±195	+9 +2	+13 +2	+18 +2	+27 +2	+39 0	+16 +9
40	50										
50	65	±60	±95	±150	±230	+10 +2	+15 +2	+21 +2	+32 +2	+46 0	+19 +11
65	80										
80	100	±70	±110	±175	±270	+13 +3	+18 +3	+25 +3	+38 +3	+54 0	+23 +13
100	120										
120	140	±80	±125	±200	±315	+15 +3	+21 +3	+28 +3	+43 +3	+63 0	+27 +15
140	160										
160	180										
180	200	±93	±145	±230	±360	+18 +4	+24 +4	+33 +4	+50 +4	+72 0	+31 +17
200	225										
225	250										
250	280	±105	±160	±260	±405	+20 +4	+27 +4	+36 +4	+56 +4	+81 0	+36 +20
280	315										
315	355	±115	±180	±285	±445	+22 +4	+29 +4	+40 +4	+61 +4	+89 0	+39 +21
355	400										
400	450	±125	±200	±315	±485	+25 +5	+32 +5	+45 +5	+68 +5	+97 0	+43 +23
450	500										

基本尺寸/mm		m			n				p		
>	至	5	6	7	4	5	6	7	4	5	6
	3	+6 +2	+8 +2	+12 +2	+7 +4	+8 +4	+10 +4	+14 +4	+9 +6	+10 +6	+12 +6
3	6	+9 +4	+12 +4	+16 +4	+12 +8	+13 +8	+16 +8	+20 +8	+16 +12	+17 +12	+20 +12
6	10	+12 +6	+15 +6	+21 +6	+14 +10	+16 +10	+19 +10	+25 +10	+19 +15	+21 +15	+24 +15
10	18	+15 +7	+18 +7	+25 +7	+17 +12	+20 +12	+23 +12	+30 +12	+23 +18	+26 +18	+29 +18

续 表

基本尺寸/mm		m			n				p		
>	至	5	6	7	4	5	6	7	4	5	6
18	30	+17 +8	+21 +8	+29 +8	+21 +15	+24 +15	+28 +15	+36 +15	+28 +22	+31 +22	+35 +22
30	40	+20 +9	+25 +9	+34 +9	+24 +17	+28 +17	+33 +17	+42 +17	+33 +26	+37 +26	+42 +26
40	50										
50	65	+24 +11	+30 +11	+41 +11	+28 +20	+33 +20	+39 +20	+50 +20	+40 +32	+45 +32	+51 +32
65	80										
80	100	+28 +13	+35 +13	+48 +13	+33 +23	+38 +23	+45 +23	+58 +23	+47 +37	+52 +37	+59 +37
100	120										
120	140	+33 +15	+40 +15	+55 +15	+39 +27	+45 +27	+52 +27	+67 +27	+55 +43	+61 +43	+68 +43
140	160										
160	180										
180	200	+37 +17	+46 +17	+63 +17	+45 +31	+51 +31	+60 +31	+77 +31	+64 +50	+70 +50	+79 +50
200	225										
225	250										
250	280	+43 +20	+52 +20	+72 +20	+50 +34	+57 +34	+66 +34	+86 +34	+72 +56	+79 +56	+88 +56
280	315										
315	355	+46 +21	+57 +21	+78 +21	+55 +37	+62 +37	+73 +37	+94 +37	+80 +62	+87 +62	+98 +62
355	400										
400	450	+50 +23	+63 +23	+86 +23	+60 +40	+67 +40	+80 +40	+103 +40	+88 +68	+95 +68	+108 +68
450	500										

基本尺寸/mm		p		r					s		
>	至	7	8	4	5	6	7	8	4	5	6
	3	+16 +6	+20 +6	+13 +10	+14 +10	+16 +10	+20 +10	+24 +10	+17 +14	+18 +14	+20 +14
3	6	+24 +12	+30 +12	+19 +15	+20 +15	+23 +15	+27 +15	+33 +15	+23 +19	+24 +19	+27 +19
6	10	+30 +15	+37 +15	+23 +19	+25 +19	+28 +19	+34 +19	+41 +19	+27 +23	+29 +23	+32 +23
10	18	+36 +18	+45 +18	+28 +23	+31 +23	+34 +23	+41 +23	+50 +23	+33 +28	+36 +28	+39 +28
18	30	+43 +22	+55 +22	+34 +28	+37 +28	+41 +28	+49 +28	+61 +28	+41 +35	+44 +35	+48 +35
30	40	+51 +26	+65 +26	+41 +34	+45 +34	+50 +34	+59 +34	+73 +34	+50 +43	+54 +43	+59 +43
40	50										
50	65	+62 +32	+78 +32	+49 +41	+54 +41	+60 +41	+71 +41	+87 +41	+61 +53	+66 +53	+72 +53
65	80			+51 +43	+56 +43	+62 +43	+73 +43	+89 +43	+67 +59	+72 +59	+78 +59

续 表

基本尺寸/mm		p		r					s		
>	至	7	8	4	5	6	7	8	4	5	6
80	100	+72 +37	+91 +37	+61 +51	+66 +51	+73 +51	+86 +51	+105 +51	+81 +71	+86 +71	+93 +71
100	120			+64 +54	+69 +54	+76 +54	+89 +54	+108 +54	+89 +79	+94 +79	+101 +79
120	140	+83 +43	+106 +43	+75 +63	+81 +63	+88 +63	+103 +63	+126 +63	+104 +92	+110 +92	+117 +92
140	160			+77 +65	+83 +65	+90 +65	+105 +65	+128 +65	+112 +100	+118 +100	+125 +100
160	180			+80 +68	+86 +68	+93 +68	+108 +68	+131 +68	+120 +108	+126 +108	+133 +108
180	200	+96 +50	+122 +50	+91 +77	+97 +77	+106 +77	+123 +77	+149 +77	+136 +122	+142 +122	+151 +122
200	225			+94 +80	+100 +80	+109 +80	+126 +80	+152 +80	+144 +130	+150 +130	+159 +130
225	250			+98 +84	+104 +84	+113 +84	+130 +84	+156 +84	+154 +140	+160 +140	+169 +140
250	280	+108 +56	+137 +56	+110 +94	+117 +94	+126 +94	+146 +94	+175 +94	+174 +158	+181 +158	+190 +158
280	315			+114 +98	+121 +98	+130 +98	+150 +98	+179 +98	+186 +170	+193 +170	+202 +170
315	355	+119 +62	+151 +62	+126 +108	+133 +108	+144 +108	+165 +108	+197 +108	+208 +190	+215 +190	+226 +190
355	400			+132 +114	+139 +114	+150 +114	+171 +114	+203 +114	+226 +208	+233 +208	+244 +208
400	450	+131 +68	+165 +68	+146 +126	+153 +126	+166 +126	+189 +126	+223 +126	+252 +232	+259 +232	+272 +232
450	500			+152 +132	+159 +132	+172 +132	+195 +132	+229 +132	+272 +252	+279 +252	+292 +252

基本尺寸/mm		s		t				u			
>	至	7	8	5	6	7	8	5	6	7	8
	3	+24 +14	+28 +14	—	—	—	—	+22 +18	+24 +18	+28 +18	+32 +18
3	6	+31 +19	+37 +19	—	—	—	—	+28 +23	+31 +23	+35 +23	+41 +23
6	10	+38 +23	+45 +23	—	—	—	—	+34 +28	+37 +28	+43 +28	+50 +28
10	18	+46 +28	+55 +28	—	—	—	—	+41 +33	+44 +33	+51 +33	+60 +33
18	24	+56 +35	+68 +35	—	—	—	—	+50 +41	+54 +41	+62 +41	+74 +41
24	30			+50 +41	+54 +41	+62 +41	+74 +41	+57 +48	+61 +48	+69 +48	+81 +48

续 表

基本尺寸/mm		s		t				u			
>	至	7	8	5	6	7	8	5	6	7	8
30	40	+68 +43	+82 +43	+59 +48	+64 +48	+73 +48	+87 +48	+71 +60	+76 +60	+85 +60	+99 +60
40	50			+65 +54	+70 +54	+79 +54	+93 +54	+81 +70	+86 +70	+95 +70	+109 +70
50	65	+83 +53	+99 +53	+79 +66	+85 +66	+96 +66	+112 +66	+100 +87	+106 +87	+117 +87	+133 +87
65	80	+89 +59	+105 +59	+88 +75	+94 +75	+105 +75	+121 +75	+115 +102	+121 +102	+132 +102	+148 +102
80	100	+106 +71	+125 +71	+106 +91	+113 +91	+126 +91	+145 +91	+139 +124	+146 +124	+159 +124	+178 +124
100	120	+114 +79	+133 +79	+119 +104	+126 +104	+139 +104	+158 +104	+159 +144	+166 +144	+179 +144	+198 +144
120	140	+132 +92	+155 +92	+140 +122	+147 +122	+162 +122	+185 +122	+188 +170	+195 +170	+210 +170	+233 +170
140	160	+140 +100	+163 +100	+152 +134	+159 +134	+174 +134	+197 +134	+208 +190	+215 +190	+230 +190	+253 +190
160	180	+148 +108	+171 +108	+164 +146	+171 +146	+186 +146	+209 +146	+228 +210	+235 +210	+250 +210	+273 +210
180	200	+168 +122	+194 +122	+186 +166	+195 +166	+212 +166	+238 +166	+256 +236	+265 +236	+282 +236	+308 +236
200	225	+176 +130	+202 +130	+200 +180	+209 +180	+226 +180	+252 +180	+278 +258	+287 +258	+304 +258	+330 +258
225	250	+186 +140	+212 +140	+216 +196	+225 +196	+242 +196	+268 +196	+304 +284	+313 +284	+330 +284	+356 +284
250	280	+210 +158	+239 +158	+241 +218	+250 +218	+270 +218	+299 +218	+338 +315	+347 +315	+367 +315	+396 +315
280	315	+222 +170	+251 +170	+263 +240	+272 +240	+292 +240	+321 +240	+373 +350	+382 +350	+402 +350	+431 +350
315	355	+247 +190	+279 +190	+293 +268	+304 +268	+325 +268	+357 +268	+415 +390	+426 +390	+447 +390	+479 +390
355	400	+265 +208	+297 +208	+319 +294	+330 +294	+351 +294	+383 +294	+460 +435	+471 +435	+492 +435	+524 +435
400	450	+295 +232	+329 +232	+357 +330	+370 +330	+393 +330	+427 +330	+517 +490	+530 +490	+553 +490	+587 +490
450	500	+315 +252	+349 +252	+387 +360	+400 +360	+423 +360	+457 +360	+567 +540	+580 +540	+603 +540	+637 +540

基本尺寸/mm		v				x				y	
>	至	5	6	7	8	5	6	7	8	6	7
	3	—	—	—	—	+24 +20	+26 +20	+30 +20	+34 +20	—	—

续 表

基本尺寸/mm		v				x				y	
>	至	5	6	7	8	5	6	7	8	6	7
3	6	—	—	—	—	+33 +28	+36 +28	+40 +28	+46 +28	—	—
6	10	—	—	—	—	+40 +34	+43 +34	+49 +34	+56 +34	—	—
10	14	—	—	—	—	+48 +40	+51 +40	+58 +40	+67 +40	—	—
14	18	+47 +39	+50 +39	+57 +39	+66 +39	+53 +45	+56 +45	+63 +45	+72 +45	—	—
18	24	+56 +47	+60 +47	+68 +47	+80 +47	+63 +54	+67 +54	+75 +54	+87 +54	+76 +63	+84 +63
24	30	+64 +55	+68 +55	+76 +55	+88 +55	+73 +64	+77 +64	+85 +64	+97 +64	+88 +75	+96 +75
30	40	+79 +68	+84 +68	+93 +68	+107 +68	+91 +80	+96 +80	+105 +80	+119 +80	+110 +94	+119 +94
40	50	+92 +81	+97 +81	+106 +81	+120 +81	+108 +97	+113 +97	+122 +97	+136 +97	+130 +114	+139 +114
50	65	+115 +102	+121 +102	+132 +102	+148 +102	+135 +122	+141 +122	+152 +122	+168 +122	+163 +144	+174 +144
65	80	+133 +120	+139 +120	+150 +120	+166 +120	+159 +146	+165 +146	+176 +146	+192 +146	+193 +174	+204 +174
80	100	+161 +146	+168 +146	+181 +146	+200 +146	+193 +178	+200 +178	+213 +178	+232 +178	+236 +214	+249 +214
100	120	+187 +172	+194 +172	+207 +172	+226 +172	+225 +210	+232 +210	+245 +210	+264 +210	+276 +254	+289 +254
120	140	+220 +202	+227 +202	+242 +202	+265 +202	+266 +248	+273 +248	+288 +248	+311 +248	+325 +300	+340 +300
140	160	+246 +228	+253 +228	+268 +228	+291 +228	+298 +280	+305 +280	+320 +280	+343 +280	+365 +340	+380 +340
160	180	+270 +252	+277 +252	+292 +252	+315 +252	+328 +310	+335 +310	+350 +310	+373 +310	+405 +380	+420 +380
180	200	+304 +284	+313 +284	+330 +284	+356 +284	+370 +350	+379 +350	+396 +350	+422 +350	+454 +425	+471 +425
200	225	+330 +310	+339 +310	+356 +310	+382 +310	+405 +385	+414 +385	+431 +385	+457 +385	+499 +470	+516 +470
225	250	+360 +340	+369 +340	+386 +340	+412 +340	+445 +425	+454 +425	+471 +425	+497 +425	+549 +520	+566 +520
250	280	+408 +385	+417 +385	+437 +385	+466 +385	+498 +475	+507 +475	+527 +475	+556 +475	+612 +580	+632 +580
280	315	+448 +425	+457 +425	+477 +425	+506 +425	+548 +525	+557 +525	+577 +525	+606 +525	+682 +650	+702 +650

续 表

基本尺寸/mm		v				x				y	
>	至	5	6	7	8	5	6	7	8	6	7
315	355	+500 +475	+511 +475	+532 +475	+564 +475	+615 +590	+626 +590	+647 +590	+679 +590	+766 +730	+787 +730
355	400	+555 +530	+566 +530	+587 +530	+619 +530	+685 +660	+696 +660	+717 +660	+749 +660	+856 +820	+877 +820
400	450	+622 +595	+635 +595	+658 +595	+692 +595	+767 +740	+780 +740	+803 +740	+837 +740	+960 +920	+983 +920
450	500	+687 +660	+700 +660	+723 +660	+757 +660	+847 +820	+860 +820	+883 +820	+917 +820	+1 040 +1 000	+1 063 +1 000

基本尺寸/mm		y	z					
>	至	8	6	7	8	9	10	11
	3	—	+32 +26	+36 +26	+40 +26	+51 +26	+66 +26	+86 +26
3	6	—	+43 +35	+47 +35	+53 +35	+65 +35	+83 +35	+110 +35
6	10	—	+51 +42	+57 +42	+64 +42	+78 +42	+100 +42	+132 +42
10	14	—	+61 +50	+68 +50	+77 +50	+93 +50	+120 +50	+160 +50
14	18	—	+71 +60	+78 +60	+87 +60	+103 +60	+130 +60	+170 +60
18	24	+96 +63	+86 +73	+94 +73	+106 +73	+125 +73	+157 +73	+203 +73
24	30	+108 +75	+101 +88	+109 +88	+121 +88	+140 +88	+172 +88	+218 +88
30	40	+133 +94	+128 +112	+137 +112	+151 +112	+174 +112	+212 +112	+272 +112
40	50	+153 +114	+152 +136	+161 +136	+175 +136	+198 +136	+236 +136	+296 +136
50	65	+190 +144	+191 +172	+202 +172	+218 +172	+246 +172	+292 +172	+362 +172
65	80	+220 +174	+229 +210	+240 +210	+256 +210	+284 +210	+330 +210	+400 +210
80	100	+268 +214	+280 +258	+293 +258	+312 +258	+345 +258	+398 +258	+478 +258
100	120	+308 +254	+332 +310	+345 +310	+364 +310	+397 +310	+450 +310	+530 +310
120	140	+363 +300	+390 +365	+405 +365	+428 +365	+465 +365	+525 +365	+615 +365
140	160	+403 +340	+440 +415	+455 +415	+478 +415	+515 +415	+575 +415	+665 +415

续 表

基本尺寸/mm		y	z					
>	至	8	6	7	8	9	10	11
160	180	+443 +380	+490 +465	+505 +465	+528 +465	+565 +465	+625 +465	+715 +465
180	200	+497 +425	+549 +520	+566 +520	+592 +520	+635 +520	+705 +520	+810 +520
200	225	+542 +470	+604 +575	+621 +575	+647 +575	+690 +575	+760 +575	+865 +575
225	250	+592 +520	+669 +640	+686 +640	+712 +640	+755 +640	+825 +640	+930 +640
250	280	+661 +580	+742 +710	+762 +710	+791 +710	+840 +710	+920 +710	+1 030 +710
280	315	+731 +650	+822 +790	+842 +790	+871 +790	+920 +790	+1 000 +790	+1 110 +790
315	355	+819 +730	+936 +900	+957 +900	+989 +900	+1 040 +900	+1 130 +900	+1 260 +900
355	400	+909 +820	+1 036 +1 000	+1 057 +1 000	+1 089 +1 000	+1 140 +1 000	+1 230 +1 000	+1 360 +1 000
400	450	+1 017 +920	+1 140 +1 100	+1 163 +1 100	+1 197 +1 100	+1 255 +1 100	+1 350 +1 100	+1 500 +1 100
450	500	+1 097 +1 000	+1 290 +1 250	+1 313 +1 250	+1 347 +1 250	+1 405 +1 250	+1 500 +1 250	+1 650 +1 250

表 12-28　　　　　　　　　　孔的极限偏差（GB/T 1800.2—2009）　　　　　　　　　　单位：μm

公差带	等级	公称尺寸/mm							
		>10~18	>18~30	>30~50	>50~80	>80~120	>120~180	>180~250	>250~315
D	8	+77 +50	+98 +65	+119 +80	+146 +100	+174 +120	+208 +145	+242 +170	+271 +190
	9	+93 +50	+117 +65	+142 +80	+174 +100	+207 +120	+245 +145	+285 +170	+320 +190
	10	+120 +50	+149 +65	+180 +80	+220 +100	+260 +120	+305 +145	+355 +170	+400 +190
	11	+160 +50	+195 +65	+240 +80	+290 +100	+340 +120	+395 +145	+460 +170	+510 +190
E	6	+43 +32	+53 +40	+66 +50	+79 +60	+94 +72	+110 +85	+129 +100	+142 +110
	7	+50 +32	+61 +40	+75 +50	+90 +60	+107 +72	+125 +85	+146 +100	+162 +110
	8	+59 +32	+73 +40	+89 +50	+106 +60	+125 +72	+148 +85	+172 +100	+191 +110
	9	+75 +32	+92 +40	+112 +50	+134 +60	+159 +72	+185 +85	+215 +100	+240 +110
	10	+102 +32	+124 +40	+150 +50	+180 +60	+212 +72	+245 +85	+285 +100	+320 +110

续 表

公差带	等级	公称尺寸/mm							
		>10~18	>18~30	>30~50	>50~80	>80~120	>120~180	>180~250	>250~315
F	6	+27 +16	+33 +20	+41 +25	+49 +30	+58 +36	+68 +43	+79 +50	+88 +56
	7	+34 +16	+41 +20	+50 +25	+60 +30	+71 +36	+83 +43	+96 +50	+108 +56
	8	+43 +16	+53 +20	+64 +25	+76 +30	+90 +36	+106 +43	+122 +50	+137 +56
	9	+59 +16	+72 +20	+87 +25	+104 +30	+123 +36	+143 +43	+165 +50	+186 +56
H	6	+11 0	+13 0	+16 0	+19 0	+22 0	+25 0	+29 0	+32 0
	7	+18 0	+21 0	+25 0	+30 0	+35 0	+40 0	+46 0	+52 0
	8	+27 0	+33 0	+39 0	+46 0	+54 0	+63 0	+72 0	+81 0
	9	+43 0	+52 0	+62 0	+74 0	+87 0	+100 0	+115 0	+130 0
	10	+70 0	+84 0	+100 0	+120 0	+140 0	+160 0	+185 0	+210 0
	11	+110 0	+130 0	+160 0	+190 0	+220 0	+250 0	+290 0	+320 0

表 12-29　　常用优先配合特性及应用举例

基孔制	基轴制	优先配合特性及应用举例
$\frac{H11}{c11}$	$\frac{C11}{h11}$	间隙非常大,用于很松的、转动很慢的间隙配合;要求大公差与大间隙的外露组件;要求装配方便的、很松的配合
$\frac{H9}{d9}$	$\frac{D9}{h9}$	间隙很大的自由转动配合,用于精度非主要要求时,或有大的温度变动、高转速或大的轴颈压力时
$\frac{H8}{f7}$	$\frac{F8}{h7}$	间隙不大的转动配合,用于中等转速与中等轴颈压力的精确转动;也用于装配较易的中等定位配合
$\frac{H7}{g6}$	$\frac{G7}{h6}$	间隙很小的滑动配合,用于不希望自由转动、但可自由移动和滑动并精密定位时,也可用于要求明确的定位配合
$\frac{H7}{h6}$ $\frac{H8}{h7}$	$\frac{H7}{h6}$ $\frac{H8}{h7}$	均为间隙定位配合,零件可自由装拆,而工作时一般相对静止不动.在最大实体条件下的间隙为零,在最小实体条件下的间隙由公差等级决定
$\frac{H9}{h9}$ $\frac{H11}{h11}$	$\frac{H9}{h9}$ $\frac{H11}{h11}$	
$\frac{H7}{k6}$	$\frac{K7}{h6}$	过渡配合,用于精密定位
$\frac{H7}{n6}$	$\frac{N7}{h6}$	过渡配合,允许有较大过盈的更精密定位
$\frac{H7}{p6}$	$\frac{P7}{h6}$	过盈定位配合,即小过盈配合,用于定位精度特别重要时,能以最好的定位精度达到部件的刚性及对中性要求,而对内孔承受压力无特殊要求,不依靠配合的紧固性传递摩擦负荷

续 表

基孔制	基轴制	优先配合特性及应用举例
$\frac{H7}{s6}$	$\frac{S7}{h6}$	中等压入配合，适用于一般钢件，或用于薄壁件的冷缩配合，用于铸铁件可得到最紧的配合
$\frac{H7}{u6}$	$\frac{U7}{h6}$	压入配合，适用于可以承受大压入力的零件或不宜承受大压入力的冷缩配合

12.3.2 形位公差(GB/T 1184—1996)

表 12-30 平行度、垂直度、倾斜度公差值 单位：μm

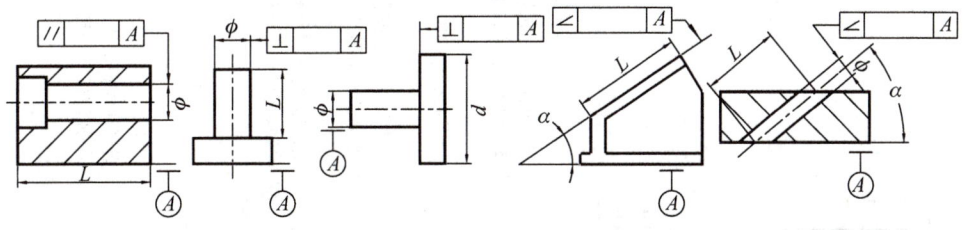

公差等级	主参数 L，d/mm ≤10	>10~16	>16~25	>25~40	>40~63	>63~100	>100~160	>160~250	>250~400	>400~630	>630~1 000	应用举例(参考) 平行度	垂直度和倾斜度
	公差值/μm												
5	5	6	8	10	12	15	20	25	30	40	50	用于重要的轴承孔对基准面的要求，一般减速箱箱体孔的中心线等	用于装P4和P5级轴承的箱体的凸肩、发动机轴和离合器的凸缘
6	8	10	12	15	20	25	30	40	50	60	80	用于重型机械轴承盖的端面、手动传动装置中的传动轴等	用于一般导轨、主轴箱体孔、机床轴肩、气缸配合面对其轴线，以及装P6和P0级轴承壳体孔的轴线孔
7	12	15	20	25	30	40	50	60	80	100	120		
8	20	25	30	40	50	60	80	100	120	150	200		
9	30	40	50	60	80	100	120	150	200	250	300	低精度零件、重型机械滚动轴承端面、柴油机和煤气发动机的曲轴箱、轴颈等	花键轴轴肩端面、带式运输机法兰盘端面，传动装置中轴承端面、减速器壳体平面等
10	50	60	80	100	120	150	200	250	300	400	500		
11	80	100	120	150	200	250	300	400	500	600	800	零件的非工作面、卷扬机、运输机上用的减速器壳体平面	农业机械齿轮端面等
12	120	150	200	250	300	400	500	600	800	1 000	1 200		

表 12-31　圆度、圆柱度公差值

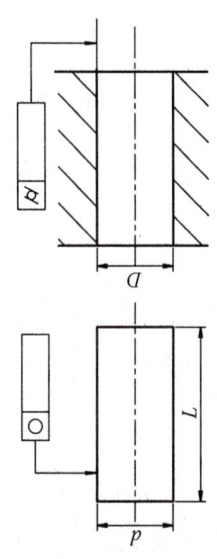

公差等级	主参数 d(D)/mm ≤3	>3~6	>6~10	>10~18	>18~30	>30~50	>50~80	>80~120	>120~180	>180~250	>250~315	>315~400	>400~500	应用举例(参考)
	公差值/μm													
5	1.2	1.5	1.5	2	2.5	2.5	3	4	5	7	8	9	10	一般量仪主轴、机床主轴、较精密机床主轴箱孔、轴承箱座孔、较低精度滚动轴承配合的轴
6	2	2.5	2.5	3	4	4	5	6	8	10	12	13	15	通用减速器轴颈、高速船用发动机曲轴、拖拉机曲轴主轴颈
7	3	4	4	5	6	7	8	10	12	14	16	18	20	高速柴油机箱体孔、液压传动系统的分配机构、机车传动轴、水泵及一般减速器轴颈
8	4	5	6	8	9	11	13	15	18	20	23	25	27	减速器、拖拉机气缸体、活塞、内燃机主轴、柴油机机体孔、凸轮轴、拖拉机及小型船用柴油机气缸套
9	6	8	9	11	13	16	19	22	25	29	32	36	40	空气压缩机缸体、液压传动筒、通用机械杠杆、拉杆与套筒销子、拖拉机活塞环、套筒孔、绞车、起重机滑动轴承轴颈等
10	10	12	15	18	21	25	30	35	40	46	52	57	63	
11	14	18	22	27	33	39	46	54	63	72	81	89	97	
12	25	30	36	43	52	62	74	87	100	115	130	140	155	

表 12-32　直线度、平面度公差值

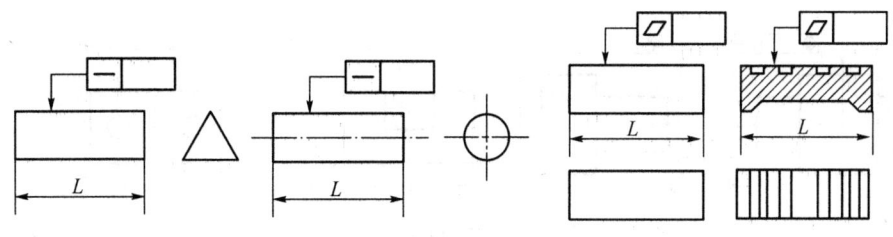

公差等级	主参数 L/mm												应用举例(参考)
	≤10	>10~16	>16~25	>25~40	>40~63	>63~100	>100~160	>160~250	>250~400	>400~630	>630~1 000	>1 000~1 600	
	公差值/μm												
5	2	2.5	3	4	5	6	8	10	12	15	20	25	1级平板,平面磨床导轨和工作台,龙门刨床、各种车床、镗床、铣床和床身导轨及工作台,机床主轴箱导轨.柴油机进排气门导杆等
6	3	4	5	6	8	10	12	15	20	25	30	40	
7	5	6	8	10	12	15	20	25	30	40	50	60	2级平板,机床床头箱和滚齿机床身导轨,镗床工作台、摇臂钻底座工作台,车床溜板箱、机床主轴箱、传动箱、汽缸盖结合面、减速机箱体结合面等
8	8	10	12	15	20	25	30	40	50	60	80	100	
9	12	15	20	25	30	40	50	60	80	100	120	150	3级平板,机床床身底面与溜板箱,立钻工作台,柴油机汽缸体,连杆的分离面,液压管件及法兰分界面,汽车变速箱壳体,发动机缸盖
10	20	25	30	40	50	60	80	100	120	150	200	250	
11	30	40	50	60	80	100	120	150	200	250	300	400	用于易变形的薄片、薄壳零件,如离合器的摩擦片、手动机械支架、机床法兰等
12	60	80	100	120	150	200	250	300	400	500	600	800	

表 12-33　　同轴度、对称度、圆跳动和全跳动公差值

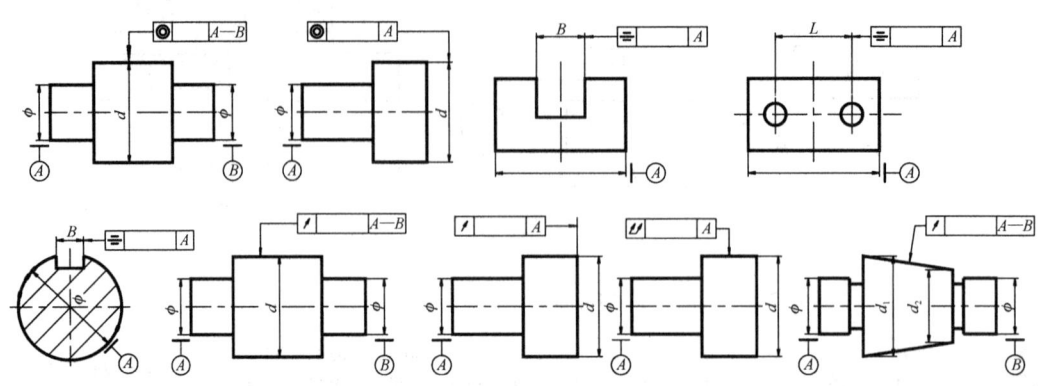

公差 等级	主参数 $d(D)$, B, L/mm											应用举例（参考）
	≤1	>1 ~3	>3 ~6	>6 ~10	>10 ~18	>18 ~30	>30 ~50	>50 ~120	>120 ~250	>250 ~500	>500 ~800	>800 ~1 250	>1 250 ~2 000
	公差值/μm											
5	2.5	2.5	3	4	5	6	8	10	12	15	20	25	30	用于精度要求较高、一般按尺寸公差等级 IT7 或 IT8 制造的零件，如 5 级常用于机床主轴颈，测量仪器的测量杆，汽轮机主轴，高精度滚动轴承外圈，一般精度轴承内圈. 6.7 级用于内燃机曲轴、凸轮轴轴颈，水泵轴、齿轮轴、电机转子等
6	4	4	5	6	8	10	12	15	20	25	30	40	50	
7	6	6	8	10	12	15	20	25	30	40	50	60	80	
8	10	10	12	15	20	25	30	40	50	60	80	100	120	用于一般精度要求，通常按尺寸公差等级 IT9~IT11 制造的零件，例如 8 级用于拖拉机发动机分配轴轴颈，9 级精度以下齿轮与轴的配合、水泵、叶轮、离心泵泵体. 9 级用于内燃机气缸套配合面、自行车中轴. 10 级用于摩托车活塞、内燃机活塞环槽底径对活塞中心，气缸套外圆对内孔工作面等
9	15	20	25	30	40	50	60	80	100	120	150	200	250	
10	25	40	50	60	80	100	120	150	200	250	300	400	500	
11	40	60	80	100	120	150	200	250	300	400	500	600	800	用于无特殊要求，一般按尺寸公差等级 IT12 制造的零件
12	60	120	150	200	250	300	400	500	600	800	1 000	1 200	1 500	

12.3.3 表面粗糙度

表 12-34　　评定表面粗糙度的参数 R_a 的数值(GB/T 1031—2009)

基本系列	补充系列	基本系列	补充系列	基本系列	补充系列	基本系列	补充系列
	0.008						
	0.010						
0.012			0.012 5		1.25	12.5	
	0.016		0.160	1.60			16.0
	0.020	0.20			2.0		20.0
0.025			0.25		2.5	25	
	0.032		0.32	3.2			32
	0.040	0.4			4.0		40
0.050			0.50		5.0	50	
	0.063		0.63	6.3			63
	0.080	0.80			8.0		80
0.100			1.00	10.0		100	

12.4　螺纹及螺纹紧固件

12.4.1　螺纹

表 12-35　　普通螺纹的基本尺寸(GB/T 196—2003)　　　　　单位：mm

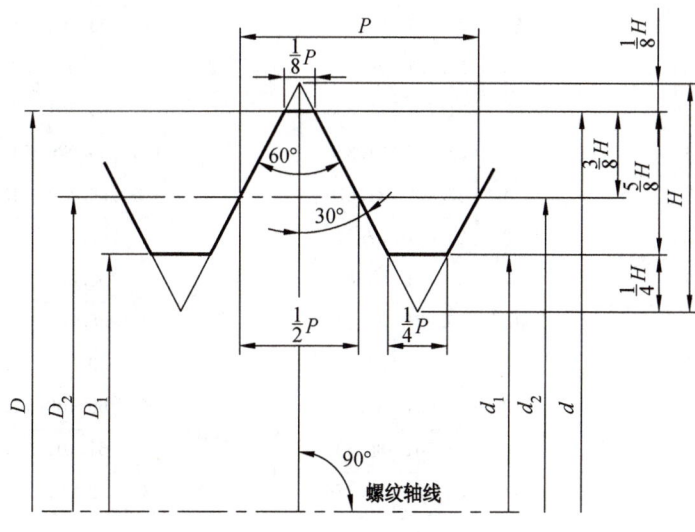

$H = \dfrac{\sqrt{3}}{2}P = 0.866\,025\,404P$

$d_2 = d - 0.649\,5P$

$d_1 = d - 1.082\,5P$

D—内螺纹的基本大径(公称直径)

d—外螺纹的基本大径(公称直径)

D_2—内螺纹的基本中径

d_2—外螺纹的基本中径

D_1—内螺纹的基本小径

d_1—外螺纹的基本小径

H—原始三角形高度

P—螺距

续 表

公称直径 D、d		螺距 P	中径 D_2 或 d_2	小径 D_1 或 d_1	公称直径 D、d		螺距 P	中径 D_2 或 d_2	小径 D_1 或 d_1	公称直径 D、d		螺距 P	中径 D_2 或 d_2	小径 D_1 或 d_1
第一系列	第二系列				第一系列	第二系列				第一系列	第二系列			
3		0.5	2.675	2.459	20		2.5	18.376	17.294	42		4.5	39.077	37.129
		0.35	2.773	2.621			2	18.701	17.835			4	39.402	37.670
	3.5	0.6	3.110	2.850			1.5	19.026	18.376			3	40.051	38.752
		0.35	3.273	3.121			1	19.350	18.917			2	40.701	39.835
4		0.7	3.545	3.242		22	2.5	20.376	19.294			1.5	41.026	40.376
		0.5	3.675	3.459			2	20.701	19.835		45	4.5	42.077	40.129
	4.5	0.75	4.013	3.688			1.5	21.026	20.376			4	42.402	40.670
		0.5	4.175	3.959			1	21.350	20.917			3	43.051	41.752
5		0.8	4.480	4.134	24		3	22.051	20.752			2	43.701	42.835
		0.5	4.675	4.459			2	22.701	21.835			1.5	44.026	43.376
6		1	5.350	4.917			1.5	23.026	22.376	48		5	44.752	42.587
		0.75	5.513	5.188			1	23.350	22.917			4	45.402	43.670
8		1.25	7.188	6.647		27	3	25.051	23.752			3	46.051	44.752
		1	7.350	6.917			2	25.701	24.835			2	46.701	45.835
		0.75	7.513	7.188			1.5	26.026	25.376			1.5	47.026	46.376
10		1.5	9.026	8.376			1	26.350	25.917		52	5	48.752	46.587
		1.25	9.188	8.647	30		3.5	27.727	26.211			4	49.402	47.670
		1	9.350	8.917			3	28.051	26.752			3	50.051	48.752
		0.75	9.513	9.188			2	28.701	27.835			2	50.701	49.835
12		1.75	10.863	10.106			1.5	29.026	28.376			1.5	51.026	50.376
		1.5	11.026	10.376			1	29.350	28.917	56		5.5	52.428	50.046
		1.25	11.188	10.647		33	3.5	30.727	29.211			4	53.402	51.670
		1	11.350	10.917			3	31.051	29.752			3	54.051	52.752
	14	2	12.701	11.835			2	31.701	30.835			2	54.701	53.835
		1.5	13.026	12.376			1.5	32.026	31.376			1.5	55.026	54.376
		1.25	13.188	12.647	36		4	33.402	31.670		60	5.5	56.428	54.046
		1	13.350	12.917			3	34.051	32.752			4	57.402	55.670
16		2	14.701	13.835			2	34.701	33.835			3	58.051	56.752
		1.5	15.026	14.376			1.5	35.026	34.376			2	58.701	57.835
		1	15.350	14.917		39	4	36.402	34.670			1.5	59.026	58.376
18		2.5	16.376	15.294			3	37.051	35.752	64		6	60.103	57.505
		2	16.701	15.835			2	37.701	36.835			4	61.402	59.670
		1.5	17.026	16.376			1.5	38.026	37.376			3	62.051	60.752
		1	17.350	16.917										

表 12-36　梯形螺纹牙型及尺寸(GB/T 5796.1—2005)　单位:mm

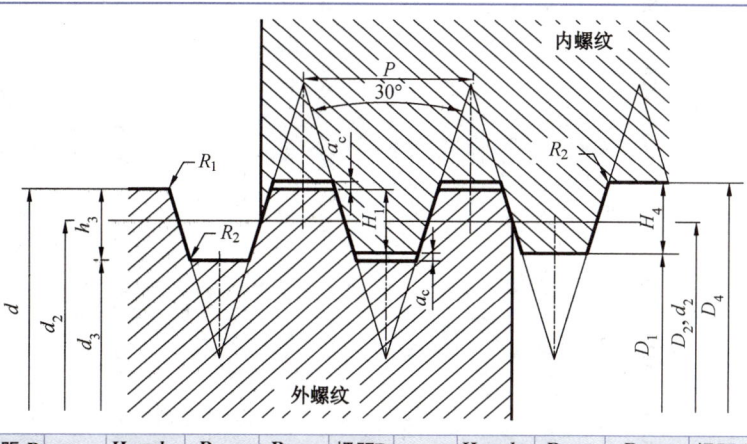

标记示例:

$T_r40\times7-7H$: 梯形内螺纹，公称直径 $d=40$ mm，螺距 $P=7$ mm，精度等级为 7H

$T_r40\times14(P7)LH-7e$: 多线左旋梯形外螺纹，公称直径 $d=40$ mm，导程为 14 mm，螺距 $P=7$ mm，精度等级为 7e

$T_r40\times7-\frac{7H}{7e}$: 梯形螺旋副，公称直径 $d=40$ mm，螺距 $P=7$ mm，内螺纹精度等级 7H，外螺纹精度等级为 7e

螺距 P	a_c	$H_4=h_3$	R_{1max}	R_{2max}	螺距 P	a_c	$H_4=h_3$	R_{1max}	R_{2max}	螺距 P	a_c	$H_4=h_3$	R_{1max}	R_{2max}
1.5	0.15	0.9	0.075	0.15	9	0.5	5	0.25	0.5	24	1	13	0.5	1
2	0.25	1.25	0.125	0.25	10		5.5	0.25	0.5	28	1	15	0.5	1
3		1.75	0.125	0.25	12		6.5	0.25	0.5	32	1	17	0.5	1
4		2.25	0.125	0.25	14	1	8	0.5	1	36	1	19	0.5	1
5		2.75	0.125	0.25	16		9	0.5	1	40	1	21	0.5	1
6	0.5	3.5	0.25	0.5	18		10	0.5	1	44	1	23	0.5	1
7		4	0.25	0.5	20		11	0.5	1					
8		4.5	0.25	0.5	22		12	0.5	1					

表 12-37　梯形螺纹直径与螺距系列(GB/T 5796.2—2005)　单位:mm

公称直径		螺距 P	公称直径		螺距 P	公称直径		螺距 P	公称直径		螺距 P
第一系列	第二系列		第一系列	第二系列		第一系列	第二系列		第一系列	第二系列	
8		1.5	28	26	8, 5, 3	52	50	12, 8, 3		110	20, 12, 4
10	9	2, 1.5		30	10, 6, 3		55	14, 9, 3	120	130	22, 14, 6
	11	3, 2	32		10, 6, 3	60		14, 9, 3	140		24, 14, 6
12		3, 2	36	34		70	65	16, 10, 4		150	24, 16, 6
	14	3, 2		38	10, 7, 3	80	75	16, 10, 4	160		28, 16, 6
16	18	4, 2	40	42			85	18, 12, 4		170	28, 16, 6
20		4, 2	44		12, 7, 3	90	95	18, 12, 4	180		28, 18, 8
24	22	8, 5, 3	48	46	12, 8, 3	100		20, 12, 4		190	32, 18, 8

注:优先选用第一系列的直径，黑体字为对应直径优先选用的螺距.

表 12-38　梯形螺纹基本尺寸(GB/T 5796.3—2005)　单位:mm

螺距 P	内、外螺纹中径 d_2, D_2	内螺纹大径 D_4	外螺纹小径 d_3	内螺纹小径 D_1	螺距 P	内、外螺纹中径 d_2, D_2	内螺纹大径 D_4	外螺纹小径 d_3	内螺纹小径 D_1
1.5	$d-0.75$	$d+0.3$	$d-1.8$	$d-1.5$	8	$d-4$	$d+1$	$d-9$	$d-8$
2	$d-1$	$d+0.5$	$d-2.5$	$d-2$	9	$d-4.5$	$d+1$	$d-10$	$d-9$
3	$d-1.5$	$d+0.5$	$d-3.5$	$d-3$	10	$d-5$	$d+1$	$d-11$	$d-10$
4	$d-2$	$d+0.5$	$d-4.5$	$d-4$	12	$d-6$	$d+1$	$d-13$	$d-12$
5	$d-2.5$	$d+0.5$	$d-5.5$	$d-5$	14	$d-7$	$d+2$	$d-16$	$d-14$
6	$d-3$	$d+1$	$d-7$	$d-6$	16	$d-8$	$d+2$	$d-18$	$d-16$
7	$d-3.5$	$d+1$	$d-8$	$d-7$	18	$d-9$	$d+2$	$d-20$	$d-18$

注:d 为公称直径.

12.4.2 螺纹紧固件

表 12-39 六角头螺栓(GB/T 5782—2000) 单位:mm

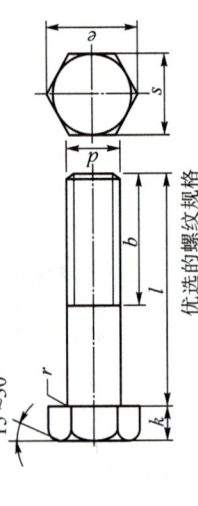

优选的螺纹规格

螺纹规格 d		M1.6	M2	M2.5	M3	M4	M5	M6	M8	M10	M12	M16	M20	M24	M30	M36	M42	M48	M56	M64
螺距 P		0.35	0.4	0.45	0.5	0.7	0.8	1	1.25	1.5	1.75	2	2.5	3	3.5	4	4.5	5	5.5	6
b(参考)(l≤125)		9	10	11	12	14	16	18	22	26	30	38	46	54	66					
b(参考)(125<l≤200)		15	16	17	18	20	22	24	28	32	36	44	52	60	72	84	96	108		
b(参考(l>200)		28	29	30	31	33	35	37	41	45	49	57	65	73	85	97	109	121	137	153
s(max)		3.2	4	5	5.5	7	8	10	13	16	18	24	30	36	46	55	65	75	85	95
s(min)	A级	3.02	3.82	4.82	5.32	6.78	7.78	9.78	12.73	15.73	17.13	23.67	29.67	35.38						
	B级	2.9	3.7	4.7	5.2	6.64	7.64	9.64	12.57	15.57	17.57	23.16	29.16	35	45	53.8	63.1	73.1	82.8	92.8
k(公称)		1.1	1.4	1.7	2	2.8	3.5	4	5.3	6.4	7.5	10	12.5	15	18.7	22.5	26	30	35	40
k(max)	A级	1.225	1.525	1.825	2.125	2.925	3.65	4.15	5.45	6.58	7.68	10.18	12.715	15.215						
	B级	1.3	1.6	1.9	2.2	3	3.26	4.24	5.54	6.69	7.79	10.29	12.85	15.35	19.12	22.92	26.42	30.42	35.5	40.5
k(min)	A级	0.975	1.275	1.575	1.875	2.675	3.35	3.85	5.15	6.22	7.32	9.82	12.285	14.785						
	B级	0.9	1.2	1.5	1.8	2.6	2.35	3.76	5.06	6.11	7.21	9.71	12.15	14.65	18.28	22.08	25.58	29.58	34.5	39.5
r(min)		0.1	0.1	0.1	0.1	0.2	0.2	0.25	0.4	0.4	0.6	0.6	0.8	0.8	1	1	1.2	1.6	2	2
e(min)	A级	3.41	4.32	5.45	6.01	7.66	8.79	11.05	14.38	17.77	20.03	26.75	33.53	39.98						
	B级	3.28	4.18	5.31	5.88	7.5	8.63	10.89	14.2	17.59	19.85	26.17	32.95	39.55	50.85	60.79	71.3	82.6	93.56	104.86

续 表

螺纹规格 d	M1.6	M2	M2.5	M3	M4	M5	M6	M8	M10	M12	M16	M20	M24	M30	M36	M42	M48	M56	M64
l(min)	12	16	16	20	25	25	30	40	45	50	65	80	100	120	140	180	200	240	260
l(max)	16	20	25	30	40	50	60	80	100	120	160	200	240	300	360	420	480	500	500
l 系列	12，16，20，25，30，35，40，45，50，55，60，65，70，80，90，100，110，120，130，140，150，160，180，200，240，260，280，300，320，340，360，380，400，420，440，460，480，500																		

非优选的螺纹规格

螺纹规格 d		M3.5	M14	M18	M22	M27	M33	M39	M45	M52	M60
螺距 P		0.6	2	2.5	2.5	3	3.5	4	4.5	5	5.5
b(参考)($l\leqslant125$)		13	34	42	50	60					
b(参考)($125<l\leqslant200$)		19	40	48	56	66	78	90	102	116	
b(参考)($l>200$)		32	53	61	69	79	91	103	115	129	145
s(max)		6	21	27	34	41	50	60	70	80	90
s(min)	A 级	5.82	20.67	26.67	33.38						
	B 级	5.7	20.16	26.16	33	40	49	58.8	68.1	78.1	87.8
k(公称)		2.4	8.8	11.5	14	17	21	25	28	33	38
k(max)	A 级	2.525	8.98	11.715	14.215						
	B 级	2.6	9.09	11.85	14.35	17.35	21.42	25.42	28.42	33.5	38.5
k(min)	A 级	2.275	8.62	11.285	13.785						
	B 级	2.2	8.51	11.15	13.65	16.65	20.85	24.58	27.58	32.5	37.5
r(min)		0.1	0.6	0.6	0.8	1	1	1	1.2	1.6	2
e(min)	A 级	6.58	23.36	30.14	37.72						
	B 级	6.44	22.78	29.56	37.29	45.2	55.37	66.44	76.95	88.25	99.21
l(min)		20	60	80	90	110	130	150	180	200	240
l(max)		35	140	180	220	260	320	400	440	500	500
l 系列		20，25，30，35，40，45，50，55，60，65，70，80，90，100，110，120，130，140，150，160，180，200，240，260，280，300，320，340，360，380，400，420，440，460，480，500									

单位：mm

表 12—40　六角头铰制孔用螺栓 A 和 B 级(GB/T 27—1988)

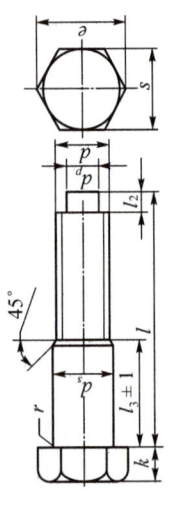

螺纹规格 d	M6	M8	M10	M12	(M14)	M16	(M18)	M20	(M22)	M24	(M27)	M30	M36	M42	M48
d_s(h9)(max)	7	9	11	13	15	17	19	21	23	25	28	32	38	44	50
d_s(h9)(min)	6.964	8.964	10.957	12.957	14.957	16.957	18.948	20.948	22.948	24.948	27.948	31.938	37.938	43.938	49.938
s(max)	10	13	16	18	21	24	27	30	34	36	41	46	55	65	75
s(min)A	8.78	12.73	15.73	17.73	20.67	23.67	26.67	29.67	33.38	35.38	—	—	—	—	—
s(min)B	9.64	12.57	15.57	17.57	20.16	23.16	26.16	29.16	33	35	40	45	53.8	63.8	73.1
k(公称)	4	5	6	7	8	9	10	11	12	13	15	17	20	23	26
k(min)A	3.85	4.85	5.85	6.82	7.82	8.82	9.82	10.78	11.78	12.78	—	—	—	—	—
k(max)A	4.15	5.15	6.15	7.18	8.18	9.18	10.18	11.22	12.22	13.22	—	—	—	—	—
k(min)B	3.76	4.76	5.76	6.71	7.71	8.71	9.71	10.65	11.65	12.65	14.65	16.65	19.58	22.58	25.58
k(max)B	4.24	5.24	6.24	7.29	8.29	9.29	10.29	11.35	12.35	13.35	15.35	17.35	20.42	23.42	26.42
r(min)	0.25	0.4	0.4	0.6	0.6	0.6	0.6	0.8	0.8	0.8	1	1	1	1.2	1.6
d_p	4	5.5	7	8.5	10	12	13	15	17	18	21	23	28	33	38
l_2	1.5	1.5	2	2	3	3	3	4	4	4	5	5	6	7	8
e(min)A	11.05	14.38	17.77	20.03	23.35	26.75	30.14	33.53	37.72	39.98	—	—	—	—	—

续 表

螺纹规格 d	M6	M8	M10	M12	(M14)	M16	(M18)	M20	(M22)	M24	(M27)	M30	M36	M42	M48
e(min)B	10.89	14.20	17.59	19.85	22.78	26.17	29.56	32.95	37.29	39.55	45.20	50.85	60.79	72.02	82.60
l									l_3						
25	13	10													
(28)	16	13													
30	18	15	12												
(32)	20	17	14												
35	23	20	17	13											
(38)	26	23	20	16											
40	28	25	22	18	15										
45	33	30	27	23	20	17									
50	38	35	32	28	25	22	20								
(55)	43	40	37	33	30	27	25	23							
60	48	45	42	38	35	32	30	28	25						
(65)	53	50	47	43	40	37	35	33	30	27					
70		55	52	48	45	42	40	38	35	32					
(75)		60	57	53	50	47	45	43	40	37	33				
80		65	62	58	55	52	50	48	45	42	38	30			
(85)			67	63	60	57	55	53	50	47	43	35			
90			72	68	65	62	60	58	55	52	48	40	35		

续 表

螺纹规格 *d*	M6	M8	M10	M12	(M14)	M16	(M18)	M20	(M22)	M24	(M27)	M30	M36	M42	M48
(95)			77	73	70	67	65	63	60	57	53	45	40		
100			82	78	75	72	70	68	65	62	58	50	45		
110			92	88	85	82	80	78	75	72	68	60	55	45	
120			102	98	95	92	90	88	85	82	78	70	65	55	50
130				108	105	102	100	98	95	92	88	80	75	65	60
140				118	115	112	110	108	105	102	98	90	85	75	70
150				128	125	122	120	118	115	112	108	100	95	85	80
160				138	135	132	130	128	125	122	118	110	105	95	90
170				148	145	142	140	138	135	132	128	120	115	105	100
180				158	155	152	150	148	145	142	138	130	125	115	110
190						162	160	158	155	152	148	140	135	125	120
200						172	170	168	165	162	158	150	145	135	130
210												160	155	145	140
220												170	165	155	150
230												180	175	165	160
240													185	175	170
250													195	185	180
260													205	195	190
280													225	215	210
300													245	235	230

表 12-41 内六角圆柱头螺钉(GB/T 70.1—2000) 单位:mm

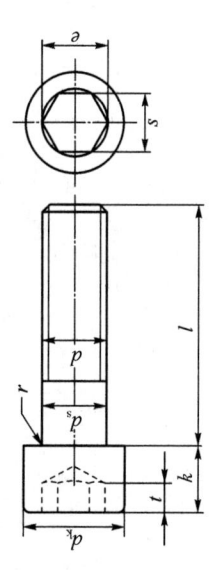

螺纹规格 d	M1.6	M2	M2.5	M3	M4	M5	M6	M8	M10	M12	(M14)	M16	M20	M24	M30	M36	M42	M48	M56	M64
P	0.35	0.4	0.45	0.5	0.7	0.8	1	1.25	1.5	1.75	2	2	2.5	3	3.5	4	4.5	5	5.5	6
b(参考)	15	16	17	18	20	22	24	28	32	36	40	44	52	60	72	84	96	106	124	140
d_k(max)(光滑)	3	3.8	4.5	5.5	7	8.5	10	13	16	18	21	24	30	36	45	54	63	72	84	96
d_k(max)(滚花)	3.14	3.98	4.68	5.68	7.22	8.72	10.22	13.27	16.27	18.27	21.33	24.33	30.33	36.39	45.39	54.46	63.46	72.46	84.54	96.54
d_k(min)	2.86	3.62	4.32	5.32	6.78	8.28	9.78	12.73	15.73	17.73	20.67	23.67	29.67	35.61	44.61	53.54	62.54	71.54	83.46	95.46
d_s(max)	1.6	2	2.5	3	4	5	6	8	10	12	14	16	20	24	30	36	42	48	56	64
d_s(min)	1.46	1.86	2.36	2.86	3.82	4.82	5.82	7.78	9.78	11.73	13.73	15.73	19.67	23.67	29.67	35.61	41.61	47.61	55.54	63.54
e(min)	1.73	1.73	2.3	2.87	3.44	4.58	5.72	6.86	9.15	11.43	13.72	16	19.44	21.73	25.15	30.85	36.57	41.13	46.83	52.53
s(公称)	1.5	1.5	2	2.5	3	4	5	6	8	10	12	14	17	19	22	27	32	36	41	46
s(max)(12.9级)	1.545	1.545	2.045	2.56	3.071	4.084	5.084	6.095	8.115	10.115	12.142	14.142	17.23	19.275	22.275	27.275				
s(max)(其他级)	1.56	1.56	2.06	2.58	3.08	4.095	5.14	6.14	8.175	10.175	12.212	14.212	17.23	19.275	22.275	27.275	32.33	36.33	41.33	46.33
s(min)	1.52	1.52	2.02	2.52	3.02	4.02	5.02	6.02	8.025	10.025	12.032	14.032	18.05	19.065	22.065	27.065	32.08	36.08	41.08	46.08
k(max)	1.6	2	2.5	3	4	5	6	8	10	12	14	16	20	24	30	36	42	48	56	64
k(min)	1.46	1.86	2.36	2.86	3.82	4.82	5.7	7.64	9.64	11.57	13.57	15.57	19.48	23.48	29.48	35.38	41.38	47.38	55.26	63.26
t(min)	0.7	1	1.1	1.3	2	2.5	3	4	5	6	7	8	10	12	15.5	19	24	28	34	38
r(min)	0.1	0.1	0.1	0.1	0.2	0.2	0.25	0.4	0.4	0.6	0.6	0.6	0.8	0.8	1	1	1.2	1.6	2	2
l 范围	2.5~16	3~20	4~25	5~30	6~40	8~50	10~60	12~80	16~100	20~120	25~140	25~160	30~200	40~200	45~200	55~200	60~300	70~300	80~300	90~300
l 系列	2.5, 3, 4, 5, 6, 8, 10, 12, 16, 20, 25, 30, 35, 40, 45, 50, 55, 60, 65, 70, 80, 90, 100, 110, 120, 130, 140, 150, 160, 180, 200, 220, 240, 260, 280, 300																			

表 12-42　十字槽盘头螺钉（GB/T 818—2000）　单位：mm

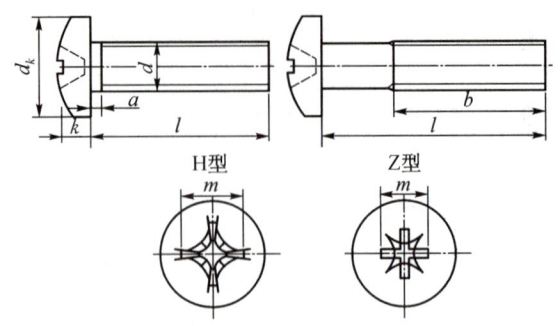

螺纹规格 d				M1.6	M2	M2.5	M3	(M3.5)	M4	M5	M6	M8	M10
螺距 P				0.35	0.4	0.45	0.5	0.6	0.7	0.8	1	1.25	1.5
a(max)				0.7	0.8	0.9	1	1.2	1.4	1.6	2	2.5	3
b(min)				25	25	25	25	38	38	38	38	38	38
d_k(max)				3.2	4	5	5.6	7	8	9.5	12	16	20
d_k(min)				2.9	3.7	4.7	5.3	6.64	7.64	9.14	11.57	15.57	19.48
k(max)				1.3	1.6	2.1	2.4	2.6	3.1	3.7	4.6	6	7.5
k(min)				1.16	1.46	1.96	2.26	2.46	2.92	3.52	4.3	5.7	7.14
十字槽	槽号 No			0	0	1	1	2	2	2	3	4	4
	H型	m 参考		1.7	1.9	2.7	3	3.9	4.4	4.9	6.9	9	10.1
		插入深度	max	0.95	1.2	1.55	1.8	1.9	2.4	2.9	3.6	4.6	5.8
			min	0.7	0.9	1.15	1.4	1.4	1.9	2.4	3.1	4	5.2
	Z型	m 参考		1.6	2.1	2.6	2.8	3.9	4.3	4.7	6.7	8.8	9.9
		插入深度	max	0.9	1.42	1.5	1.75	1.93	2.34	2.74	3.46	4.5	5.69
			min	0.65	1.17	1.25	1.5	1.48	1.89	2.29	3.03	4.05	5.24
l（商品）				2～16	3～20	3～25	4～30	5～35	5～40	6～50	8～60	10～80	12～80
l 系列				2, 3, 4, 5, 6, 8, 10, 12, (14), 16, 20, 25, 30, 35, 40, 45, 50, (55), 60, (65), 70, (75), 80									

注：1. $d \leqslant 3$, $l \leqslant 30$ 或 $d > 3$, $l \leqslant 40$ 时制出全螺纹；
　　2. 尽可能不采用括号内的规格。

表 12-43　十字沉头头螺钉（GB/T 819.1—2000）　　单位：mm

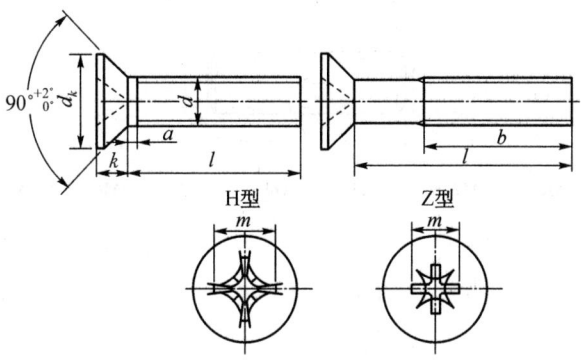

螺纹规格 d				M1.6	M2	M2.5	M3	(M3.5)	M4	M5	M6	M8	M10
螺距 P				0.35	0.4	0.45	0.5	0.6	0.7	0.8	1	1.25	1.5
a(max)				0.7	0.8	0.9	1	1.2	1.4	1.6	2	2.5	3
b(min)				25	25	25	25	38	38	38	38	38	38
d_k(理论)				3.6	4.4	5.5	6.3	8.2	9.4	10.4	12.6	17.3	20
d_k(max)				3	3.8	4.7	5.5	7.3	8.4	9.3	11.3	15.8	18.3
d_k(min)				2.7	3.5	4.4	5.2	6.94	8.04	8.94	10.87	15.37	17.78
k(max)				1	1.2	1.5	1.65	2.35	2.7	2.7	3.3	4.65	5
十字槽		槽号 No		0	0	1	1	2	2	2	3	4	4
	H 型	m 参考		1.6	1.9	2.9	3.2	4.4	4.6	5.2	6.8	8.9	10
		插入深度	max	0.9	1.2	1.8	2.1	2.4	2.6	3.2	3.5	4.6	5.7
			min	0.6	0.9	1.4	1.7	1.9	2.1	2.7	3	4	5.1
	Z 型	m 参考		1.6	1.9	2.8	3	4.1	4.4	4.9	6.6	8.8	9.8
		插入深度	max	0.95	1.2	1.73	2.01	2.2	2.51	3.05	3.45	4.6	5.64
			min	0.7	0.95	1.48	1.76	1.75	2.06	2.6	3	4.15	5.19
l(商品)				2～16	3～20	3～25	4～30	5～35	5～40	6～50	8～60	10～80	12～80
l 系列				2, 3, 4, 5, 6, 8, 10, 12, (14), 16, 20, 25, 30, 35, 40, 45, 50, (55), 60, (65), 70, (75), 80									

注：1. $d\leqslant3$，$l\leqslant30$ 或 $d>3$，$l\leqslant45$ 制出全螺纹；
　　2. 尽可能不采用括号内的规格.

表 12-44　紧钉螺钉　　　　　　　　　单位：mm

开槽凹端紧定螺钉 GB/T 74—1985

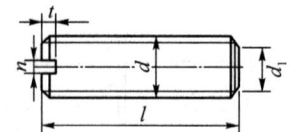

螺纹规格 d	M1.6	M2	M2.5	M3	M4	M5	M6	M8	M10	M12
螺距 P	0.35	0.4	0.45	0.5	0.7	0.8	1	1.25	1.5	1.75
d_1(min)	0.55	0.75	0.95	1.15	1.75	2.25	2.75	4.7	5.7	7.7
d_1(max)	0.8	1	1.2	1.4	2	2.5	3	5	6	8
n(公称)	0.25	0.25	0.4	0.4	0.6	0.8	1	1.2	1.6	2
n(min)	0.31	0.31	0.46	0.46	0.66	0.86	1.06	1.26	1.66	2.06
n(max)	0.45	0.45	0.6	0.6	0.8	1	1.2	1.51	1.91	2.31
t(min)	0.56	0.64	0.72	0.8	1.12	1.28	1.6	2	2.4	2.8
t(max)	0.74	0.84	0.95	1.05	1.42	1.63	2	2.5	3	3.6
l(商品)	2～8	2.5～10	3～12	3～16	4～20	5～25	6～30	8～40	10～50	12～60
l 系列	2, 2.5, 3, 4, 5, 6, 8, 10, 12, (14), 16, 20, 25, 30, 35, 40, 45, 50, (55), 60									

注：表中尽可能不采用括号内的规格.

开槽锥端紧定螺钉 GB/T 71—1985

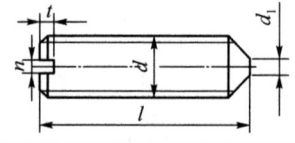

螺纹规格 d	M1.2	M1.6	M2	M2.5	M3	M4	M5	M6	M8	M10	M12
螺距 P	0.25	0.35	0.4	0.45	0.5	0.7	0.8	1	1.25	1.5	1.75
d_1(max)	0.12	0.16	0.2	0.25	0.3	0.4	0.5	1.5	2	2.5	3
n(公称)	0.2	0.25	0.25	0.4	0.4	0.6	0.8	1	1.2	1.6	2
n(min)	0.26	0.31	0.31	0.46	0.46	0.66	0.86	1.06	1.26	1.66	2.06
n(max)	0.4	0.45	0.45	0.6	0.6	0.8	1	1.31	1.51	1.91	2.31
t(min)	0.4	0.56	0.64	0.72	0.8	1.12	1.28	1.6	2	2.4	2.8
t(max)	0.52	0.74	0.84	0.95	1.05	1.42	1.63	2	2.5	3	3.6
l(商品)	2～6	2～8	3～10	3～12	4～16	6～20	8～25	8～30	10～40	12～50	14～60
l 系列	2, 2.5, 3, 4, 5, 6, 8, 10, 12, (14), 16, 20, 25, 30, 35, 40, 45, 50, (55), 60										

注：表中尽可能不采用括号内的规格.

续 表

开槽长圆柱端紧定螺钉 GB/T 75—1985

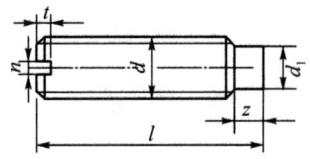

螺纹规格 d	M1.6	M2	M2.5	M3	M4	M5	M6	M8	M10	M12
螺距 P	0.35	0.4	0.45	0.5	0.7	0.8	1	1.25	1.5	1.75
d_t(min)	0.55	0.75	1.25	1.75	2.25	3.2	3.7	5.2	6.64	8.14
d_t(max)	0.8	1	1.5	2	2.5	3.5	4	5.5	7	8.5
n(公称)	0.25	0.25	0.4	0.4	0.6	0.8	1	1.2	1.6	2
n(min)	0.31	0.31	0.46	0.46	0.66	0.86	1.06	1.26	1.66	2.06
n(max)	0.45	0.45	0.6	0.6	0.8	1	1.2	1.51	1.91	2.31
t(min)	0.56	0.64	0.72	0.8	1.12	1.28	1.6	2	2.4	2.8
t(max)	0.74	0.84	0.95	1.05	1.42	1.63	2	2.5	3	3.6
z(min)	0.8	1	1.25	1.5	2	2.5	3	4	5	6
z(max)	1.05	1.25	1.5	1.75	2.25	2.75	3.25	4.3	5.3	6.3
l(商品)	2.5~8	3~10	4~12	5~16	6~20	8~25	8~30	10~40	12~50	14~60
l 系列	2, 2.5, 3, 4, 5, 6, 8, 10, 12, (14), 16, 20, 25, 30, 35, 40, 45, 50, (55), 60									

注:表中尽可能不采用括号内的规格.

开槽平端紧定螺钉 GB/T 73—1985

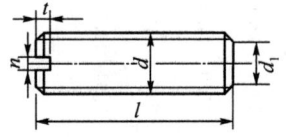

螺纹规格 d	M1.2	M1.6	M2	M2.5	M3	M4	M5	M6	M8	M10	M12
螺距 P	0.25	0.35	0.4	0.45	0.5	0.7	0.8	1	1.25	1.5	1.75
d_t(min)	0.35	0.55	0.75	1.25	1.75	2.25	3.2	3.7	5.2	6.64	8.14
d_t(max)	0.6	0.8	1	1.5	2	2.5	3.5	4	5.5	7	8.5
n(公称)	0.2	0.25	0.25	0.4	0.4	0.6	0.8	1	1.2	1.6	2
n(min)	0.26	0.31	0.31	0.46	0.46	0.66	0.86	1.06	1.26	1.66	2.06
n(max)	0.4	0.45	0.45	0.6	0.6	0.8	1	1.2	1.51	1.91	2.31
t(min)	0.4	0.56	0.64	0.72	0.8	1.12	1.28	1.6	2	2.4	2.8
t(max)	0.52	0.74	0.84	0.95	1.05	1.42	1.63	2	2.5	3	3.6
l(商品)	2~6	2~8	2~10	2.5~12	3~16	4~20	5~25	6~30	8~40	10~50	12~60
l 系列	2, 2.5, 3, 4, 5, 6, 8, 10, 12, (14), 16, 20, 25, 30, 35, 40, 45, 50, (55), 60										

注:表中尽可能不采用括号内的规格.

表 12-45　　双头螺柱 $b_m = 1.5d$（GB/T 899—1988）　　单位：mm

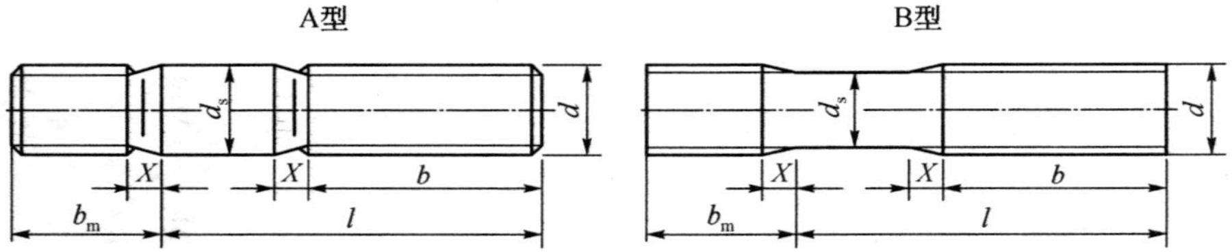

A型
B型
b

螺纹规格 d	M2	M2.5	M3	M4	M5	M6	M8	M10	M12	(M14)	M16	(M18)	M20	(M22)	M24	(M27)	M30	(M33)	M36	(M39)	M42	M48
b_m（公称）	3	3.5	4.5	6	8	10	12	15	18	21	24	27	30	33	36	40	45	49	54	58	63	72
b_m（min）	2.4	2.9	3.9	5.4	7.25	9.25	11.1	14.1	17.1	19.95	22.95	25.95	28.95	32.75	34.75	38.75	43.75	47.75	53.5	56.5	61.5	70.5
b_m（max）	3.6	4.1	5.1	6.6	8.75	10.75	12.9	15.9	18.9	22.05	25.05	28.05	31.05	34.25	37.25	41.25	46.25	50.25	55.5	59.5	64.5	73.5
d_s（max）	2	2.5	3	4	5	6	8	10	12	14	16	18	20	22	24	27	30	33	36	39	42	48
d_s（min）	1.75	2.25	2.75	3.7	4.7	5.7	7.64	9.64	11.57	13.57	15.57	17.57	19.48	21.48	23.48	26.49	29.48	32.38	35.38	38.38	41.38	47.38
X（max）	2.5P																					
l	b																					
12	6																					
(14)	6	8																				
16	6	8	6	8	10																	
(18)	10	8	6	8	10																	
20	10	11	6	8	10	10	12															
(22)	10	11	12	8	10	10	12															
25	10	11	12	14	16	14	16	14	16													

续 表

螺纹规格 *d*	M2	M2. 5	M3	M4	M5	M6	M8	M10	M12	(M14)	M16	(M18)	M20	(M22)	M24	(M27)	M30	(M33)	M36	(M39)	M42	M48
(28)		11	12	14	16	14	16	14	16													
30		11	12	14	16	14	16	16	16	18	20											
(32)			12	14	16	18	22	16	20	18	20											
35			12	14	16	18	22	16	20	18	20	22	25									
(38)			12	14	16	18	22	16	20	25	20	22	25									
40			12	14	16	18	22	26	20	25	30	22	25	30								
45					16	18	22	26	30	25	30	35	35	30	30							
50					16	18	22	26	30	34	30	35	35	40	30	35						
(55)						18	22	26	30	34	30	35	35	40	45	35						
60						18	22	26	30	34	38	35	35	40	45	35	40					
(65)						18	22	26	30	34	38	42	35	40	45	50	40	45	45			
70						18	22	26	30	34	38	42	46	40	45	50	50	45	45	50	50	
(75)						18	22	26	30	34	38	42	46	50	45	50	50	60	45	50	50	
80							22	26	30	34	38	42	46	50	54	50	50	60	60	50	50	60
(85)`							22	26	30	34	38	42	46	50	54	50	50	60	60	65	70	60
90							22	26	30	34	38	42	46	50	54	60	50	60	60	65	70	60
(95)								26	30	34	38	42	46	50	54	60	66	60	60	65	70	80
100								26	30	34	38	42	46	50	54	60	66	72	60	65	70	80
110								26	30	34	38	42	46	50	54	60	66	72	60	65	70	80

续 表

螺纹规格 *d*	M2	M2.5	M3	M4	M5	M6	M8	M10	M12	(M14)	M16	(M18)	M20	(M22)	M24	(M27)	M30	(M33)	M36	(M39)	M42	M48
120								26	30	34	38	42	46	50	54	60	66	72	78	84	90	102
130								32	36	40	44	48	52	56	60	66	72	78	84	90	96	108
140									36	40	44	48	52	56	60	66	72	78	84	90	96	108
150									36	40	44	48	52	56	60	66	72	78	84	90	96	108
160									36	40	44	48	52	56	60	66	72	78	84	90	96	108
170									36	40	44	48	52	56	60	66	72	78	84	90	96	108
180									36	40	44	48	52	56	60	66	72	78	84	90	96	108
190											44	48	52	56	60	66	72	78	84	90	96	108
200											44	48	52	56	60	66	72	78	84	90	96	108
210																	85	91	97	103	109	121
220																	85	91	97	103	109	121
230																	85	91	97	103	109	121
240																	85	91	97	103	109	121
250																	85	91	97	103	109	121
260																		91	97	103	109	121
280																		91	97	103	109	121
300																		91	97	103	109	121

注：1. 尽可能不采用括号内的规格；
2. P 为粗牙螺距.

表 12-46　　　　　　吊环螺钉(GB/T 825—1988)　　　　　　单位:mm

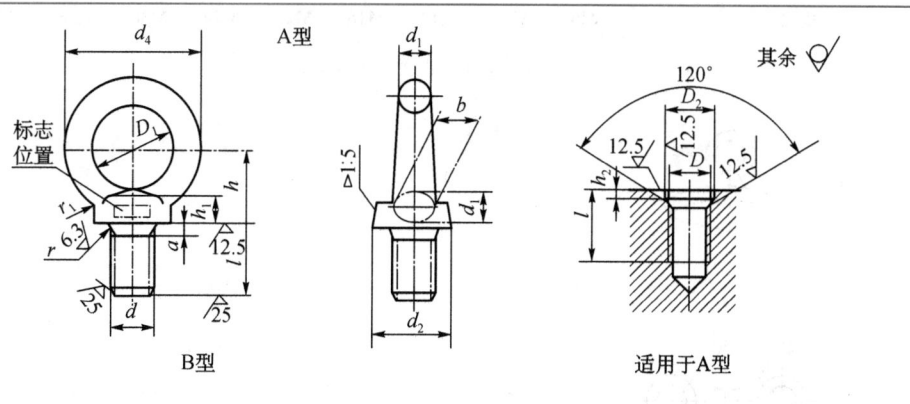

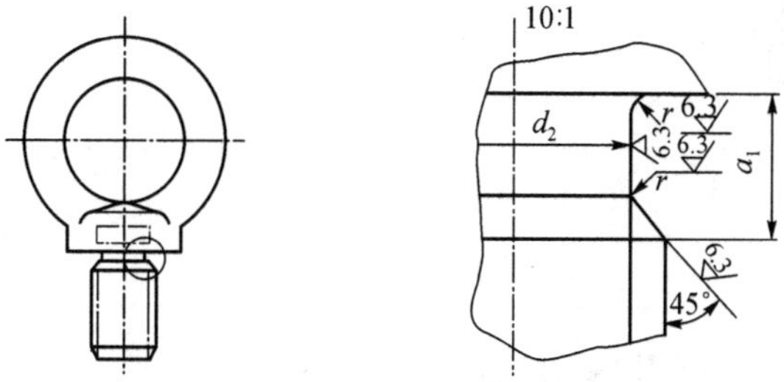

标记示例:螺钉 GB/T 825 M20;规格为 20 mm,材料为 20 钢,经正火处理、不经表面处理的 A 型吊环螺钉

规格 d	M8	M10	M12	M16	M20	M24	M30	M36	M42	M48
d_1(max)	9.1	11.1	13.1	15.2	17.4	21.4	25.7	30	34.4	40.7
D_1(公称)	20	24	28	34	40	48	56	67	80	95
d_2(max)	21.1	25.1	29.1	35.2	41.4	49.4	57.7	69	82.4	97.7
h_1(max)	7	9	11	13	15.1	19.1	23.2	27.4	31.7	36.9
l(公称)	16	20	22	28	35	40	45	55	65	70
d_4(参考)	36	44	52	62	72	88	104	123	144	171
h	18	22	26	31	36	44	53	63	74	87
r_1	4	4	6	6	8	12	15	18	20	22
r(min)	1	1	1	1	1	2	2	3	3	3
a_1(max)	3.75	4.5	5.25	6	7.5	9	10.5	12	13.5	15
d_2(公称)	6	7.7	9.4	13	16.4	19.6	25	30.8	35.6	41
a(max)	2.5	3	3.5	4	5	6	7	8	9	10
b	10	12	14	16	19	24	28	32	38	46
D	M8	M10	M12	M16	M20	M24	M30	M36	M42	M48
D_2(公称)	13	15	17	22	28	32	38	45	52	60
h_2(公称)	2.5	3	3.5	4.5	5	7	8	9.5	10.5	11.5

续 表

规格 d	M8	M10	M12	M16	M20	M24	M30	M36	M42	M48
最大起吊重量(平稳起吊)/t										
单螺钉起吊	0.16	0.25	0.4	0.63	1	1.6	2.5	4	6.3	8
双螺钉起吊	0.08	0.125	0.2	0.32	0.5	0.8	1.25	2	3.2	4

注:材料为 20、25 钢.

表 12-47　　六角螺母(GB/T 41—2000)　　单位:mm

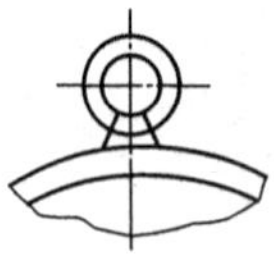

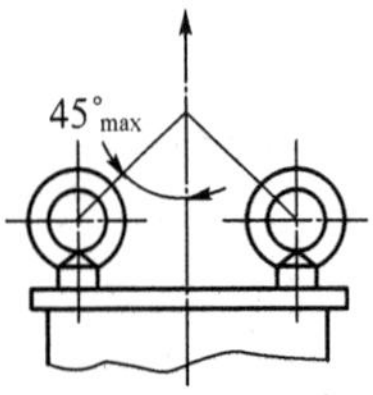

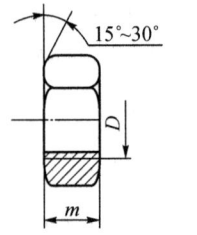

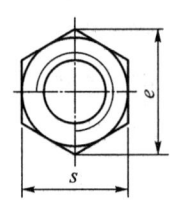

C 级　优选的螺纹规格

螺纹规格 D	M5	M6	M8	M10	M12	M16	M20	M24	M30	M36	M42	M48	M56	M64
P	0.8	1	1.25	1.5	1.75	2	2.5	3	3.5	4	4.5	5	5.5	6
e(min)	8.63	10.89	14.2	17.59	19.85	26.17	32.95	39.55	50.85	60.79	71.3	82.6	93.56	104.86
s(max)	8	10	13	16	18	24	30	36	46	55	65	75	85	95
s(min)	7.64	9.64	12.57	15.57	17.57	23.16	29.16	35	45	53.8	63.1	73.1	82.2	92.8
m(max)	5.6	6.4	7.9	9.5	12.2	15.9	19	22.3	26.4	31.9	34.9	38.9	45.9	52.4
m(min)	4.4	4.9	6.4	8	10.4	14.1	16.9	20.2	24.3	29.4	32.4	36.4	43.4	49.4

非优选的螺纹规格

螺纹规格 D	M14	M18	M22	M27	M33	M39	M45	M52	M60
P	2	2.5	2.5	3	3.5	4	4.5	5	5.5
e(min)	22.78	29.56	37.29	45.2	55.37	66.44	76.95	88.25	99.21
s(max)	21	27	34	41	50	60	70	80	90
s(min)	20.16	26.16	33	40	49	58.8	68.1	78.1	87.8
m(max)	13.9	16.9	20.2	24.7	29.5	34.3	36.9	42.9	48.9
m(min)	12.1	15.1	18.1	22.6	27.4	31.8	34.4	40.4	46.4

表 12-48　标准型弹簧垫圈（GB/T 93—1987）　单位：mm

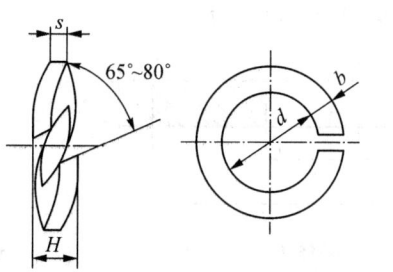
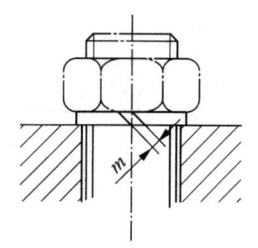

规格（螺纹大径 d）	d		$S(b)$			H		m $\leqslant$
	min	max	公称	min	max	min	max	
2	2.1	2.35	0.5	0.42	0.58	1	1.25	0.25
2.5	2.6	2.85	0.65	0.57	0.73	1.3	1.63	0.33
3	3.1	3.4	0.8	0.7	0.9	1.6	2	0.4
4	4.1	4.4	1.1	1	1.2	2.2	2.75	0.55
5	5.1	5.4	1.3	1.2	1.4	2.6	3.25	0.65
6	6.1	6.68	1.6	1.5	1.7	3.2	4	0.8
8	8.1	8.68	2.1	2	2.2	4.2	5.25	1.05
10	10.2	10.9	2.6	2.45	2.75	5.2	6.5	1.3
12	12.2	12.9	3.1	2.95	3.25	6.2	7.75	1.55
(14)	14.2	14.9	3.6	3.4	3.8	7.2	9	1.8
16	16.2	16.9	4.1	3.9	4.3	8.2	10.25	2.05
(18)	18.2	19.04	4.5	4.3	4.7	9	11.25	2.25
20	20.2	21.04	5	4.8	5.2	10	12.5	2.5
(22)	22.5	23.34	5.5	5.3	5.7	11	13.75	2.75
24	24.5	25.5	6	5.8	6.2	12	15	3
(27)	27.5	28.5	6.8	6.5	7.1	13.6	17	3.4
30	30.5	31.5	7.5	7.2	7.8	15	18.75	3.75
(33)	33.5	34.7	8.5	8.2	8.8	17	21.25	4.25
36	36.5	37.7	9	8.7	9.3	18	22.5	4.5
(39)	39.5	40.7	10	9.7	10.3	20	25	5
42	42.5	43.7	10.5	10.2	10.8	21	26.25	5.25
(45)	45.5	46.7	11	10.7	11.3	22	27.5	5.5
48	48.5	49.7	12	11.7	12.3	24	30	6

表 12-49　垫圈　　单位：mm

大垫圈 A 级（GB/T 96.1—2002）

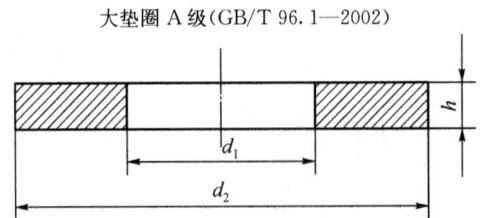

公称规格 （螺纹大径 d）	内径 d_1		外径 d_2		厚度 h		
	公称(min)	max	公称(max)	min	公称	max	min
3	3.2	3.38	9	8.64	0.8	0.9	0.7
4	4.3	4.48	12	11.57	1	1.1	0.9
5	5.3	5.48	15	14.57	1	1.1	0.9
6	6.4	6.62	18	17.57	1.6	1.8	1.4
8	8.4	8.62	24	23.48	2	2.2	1.8
10	10.5	10.77	30	29.48	2.5	2.7	2.3
12	13	13.27	37	36.38	3	3.3	2.7
16	17	17.27	50	49.38	3	3.3	2.7
20	21	21.33	60	59.26	4	4.3	3.7
24	25	25.52	72	70.8	5	5.6	4.4
30	33	33.62	92	90.6	6	6.6	5.4
36	39	39.62	110	108.6	8	9	7

大垫圈 C 级（GB/T 96.2—2002）

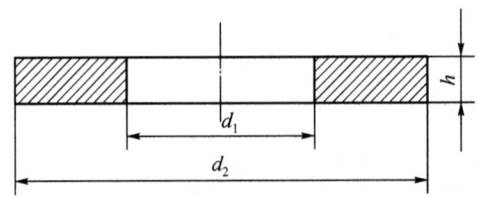

公称规格 （螺纹大径 d）	内径 d_1		外径 d_2		厚度 h		
	公称(min)	max	公称(max)	min	公称	max	min
3	3.4	3.7	9	8.1	0.8	1	0.6
4	4.5	4.8	12	10.9	1	1.2	0.8
5	5.5	5.8	15	13.9	1	1.2	0.8
6	6.6	6.96	18	16.9	1.6	1.9	1.3
8	9	9.36	24	22.7	2	2.3	1.7
10	11	11.43	30	28.7	2.5	2.8	2.2
12	13.5	13.93	37	35.4	3	3.6	2.4
16	17.5	17.93	50	48.4	3	3.6	2.4
20	22	22.52	60	58.1	4	4.6	3.4
24	26	26.84	72	70.1	5	6	4
30	33	34	92	89.8	6	7	5
36	39	40	110	107.8	8	9.2	6.8

表 12-50　　圆螺母和圆螺母用止动垫圈　　单位:mm

小圆螺母(GB/T 810—1988)、圆螺母(GB/T 812—1988)

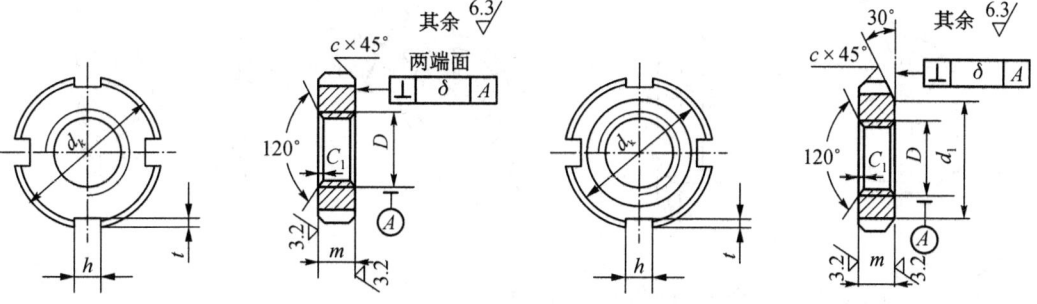

GB/T　810—88

GB/T　812—88

标记示例:

螺纹规律 D = M16×1.5、材料为 45 钢、槽或全部热处理硬度 HRC35～45、表面氧化的小圆螺母和圆螺母

螺母 GB/T 810—88　M16×1.5　螺母 GB/T 812—88　M16×1.5

<table>
<tr><th rowspan="2">螺纹规格
$D\times p$</th><th colspan="6">GB 810—88</th><th colspan="7">GB 812—88</th></tr>
<tr><th>d_k</th><th>m</th><th>h
(min)</th><th>t
(min)</th><th>c</th><th>c_1</th><th>d_k</th><th>d_1</th><th>m</th><th>h
(min)</th><th>t
(min)</th><th>c</th><th>c_1</th></tr>
<tr><td>M10×1</td><td>20</td><td rowspan="6">6</td><td rowspan="4">4</td><td rowspan="4">2</td><td rowspan="8">0.5</td><td rowspan="21">0.5</td><td>22</td><td>16</td><td rowspan="6">8</td><td rowspan="3">4</td><td rowspan="3">2</td><td rowspan="7">0.5</td><td rowspan="22">0.5</td></tr>
<tr><td>M12×1.25</td><td>22</td><td>25</td><td>19</td></tr>
<tr><td>M14×1.5</td><td>25</td><td>28</td><td>20</td></tr>
<tr><td>M16×1.5</td><td>28</td><td>30</td><td>22</td><td rowspan="8">5</td><td rowspan="8">2.5</td></tr>
<tr><td>M18×1.5</td><td>30</td><td rowspan="8">5</td><td rowspan="8">2.5</td><td>32</td><td>24</td></tr>
<tr><td>M20×1.5</td><td>32</td><td>35</td><td>27</td></tr>
<tr><td>M22×1.5</td><td>35</td><td rowspan="8">8</td><td>38</td><td>30</td><td rowspan="12">10</td></tr>
<tr><td>M24×1.5</td><td>38</td><td rowspan="2">42</td><td rowspan="2">34</td><td rowspan="7">1</td></tr>
<tr><td>M25×1.5*</td><td>38</td><td rowspan="22">1</td></tr>
<tr><td>M27×1.5</td><td>42</td><td>45</td><td>37</td></tr>
<tr><td>M30×1.5*</td><td>45</td><td>48</td><td>40</td></tr>
<tr><td>M33×1.5</td><td>48</td><td rowspan="2">52</td><td rowspan="2">43</td><td rowspan="7">6</td><td rowspan="7">3</td></tr>
<tr><td>M35×1.5*</td><td>48</td><td rowspan="7">6</td><td rowspan="7">3</td></tr>
<tr><td>M36×1.5</td><td>52</td><td>55</td><td>46</td></tr>
<tr><td>M39×1.5</td><td>55</td><td rowspan="7">10</td><td rowspan="2">58</td><td rowspan="2">49</td><td rowspan="25">1.5</td></tr>
<tr><td>M40×1.5*</td><td>55</td></tr>
<tr><td>M42×1.5</td><td>58</td><td>62</td><td>53</td></tr>
<tr><td>M45×1.5</td><td>62</td><td>68</td><td>59</td></tr>
<tr><td>M48×1.5</td><td>68</td><td rowspan="2">72</td><td rowspan="2">61</td><td rowspan="9">12</td><td rowspan="8">8</td><td rowspan="8">3.5</td></tr>
<tr><td>M50×1.5*</td><td>68</td><td rowspan="9">8</td><td rowspan="9">3.5</td></tr>
<tr><td>M52×1.5</td><td>72</td><td rowspan="2">78</td><td rowspan="2">67</td></tr>
<tr><td>M55×2*</td><td>72</td><td rowspan="6">12</td><td rowspan="18">1</td></tr>
<tr><td>M56×2</td><td>78</td><td>85</td><td>74</td><td rowspan="17">1</td></tr>
<tr><td>M60×2</td><td>80</td><td>9</td><td>79</td></tr>
<tr><td>M64×2</td><td>85</td><td rowspan="2">95</td><td rowspan="2">84</td></tr>
<tr><td>M65×2*</td><td>85</td></tr>
<tr><td>M68×2</td><td>90</td><td>100</td><td>88</td><td rowspan="6">10</td><td rowspan="6">4</td></tr>
<tr><td>M72×2</td><td>95</td><td rowspan="12">15</td><td rowspan="2">105</td><td rowspan="2">93</td><td rowspan="5">15</td></tr>
<tr><td>M75×2*</td><td>98</td><td rowspan="6">10</td><td rowspan="6">4</td></tr>
<tr><td>M76×2</td><td>100</td><td>100</td><td>98</td></tr>
<tr><td>M80×2</td><td>105</td><td rowspan="9">1.5</td><td>115</td><td>103</td></tr>
<tr><td>M85×2</td><td>110</td><td>120</td><td>108</td></tr>
<tr><td>M90×2</td><td>115</td><td>125</td><td>112</td><td rowspan="5">18</td><td rowspan="4">12</td><td rowspan="4">5</td></tr>
<tr><td>M95×2</td><td>120</td><td>130</td><td>117</td></tr>
<tr><td>M100×2</td><td>125</td><td rowspan="4">12</td><td rowspan="4">5</td><td>135</td><td>122</td></tr>
<tr><td>M105×2</td><td>130</td><td>140</td><td>127</td></tr>
<tr><td>M110×2</td><td>135</td><td>150</td><td>135</td><td rowspan="3">14</td><td rowspan="3">6</td></tr>
<tr><td>M115×2</td><td>140</td><td>155</td><td>140</td><td rowspan="2">22</td></tr>
<tr><td>M120×2</td><td>145</td><td>14</td><td>6</td><td>160</td><td>145</td></tr>
</table>

注:1. 槽数 n:当 $D \leqslant$ M100×2, $n = 4$;当 $D \geqslant$ M105×2, $n = 6$;

2. * 仅用于滚动轴承锁紧装置.

续　表

圆螺母用止动垫圈(GB/T 858—1998)

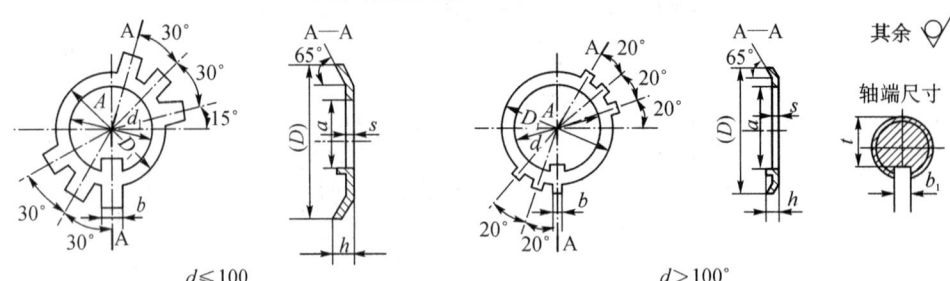

$d \leqslant 100$　　　　$d > 100°$

标记示例：

规格为 16 mm、材料为 Q235—A、经退火、表面氧化的圆螺母用止动垫圈；

垫圈 GB/T 858—88　16.

规格（螺纹大径）	d_1	(D)	D_1	s	b	a	h	轴端	
								b_1	t
10	10.5	25	16	1	3.8	8	3	4	7
12	12.5	28	19			9			8
14	14.5	32	20			11			10
16	16.5	34	22		4.8	13			12
18	18.5	35	24			15	4	5	14
20	20.5	38	27			17			16
22	22.5	42	30			19			18
24	24.5	45	34			21			20
25*	25.5	45	34			22			21
27	27.5	48	37			24	5		23
30	30.5	52	40			27			26
33	33.5	56	43	1.5	5.7	30			29
35*	35.5	56	43			32		6	31
36	36.5	60	46			33			32
39	39.5	62	49			36			35
40*	40.5	62	49			37			36
42	42.5	66	53			39			38
45	45.5	72	59			42			41
48	48.5	76	61		7.7	45			44
50*	50.5	76	61			47		8	46
52	52.5	82	67			49	6		48
55*	56	82	67			52			51
56	57	90	74			53			52
60	61	94	79			57			56
64	65	100	84			61			60
65*	66	100	84			62			61
68	69	105	88		9.6	65			64
72	73	110	93			69	7	10	68
75*	76	110	93			71			70
76	77	115	98			72			70
80	81	120	103			76			74
85	86	125	108			81			79
90	91	130	112	2	11.6	86			84
95	96	135	117			91		12	89
100	101	140	122			96			94
105	106	145	127			101			99
110	111	156	135		13.5	106			104
115	116	160	140			111		14	109
120	121	166	145			116			114

注：* 仅用于滚动轴承.

表 12-51　　孔用弹性挡圈　　单位：mm

孔用弹性挡圈 A 型（GB/T 893.1—1986）

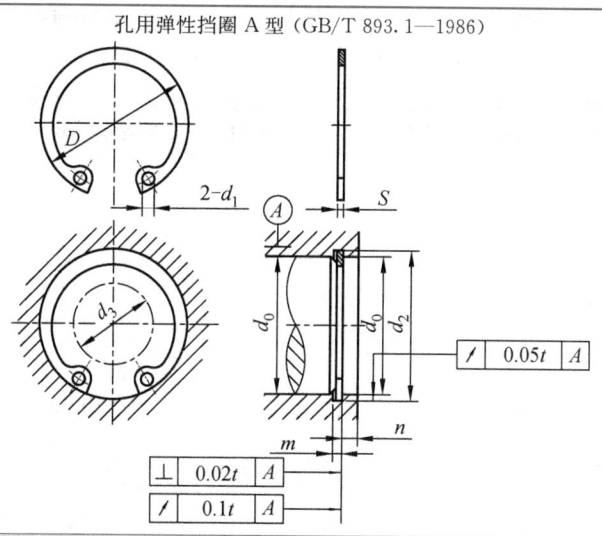

D
d_3

孔径 d_0	挡圈					沟槽（推荐）					轴
	D		S		d_1	d_2		m		n	d_3
	基本尺寸	极限偏差	基本尺寸	极限偏差		基本尺寸	极限偏差	基本尺寸	极限偏差	≥	≤
8	8.7	+0.36 −0.10	0.6	+0.04 −0.07	1	8.4	+0.09 0	0.7	+0.14 0	0.6	2
9	9.8					9.4					
10	10.8		0.8	+0.04 −0.10	1.5	10.4	+0.11 0	0.9			
11	11.8					11.4					3
12	13					12.5				0.9	4
13	14.1		1	+0.05 −0.13	1.7	13.6					4
14	15.1					14.6		1.1			5
15	16.2					15.7				1.2	6
16	17.3					16.8					7
17	18.3	+0.42 −0.13				17.8					8
18	19.5					19	+0.13 0			1.5	9
19	20.5				2	20					10
20	21.5					21					10
21	22.5					22					11
22	23.5					23					12
24	25.9	+0.42 −0.21	1.2			25.2	+0.21 0	1.3		1.8	13
25	26.9					26.2					14
26	27.9					27.2					15
28	30.1					29.4				2.1	17
30	32.1					31.4	+0.25 0				18
31	33.4				2.5	32.7				2.6	19

续 表

孔径 d_0	挡圈					沟槽(推荐)					轴
	D		S		d_1	d_2		m		n ≥	d_3 ≤
	基本尺寸	极限偏差	基本尺寸	极限偏差		基本尺寸	极限偏差	基本尺寸	极限偏差		
32	34.4	+0.50 −0.25			2.5	33.7	+0.25 0				20
34	36.5		1.5	+0.06 −0.15		35.7		1.7			22
35	37.8					37				3	23
36	38.8					38					24
37	39.8					39					25
38	40.8					40					26
40	43.5	+0.90 −0.39				42.5				3.8	27
42	45.5				3	44.5					29
45	48.5					47.5					31
47	50.5	+1.10 −0.46				49.5					32
48	51.5					50.5					33
50	54.2		2	+0.06 −0.18		53	0.30 0	2.2		4.5	36
52	56.2					55					38
55	59.2					58					40
56	60.2					59					41
58	62.2					61					43
60	64.2					63					44
62	66.2					65					45
63	67.2					66					46
65	69.2		2.5	+0.07 −0.22		68		2.7			48
68	72.5					71					50
70	74.5					73					53
72	76.5					75					55
75	79.5					78					56
78	82.5	+1.30 −0.54				81					60
80	85.5					83.5	+0.35 0			5.3	63
82	87.5					85.5					65
85	90.5					88.5					68
88	93.5					91.5					70
90	95.5					93.5					72
92	97.5				4	95.5					73
95	100.5					98.5					75
98	103.5					101.5					78
100	105.5					103.5					80

续 表

孔径 d_0	挡圈					沟槽(推荐)					轴 d_3 ≤
	D		S		d_1	d_2		m		n ≥	
	基本尺寸	极限偏差	基本尺寸	极限偏差		基本尺寸	极限偏差	基本尺寸	极限偏差		
102	108		3		4	106	+0.54 0	3.2	+0.18 0	6	82
105	112					109					83
108	115					112					86
110	117					114					88
112	119					116					89
115	122	+1.50 −0.63				119					90
120	127					124	+0.63 0				95
125	132					129					100
130	137					134					105
135	142					139					110
134	147					144					115
145	152					149					118
150	158					155	+0.72 0			7.5	121
155	164					160					125
160	169					165					130
165	174.5					170					136
170	179.5					175					140
175	184.5	+1.70 −0.72				180					142
180	189.5					185					145
185	194.5					190					150
190	199.5					195					155
195	204.5					200					157
200	209.5					205					165

续 表

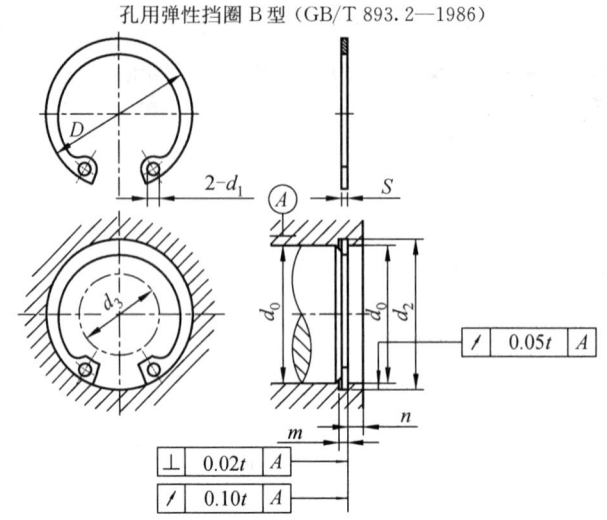

孔用弹性挡圈 B 型（GB/T 893.2—1986）

D
n

孔径 d_0	挡圈					沟槽(推荐)					轴 d_3 ≤
	D		S		d_1	d_2		m		n ≥	
	基本尺寸	极限偏差	基本尺寸	极限偏差		基本尺寸	极限偏差	基本尺寸	极限偏差		
20	21.5	+0.42 −0.13	1	+0.05 −0.13	2	21	+0.13 0	1.1	+0.14 0	1.5	10
21	22.5					22					11
22	23.5					23					12
24	25.9	+0.42 −0.21	1.2			25.2	+0.21 0	1.3		1.8	13
25	26.9					26.2					14
26	27.9					27.2					15
28	30.1	+0.50 −0.25				29.4				2.1	17
30	32.1					31.4	+0.25 0				18
31	33.4				2.5	32.7				2.6	19
32	34.4					33.7					20
34	36.5		1.5	+0.06 −0.15		35.7		1.7			22
35	37.8					37				3	23
36	38.8					38					24
37	39.8					39					25
38	40.8					40					26
40	43.5	+0.90 −0.39				42.5				3.8	27
42	45.5					44.5					29
45	48.5					47.5					31
47	50.5					49.5					32
48	51.5					50.5					33

续 表

<table>
<tr><th rowspan="3">孔径
d_0</th><th colspan="5">挡圈</th><th colspan="5">沟槽(推荐)</th><th rowspan="3">轴
d_3
≤</th></tr>
<tr><th colspan="2">D</th><th colspan="2">S</th><th rowspan="2">d_1</th><th colspan="2">d_2</th><th colspan="2">m</th><th rowspan="2">n
≥</th></tr>
<tr><th>基本尺寸</th><th>极限偏差</th><th>基本尺寸</th><th>极限偏差</th><th>基本尺寸</th><th>极限偏差</th><th>基本尺寸</th><th>极限偏差</th></tr>
<tr><td>50</td><td>54.2</td><td rowspan="13">+1.10
−0.46</td><td rowspan="8">2</td><td rowspan="8">+0.06
−0.18</td><td rowspan="19">3</td><td>53</td><td rowspan="13">0.30
0</td><td rowspan="8">2.2</td><td rowspan="4"></td><td rowspan="14">4.5</td><td>36</td></tr>
<tr><td>52</td><td>56.2</td><td>55</td><td>38</td></tr>
<tr><td>55</td><td>59.2</td><td>58</td><td>40</td></tr>
<tr><td>56</td><td>60.2</td><td>59</td><td>41</td></tr>
<tr><td>58</td><td>62.2</td><td>61</td><td rowspan="30">+0.18
0</td><td>43</td></tr>
<tr><td>60</td><td>64.2</td><td>63</td><td>44</td></tr>
<tr><td>62</td><td>66.2</td><td>65</td><td>45</td></tr>
<tr><td>63</td><td>67.2</td><td>66</td><td>46</td></tr>
<tr><td>65</td><td>69.2</td><td rowspan="15">2.5</td><td rowspan="26">+0.07
−0.22</td><td>68</td><td rowspan="15">2.7</td><td>48</td></tr>
<tr><td>68</td><td>72.5</td><td>71</td><td>50</td></tr>
<tr><td>70</td><td>74.5</td><td>73</td><td>53</td></tr>
<tr><td>72</td><td>76.5</td><td>75</td><td>55</td></tr>
<tr><td>75</td><td>79.5</td><td>78</td><td>56</td></tr>
<tr><td>78</td><td>82.5</td><td rowspan="15">+1.30
−0.54</td><td>81</td><td rowspan="10">+0.35
0</td><td>60</td></tr>
<tr><td>80</td><td>85.5</td><td>83.5</td><td rowspan="9">5.3</td><td>63</td></tr>
<tr><td>82</td><td>87.5</td><td>85.5</td><td>65</td></tr>
<tr><td>85</td><td>90.5</td><td>88.5</td><td>68</td></tr>
<tr><td>88</td><td>93.5</td><td>91.5</td><td>70</td></tr>
<tr><td>90</td><td>95.5</td><td>93.5</td><td>72</td></tr>
<tr><td>92</td><td>97.5</td><td rowspan="15">4</td><td>95.5</td><td>73</td></tr>
<tr><td>95</td><td>100.5</td><td>98.5</td><td>75</td></tr>
<tr><td>98</td><td>103.5</td><td>101.5</td><td>78</td></tr>
<tr><td>100</td><td>105.5</td><td>103.5</td><td>80</td></tr>
<tr><td>102</td><td>108</td><td rowspan="11">3</td><td>106</td><td rowspan="6">+0.54
0</td><td rowspan="11">3.2</td><td rowspan="11">6</td><td>82</td></tr>
<tr><td>105</td><td>112</td><td>109</td><td>83</td></tr>
<tr><td>108</td><td>115</td><td>112</td><td>86</td></tr>
<tr><td>110</td><td>117</td><td>114</td><td>88</td></tr>
<tr><td>112</td><td>119</td><td>116</td><td>89</td></tr>
<tr><td>115</td><td>122</td><td rowspan="6">+1.50
−0.63</td><td>119</td><td>90</td></tr>
<tr><td>120</td><td>127</td><td>124</td><td rowspan="5">+0.63
0</td><td>95</td></tr>
<tr><td>125</td><td>132</td><td>129</td><td>100</td></tr>
<tr><td>130</td><td>137</td><td>134</td><td>105</td></tr>
<tr><td>135</td><td>142</td><td>139</td><td>110</td></tr>
<tr><td>134</td><td>147</td><td>144</td><td>115</td></tr>
</table>

续 表

孔径 d_0	挡圈				d_1	沟槽(推荐)				$n \geqslant$	轴 $d_3 \leqslant$
	D		S			d_2		m			
	基本尺寸	极限偏差	基本尺寸	极限偏差		基本尺寸	极限偏差	基本尺寸	极限偏差		
145	152					149					118
150	158					155					121
155	164					160					125
160	169					165					130
165	174.5					170					136
170	179.5					175					140
175	184.5	+1.70 −0.72				180	+0.72 0			7.5	142
180	189.5					185					145
185	194.5					190					150
190	199.5					195					155
195	204.5					200					157
200	209.5					205					165

表 12-52　　　　　轴用弹性挡圈　　　　　单位：mm

轴用弹性挡圈—A（GB/T 894.1—1986）

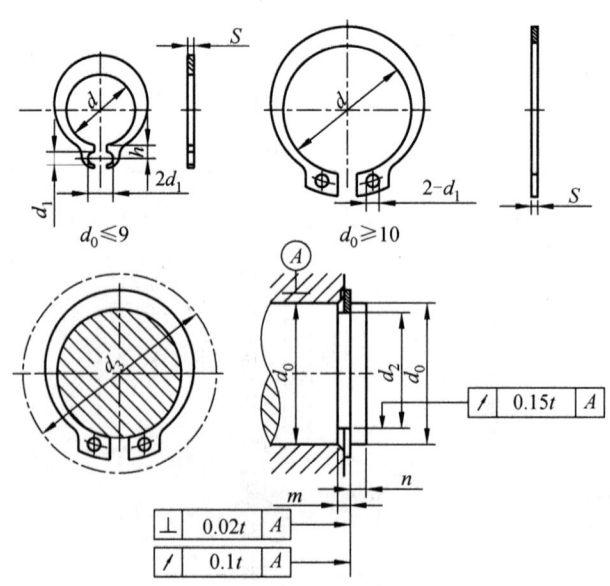

续 表

<table>
<tr><th rowspan="3">轴径
d_0</th><th colspan="5">挡圈</th><th colspan="5">沟槽(推荐)</th><th rowspan="3">孔
d_3
≥</th></tr>
<tr><th colspan="2">d</th><th colspan="2">S</th><th rowspan="2">d_1</th><th colspan="2">d_2</th><th colspan="2">m</th><th rowspan="2">n
≥</th></tr>
<tr><th>基本尺寸</th><th>极限偏差</th><th>基本尺寸</th><th>极限偏差</th><th>基本尺寸</th><th>极限偏差</th><th>基本尺寸</th><th>极限偏差</th></tr>
<tr><td>10</td><td>9.3</td><td rowspan="10">+0.10
−0.36</td><td rowspan="13">1</td><td rowspan="20">+0.05
−0.13</td><td rowspan="3">1.5</td><td>9.6</td><td>0
−0.058</td><td rowspan="13">1.1</td><td rowspan="33">+0.14
0</td><td>0.6</td><td>17.5</td></tr>
<tr><td>11</td><td>10.2</td><td>10.5</td><td rowspan="9">0
−0.11</td><td rowspan="2">0.8</td><td>18.6</td></tr>
<tr><td>12</td><td>11</td><td>11.5</td><td>19.6</td></tr>
<tr><td>13</td><td>11.9</td><td rowspan="6">1.7</td><td>12.4</td><td rowspan="2">0.9</td><td>20.8</td></tr>
<tr><td>14</td><td>12.9</td><td>13.4</td><td>22</td></tr>
<tr><td>15</td><td>13.8</td><td>14.3</td><td>1.1</td><td>23.2</td></tr>
<tr><td>16</td><td>14.7</td><td>15.2</td><td rowspan="2">1.2</td><td>24.4</td></tr>
<tr><td>17</td><td>15.7</td><td>16.2</td><td>25.6</td></tr>
<tr><td>18</td><td>16.5</td><td>17</td><td rowspan="5">1.5</td><td>27</td></tr>
<tr><td>19</td><td>17.5</td><td rowspan="10">2</td><td>18</td><td>28</td></tr>
<tr><td>20</td><td>18.5</td><td rowspan="10">+0.13
−0.42</td><td>19</td><td rowspan="3">0
−0.13</td><td>29</td></tr>
<tr><td>21</td><td>19.5</td><td>20</td><td>31</td></tr>
<tr><td>22</td><td>20.5</td><td>21</td><td>32</td></tr>
<tr><td>24</td><td>22.2</td><td rowspan="7">1.2</td><td>22.9</td><td rowspan="6">0
−0.21</td><td rowspan="7">1.3</td><td rowspan="3">1.7</td><td>34</td></tr>
<tr><td>25</td><td>23.2</td><td>23.9</td><td>35</td></tr>
<tr><td>26</td><td>24.2</td><td>24.9</td><td>36</td></tr>
<tr><td>28</td><td>25.9</td><td>26.6</td><td rowspan="3">2.1</td><td>38.4</td></tr>
<tr><td>29</td><td>26.9</td><td>27.6</td><td>39.4</td></tr>
<tr><td>30</td><td>27.9</td><td>28.6</td><td>42</td></tr>
<tr><td>32</td><td>29.6</td><td rowspan="7">2.5</td><td>30.3</td><td rowspan="14">0
−0.25</td><td rowspan="2">2.6</td><td>44</td></tr>
<tr><td>34</td><td>31.5</td><td rowspan="5">+0.25
−0.50</td><td rowspan="9">1.5</td><td rowspan="9">+0.06
−0.15</td><td>32.3</td><td rowspan="9">1.7</td><td>46</td></tr>
<tr><td>35</td><td>32.2</td><td>33</td><td rowspan="4">3</td><td>48</td></tr>
<tr><td>36</td><td>33.2</td><td>34</td><td>49</td></tr>
<tr><td>37</td><td>34.2</td><td>35</td><td>50</td></tr>
<tr><td>38</td><td>35.2</td><td>36</td><td>51</td></tr>
<tr><td>40</td><td>36.5</td><td rowspan="6">+0.39
−0.90</td><td>37.5</td><td rowspan="4">3.8</td><td>53</td></tr>
<tr><td>42</td><td>38.5</td><td rowspan="7">3</td><td>39.5</td><td>56</td></tr>
<tr><td>45</td><td>41.5</td><td>42.5</td><td>59.4</td></tr>
<tr><td>48</td><td>44.5</td><td>45.5</td><td>62.8</td></tr>
<tr><td>50</td><td>45.8</td><td rowspan="4">2</td><td rowspan="4">+0.06
−0.18</td><td>47</td><td rowspan="4">2.2</td><td rowspan="4">4.5</td><td>64.8</td></tr>
<tr><td>52</td><td>47.8</td><td>49</td><td>67</td></tr>
<tr><td>55</td><td>50.8</td><td rowspan="2"></td><td>52</td><td>70.4</td></tr>
<tr><td>56</td><td>51.8</td><td>53</td><td>71.7</td></tr>
</table>

续 表

轴径 d_0	挡圈 d 基本尺寸	d 极限偏差	S 基本尺寸	S 极限偏差	d_1	沟槽（推荐） d_2 基本尺寸	d_2 极限偏差	m 基本尺寸	m 极限偏差	n ≥	孔 d_3 ≥
58	53.8					55					73.6
60	55.8					57					75.8
62	57.8					59					79
63	58.8					60					79.6
65	60.8					62				4.5	81.6
68	63.5	+0.46 −1.10				65	0 −0.30				85
70	65.5		2.5			67					87.2
72	67.5					69					89.4
75	70.5					72					92.8
78	73.5					75					96.2
80	74.5					76.5		2.7			98.2
82	76.5					78.5					101
85	79.5					81.5					104
88	82.5					84.5	0 −0.35			5.3	107.3
90	84.5					86.5					110
95	89.5	+0.54 −1.30				91.5					115
100	94.5					96.5					121
105	98					101					132
110	103					106	0 −0.54				136
115	108			+0.07 −0.22		111					142
120	113					116					145
125	118					121				6	151
130	123					126					158
135	128					131					162.8
134	133					136					168
145	138		3			141					174.4
150	142	+0.63 −1.50			4	145	0 −0.63	3.2	+0.18 0		180
155	146					150					186
160	151					155					190
165	155.5					160					195
170	160.5					165					200
175	165.5					170				7.5	206
180	170.5					175					212
185	175.5					180					218
190	180.5	+0.72 −1.70				185					223
195	185.5					190	0 −0.72				229
200	190.5					195					235

续 表

轴用弹性挡圈——B (GB/T 894.1—1986)

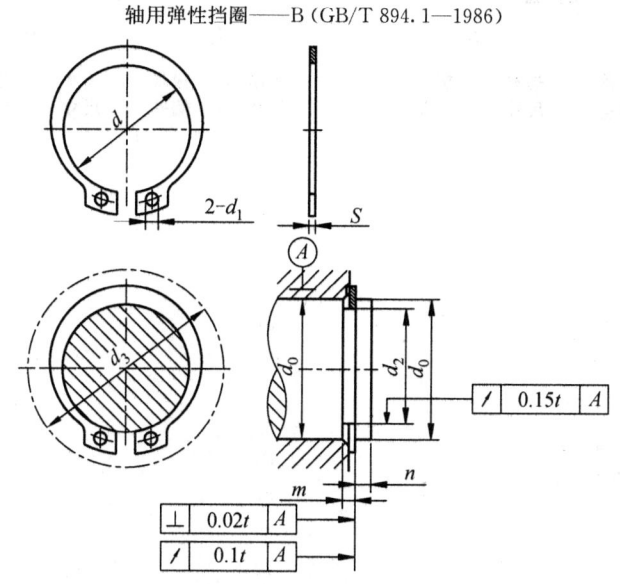

S
m

轴径 d_0	挡圈					沟槽(推荐)					孔 d_3 ≥
	d		S		d_1	d_2		m		n ≥	
	基本尺寸	极限偏差	基本尺寸	极限偏差		基本尺寸	极限偏差	基本尺寸	极限偏差		
20	18.5	+0.13 −0.42	1	+0.05 −0.13	2	19	0 −0.13	1.1	+0.14 0	1.5	29
21	19.5					20					31
22	20.5					21					32
24	22.2	+0.21 −0.42	1.2			22.9	0 −0.21	1.3		1.7	34
25	23.2					23.9					35
26	24.2					24.9					36
28	25.9					26.6				2.1	38.4
29	26.9					27.6					39.4
30	27.9					28.6					42
32	29.6				2.5	30.3	0 −0.25			2.6	44
34	31.5	+0.25 −0.50	1.5	+0.06 −0.15		32.3		1.7			46
35	32.2					33				3	48
36	33.2					34					49
37	34.2					35					50
38	35.2					36					51
40	36.5	+0.39 −0.90				37.5				3.8	53
42	38.5				3	39.5					56
45	41.5					42.5					59.4
48	44.5					45.5					62.8

续 表

轴径 d_0	挡圈					沟槽(推荐)					孔 d_3 ≥
	d		S		d_1	d_2		m		n ≥	
	基本尺寸	极限偏差	基本尺寸	极限偏差		基本尺寸	极限偏差	基本尺寸	极限偏差		
50	45.8		2	+0.06 −0.18	3	47		2.2		4.5	64.8
52	47.8					49					67
55	50.8	+0.46 −1.10				52	0 −0.30				70.4
56	51.8					53					71.7
58	53.8					55					73.6
60	55.8					57					75.8
62	57.8					59					79
63	58.8					60					79.6
65	60.8		2.5	+0.07 −0.22		62		2.7			81.6
68	63.5					65					85
70	65.5					67					87.2
72	67.5					69					89.4
75	70.5					72					92.8
78	73.5					75					96.2
80	74.5					76.5				5.3	98.2
82	76.5					78.5	0 −0.35				101
85	79.5					81.5					104
88	82.5	+0.54 −1.30				84.5					107.3
90	84.5					86.5					110
95	89.5					91.5					115
100	94.5					96.5					121
105	98		3		4	101	0 −0.54	3.2	+0.18 0	6	132
110	103					106					136
115	108					111					142
120	113					116					145
125	118					121	0 −0.63				151
130	123	+0.63 −1.50				126					158
135	128					131					162.8
134	133					136					168
145	138					141					174.4
150	142					145				7.5	180
155	146					150					186
160	151					155					190
165	155.5					160					195
170	160.5					165					200
175	165.5					170					206
180	170.5					175					212
185	175.5					180					218
190	180.5	+0.72 −1.70				185	0 −0.72				223
195	185.5					190					229
200	190.5					195					235

表 12-53　　轴端挡圈　　单位:mm

螺钉紧固轴端挡圈（GB/T 891—1986）

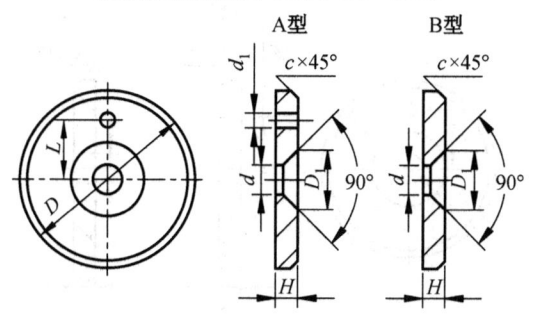

<table>
<tr><th rowspan="2">轴径 ≤</th><th rowspan="2">公称直径 D</th><th colspan="2">H</th><th colspan="2">L</th><th rowspan="2">d</th><th rowspan="2">d₁</th><th rowspan="2">D₁</th><th rowspan="2">c</th><th rowspan="2">螺钉 GB/T 819（推荐）</th><th rowspan="2">圆柱销 GB/T 119（推荐）</th></tr>
<tr><th>基本尺寸</th><th>极限偏差</th><th>基本尺寸</th><th>极限偏差</th></tr>
<tr><td>14</td><td>20</td><td>4</td><td rowspan="16">0
−0.30</td><td></td><td rowspan="7">±0.11</td><td rowspan="5">5.5</td><td rowspan="3"></td><td rowspan="5">11</td><td rowspan="5">0.5</td><td rowspan="5">M5×12</td><td rowspan="5">A2×10</td></tr>
<tr><td>16</td><td>22</td><td>4</td><td></td></tr>
<tr><td>18</td><td>25</td><td>4</td><td></td></tr>
<tr><td>20</td><td>28</td><td>4</td><td>7.5</td><td rowspan="2">2.1</td></tr>
<tr><td>22</td><td>30</td><td>4</td><td>7.5</td></tr>
<tr><td>25</td><td>32</td><td>5</td><td>10</td><td rowspan="6">6.6</td><td rowspan="6">3.2</td><td rowspan="6">13</td><td rowspan="6">1</td><td rowspan="6">M6×16</td><td rowspan="6">A3×12</td></tr>
<tr><td>28</td><td>35</td><td>5</td><td>10</td></tr>
<tr><td>30</td><td>38</td><td>5</td><td>10</td><td rowspan="6">±0.135</td></tr>
<tr><td>32</td><td>40</td><td>5</td><td>12</td></tr>
<tr><td>35</td><td>45</td><td>5</td><td>12</td></tr>
<tr><td>40</td><td>50</td><td>5</td><td>12</td></tr>
<tr><td>45</td><td>55</td><td>6</td><td>16</td><td rowspan="6">9</td><td rowspan="6">4.2</td><td rowspan="6">17</td><td rowspan="6">1.5</td><td rowspan="6">M8×20</td><td rowspan="6">A4×14</td></tr>
<tr><td>50</td><td>50</td><td>6</td><td>16</td></tr>
<tr><td>55</td><td>56</td><td>6</td><td>16</td></tr>
<tr><td>60</td><td>70</td><td>6</td><td>20</td><td rowspan="5">±0.165</td></tr>
<tr><td>65</td><td>75</td><td>6</td><td>20</td></tr>
<tr><td>70</td><td>80</td><td>6</td><td>20</td></tr>
<tr><td>75</td><td>90</td><td>8</td><td rowspan="2">0
−0.36</td><td>25</td><td rowspan="2">13</td><td rowspan="2">5.2</td><td rowspan="2">25</td><td rowspan="2">2</td><td rowspan="2">M12×25</td><td rowspan="2">A5×16</td></tr>
<tr><td>85</td><td>100</td><td>8</td><td>25</td></tr>
</table>

续　表

螺栓紧固轴端挡圈（GB/T 892—1986）

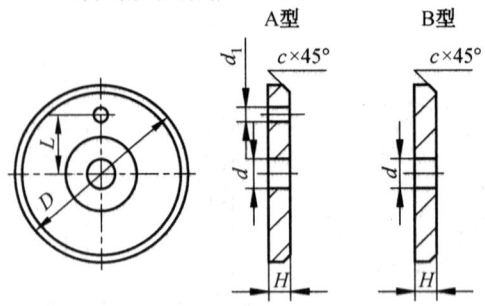

轴径≤	公称直径 D	H 基本尺寸	H 极限偏差	L 基本尺寸	L 极限偏差	d	d_1	c	螺栓 GB/T 5783（推荐）	圆柱销 GB/T 119（推荐）	垫圈 GB/T 93（推荐）
14	20	4	0 —0.30		±0.11	5.5		0.5	M5×16	A2×10	5
16	22	4									
18	25	4									
20	28	4		7.5			2.1				
22	30	4		7.5							
25	32	5		10		6.6	3.2	1	M6×20	A3×12	6
28	35	5		10							
30	38	5		10	±0.135						
32	40	5		12							
35	45	5		12							
40	50	5		12							
45	55	6		16		9	4.2	1.5	M8×25	A4×14	8
50	50	6		16							
55	56	6		16							
60	70	6		20	±0.165						
65	75	6		20							
70	80	6		20							
75	90	8	0 —0.36	25		13	5.2	2	M12×30	A5×16	12
85	100	8		25							

12.4.3 螺纹零件的结构要素

表 12-54 粗牙螺栓、螺钉的拧入深度、攻螺纹深度和钻孔深度（JB/ZQ 4247—1997）　　单位：mm

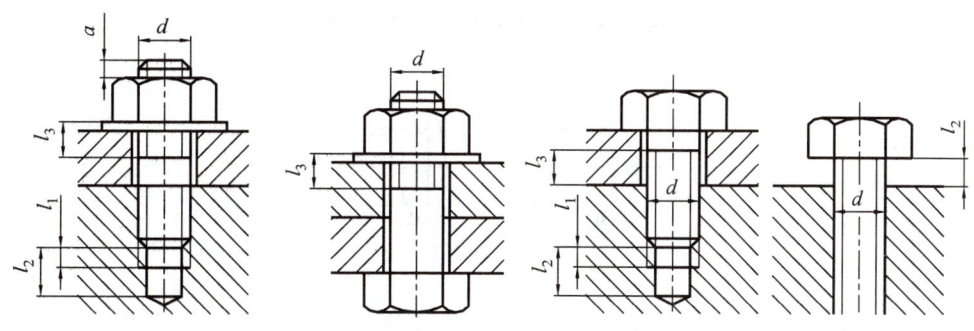

螺距 P	螺纹直径 d		余留长度			末端长度
	粗牙	细牙	内螺纹 l_1	钻孔 l_2	外螺纹 l_3	a
0.5	3	5	1	4	2	1~2
0.7	4		1.5	5	2.5	2~3
0.75		6		6		
0.8	5					
1	6	8, 10, 14, 16, 18	2	7	3.5	2.5~4
1.25	8	12	2.5	9	4	
1.5	10	14, 16, 18, 20, 22, 24, 27, 30, 33	3	10	4.5	3.5~5
1.75	12		3.5	13	5.5	
2	14, 16	24, 27, 30, 33, 36, 39, 45, 48, 52	4	14	6	4.5~6.5
2.5	18, 20, 22		5	17	7	
3	24, 27	36, 39, 42, 45, 48, 56, 60, 64, 72, 76	6	20	8	5.5~8
3.5	30		7	23	9	
4	36	56, 60, 64, 68, 72, 76	8	26	10	7~11
4.5	42		9	30	11	
5	48		10	33	13	10~15
5.5	56		11	36	16	
6	64, 72, 76		12	40	18	

表 12-55　普通螺纹的螺纹收尾、肩距、退刀槽、倒角（GB/T 3—1997）　　　单位：mm

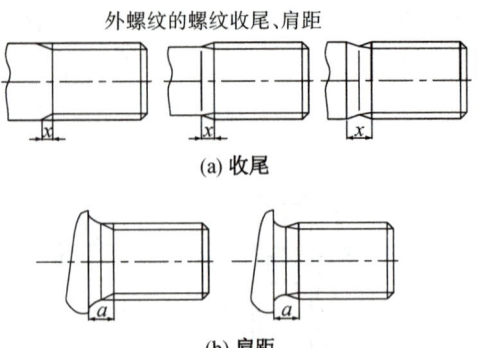

螺距 P	收尾 x(max)		肩距 a(max)		
	一般	短的	一般	长的	短的
0.2	0.5	0.25	0.6	0.8	0.4
0.25	0.6	0.3	0.75	1	0.5
0.3	0.75	0.4	0.9	1.2	0.6
0.35	0.9	0.45	1.05	1.4	0.7
0.4	1	0.5	1.2	1.6	0.8
0.45	1.1	0.6	1.35	1.8	0.9
0.5	1.25	0.7	1.5	2	1
0.6	1.5	0.75	1.8	2.4	1.2
0.7	1.75	0.9	2.1	2.8	1.4
0.75	1.9	1	2.25	3	1.5
0.8	2	1	2.4	3.2	1.6
1	2.5	1.25	3	4	2
1.25	3.2	1.6	4	5	2.5
1.5	3.8	1.9	4.5	6	3
1.75	4.3	2.2	5.3	7	3.5
2	5	2.5	6	8	4
2.5	6.3	3.2	7.5	10	5
3	7.5	3.8	9	12	6
3.5	9	4.5	10.5	14	7
4	10	5	12	16	8
4.5	11	5.5	13.5	18	9
5	12.5	6.3	15	20	10
5.5	14	7	16.5	22	11
6	15	7.5	18	24	12
参考值	≈2.5P	≈1.25P	≈3P	=4P	=2P

注：应优先选一般长度的收尾和肩距，短收尾和短肩距仅用于结构受限制的螺纹件上，产品等级为 B 或 C 级的螺纹紧固件可采用长肩距。

续 表

外螺纹退刀槽

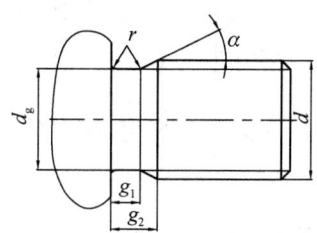

螺距 P	g_{2max}	g_{1min}	d_g	$r\approx$
0.25	0.75	0.4	$d-0.4$	0.12
0.3	0.9	0.5	$d-0.5$	0.16
0.35	1.05	0.6	$d-0.6$	1.6
0.4	1.2	0.6	$d-0.7$	0.2
0.45	1.35	0.7	$d-0.7$	0.2
0.5	1.5	0.8	$d-0.8$	0.2
0.6	1.8	0.9	$d-1$	0.4
0.7	2.1	1.1	$d-1.1$	0.4
0.75	2.25	1.2	$d-1.2$	0.4
0.8	2.4	1.3	$d-1.3$	0.4
1	3	1.6	$d-1.6$	0.6
1.25	3.75	2	$d-2$	0.6
1.5	4.5	2.5	$d-2.3$	0.8
1.75	5.25	3	$d-2.6$	1
2	6	3.4	$d-3$	1
2.5	7.5	4.4	$d-3.6$	1.2
3	9	5.2	$d-4.4$	1.6
3.5	10.5	6.2	$d-5$	1.6
4	12	7	$d-5.7$	2
4.5	13.5	8	$d-6.4$	2.5
5	15	9	$d-7$	2.5
5.5	17.5	11	$d-7.7$	3.2
6	18	11	$d-8.3$	3.2
参考值	$\approx 3P$			

注：1. d 为螺纹公称直径代号；
    2. d_g 公差为 h13($d>3$ mm)，h12($d\leqslant 3$ mm)。

续 表

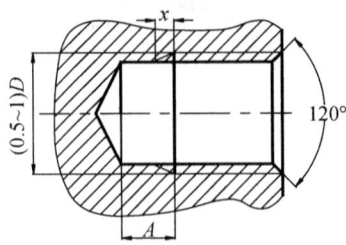

内螺纹收尾和肩距

螺距 P	收尾 x(max)		肩距 A(max)	
	一般	短的	一般	长的
0.2	0.8	0.4	1.2	1.6
0.25	1	0.5	1.5	2
0.3	1.2	0.6	1.8	2.4
0.35	1.4	0.7	2.2	2.8
0.4	1.6	0.8	2.5	3.2
0.45	1.8	0.9	2.8	3.6
0.5	2	1	3	4
0.6	2.4	1.2	3.2	4.8
0.7	2.8	1.4	3.5	5.6
0.75	3	1.5	3.8	6
0.8	3.2	1.6	4	6.4
1	4	2	5	8
1.25	5	2.5	6	10
1.5	6	3	7	12
1.75	7	3.5	9	14
2	8	4	10	16
2.5	10	5	12	18
3	12	6	14	22
3.5	14	7	16	24
4	16	8	18	26
4.5	18	9	21	29
5	20	10	23	32
5.5	22	11	25	35
6	24	12	28	38
参考值	$=4P$	$=2P$	$\approx 6-5P$	$\approx 8-6.5P$

注：应优先选一般长度的收尾和肩距，结构受限制时可选用短收尾，容屑需要较大空间时可选用长肩距.

续 表

内螺纹退刀槽

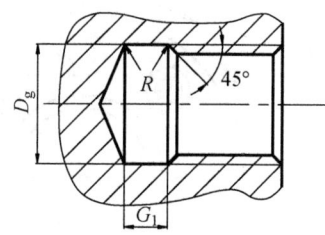

螺距 P	G_1		D_g	$R \approx$
	一般	短的		
0.5	2	1	D+0.3	0.2
0.6	2.4	1.2		0.3
0.7	2.8	1.4		0.4
0.75	3	1.5		0.4
0.8	3.2	1.6		0.4
1	4	2	D+0.5	0.5
1.25	5	2.5		0.6
1.5	6	3		0.8
1.75	7	3.5		0.9
2	8	4		1
2.5	10	5		1.2
3	12	6		1.5
3.5	14	7		1.8
4	16	8		2
4.5	18	9		2.2
5	20	10		2.5
5.5	22	11		2.8
6	24	12		3

注：1. 短退刀槽仅在结构受限制时采用；
2. D_g 公差为 H13；
3. D 为螺纹公称直径代号.

表 12-56　扳手空间（JB/ZQ 4005—1997）　　单位：mm

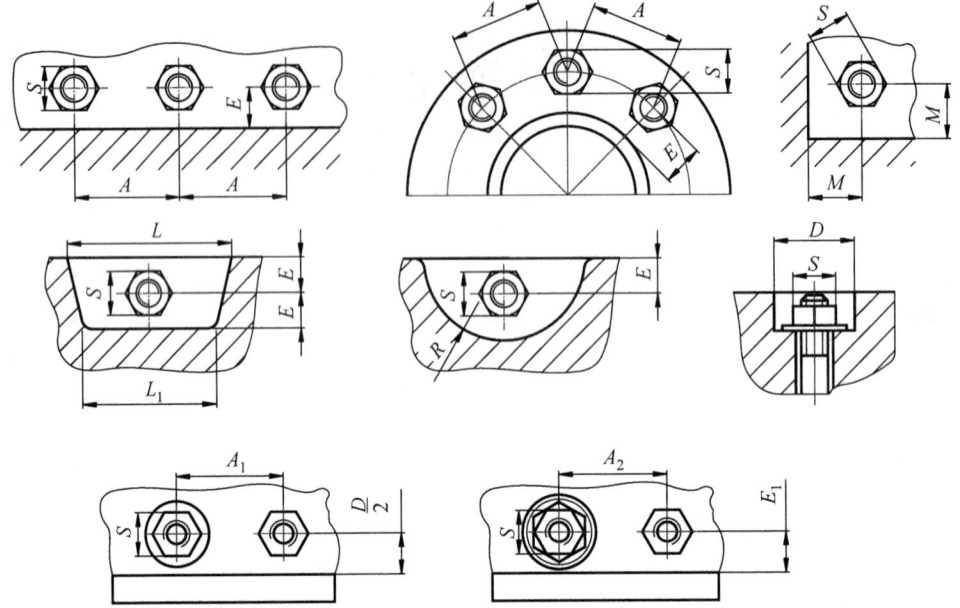

螺纹直径 d	S	A	A_1	A_2	E	E_1	M	L	L_1	R	D
3	5.5	18	12	12	5	7	11	30	24	15	14
4	7	20	16	14	6	7	12	34	28	16	16
5	8	22	16	15	7	10	13	36	30	18	20
6	10	26	18	18	8	12	15	46	38	20	24
8	13	32	24	22	11	14	18	55	44	25	28
10	16	38	28	26	13	16	22	62	50	30	30
12	18	42	—	30	14	18	24	70	55	32	—
14	21	48	36	34	15	20	26	80	65	36	40
16	24	55	38	38	16	24	30	85	70	42	45
18	27	62	45	42	19	25	32	95	75	46	52
20	30	68	48	46	20	28	35	105	85	50	56
22	34	76	55	52	24	32	40	120	95	58	60
24	36	80	58	55	24	34	42	125	100	60	70
27	41	90	65	62	26	36	46	135	110	65	76
30	46	100	72	70	30	40	50	155	125	75	82
33	50	108	76	75	32	44	55	165	130	80	88

续　表

螺纹直径 d	S	A	A_1	A_2	E	E_1	M	L	L_1	R	D
36	55	118	85	82	36	48	60	180	145	88	95
39	60	125	90	88	30	52	65	190	155	92	100
42	65	135	96	96	42	55	70	205	165	100	106
45	70	145	105	102	45	60	75	220	175	105	112
48	75	160	115	112	48	65	80	235	185	115	126
52	80	170	120	120	48	70	84	245	195	125	132
56	85	180	126	—	52		90	260	205	130	138
60	90	185	134	—	58		95	275	215	135	145
64	95	195	140	—	58		100	285	225	140	152
68	100	205	145	—	65		105	300	235	150	158
72	105	215	155	—	68		110	320	250	160	168
76	110	225	—	—	70		115	335	265	165	—
80	115	235	165	—	72		120	345	275	170	178
85	120	245	175	—	75		125	360	285	180	188
90	130	260	190	—	80		135	390	310	190	208
95	135	270	—	—	85		140	405	320	200	—
100	145	290	215	—	95		150	435	340	215	238
105	150	300	—	—	98		155	450	350	220	—
110	155	310	—	—	100		160	460	360	225	—
115	165	330	—	—	108		170	495	385	245	—
120	170	340	—	—	108		175	505	400	250	—
125	180	360	—	—	115		185	535	420	270	—
130	185	370	—	—	115		190	545	430	275	—
140	200	385	—	—	120		205	585	465	295	—
150	210	420	310	—	130		215	625	495	310	350

12.5 键、销连接

12.5.1 键连接

表 12-57　　普通平键（GB/T 1096—2003）　　单位：mm

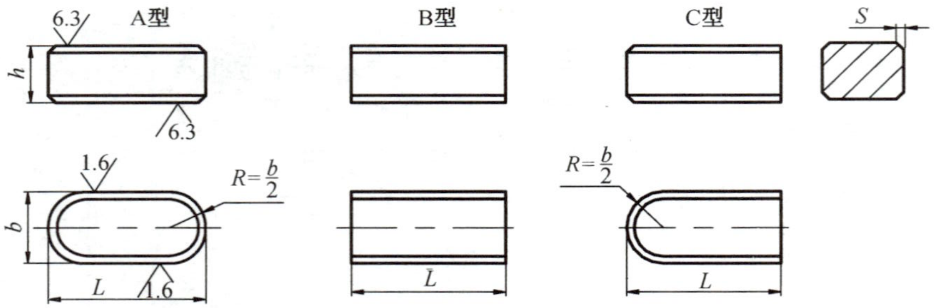

1. 普通型平键的技术条件应符合 GB/T 1568 的规定.
2. 键槽的尺寸应符合 GB/T 1095 的规定.
3. 当键长大于 500 mm 时，其长度应按 GB/T 321 的 R20 系列选取，为减小由于直线度而引起的问题，键长应小于 10 倍的键宽.
4. 键长极限偏差按 $h14$ 选取.

标记示例：

宽度 $b=16$ mm、高度 $h=10$ mm、长度 $L=100$ mm 普通 A 型平键的标记为：

GB/T 1096 键 16×10×100

宽度 $b=16$ mm、高度 $h=10$ mm、长度 $L=100$ mm 普通 B 型平键的标记为：

GB/T 1096 键 B16×10×100

宽度 $b=16$ mm、高度 $h=10$ mm、长度 $L=100$ mm 普通 C 型平键的标记为：

GB/T 1096 键 C16×10×100

宽度 b	基本尺寸		2	3	4	5	6	8	10	12	14	16	18	20	22	25	28	32	36	40	45	50	56	63	70	80	90	100
	极限偏差 ($h8$)		0 −0.014		0 −0.018			0 −0.022		0 −0.027				0 −0.033					0 −0.039				0 −0.046				0 −0.054	
高度 h	基本尺寸		2	3	4	5	6	7	8	8	9	10	11	12	14	14	16	18	20	22	25	28	32	32	36	40	45	50
	极限偏差	矩形 ($h11$)						0 −0.090					0 −0.110						0 −0.130				0 −0.160					
		方形 ($h8$)	0 −0.014		0 −0.018																							
倒角或倒圆 S			0.16～0.25			0.25～0.4			0.4～0.6					0.6～0.8					1～1.2				1.6～2			2.5～3		
L(min)			6	6	7	10	14	18	22	28	36	45	50	56	63	70	80	90	100	100	110	125	140	160	180	200	220	250
L(max)			20	36	45	56	70	90	110	140	160	180	200	220	250	280	320	360	400	400	450	500	500	500	500	500	500	500
L 系列			6,8,10,12,14,16,18,20,22,25,28,32,36,40,45,50,56,63,70,80,90,100,110,125,140,160,180,200,220,250,280,320,360,400,450,500																									

表 12-58　　矩形花键的尺寸系列及公差(GB/T 1144—2001)　　单位:mm

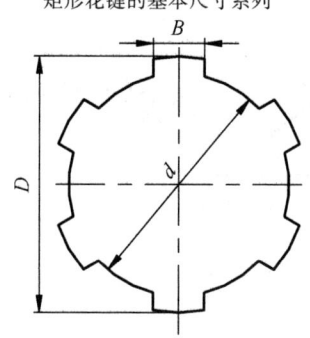

矩形花键的基本尺寸系列

小径 *d*	轻系列				中系列			
	规格 *N*×*d*×*D*×*B*	键数 *N*	大径 *D*	键宽 *B*	规格 *N*×*d*×*D*×*B*	键数 *N*	大径 *D*	键宽 *B*
11					6×11×14×3		14	3
13					6×13×16×3.5		16	3.5
16	—	—	—	—	6×16×20×4		20	4
18					6×18×22×5		22	5
21					6×21×25×5	6	25	5
23	6×23×26×6		26	6	6×23×28×6		28	6
26	6×26×30×6	6	30	6	6×26×32×6		32	6
28	6×28×32×7		32	7	6×28×34×7		34	7
32	6×32×36×6		36	6	8×32×38×6		38	6
36	8×36×40×7		40	7	8×36×42×7		42	7
42	8×42×46×8		46	8	8×42×48×8		48	8
46	8×46×50×9		50	9	8×46×54×9	8	54	9
52	8×52×58×10	8	58	10	8×52×60×10		60	10
56	8×56×62×10		62	10	8×56×65×10		65	10
62	8×62×68×12		68	12	8×62×72×12		72	12
72	10×72×78×12		78	12	10×72×82×12		82	12
82	10×82×88×12		88	12	10×82×92×12		92	12
92	10×92×98×14	10	98	14	10×92×102×14	10	102	14
102	10×102×108×16		108	16	10×102×112×16		112	16
112	10×112×120×18		120	18	10×112×125×18		125	18

续 表

键槽的截面尺寸

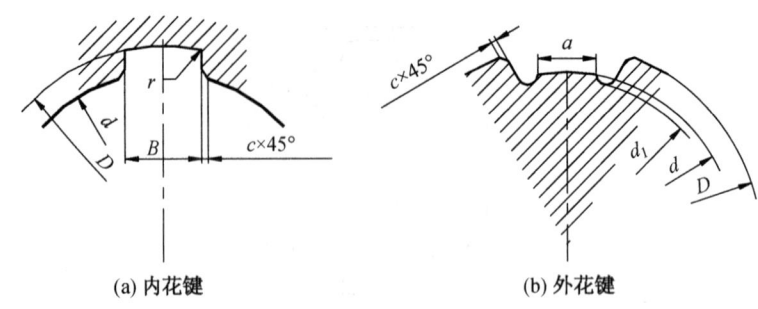

(a) 内花键　　(b) 外花键

轻系列					中系列				
规格 $N\times d\times D\times B$	C	r	$d_{1\min}$ 参考	$a_{\min}$ 参考	规格 $N\times d\times D\times B$	C	r	$d_{1\min}$ 参考	$a_{\min}$ 参考
					6×11×14×3	0.2	0.1		
					6×13×16×3.5				
					6×16×20×4	0.3	0.2	14.4	1.0
					6×18×22×5			16.6	1.0
					6×21×25×5			19.5	2.0
6×23×26×6	0.2	0.1	22	3.5	6×23×28×6			21.2	1.2
6×26×30×6	0.3	0.2	24.5	3.8	6×26×32×6	0.4	0.3	23.6	1.2
6×28×32×7			26.6	4.0	6×28×34×7			25.8	1.4
6×32×36×6			30.3	2.7	8×32×38×6			29.4	1.0
8×36×40×7			34.4	3.5	8×36×42×7			33.4	1.0
8×42×46×8			40.5	5.0	8×42×48×8			39.4	2.5
8×46×50×9			44.6	5.7	8×46×54×9	0.5	0.4	42.6	1.4
8×52×58×10	0.4	0.3	49.6	4.8	8×52×60×10			48.6	2.5
8×56×62×10			53.5	6.5	8×56×65×10			52.0	2.5
8×62×68×12			59.7	7.3	8×62×72×12	0.6	0.5	57.7	2.4
10×72×78×12			69.6	5.4	10×72×82×12			67.7	1.0
10×82×88×12			79.3	8.5	10×82×92×12			77.0	2.9
10×92×98×14			89.6	9.9	10×92×102×14			87.3	4.5
10×102×108×16			99.6	11.3	10×102×112×16			97.7	6.2
10×112×120×18	0.5	0.4	108.8	10.5	10×112×125×18			106.2	4.1

续 表

内、外花键的尺寸公差带

内花键				外花键			装配形式
d	D	B		d	D	B	
		拉削后不热处理	拉削后热处理				
一 般 用							
H7	H10	H9	H11	$f7$	$a11$	$d10$	滑动
				$g7$		$f9$	紧滑动
				$h7$		$h10$	固定
精 密 传 动 用							
H5	H10	H7,H9		$f5$	$a11$	$d8$	滑动
				$g5$		$f7$	紧滑动
				$h5$		$h8$	固定
H6				$f6$		$d8$	滑动
				$g6$		$f7$	紧滑动
				$h6$		$d8$	固定

注:1. 精密传动用的内花键,当需要控制键侧配合间隙时,槽宽可选 H7,一般情况下可选 H9;
2. d 为 H6 和 H7 的内花键,允许与提高一级的外花键配合;
3. 小径的极限尺寸遵守 GB/T 4249 规定的包容原则。

位置度公差

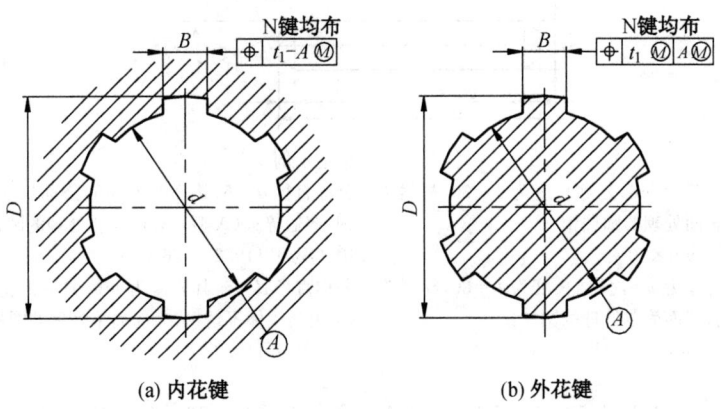

(a) 内花键　　　　　　(b) 外花键

	键槽宽或键宽 B		3	3.5~6	7~10	12~18
t_1	键槽宽		0.010	0.015	0.020	0.025
	键宽	滑动、固定	0.010	0.015	0.020	0.025
		紧滑动	0.006	0.010	0.013	0.016

续 表

对称度公差

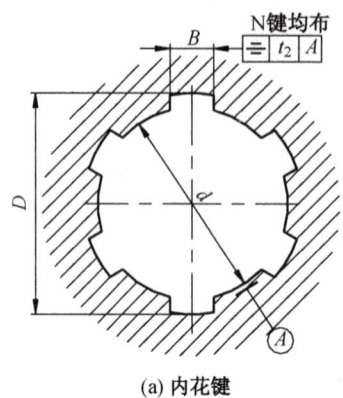

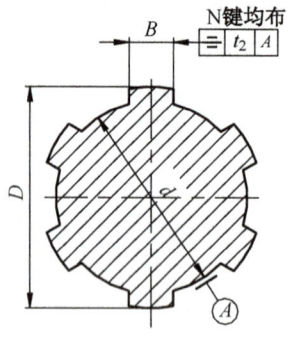

(a) 内花键　　(b) 外花键

键槽宽或键宽 B		3	3.5～6	7～10	12～18
t_2	一般用	0.010	0.012	0.015	0.018
	精密传动用	0.006	0.008	0.009	0.011

12.5.2 销连接

表 12-59　　圆柱销（GB/T 119.1～119.2—2000）　　单位：mm

圆柱销　淬硬钢和奥氏体不锈钢（GB/T 119.1—2000）　圆柱销　淬硬钢和马氏体不锈钢（GB/T 119.2—2000）末端形状，有制造者确定

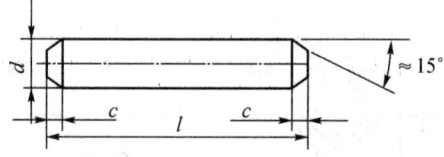

标记示例：

公称直径 $d=6$，其公差为 $m6$，公称长度为 $l=30$，材料为钢，不经淬火，不经表面处理的圆柱销

销：GB/T 119.1　6m6×30

公称直径 $d=6$，其公差为 $m6$，公称长度为 $l=30$，材料为 A1 组奥氏体不锈钢，表面简单处理的圆柱销

销：GB/T 119.1　6m6×30-Al

标记示例：

公称直径 $d=6$，其公差为 $m6$，公称长度为 $l=30$，材料为钢、普通淬火（A 型），表面氧化处理的圆柱销

销：GB/T 119.2　6×30

公称直径 $d=6$，其公差为 $m6$，公称长度为 $l=30$，材料为 C1 组马氏体不锈钢，表面简单处理的圆柱销

销：GB/T 119.2　6×30-C1

dm6/h8	0.6	0.8	1	1.2	1.5	2	2.5	3	4	5	6	8	10	12	16	20	25	30	40	50
c≈	0.12	0.16	0.2	0.25	0.3	0.35	0.4	0.5	0.63	0.8	1.2	1.6	2	2.5	3	3.5	4	5	6.3	8
l	2～6	2～8	4～10	4～12	4～16	6～20	6～24	8～30	8～40	10～50	12～60	14～80	18～95	22～140	26～180	35～200	50～200	60～200	80～200	95～200
L 系列	2，3，4，5，6，8，10，12，14，16，18，20，22，24，26，28，30，32，35，40，45，50，55，60，65，70，75，80，85，90，95，100，120，140，160，180，200																			

续 表

dm6/h8	0.6	0.8	1	1.2	1.5	2	2.5	3	4	5	6	8	10	12	16	20	25	30	40	50

技术条件	材料	GB/T 119.1 钢：奥氏体不锈钢 A1． GB/T 119.2 钢：A 型，普通淬火；B 型，表面淬火；马氏体不锈钢 C1
	表面粗糙度	GB/T 119.1 公差 m6；$Ra \leqslant 0.8\,\mu m$；h8；$Ra \leqslant 1.6\,\mu m$． GB/T 119.2 $Ra \leqslant 0.8\,\mu m$
	表面处理	①钢：不经处理；氧化；磷化；镀锌钝化．②不锈钢：简单处理．③其他表面镀层或表面处理，应由供需双方协议． ④所有公差仅适用于涂、镀前的公差

注：1. d 的其他公差由供需双方协议；
   2. GB/T 119.2 d 的尺寸范围为 1～20 mm；
   3. 当公称长度大于 200 mm（GB/T 119.1）和大于 100 mm（GB/T 119.2）时，按 20 mm 递增．

表 12-60   圆锥销（GB/T 117—2000）   单位：mm

A 型（磨削）：锥面表面粗糙度 $Ra = 0.8\,\mu m$
B 型（切削或冷镦）：锥面表面粗糙度 $Ra = 3.2\,\mu m$

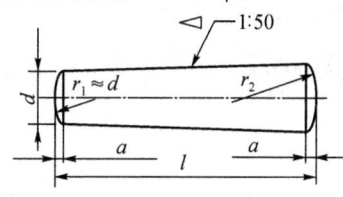

$$r_2 \approx \frac{a}{2} + d + \frac{(0.02l)^2}{8a}$$

标记示例：
公称直径 $d=5$，公称长度 $l=30$，材料为 35 钢，热处理硬度 28～38HRC，表面氧化处理 A 型圆锥销的标记：
销 GB/T 117—2000 6×30

Dh10	0.6	0.8	1	1.2	1.5	2	2.5	3	4	5	6	8	10	12	16	20	25	30	40	50
$a \approx$	0.08	0.1	0.12	0.16	0.2	0.25	0.3	0.4	0.5	0.63	0.8	1	1.2	1.6	2	2.5	3	4	5	6.3
l	4～8	5～12	6～16	6～20	8～24	10～35	10～35	12～45	14～55	18～60	22～90	22～120	26～160	32～180	40～200	45～200	50～200	55～200	0～200	95～200

l 系列	2, 3, 4, 5, 6, 8, 10, 12, 14, 16, 18, 20, 22, 24, 26, 28, 30, 32, 35, 40, 45, 50, 55, 60, 65, 70, 75, 80, 85, 90, 95, 100, 120, 140, 160, 180, 200

技术条件	材料	易切钢：Y12，Y15；碳素钢：35 钢、45 钢；合金钢：30CrMnSiA；不锈钢：1Cr13，2Cr13，Cr17Ni2，0Cr18Ni9Ti
	表面处理	①钢：不经处理；氧化；磷化；镀锌钝化．②不锈钢：简单处理．③其他表面镀层或表面处理，应由供需双方协议． ④所有公差仅适用于涂、镀前的公差

注：1. d 的其他公差由供需双方协议；
   2. 当公称长度大于 200 mm 时，按 20 mm 递增．

12.6 滚动轴承

12.6.1 常用滚动轴承的基本尺寸和数据

表 12-61　　深沟球轴承（GB/T 276—1994）

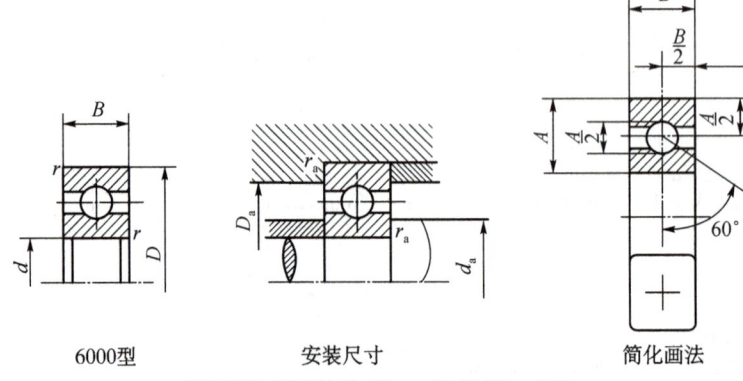

6000型　　　安装尺寸　　　简化画法

标记示例：滚动轴承 6210　GB/T 276—1994

F_a/C_{0r}	e	Y	径向当量动载荷	径向当量静载荷
0.014	0.19	2.30		
0.028	0.22	1.99		
0.056	0.26	1.71		$P_{0r} = F_r$
0.084	0.28	1.55	当 $\dfrac{F_a}{F_r} \leqslant e$, $P_r = F_r$	$P_{0r} = 0.6F_r + 0.5F_a$
0.11	0.30	1.45	当 $\dfrac{F_a}{F_r} > e$, $P_r = 0.56F_r + YF_a$	取上式两式计算结果的大值
0.17	0.34	1.31		
0.28	0.38	1.15		
0.42	0.42	1.04		
0.56	0.44	1.00		

轴承代号	基本尺寸/mm				安装尺寸/mm			基本额定动载荷 C_r/kN	基本额定静载荷 C_{0r}/kN	极限转速/(r·min^{-1})	
	d	D	B	r (min)	d_a (min)	D_a (max)	r_a (max)			脂润滑	油润滑
(1) 0 尺寸系列											
6000	10	26	8	0.3	12.4	23.6	0.3	4.58	1.98	20 000	28 000
6001	12	28	8	0.3	14.4	25.6	0.3	5.1	2.38	19 000	26 000
6002	15	32	9	0.3	17.4	29.6	0.3	5.58	2.85	18 000	24 000
6003	17	35	10	0.3	19.4	32.6	0.3	6	3.25	17 000	22 000
6004	20	42	12	0.6	25	37	0.6	9.38	5.02	15 000	19 000
6005	25	47	12	0.6	30	42	0.6	10	5.85	13 000	17 000
6006	30	55	13	1	36	49	1	13.2	8.3	10 000	14 000
6007	35	62	14	1	41	56	1	16.2	10.5	9 000	12 000
6008	40	68	15	1	46	62	1	17	11.8	8 500	11 000

续 表

轴承代号	基本尺寸/mm				安装尺寸/mm			基本额定动载荷 C_r/kN	基本额定静载荷 C_{0r}/kN	极限转速/(r·min^{-1})	
	d	D	B	r (min)	d_a (min)	D_a (max)	r_a (max)			脂润滑	油润滑
(1) 0 尺寸系列											
6009	45	75	16	1	51	69	1	21	14.8	8 000	10 000
6010	50	80	16	1	56	74	1	22	16.2	7 000	9 000
6011	55	90	18	1.1	62	83	1	30.2	21.8	6 300	8 000
6012	60	95	18	1.1	67	88	1	31.5	24.2	6 000	7 500
6013	65	100	18	1.1	72	93	1	32	24.8	5 600	7 000
6014	70	110	20	1.1	77	103	1	38.5	30.5	5 300	6 700
6015	75	115	20	1.1	82	108	1	40.2	33.2	5 000	6 300
6016	80	125	22	1.1	87	118	1	47.5	39.8	4 800	6 000
6017	85	130	22	1.1	92	123	1	50.8	42.8	4 500	5 600
6018	90	140	24	1.5	99	131	1.5	58	49.8	4 300	5 300
6019	95	145	24	1.5	104	136	1.5	57.8	50	4 000	5 000
6020	100	150	24	1.5	109	141	1.5	64.5	56.2	3 800	4 800
(0) 2 尺寸系列											
6200	10	30	9	0.6	15	25	0.6	5.1	2.38	19 000	26 000
6201	12	32	10	0.6	17	27	0.6	6.82	3.05	18 000	24 000
6202	15	35	11	0.6	20	30	0.6	7.65	3.72	17 000	22 000
6203	17	40	12	0.6	22	35	0.6	9.58	4.78	16 000	20 000
6204	20	47	14	1	26	41	1	12.8	6.65	14 000	18 000
6205	25	52	15	1	31	46	1	14	7.88	12 000	16 000
6206	30	62	16	1	36	56	1	19.5	11.5	9 500	13 000
6207	35	72	17	1.1	42	65	1	25.5	15.2	8 500	11 000
6208	40	80	18	1.1	47	73	1	29.5	18	8 000	10 000
6209	45	85	19	1.1	52	78	1	31.5	20.5	7 000	9 000
6210	50	90	20	1.1	57	83	1	35	23.2	6 700	8 500
6211	55	100	21	1.5	64	91	1.5	43.2	29.2	6 000	7 500
6212	60	110	22	1.5	69	101	1.5	47.8	32.8	5 600	7 000
6213	65	120	23	1.5	74	111	1.5	57.2	40	5 000	6 300
6214	70	125	24	1.5	79	116	1.5	60.8	45	4 800	6 000
6215	75	130	25	1.5	84	121	1.5	66	49.5	4 500	5 600
6216	80	140	26	2	90	130	2	71.5	54.2	4 300	5 300
6217	85	150	28	2	95	140	2	83.2	63.8	4 000	5 000
6218	90	160	30	2	100	150	2	95.8	71.5	3 800	4 800
6219	95	170	32	2.1	107	158	2.1	110	82.8	3 600	4 500
6220	100	180	34	2.1	112	168	2.1	122	92.8	3 400	4 300

续表

轴承代号	基本尺寸/mm				安装尺寸/mm			基本额定动载荷 C_r/kN	基本额定静载荷 C_{0r}/kN	极限转速/(r·min^{-1})	
	d	D	B	r (min)	d_a (min)	D_a (max)	r_a (max)			脂润滑	油润滑
(0)3 尺寸系列											
6300	10	35	11	0.6	15	30	0.6	7.65	3.48	18 000	24 000
6301	12	37	12	1	18	31	1	9.72	5.08	17 000	22 000
6302	15	42	13	1	21	36	1	11.5	5.42	16 000	20 000
6303	17	47	14	1	23	41	1	13.5	6.58	15 000	19 000
6304	20	52	15	1.1	27	45	1	15.8	7.88	13 000	17 000
6305	25	62	17	1.1	32	55	1	22.2	11.5	10 000	14 000
6306	30	72	19	1.1	37	65	1	27	15.2	9 000	12 000
6307	35	80	21	1.5	44	71	1.5	33.2	19.2	8 000	10 000
6308	40	90	23	1.5	49	81	1.5	40.8	24	7 000	9 000
6309	45	100	25	1.5	54	91	1.5	52.8	31.8	6 300	8 000
6310	50	110	27	2	60	100	2	61.8	38	6 000	7 500
6311	55	120	29	2	65	110	2	71.5	44.8	5 300	6 700
6312	60	130	31	2.1	72	118	2.1	81.8	51.8	5 000	6 300
6313	65	140	33	2.1	77	128	2.1	93.8	60.5	4 500	5 600
6314	70	150	35	2.1	82	138	2.1	105	68	4 300	5 300
6315	75	160	37	2.1	87	148	2.1	112	76.8	4 000	5 000
6316	80	170	39	2.1	92	158	2.1	122	86.5	3 800	4 800
6317	85	180	41	3	99	166	2.5	132	96.5	3 600	4 500
6318	90	190	43	3	104	176	2.5	145	108	3 400	4 300
6319	95	200	45	3	109	186	2.5	155	122	3 200	4 000
6320	100	215	47	3	114	201	2.5	172	140	2 800	3 600
(0)4 尺寸系列											
6 403	17	62	17	1.1	24	55	1	22.5	10.8	11 000	15 000
6404	20	72	19	1.1	27	65	1	31	15.2	9 500	13 000
6405	25	80	21	1.5	34	71	1.5	38.2	19.2	8 500	11 000
6406	30	90	23	1.5	39	81	1.5	47.5	24.5	8 000	10 000
6407	35	100	25	1.5	44	91	1.5	56.8	29.5	6 700	8 500
6408	40	110	27	2	50	100	2	65.5	37.5	6 300	8 000
6409	45	120	29	2	55	110	2	77.5	45.5	5 600	7 000
6410	50	130	31	2.1	62	118	2.1	92.2	55.2	5 300	6 700
6411	55	140	33	2.1	67	128	2.1	100	62.5	4 800	6 000
6412	60	150	35	2.1	72	138	2.1	108	70	4 500	5 600
6413	65	160	37	2.1	77	148	2.1	118	78.5	4 300	5 300
6414	70	180	42	3	84	166	2.5	140	99.5	3 800	4 800

续 表

轴承代号	基本尺寸/mm				安装尺寸/mm			基本额定动载荷 C_r/kN	基本额定静载荷 C_{0r}/kN	极限转速/(r·min^{-1})	
	d	D	B	r (min)	d_a (min)	D_a (max)	r_a (max)			脂润滑	油润滑
(0)4 尺寸系列											
6415	75	190	45	3	89	176	2.5	155	115	3 600	4 500
6416	80	200	48	3	94	186	2.5	162	125	3 400	4 300
6417	85	210	52	4	103	192	3	175	138	3 200	4 000
6418	90	225	54	4	108	207	3	192	158	2 800	3 600
6420	100	250	58	4	118	232	3	222	195	2 400	3 200

注：1. 表中 C_r 值适用于轴承为真空脱气轴承钢材料。如为普通电炉钢，C_r 值降低；如为真空重熔或电渣重熔轴承钢，C_r 值提高；

2. 表中 r_{min} 为 r 的单向最小尺寸；r_{amax} 为 r_a 的单向最大尺寸。

表 12-62　　　　　　　　调心球轴承（GB/T 281—1994）

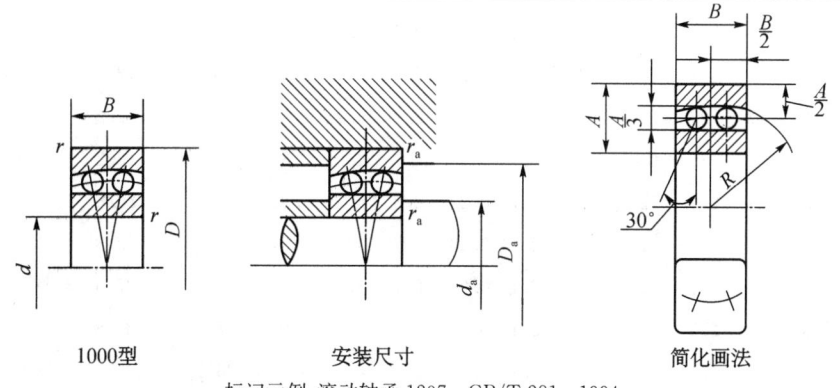

1000型　　　　　安装尺寸　　　　　简化画法

标记示例：滚动轴承 1207 GB/T 281—1994

径向当量动载荷：当 $\dfrac{F_a}{F_r} \leqslant e$ 时，$P_r = F_r + Y_1 F_a$；当 $\dfrac{F_a}{F_r} > e$ 时，$P_r = 0.65 F_r + Y_2 F_a$

径向当量静载荷：$P_{0r} = F_r + Y_0 F_a$

轴承代号	基本尺寸/mm				安装尺寸/mm			计算系数				基本额定动载荷 C_r/kN	基本额定静载荷 C_{0r}/kN	极限转速/(r·min^{-1})	
	d	D	B	r (min)	d_a (min)	D_a (max)	r_a (max)	e	Y_1	Y_2	Y_0			脂润滑	油润滑
(0)2 尺寸系列															
1204	20	47	14	1	26	41	1	0.27	2.3	3.6	2.4	9.95	2.65	14 000	17 000
1205	25	52	15	1	31	46	1	0.27	2.3	3.6	2.4	12	3.3	12 000	14 000
1206	30	62	16	1	36	56	1	0.24	2.6	4.0	2.7	15.8	4.7	10 000	12 000
1207	35	72	17	1.1	42	65	1	0.23	2.7	4.2	2.9	15.8	5.08	8 500	10 000
1208	40	80	18	1.1	47	73	1	0.22	2.9	4.4	3.0	19.2	6.4	7 500	9 000
1209	45	85	19	1.1	52	78	1	0.21	2.9	4.6	3.1	21.8	7.32	7 100	8 500
1210	50	90	20	1.1	57	83	1	0.20	3.1	4.8	3.1	22.8	8.08	6 300	8 000
1211	55	100	21	1.5	64	91	1.5	0.20	3.2	5.0	3.4	26.8	10	6 000	7 100
1212	60	110	22	1.5	69	101	1.5	0.19	3.4	5.3	3.6	30.2	11.5	5 300	6 300

续 表

轴承代号	基本尺寸/mm				安装尺寸/mm			计算系数				基本额定动载荷 C_r/kN	基本额定静载荷 C_{0r}/kN	极限转速/$(r\cdot min^{-1})$	
	d	D	B	r (min)	d_a (min)	D_a (max)	r_a (max)	e	Y_1	Y_2	Y_0			脂润滑	油润滑
(0)2尺寸系列															
1213	65	120	23	1.5	74	111	1.5	0.17	0.37	5.7	3.9	31	12.5	4 800	6 000
1214	70	125	24	1.5	79	116	1.5	0.18	3.5	5.4	3.7	34.5	13.5	4 800	5 600
1215	75	130	25	1.5	84	121	1.5	0.17	3.6	5.6	3.8	38.8	15.2	4 300	5 300
1216	80	140	26	2	90	130	2	0.18	3.6	5.5	3.7	39.5	16.8	4 000	5 000
(0)3尺寸系列															
1304	20	52	15	1.1	27	45	1	0.29	2.2	3.4	2.3	12.5	3.38	12 000	15 000
1305	25	62	17	1.1	32	55	1	0.27	2.3	3.5	2.4	17.8	5.05	10 000	13 000
1306	30	72	19	1.1	37	65	1	0.26	2.4	3.8	2.6	21.5	6.28	8 500	11 000
1307	35	80	21	1.5	44	71	1.5	0.25	2.6	4.0	2.7	25	7.95	7 500	9 500
1308	40	90	23	1.5	49	81	1.5	0.24	2.6	4.0	2.7	29.5	9.5	6 700	8 500
1309	45	100	25	1.5	54	91	1.5	0.25	2.5	3.9	2.6	38	12.8	6 000	7 500
1310	50	110	27	2	60	100	2	0.24	2.7	4.1	2.8	43.2	14.2	5 600	6 700
1311	55	120	29	2	65	110	2	0.23	2.7	4.2	2.8	51.5	18.2	5 000	6 300
1312	60	130	31	2.1	72	118	2.1	0.23	2.8	4.3	2.9	57.2	20.8	4 500	5 600
1313	65	140	33	2.1	77	128	2.1	0.23	0.28	4.3	2.9	61.8	22.8	4 300	5 300
1314	70	150	35	2.1	82	138	2.1	0.22	2.7	4.4	2.9	74.5	27.5	4 000	5 000
1315	75	160	37	2.1	87	148	2.1	0.22	2.8	4.4	3.0	79	29.8	3 800	4 500
1316	80	170	39	2.1	92	158	2.1	0.22	2.9	4.5	3.1	88.5	32.8	3 600	4 300
22尺寸系列															
2204	20	47	18	1	26	41	1	0.48	1.3	2.0	1.4	12.5	3.28	14 000	17 000
2205	25	52	18	1	31	46	1	0.41	1.5	2.3	1.5	12.5	3.4	12 000	14 000
2206	30	62	20	1	36	56	1	0.39	1.6	2.4	1.7	15.2	4.6	10 000	12 000
2207	35	72	23	1.1	42	65	1	0.38	1.7	2.6	1.8	21.8	6.65	8 500	10 000
2208	40	80	23	1.1	47	73	1	0.24	1.9	2.9	2.0	22.5	7.38	7 500	9 000
2209	45	85	23	1.1	52	78	1	0.31	2.1	3.2	2.2	23.2	8	7 100	8 500
2210	50	90	23	1.1	57	83	1	0.29	2.2	3.4	2.3	23.2	8.45	6 300	8 000
2211	55	100	25	1.5	64	91	1.5	0.28	2.3	3.5	2.4	26.8	9.95	6 000	7 100
2212	60	110	28	1.5	69	101	1.5	0.28	2.3	3.5	2.4	34	12.5	5 300	6 300
2213	65	120	31	1.5	74	111	1.5	0.28	0.23	3.5	2.4	43.5	16.2	4 800	6 000
2214	70	125	31	1.5	79	116	1.5	0.27	2.4	3.7	2.5	44	17	4 500	5 600

注:1. 表中 C_r 值适用于轴承为真空脱气轴承钢材料. 如为普通电炉钢, C_r 值降低;如为真空重熔或电渣重熔轴承钢, C_r 值提高.

2. 表中 r_{min} 为 r 的单向最小尺寸; r_{amax} 为 r_a 的单向最大尺寸.

表 12-63　　圆柱滚子轴承(GB/T 283—1994)

B
E_W
d
D
d_a
D_a
A

N0000型　NF 0000型　安装尺寸　简化画法

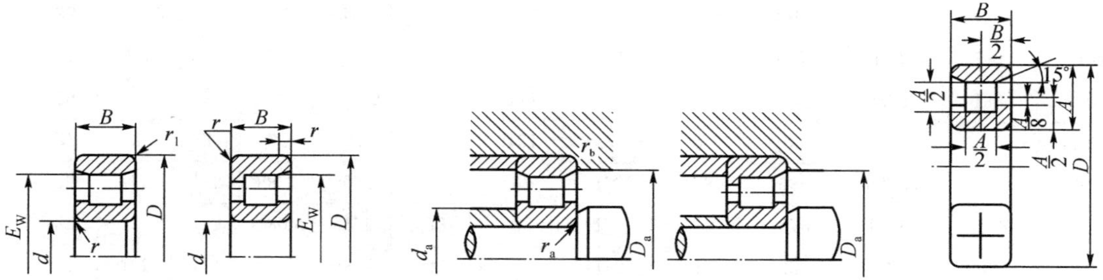

标记示例：滚动轴承 N216E　GB/T 283—1994

径向当量动载荷		径向当量静载荷
$P_r = F_r$	对轴向承载的轴承(NF 型 2，3 系列) $P_r = F_r + 0.3F_a (0 \leqslant \frac{F_a}{F_r} \leqslant 0.12)$ $P_r = 0.94F_r + 0.8F_a (0.12 \leqslant \frac{F_a}{F_r} \leqslant 0.3)$	$P_{0r} = F_r$

轴承代号		尺寸/mm							安装尺寸/mm				基本额定动载荷 C_r/kN		基本额定静载荷 C_{0r}/kN		极限转速/($r \cdot min^{-1}$)	
		d	D	B	r	r_1	E_w		d_a	D_a	r_a	r_b						
					min		N 型	NF 型	min		max		N 型	NF 型	N 型	NF 型	脂润滑	油润滑
(0)2 尺寸系列																		
N204E	NF204	20	47	14	1	0.6	41.5	40	25	42	1	0.6	25.8	12.5	24	11.0	12 000	16 000
N205E	NF205	25	52	15	1	0.6	46.5	45	30	47	1	0.6	27.5	14.2	26.8	12.8	11 000	14 000
N206E	NF206	30	62	16	1	0.6	55.5	53.5	35	57	1	0.6	36	19.5	35.5	18.2	8 500	11 000
N207E	NF207	35	72	17	1.1	0.6	64	61.8	41.6	65.4	1	0.6	46.5	28.5	48	28.0	7 500	9 500
N208E	NF208	40	80	18	1.1	1.1	71.5	70	46.6	73.4	1	1	51.5	37.5	53	38.2	7 000	9 000
N209E	NF209	45	85	19	1.1	1.1	76.5	75	51.6	78.4	1	1	58.5	39.8	63.8	41.0	6 300	8 000
N210E	NF210	50	90	20	1.1	1.1	81.5	80.4	56.6	83.4	1	1	61.2	43.2	69.2	48.5	6 000	7 500
N211E	NF211	55	100	21	1.5	1.1	90	88.5	63	92	1.5	1	80.2	52.8	95.5	60.2	5 300	6 700

续 表

轴承代号		尺寸/mm							安装尺寸/mm				基本额定动载荷 C_r/kN		基本额定静载荷 C_{0r}/kN		极限转速/($r \cdot min^{-1}$)	
		d	D	B	r	r_1	E_w		d_a	D_a	r_a	r_b						
					min		N 型	NF 型	min		max		N 型	NF 型	N 型	NF 型	脂润滑	油润滑
(0)2 尺寸系列																		
N212E	NF212	60	110	22	1.5	1.5	100	97	68	102	1.5	1.5	89.8	62.8	102	73.5	5 000	6 300
N213E	NF213	65	120	23	1.5	1.5	108.5	105.5	73	112	1.5	1.5	102	73.2	118	87.5	4 500	5 600
N214E	NF214	70	125	24	1.5	1.5	113.5	110.5	78	117	1.5	1.5	112	73.2	135	87.5	4 300	5 300
N215E	NF215	75	130	25	1.5	1.5	118.5	118.3	83	122	1.5	1.5	125	89.0	155	110	4 000	5 000
N216E	NF216	80	140	26	2	2	127.3	125	89	131	2	2	132	102	165	125	3 800	4 800
N217E	NF217	85	150	28	2	2	136.5	135.5	94	141	2	2	158	115	192	145	3 600	4 500
N218E	NF218	90	160	30	2	2	145	143	99	151	2	2	172	142	215	178	3 400	4 300
N219E	NF219	95	170	32	2.1	2.1	154.5	151.5	106	159	2.1	2.1	208	152	262	190	3 200	4 000
N220E	NF220	100	180	34	2.1	2.1	163	160	111	169	2.1	2.2	235	168	302	212	3 000	3 800
(0)3 尺寸系列																		
N304E	NF304	20	52	15	1.1	0.6	45.5	44.5	26.6	45.4	1	0.6	29	18.0	25.5	15.0	11 000	15 000
N305E	NF305	25	62	17	1.1	1.1	54	53	31.6	55.4	1	1	38.5	25.5	35.8	22.5	9 000	12 000
N306E	NF306	30	72	19	1.1	1.1	62.5	62	36.6	65.4	1	1	49.2	33.5	48.2	31.5	8 000	10 000
N307E	NF307	35	80	21	1.5	1.1	70.2	68.2	43	72	1.5	1	62	41.0	63.2	39.2	7 000	9 000
N308E	NF308	40	90	23	1.5	1.5	80	77.5	48	82	1.5	1.5	76.8	48.8	77.8	47.5	6 300	8 000
N309E	NF309	45	100	25	1.5	1.5	88.5	86.5	53	92	1.5	1.5	93	66.8	98	66.8	5 600	7 000
N310E	NF210	50	110	27	2	2	97	95	59	101	2	2	105	76.0	112	79.5	5 300	6 700
N311E	NF311	55	120	29	2	2	106.5	104.5	64	111	2	2	128	97.8	138	105	4 800	6 000
N312E	NF312	60	130	31	2.1	2.1	115	113	71	119	2.1	2.1	142	118	155	128	4 500	5 600
N313E	NF313	65	140	33	2.1		124.5	121.5	76	129	2.1		170	125	188	135	4 000	5 000

续 表

轴承代号		尺寸/mm							安装尺寸/mm				基本额定动载荷 C_r/kN		基本额定静载荷 C_{0r}/kN		极限转速/(r·min^{-1})	
		d	D	B	r	r_1	E_w		d_a	D_a	r_a	r_b						
					min		N型	NF型	min		max		N型	NF型	N型	NF型	脂润滑	油润滑
(0)3尺寸系列																		
N314E	NF314	70	150	35	2.1		133	130	81	139	2.1		195	145	220	162	3 800	4 800
N315E	NF315	75	160	37	2.1		143	139.5	86	149	2.1		228	165	260	188	3 600	4 500
N316E	NF316	80	170	39	2.1		151	147	91	159	2.1		245	175	282	200	3 400	4 300
N317E	NF317	85	180	41	3		160	156	98	167	2.5		280	212	332	242	3 200	4 000
N318E	NF318	90	190	43	3		169.5	165	103	177	2.5		298	228	348	265	3 000	3 800
N319E	NF319	95	200	45	3		177.5	173.5	108	187	2.5		315	245	380	288	2 800	3 600
N320E	NF320	100	215	47	3		191.5	185.5	113	202	2.5		365	282	425	240	2 600	3 200
(0)4尺寸系列																		
N406		30	90	23	1.5		73		39	—	1.5		57.2		53.0		7 000	9 000
N407		35	100	25	1.5		83		44	—	1.5		70.8		68.2		6 000	7 500
N408		40	110	27	2		92		50	—	2		90.5		89.8		5 600	7 000
N409		45	120	29	2		100.5		55	—	2		102		100		5 000	6 300
N410		50	130	31	2.1		110.8		62	—	2.1		120		120		4 800	6 000
N411		55	140	33	2.1		117.2		67	—	2.1		128		132		4 300	5 300
N412		60	150	35	2.1		127		72	—	2.1		155		162		4 000	5 000
N413		65	160	37	2.1		135.3		77	—	2.1		170		178		3 800	4 800
N414		70	180	42	3		152		84	—	2.5		215		232		3 400	4 300
N415		75	190	45	3		160.5		89	—	2.5		250		272		3 200	4 000
N416		80	200	48	3		170		94	—	2.5		285		315		3 000	3 800
N417		85	210	52	4		179.5		103	—	3		312		345		2 800	3 600
N418		90	225	54	4		191.5		108	—	3		352		392		2 400	3 200
N419		95	240	55	4		201.5		113	—	3		378		428		2 200	3 000
N420		100	250	58	4		211		118	—	3		418		480		2 000	2 800

表 12-64　　角接触球轴承(GB/T 292—1994)

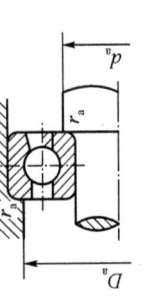

70000C(AC)型

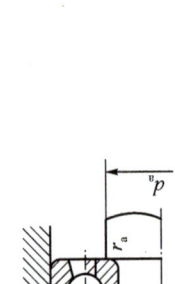

安装尺寸

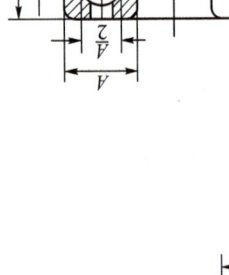

简化画法

标记示例:滚动轴承 7210C　GB/T 292—1994

iF_a/C_{0r}	e	Y	70000C 型	70000AC 型
0.015	0.38	1.47	径向当量动载荷 当$\frac{F_a}{F_r}\leqslant e$，$P_r=F_r$ 当$\frac{F_a}{F_r}>e$，$P_r=0.44F_r+YF_a$	径向当量动载荷 当$\frac{F_a}{F_r}\leqslant 0.68$，$P_r=F_r$ 当$\frac{F_a}{F_r}>0.68$，$P_r=0.41F_r+0.87F_a$
0.029	0.40	1.40		
0.058	0.43	1.30		
0.087	0.46	1.23		
0.12	0.47	1.19		
0.17	0.50	1.12		
0.29	0.55	1.02	径向当量静载荷 $P_{0r}=0.5F_r+0.46F_a$ 当 $P_{0r}<F_r$ 取 $P_{0r}=F_r$	径向当量静载荷 $P_{0r}=0.5F_r+0.38F_a$ 当 $P_{0r}<F_r$ 取 $P_{0r}=F_r$
0.44	0.56	1.00		
0.58	0.56	1.00		

轴承代号		尺寸/mm					安装尺寸/mm			70000C(15°)			70000AC(25°)			极限转速/(r·min^{-1})	
		d	D	B	r	r_1	d_a (min)	D_a	r_a	a /mm	基本额定 动载荷 C_r	基本额定 静载荷 C_{0r}	a /mm	基本额定 动载荷 C_r	基本额定 静载荷 C_{0r}	脂润滑	油润滑
					min			max			kN			kN			
(0)1 尺寸系列																	
7000C	7000AC	10	26	8	0.3	0.15	12.4	23.6	0.3	6.4	4.92	2.25	8.2	4.75	2.12	19 000	28 000
7001C	7001AC	12	28	8	0.3	0.15	14.4	25.6	0.3	6.7	5.42	2.65	8.7	5.2	2.55	18 000	26 000

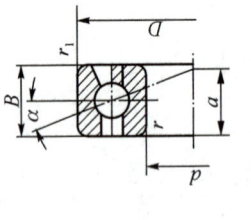

续 表

轴承代号		尺寸/mm					安装尺寸/mm			70000C(15°)			70000AC(25°)			极限转速 /(r·min⁻¹)	
											基本额定			基本额定			
		d	D	B	r	r_1	d_a (min)	D_a	r_a	a /mm	动载荷 C_r	静载荷 C_{0r}	a /mm	动载荷 C_r	静载荷 C_{0r}		
					min			max			kN			kN		脂润滑	油润滑
(0)1 尺寸系列																	
7002C	7002AC	15	32	9	0.3	0.15	17.4	29.6	0.3	7.6	6.25	3.42	10	5.95	3.25	17 000	24 000
7003C	7003AC	17	35	10	0.3	0.15	19.4	32.6	0.3	8.5	6.6	3.85	11.1	6.3	3.68	16 000	22 000
7004C	7004AC	20	42	12	0.6	0.15	25	37	0.6	10.2	10.5	6.08	13.2	10	5.78	14 000	19 000
7005C	7005AC	25	47	12	0.6	0.15	30	42	0.6	10.8	11.5	7.45	14.4	11.2	7.08	12 000	17 000
7006C	7006AC	30	55	13	1	0.3	36	49	1	12.2	15.2	10.2	16.4	14.5	9.85	9 500	14 000
7007C	7007AC	35	62	14	1	0.3	41	56	1	13.5	19.5	14.2	18.3	18.5	13.5	8 500	12 000
7008C	7008AC	40	68	15	1	0.3	46	62	1	14.7	20	15.2	20.1	19	14.5	8 000	11 000
7009C	7009AC	45	75	16	1	0.3	51	69	1	16	25.8	20.5	21.9	25.8	19.5	7 500	10 000
7010C	7010AC	50	80	16	1	0.3	56	74	1	16.7	26.5	22	23.2	25.2	21	6 700	9 000
7011C	7011AC	55	90	18	1.1	0.6	62	83	1	18.7	37.2	30.5	25.9	35.2	29.2	6 000	8 000
7012C	7012AC	60	95	18	1.1	0.6	67	88	1	19.4	38.2	32.8	27.1	36.2	31.5	5 600	7 500
7013C	7013AC	65	100	18	1.1	0.6	72	93	1	20.1	40	35.5	28.2	38	33.8	5 300	7 000
7014C	7014AC	70	110	20	1.1	0.6	77	103	1	22.1	48.2	43.5	30.9	45.8	41.5	5 000	6 700
7015C	7015AC	75	115	20	1.1	0.6	82	108	1	22.7	49.5	46.5	32.2	46.8	44.2	4 800	6 300
7016C	7016AC	80	125	22	1.1	0.6	87	118	1.5	24.7	58.5	55.8	34.9	55.5	53.2	4 500	6 000
7017C	7017AC	85	130	22	1.1	0.6	92	123	1.5	25.4	62.5	60.2	36.1	59.2	57.2	4 300	5 600
7018C	7018AC	90	140	24	1.5	0.6	99	131	1.5	27.4	71.5	69.8	38.8	67.5	66.5	4 000	5 300
7019C	7019AC	95	145	24	1.5	0.6	104	136	1.5	28.1	73.5	73.2	40	69.5	69.8	3 800	5 000
7020C	7020AC	100	150	24	1.5	0.6	109	141	1.5	28.7	79.2	78.5	41.2	75	74.8	3 800	5 000

续 表

轴承代号		尺寸/mm					安装尺寸/mm			70000C(15°)			70000AC(25°)			极限转速 /(r · min^{-1})	
		d	D	B	r	r_1	d_a (min)	D_a	r_a	a /mm	基本额定		a /mm	基本额定			
											动载荷 C_r	静载荷 C_{0r}		动载荷 C_r	静载荷 C_{0r}		
					min			max			kN			kN		脂润滑	油润滑
(0)2 尺寸系列																	
7200C	7200AC	10	30	9	0.6	0.15	15	25	0.6	7.2	5.82	2.95	9.2	5.58	2.82	18 000	26 000
7201C	7201AC	12	32	10	0.6	0.15	17	27	0.6	8	7.35	3.52	10.2	7.1	3.35	17 000	24 000
7202C	7202AC	15	35	11	0.6	0.15	20	30	0.6	8.9	8.68	4.62	11.4	8.35	4.4	16 000	22 000
7203C	7203AC	17	40	12	0.6	0.3	22	35	0.6	9.9	10.8	5.95	12.8	10.5	5.65	15 000	20 000
7204C	7204AC	20	47	14	1	0.3	26	41	1	11.5	14.5	8.22	14.9	14	7.82	13 000	18 000
7205C	7205AC	25	52	15	1	0.3	31	46	1	12.7	16.5	10.5	16.4	15.8	9.88	11 000	16 000
7206C	7206AC	30	62	16	1	0.3	36	56	1	14.2	23	15	18.7	22	14.2	9 000	13 000
7207C	7207AC	35	72	17	1.1	0.6	42	65	1	15.7	30.5	20	21	29	19.2	8 000	11 000
7208C	7208AC	40	80	18	1.1	0.6	47	73	1	17	36.8	25.8	23	35.2	24.5	7 500	10 000
7209C	7209AC	45	85	19	1.1	0.6	52	78	1	18.2	38.5	28.5	24.7	36.8	27.2	6 700	9 000
7210C	7210AC	50	90	20	1.1	0.6	57	83	1	19.4	42.8	32	26.3	40.8	30.5	6 300	8 500
7211C	7211AC	55	100	21	1.5	0.6	64	91	1.5	20.9	52.8	40.5	28.6	50.5	38.5	5 600	7 500
7212C	7212AC	60	110	22	1.5	0.6	69	101	1.5	22.4	61	48.5	30.8	58.2	46.2	5 300	7 000
7213C	7213AC	65	120	23	1.5	0.6	74	111	1.5	24.2	69.8	55.2	33.5	66.5	52.5	4 800	6 300
7214C	7214AC	70	125	24	1.5	0.6	79	116	1.5	25.3	70.2	60	35.1	69.2	57.5	4 500	6 700
7215C	7215AC	75	130	25	1.5	0.6	84	121	1.5	26.4	79.2	65.8	36.6	75.2	63	4 300	5 600
7216C	7216AC	80	140	26	2	1	90	130	2	27.7	89.5	78.2	38.9	85	74.5	4 000	5 300
7217C	7217AC	85	150	28	2	1	95	140	2	29.9	99.8	85	41.6	94.8	81.5	3 800	5 000
7218C	7218AC	90	160	30	2	1	100	150	2	31.7	122	105	44.2	118	100	3 600	4 800
7219C	7219AC	95	170	32	2.1	1.1	107	158	2.1	33.8	135	115	46.9	128	108	3 400	4 500
7220C	7220AC	100	180	34	2.1	1.1	112	168	2.1	35.8	148	128	49.7	142	122	3 200	4 300

续 表

轴承代号		尺寸/mm					安装尺寸/mm			70000C(15°)			70000AC(25°)			极限转速/(r·min^{-1})	
		d	D	B	r	r_1	d_a (min)	D_a	r_a	a /mm	基本额定 动载荷 C_r	基本额定 静载荷 C_{0r}	a /mm	基本额定 动载荷 C_r	基本额定 静载荷 C_{0r}	脂润滑	油润滑
					min			max			kN			kN			
(0)3尺寸系列																	
7301C	7301AC	12	37	12	1	0.3	18	31	1	8.6	8.10	5.22	12	8.08	4.88	16 000	22 000
7302C	7302AC	15	42	13	1	0.3	21	36	1	9.6	9.38	5.95	13.5	9.08	5.58	1 500	20 000
7303C	7303AC	17	47	14	1	0.3	23	41	1	10.4	12.8	8.62	14.8	11.5	7.08	14 000	19 000
7304C	7304AC	20	52	15	1.1	0.6	27	45	1	11.3	14.2	9.68	16.8	13.8	9.10	12 000	17 000
7305C	7305AC	25	62	17	1.1	0.6	32	55	1	13.1	21.5	15.8	19.1	20.8	14.8	9 500	14 000
7306C	7306AC	30	72	19	1.1	0.6	37	65	1	15	26.5	19.8	22.2	25.2	18.5	8 500	12 000
7307C	7307AC	35	80	21	1.5	0.6	44	71	1.5	16.6	34.2	26.8	24.5	32.8	24.8	7 500	10 000
7308C	7308AC	40	90	23	1.5	0.6	49	81	1.5	18.5	40.2	32.3	27.5	38.5	30.5	6 700	9 000
7309C	7309AC	45	100	25	1.5	0.6	54	91	1.5	20.2	49.2	39.8	30.2	47.5	37.2	6 000	8 000
7310C	7310AC	50	110	27	2	1	60	100	2	22	53.5	47.2	33	55.5	44.5	5 600	7 500
7311C	7311AC	55	120	29	2	1	65	110	2	23.8	70.5	60.5	35.8	64.7	56.8	5 000	6 700
7312C	7312AC	60	130	31	2.1	1.1	72	118	2.1	25.6	80.5	70.2	38.7	77.8	65.8	4 800	6 300
7313C	7313AC	65	140	33	2.1	1.1	77	128	2.1	27.4	91.5	80.5	41.5	89.8	75.5	4 300	5 600
7314C	7314AC	70	150	35	2.1	1.1	82	138	2.1	29.2	102	91.5	44.3	98.5	86	4 000	5 300
7315C	7315AC	75	160	37	2.1	1.1	87	148	2.1	31	112	105	47.2	108	97	3 800	5 000
7316C	7316AC	80	170	39	2.1	1.1	92	158	2.1	32.8	122	118	50	118	108	3 600	4 800
7317C	7317AC	85	180	41	3	1.1	99	166	2.5	34.6	132	128	52.8	125	122	3 400	4 500
7318C	7318AC	90	190	43	3	1.1	104	176	2.5	36.4	142	142	55.6	135	135	3 200	4 300
7319C	7319AC	95	200	45	3	1.1	109	186	2.5	38.2	152	158	58.5	145	148	3 000	4 000
7320C	7320AC	100	215	47	3	1.1	114	201	2.5	40.2	162	175	31.9	165	178	2 600	3 600

表 12-65　　圆锥滚子轴承(GB/T 297—1994)

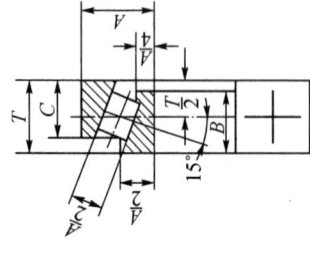

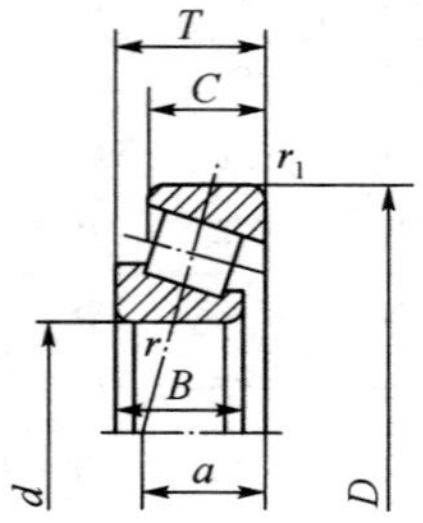

30000型

安装尺寸

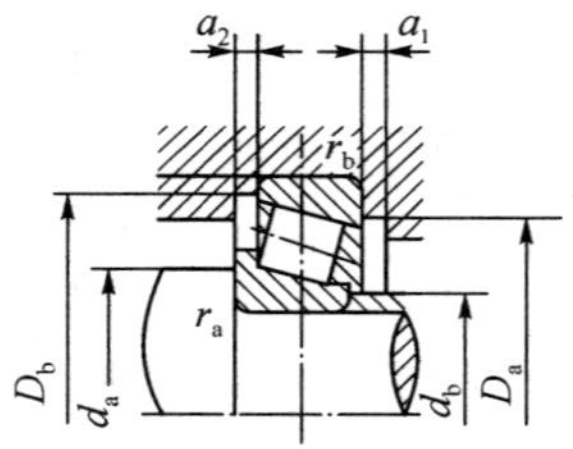

简化画法

标记示例:滚动轴承 30310　GB/T 297—1994

径向当量动载荷	径向当量静载荷
当$\frac{F_a}{F_r}\leqslant e$, $P_r=F_r$ 当$\frac{F_a}{F_r}>e$, $P_r=0.4F_r+YF_a$	$P_{0r}=F_r$ $P_{0r}=0.5F_r+Y_0F_a$ 取上式两式计算结果的较大值

轴承代号	尺寸/mm								安装尺寸/mm									计算系数			基本额定		极限转速/(r·min^{-1})	
	d	D	T	B	C	r (min)	r_1 (min)	a ≈	d_a (min)	d_b (max)	D_a (min)	D_a (max)	D_b (min)	a_1 (min)	a_2 (min)	r_a (max)	r_b (max)	e	Y	Y_0	动载荷 C_r/kN	静载荷 C_{0r}/kN	脂润滑	油润滑
(0)2 尺寸系列																								
30203	17	40	13.3	12	11	1	1	9.9	23	23	34	34	37	2	2.5	1	1	0.35	1.74	0.96	20.8	21.8	9 000	12 000
30204	20	47	15.3	14	12	1	1	11.2	26	27	40	41	43	2	3.5	1	1	0.35	1.74	0.96	28.2	30.5	8 000	10 000
30205	25	52	16.3	15	13	1	1	12.5	31	31	44	46	48	2	3.5	1	1	0.37	1.60	0.88	32.2	37	7 000	9 000
30206	30	62	17.3	16	14	1	1	13.8	36	37	53	56	58	2	3.5	1	1	0.37	1.60	0.88	43.2	50.5	6 000	7 500
30207	35	72	18.3	17	15	1.5	1.5	15.3	44	44	62	63	67	3	3.5	1.5	1.5	0.37	1.60	0.88	54.2	63.5	5 300	6 700
30208	40	80	19.8	18	16	1.5	1.6	16.9	49	49	69	71	75	3	4	1.5	1.5	0.37	1.60	0.88	63	74	5 000	6 300

续 表

轴承代号	尺寸/mm								安装尺寸/mm									计算系数			基本额定		极限转速 /(r·min⁻¹)	
	d	D	T	B	C	r (min)	r_1 (min)	a ≈	d_a (min)	d_b (max)	D_a (min)	D_a (max)	D_b (min)	a_1 (min)	a_2 (min)	r_a (max)	r_b (max)	e	Y	Y_0	动载荷 C_r/kN	静载荷 C_{0r}/kN	脂润滑	油润滑
(0)2 尺寸系列																								
30209	45	85	20.8	19	16	1.5	1.5	18.6	54	53	74	76	80	3	5	1.5	1.5	0.41	1.48	0.81	67.8	83.5	4 500	5 600
30210	50	90	21.8	20	17	1.5	1.5	20	59	58	79	81	86	3	5	1.5	1.5	0.42	1.43	0.79	73.2	92	4 300	5 300
30211	55	100	22.8	21	18	2	2	21	65	64	88	90	95	4	5	2	1.5	0.40	1.48	0.81	90.8	115	3 800	4 800
30212	60	110	23.8	22	19	2	2	22.3	70	69	96	100	103	4	5	2	1.5	0.40	1.48	0.81	102	130	3 600	4 500
30213	65	120	24.8	23	20	2	2	23.8	75	77	106	110	114	4	5	2	1.5	0.40	1.48	0.81	120	152	3 200	4 000
30214	70	125	26.3	24	21	2	2	25.8	80	81	110	115	119	4	5.5	2	1.5	0.42	1.43	0.79	132	175	3 000	3 800
30215	75	130	27.3	25	22	2	2	27.4	85	85	115	120	125	4	5.5	2.1	1.5	0.44	1.38	0.76	138	185	2 800	3 600
30216	80	140	28.3	26	22	2.5	2.5	28.1	92	90	124	128	133	4	6	2.1	2	0.42	1.43	0.79	160	212	2 600	3 400
30217	85	150	30.5	28	24	2.5	2.5	30.3	97	96	132	138	142	5	6.5	2.1	2	0.42	1.43	0.79	178	238	2 400	3 200
30218	90	160	32.5	30	26	2.5	2.5	32.3	100	102	140	148	151	5	6.5	2.1	2	0.42	1.43	0.79	200	270	2 200	3 000
30219	95	170	34.5	32	27	3	3	34.2	107	108	149	156	160	5	7.5	2.5	2.1	0.42	1.43	0.79	228	308	2 000	2 800
30220	100	180	37	34	29	3	3	36.4	112	114	157	166	169	5	8	2.5	2.1	0.42	1.43	0.79	255	350	1 900	2 600
(0)3 尺寸系列																								
30302	15	42	14.25	13	11	1	1	9.6	21	22	36	36	38	2	3.5	1	1	0.29	2.1	1.2	22.8	21.5	9 000	12 000
30303	17	47	15.25	14	12	1	1	10.4	23	25	40	41	43	3	3.5	1	1	0.29	2.1	1.2	28.2	27.2	8 500	11 000
30304	20	52	16.25	15	13	1.5	1.5	11.1	27	28	44	45	48	3	3.5	1.5	1.5	0.3	2	1.1	33.0	33.2	7 500	9 500
30305	25	62	18.25	17	15	1.5	1.5	13	32	34	54	55	58	3	3.5	1.5	1.5	0.3	2	1.1	46.8	48.0	6 300	8 000
30306	30	72	20.75	19	16	1.5	1.5	15.3	37	40	62	65	66	3	5	1.5	1.5	0.31	1.9	1.1	59.0	63.0	5 600	7 000
30307	35	80	22.75	21	18	2	1.5	16.8	44	45	70	71	74	3	5	2	1.5	0.31	1.9	1.1	75.2	82.5	5 000	6 300
30308	40	90	25.25	23	20	2	1.5	19.5	49	52	77	81	84	3	5.5	2	1.5	0.35	1.7	1	90.8	108	4 500	5 600
30309	45	100	27.25	25	22	2	1.5	21.3	54	59	86	91	94	3	5.5	2	1.5	0.35	1.7	1	108	130	4 000	5 000
30310	50	110	29.25	27	23	2.5	2	23	60	65	95	100	103	4	6.5	2	2	0.35	1.7	1	130	158	3 800	4 800

续 表

轴承代号	尺寸/mm							安装尺寸/mm									计算系数			基本额定		极限转速/(r·min^{-1})	
	d	D	T	B	C	r (min)	r_1 (min)	a ≈	d_a (min)	d_b (max)	D_a (min)	D_a (max)	D_b (min)	a_1 (min)	a_2 (min)	r_a (max)	r_b (max)	e	Y	Y_0	动载荷 C_r/kN	静载荷 C_{0r}/kN	脂润滑	油润滑
(0)3尺寸系列																								
30311	55	120	31.5	29	25	2.5	2	24.9	65	70	104	110	112	4	6.5	2.5	2	0.35	1.7	1	152	188	3 400	4 300
30312	60	130	33.5	31	26	3	2.5	26.6	72	76	112	118	121	5	7.5	2.5	2.1	0.35	1.7	1	170	210	3 200	4 000
30313	62	140	36	33	28	3	2.5	28.7	77	83	122	128	131	5	8	2.5	2.1	0.35	1.7	1	195	242	2 800	3 600
30314	70	150	38	35	30	3	2.5	30.7	82	89	130	138	141	5	8	2.5	2.1	0.35	1.7	1	218	272	2 600	3 400
30315	75	160	40	37	31	3	2.5	32	87	95	139	148	150	5	9	2.5	2.1	0.35	1.7	1	252	318	2 400	3 200
30316	80	170	42.5	39	33	3	2.5	34.4	92	102	148	158	160	5	9.5	2.5	2.1	0.35	1.7	1	278	352	2 200	3 000
30317	85	180	44.5	41	34	4	3	35.9	99	107	159	166	168	6	10.5	3	2.5	0.35	1.7	1	305	388	2 000	2 800
30318	90	190	46.5	43	36	4	3	37.5	104	113	165	176	178	6	10.5	3	2.5	0.35	1.7	1	342	440	1 900	2 600
30319	95	200	49.5	45	38	4	3	40.1	109	118	172	186	185	6	11.5	3	2.5	0.35	1.7	1	370	478	1 800	2 400
30320	100	215	51.5	47	39	4	3	42.2	114	127	184	201	199	6	12.5	3	2.5	0.35	1.7	1	405	525	1 600	2 000
(2)2尺寸系列																								
32206	30	62	21.25	20	17	1	1	15.6	36	36	52	56	58	3	4.5	1	1	0.37	1.6	0.9	51.8	63.8	6 000	7 500
32207	35	72	24.25	23	19	1.5	1.5	17.9	42	42	61	65	68	3	5.5	1.5	1.5	0.37	1.6	0.9	70.5	89.5	5 300	6 700
32208	40	80	24.75	23	19	1.5	1.5	18.9	47	48	68	73	75	3	6	1.5	1.5	0.37	1.6	0.9	77.8	98.2	5 000	6 300
32209	45	85	24.75	23	19	1.5	1.5	20.1	52	53	73	78	81	3	6	1.5	1.5	0.4	1.5	0.8	80.8	105	4 500	5 600
32210	50	90	24.75	23	19	1.5	1.5	21	57	57	78	83	86	3	6	1.5	1.5	0.42	1.4	0.8	82.8	108	4 300	5 300
32211	55	100	26.75	25	21	2	1.5	22.8	64	62	87	91	96	4	6	2	1.5	0.4	1.5	0.8	108	142	3 800	4 800
32212	60	110	29.75	28	24	2	1.5	25	69	68	87	101	105	4	6	2	1.5	0.4	1.5	0.8	132	180	3 600	4 500
32213	65	120	32.75	31	27	2	1.5	27.3	74	75	104	111	115	4	6	2	1.5	0.4	1.5	0.8	160	222	3 200	4 000
32214	70	125	33.25	31	27	2	1.5	28.8	79	79	108	116	120	4	6.5	2	1.5	0.42	1.4	0.8	168	138	3 000	3 800
32215	75	130	33.25	31	27	2	1.5	30	84	84	115	121	126	4	6.5	2	1.5	0.44	1.4	0.8	170	242	2 800	3 600
32216	80	140	35.25	33	28	2.5	2	31.4	90	89	122	130	135	5	7.5	2.1	2	0.42	1.4	0.8	198	278	2 600	3 400

续 表

轴承代号	尺寸/mm								安装尺寸/mm									计算系数			基本额定		极限转速/$(r \cdot min^{-1})$	
	d	D	T	B	C	r (min)	r_1 (min)	a ≈	d_a (min)	d_b (max)	D_a (min)	D_a (max)	D_b (min)	a_1 (min)	a_2 (min)	r_a (max)	r_b (max)	e	Y	Y_0	动载荷 C_r/kN	静载荷 C_{0r}/kN	脂润滑	油润滑
(2)2 尺寸系列																								
32217	85	150	38.5	36	30	2.5	2	33.9	95	95	130	140	143	5	8.5	2.1	2	0.42	1.4	0.8	228	325	2 400	3 200
32218	90	160	42.5	40	34	2.5	2	36.8	100	101	138	150	153	5	8.5	2.1	2	0.42	1.4	0.8	270	395	2 200	3 000
32219	95	170	45.5	43	37	3	1.5	39.2	107	106	145	158	163	5	8.5	2.5	2.1	0.42	1.4	0.8	302	448	2 000	2 800
32220	100	180	49	46	38	3	1.5	41.9	112	113	154	168	172	5	10	2.5	2.1	0.42	1.4	0.8	340	512	1 900	2 600
(2)3 尺寸系列																								
32303	17	47	20.25	19	16	1	1	12.3	23	24	39	41	43	3	4.5	1	1	0.29	2.1	1.2	35.2	36.2	8 500	11 000
32304	20	52	22.25	21	18	1.5	1.5	13.6	27	26	43	45	48	3	4.5	1.5	1.5	0.3	2	1.1	42.8	46.2	7 500	9 500
32305	25	62	25.25	24	20	1.5	1.5	15.9	32	32	52	55	58	3	5.5	1.5	1.5	0.3	2	1.1	61.5	68.8	9 300	8 000
32306	30	72	28.75	27	23	1.5	1.5	18.9	37	38	59	65	66	4	6	1.5	1.5	0.31	1.9	1.1	81.5	96.5	5 600	7 000
32307	35	80	32.75	31	25	2	1.5	20.4	44	43	66	71	74	4	8.5	2	1.5	0.31	1.9	1.1	99.0	118	5 000	6 300
32308	40	90	35.25	33	27	2	1.5	23.3	49	49	73	81	83	4	9.5	2	1.5	0.35	1.7	1	115	148	4 500	5 600
32309	45	100	38.25	36	30	2	1.5	25.6	54	56	82	91	93	4	8.5	2	1.5	0.35	1.7	1	145	188	4 000	5 000
32310	50	110	42.25	40	33	2.2	2	28.2	60	61	90	100	102	5	9.5	2.5	2	0.35	1.7	1	178	235	3 800	4 800
32311	55	120	45.5	43	35	2.5	2	30.4	65	66	99	110	111	5	10	2.5	2	0.35	1.7	1	202	270	3 400	4 300
32312	60	130	48.5	46	37	3	2.5	32	72	72	107	118	122	6	11.5	2.5	2.1	0.35	1.7	1	228	302	3 200	4 000
32313	65	140	51	48	39	3	2.5	34.3	77	79	117	128	131	6	12	2.5	2.1	0.35	1.7	1	260	350	2 800	3 600
32314	70	150	54	51	42	3	2.5	36.5	82	84	125	138	141	6	12	2.5	2.1	0.35	1.7	1	298	408	2 600	3 400
32315	75	160	58	55	45	3	2.5	39.4	87	91	133	148	150	7	13	2.5	2.1	0.35	1.7	1	348	482	2 400	3 200
32316	80	170	61.5	58	48	3	2.5	42.1	92	97	142	158	160	7	13.5	2.5	2.1	0.35	1.7	1	388	542	2 200	3 000
32317	85	180	63.5	60	49	4	3	43.5	99	102	150	166	168	8	14.5	3	2.5	0.35	1.7	1	422	592	2 000	2 800
32318	90	190	67.5	64	53	4	3	46.2	104	107	157	176	178	8	14.5	3	2.5	0.35	1.7	1	478	682	1 900	2 600
32319	95	200	71.5	67	55	4	3	49	109	114	166	186	187	8	16.5	3	2.5	0.35	1.7	1	515	738	1 800	2 400
32320	100	215	77.5	73	60	4	3	52.9	114	122	177	201	201	8	17.5	3	2.5	0.35	1.7	1	600	872	1 600	2 000

注：1. 表中 C_r 值适用于轴承为真空脱气轴承钢材料。如为普通电炉钢，C_r 值降低；如为真空重熔或电渣重熔轴承钢，C_r 值提高；

2. 表中 r_{min}，r_{1min} 分别为 r，r_1 的单向最小倒角尺寸；r_{amax}，r_{bmax} 分别为 r_a，r_b 的单向最大尺寸.

12.6.2 滚动轴承的配合

表 12-66　　　　　　　　向心轴承和轴的配合、轴公差带代号

运转状态		载荷状态	圆柱孔轴承			
			深沟球轴承、调心球轴承和角接触球轴承	圆柱滚子轴承和圆锥滚子轴承	调心滚子轴承	公差带
说明	举例		轴承公称内径/mm			
旋转的内圈载荷及摆动载荷	一般通用机械、电动机、机床主轴、泵、内燃机、正齿轮传动装置、铁路机车车辆轴箱、破碎机等	轻载荷	≤18 >18～100 >100～200 —	— ≤40 >40～140 >140～200	— ≤40 >40～100 >100～200	h5 j6① k6① m6①
		正常载荷	≤18 >18～100 >100～140 >140～200 >200～280 — —	— ≤40 >40～100 >100～140 >140～200 >200～400 —	— ≤40 >40～65 >65～100 >100～140 >140～280 >280～500	j5, js5 k5② m5② m6 n6 p6 r6
		重载荷	—	>50～140 >140～200 >200 —	>50～100 >100～140 >140～200 >200	n6 p6③ r6 r7
固定的内圈载荷	静止轴上的各种轮子、张紧轮、绳轮、震动筛、惯性震动器	所有载荷	所有尺寸			f6 g6① h6 j6
仅有轴向载荷			所有尺寸			j6, js6
圆锥孔轴承						
所有载荷	铁路机车车辆轴箱		装在退卸套上的所有尺寸			h8(IT6)④⑤
	一般机械传动		装在紧定套上的所有尺寸			h9(IT7)④⑤

注：① 凡对精度有较高要求的场合，应用 j5，k5，…代替 j6，k6，…；
　　② 圆锥滚子轴承、角接触球轴承配合对游隙影响不大，可用 k6，m6 代替 k5，m5；
　　③ 重载荷下轴承游隙应选大于 0 组；
　　④ 凡有较高精度或转速要求的场合，应选用 h7(IT5) 代替 h8(IT6) 等；
　　⑤ IT6，IT7 表示圆柱公差数值。

表 12-67　　向心轴承和孔的配合、孔公差带代号

运转状态		载荷状态	其他情况	公差带①	
说明	举例			球轴承	滚子轴承
固定的外圈载荷	一般机械、铁路机车车辆轴箱、电动机、泵、曲轴主轴承	轻、正常、重	轴向易移动,可采用剖分式外壳	H7, G7②	
		冲击	轴向能移动,可采用整体或剖分式外壳	J7, Js7	
摆动载荷		轻 、正常			
		正常、重	轴向不移动,采用整体式外壳	K7	
		冲击		M7	
旋转的外圈载荷	张紧滑轮、轮毂轴承	轻		J7	K7
		正常		K7, M7	M7, N7
		重		—	N7, P7

注:① 并列公差带随尺寸的增大从左到右选择,对旋转精度有较高要求时,可相应提高一个公差等级;
② 不适合用于剖分式外壳.

表 12-68　　推力轴承和轴的配合、轴公差带代号

运转状态	载荷状态	推力球的推力滚子轴承	推力调心滚子轴承②	公差带
		轴承公称内径/mm		
仅有轴向载荷		所有尺寸		j6, js6
固定的轴圈载荷	径向和轴向联合载荷	— —	≤250 >250	j6 js6
旋转的轴圈载荷或摆动载荷		— —	≤200 >200～400 >400	k6① m6 n6

注:① 要求较小过盈时,可分别用 j6, k6, m6 代替 k6, m6, n6;
② 也包括推力圆锥滚子轴承、推力角接触球轴承.

表 12-69　　推力承轴和外壳孔的配合、孔公差带代号

运转状态	载荷状态	轴承类型	公差带	备注
仅有轴向载荷		推力球轴承	H8	
		推力圆柱、圆锥滚子轴承	H7	
		推力调心滚子轴承		外壳孔与座圈间间隙为 0.001D(D 为轴承公称外径)
固定的座圈载荷	径向和轴向联合载荷	推力角接触球轴承、推力调心滚子轴承、推力圆锥滚子轴承	H7	
旋转的座圈载荷或摆动载荷			K7	普通使用条件
			M7	有较大径向载荷时

表 12-70　　与轴承配合轴和孔的形位公差

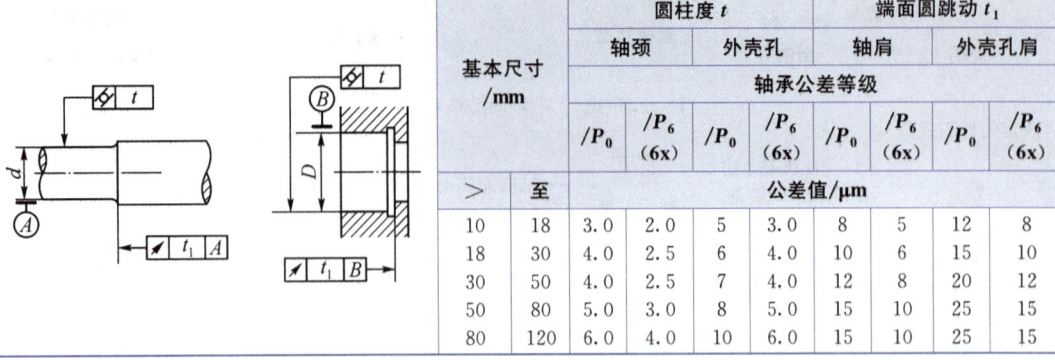

基本尺寸/mm		圆柱度 t				端面圆跳动 t_1			
		轴颈		外壳孔		轴肩		外壳孔肩	
		轴承公差等级							
		$/P_0$	$/P_6$ (6x)	$/P_0$	$/P_6$ (6x)	$/P_0$	$/P_6$ (6x)	$/P_0$	$/P_6$ (6x)
>	至	公差值/μm							
10	18	3.0	2.0	5	3.0	8	5	12	8
18	30	4.0	2.5	6	4.0	10	6	15	10
30	50	4.0	2.5	7	4.0	12	8	20	12
50	80	5.0	3.0	8	5.0	15	10	25	15
80	120	6.0	4.0	10	6.0	15	10	25	15

注：轴承公差带等级新、旧标准代号对照为：/P0—G 级，/P6—E 级，/P6x—Ex 级.

表 12-71　　与轴承配合表面的表面粗糙度

轴或轴承座直径/mm		轴或外壳配合表面直径公差等级								
		IT7			IT6			IT5		
		表面粗糙度/μm								
超过	到	R_z	R_a		R_z	R_a		R_z	R_a	
			磨	车		磨	车		磨	车
	80	10	1.6	3.2	6.3	0.8	1.6	4	0.4	0.8
80	500	16	1.6	3.2	10	1.6	3.2	6.3	0.8	1.6
端面		25	3.2	6.3	25	3.2	6.3	10	1.6	3.2

注：与$/P_0$，$/P_6(/P_{6x})$级公差轴承配合的轴，其公差等级一般为 IT6，外壳孔一般为 IT7.

12.7　润滑与密封

12.7.1　润滑剂

表 12-72　　常用润滑油的性能和用途

名称与牌号	黏度等级	运动黏度/($mm^2 \cdot s^{-1}$) 40℃	运动黏度/($mm^2 \cdot s^{-1}$) 100℃	黏度指数	闪点(开口)/℃ ≥	倾点/℃ ≤	主要用途
L-AN 全损耗系统用油(GB 443—1989)	5	4.14～5.06			80	−5	主要适用于对润滑油无特殊要求的全损耗润滑系统，不适用于循环润滑系统
	7	6.12～7.48			110		
	10	9～11			130		
	15	13.5～16.5			150		
	22	19.8～24.2			150		
	32	28.8～35.2			150		
	46	41.4～50.6			160		
	68	61.2～74.8			160		
	100	90～110			180		
	150	135～165			180		

续 表

名称与牌号		黏度等级	运动黏度/($mm^2 \cdot s^{-1}$)		黏度指数	闪点(开口)/℃ ≥	倾点/℃ ≤	主要用途
			40℃	100℃				
工业闭式齿轮油(GB 5903—2011)	L-CKC	68	61.2～74.8		90	180	−8	保持在正常或中等恒定油温和重负荷下运转的齿轮的润滑
		100	90～110					
		150	135～165			200		
		220	198～242					
		320	288～352					
		460	414～506					
		680	612～748				−5	
普通开式齿轮油(SH/T 0363—1998)		68		60～75		200		适用于开式齿轮、链条和钢丝绳的润滑
		100		90～110				
		150		135～165				
		220		200～245		210		
		320		290～350				
蜗轮蜗杆油(SH/T 0094—1998)	L-CKE(轻载荷蜗轮油)	220	198～242		90	200	−6	主要用于铜—钢配对的圆柱形和双包络等类型的承受轻载荷、传动中平稳无冲击的蜗杆副
		320	288～352					
		460	414～506			220		
		680	612～748					
		1 000	900～1 100					
	L-CKE/P(重载荷蜗轮油)	220	198～242		90	200	−12	主要用于铜—钢配对的承受重负荷,传动中有振动和冲击的蜗轮蜗杆副,包括该设备的齿轮等部件的润滑及其他设备的润滑
		320	288～352					
		460	414～506			220		
		680	612～748					
		1 000	900～1 100					
导轨油(SH/T 0361—1992)		N32	28.8～35.2		70	150	−9	应用于各种精密机床导轨的润滑,特别适用于工作台导轨在低速滑动的润滑,能减少“爬行”现象
		N68	61.2～74.8			180		
		N100	90～110			180		
		N150	135～165					
轴承油(SH/T 0017—1998)	L-FC L-FD	2	1.98～2.42		—	(70)	−18	L-FC为抗氧防锈型油,L-FD为抗氧防锈抗磨型油 适用于锭子、轴承、液压系统、齿轮和汽轮机等工业设备,L-FC还适用于有关离合器
		3	2.88～3.52		—	(80)		
		5	4.14～5.06		—	(90)		
		7	6.12～7.48		报告	115		
		10	9.0～11.0		报告	140	−12	
		15	13.5～16.5		报告	140		
		22	19.8～24.2		报告	140		

表 12-73　　常用润滑脂的性能和用途

名　称	牌号（或代号）	滴点 /℃ ≥	工作锥入度 (25℃,150 g) /(1/10 mm)	主要用途
钙基润滑脂 (GB/T491—1987)	1 号	80	310～340	适用于汽车、拖拉机、冶金、纺织等机械设备的润滑.使用温度范围为－10℃～60℃
	2 号	85	265～295	
	3 号	90	220～250	
	4 号	95	175～205	
复合钙基润滑脂 (SH/T 0370—1992)	ZFG-1	180	310～340	适用于较高温度及潮湿条件下摩擦部位的润滑
	ZFG-2	200	265～295	
	ZFG-3	220	220～250	
	ZFG-4	240	175～205	
钠基润滑脂 (GB/T492—1987)	2 号	140	265～295	2 号、3 号均适用于工作温度不超过 120℃ 的机械摩擦部位的润滑.4 号适用于工作温度不超过 130℃ 的重负荷机械设备的润滑.不能用于与潮湿空气或水接触的润滑部位
	3 号	140	220～250	
	4 号	150	175～205	
通用锂基润滑脂 (GB/T 7324—1994)	1 号	170	310～340	适用于工作温度在－20℃～120℃范围内各种机械设备的滚动轴承和滑动轴承及其他摩擦部位的润滑
	2 号	175	265～295	
	3 号	180	220～250	
合成锂基润滑脂 (SH/T 0380—1992)	ZL-1H	170	310～340	适用于工作温度在－20℃～120℃范围内各种机械设备的滚动和滑动摩擦部位的润滑
	ZL-2H	175	265～295	
	ZL-3H	180	220～250	
	ZL-4H	185	175～205	
精密机床主轴润滑脂 (SH/T 0382—1992)	2 号	180	265～295	主要用于精密机床、磨床和高速磨头主轴的长期润滑
	3 号	180	220～250	
滚动轴承润滑脂 (SH/T 0382—1992)		120	250～290	适应于铁路机车、汽车、拖拉机的导杆、滚动轴承等高温摩擦点及小电动机的高速滚动轴承润滑,还适用于－40℃滚动轴承的润滑
7047 号齿轮润滑脂 (SH/T 0382—1992)		160	75～90	适用于各种低速,中、重负荷齿轮、链轮、联轴器等部位的润滑,最高使用温度 120℃
二硫化钼极压锂基润滑脂 (SH/T 0587—1989)	0 号	170	355～385	适用于冶金机械、矿山机械、重型起重机械以及汽车等重负荷齿轮和轴承的润滑.用于有冲击负荷的重载部位.使用温度范围为－30℃～200℃
	1 号	170	310～340	
	2 号	175	265～295	

12.7.2 润滑装置

表 12-74　　　　直通式压注油杯（JB/T 7940.1—1995）　　　　单位：mm

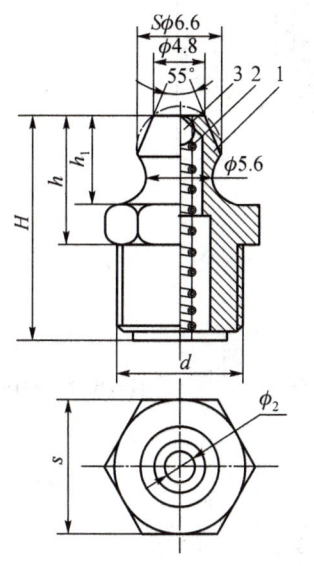

标记示例：
连接螺纹 M10×1 直通式压注油杯：
油杯 M10×1　JB/T 7940.1—1995
材料：
1—Q235（或黄铜、铝合金）
2—弹簧钢丝
3—GCr6

d	H	h	h_1	S 基本尺寸	S 极限偏差	球直径（按 GB/T 308—2002）
M6	13	8	6	8	0 −0.22	3
M8×1	16	9	6.5	10		
M10×1	18	10	7	12		

表 12-75　　　　压配式压注油杯（JB/T 7940.4—1995）　　　　单位：mm

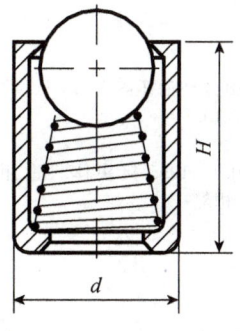

标记示例：
油杯 6　JB/T 7940.4（$d=6$ mm，压配式压注油杯）

d 基本尺寸	d 极限偏差	H	钢球直径（按 GB/T308）
6	+0.040 +0.028	6	4
8	+0.049 +0.034	10	5
10	+0.058 +0.040	12	6
16	+0.063 +0.045	20	11
25	+0.085 +0.064	30	13

表 12-76　　旋盖式油杯（JB/T 7940.4—1995）　　单位：mm

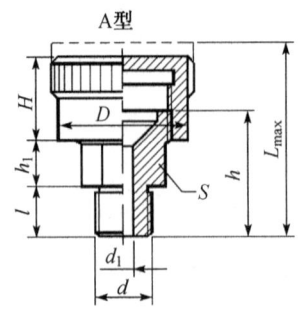

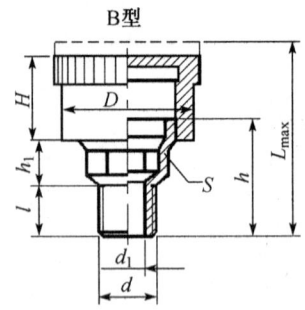

D
d_1
d

标记示例：

油杯 A25　JB/T 7940.4（最小容量 25 cm^3，A 型旋盖式油杯）

最小容量 /cm^3	d	l	H	h	h_1	d_1	D A 型	D B 型	L_{max}	S 基本尺寸	S 极限偏差
1.5	M8×1	8	14	22	7	3	16	18	33	10	0 −0.22
3	M10×1		15	23	8	4	20	22	35	13	0 −0.27
6			17	26			26	28	40		
12	M14×1.5	12	20	30	10	5	32	34	47	18	
18			22	32			36	40	50		
25			24	34			41	44	55		
50	M16×1.5		30	44			51	54	70	21	0 −0.33
100			38	52			68	68	85		

表 12-77　　接头式压注油杯（JB/T 7940.2—1995）　　单位：mm

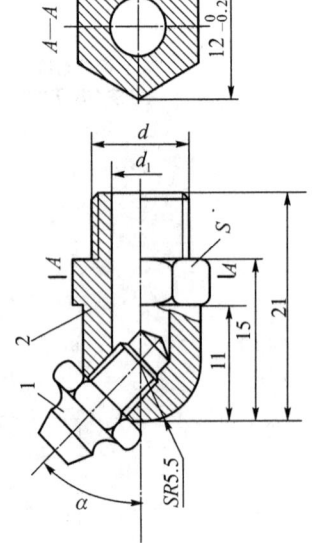

d
d_1
2
1

标记示例：

连接螺纹 M10×1，α 为 45°接头式压注油杯：

油杯 45°M10×1　JB/T 7940.2—1995

直接式压注油杯按 JB/T 7940.1—1995 接头体只适用与 JB/T 7940.1 中的连接螺纹 M6 和 M10×1 相配

尺寸/mm d	尺寸/mm d_1	α	s	材　料
M6	3	45°、90°	$11^{0}_{-0.22}$	1—Q235（或其他合金材料） 2—Q235（或其他合金材料）
M8×1	4			
M10×1	5			

12.7.3 密封件

表 12-78　　毡圈油封型式和尺寸(JB/ZQ 4606—1986)　　单位:mm

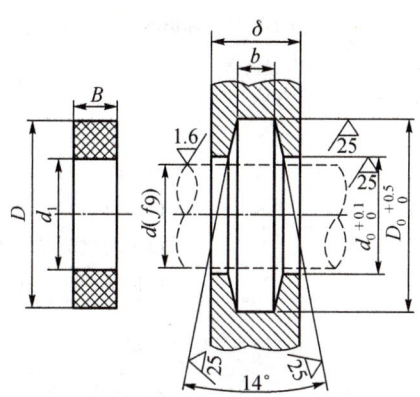

轴径	毡圈			槽				
d	D	d_1	B	D_0	d_0	b	δ_{min} 用于钢	δ_{min} 用于铸铁
15	29	14	6	28	16	5	10	12
20	33	19		32	21			
25	39	24	7	38	26	6	12	15
30	45	29		44	31			
35	49	34		48	36			
40	53	39		52	41			
45	61	44	8	60	46	7		
50	69	49		68	51			
55	74	53		72	56			
60	80	58		78	61			
65	84	63		82	66			
70	90	68		88	71			
75	94	73		92	77			
80	102	78	9	100	82	8	15	18
85	107	83		105	87			
90	112	88		110	92			
95	117	93	10	115	97			
100	122	98		120	102			

表 12-79　　　　**O 形橡胶密封圈(GB/T 3452.1—2005)**

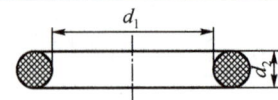

d_1
d_2

O 形圈尺寸标识示例

内径 d_1 /mm	截面直径 d_2 /mm	系列代号(G 或 A)	等级代号(N 或 S)	O 形圈尺寸标识代号
7.5	1.8	G	S	O 形圈 7.5×1.8-G-S-GB/T 3452.1-2005
32.5	2.65	A	N	O 形圈 32.5×2.65-A-N-GB/T 3452.1-2005
167.5	3.55	A	S	O 形圈 167.5×3.55-A-S-GB/T 3452.1-2005
268	5.3	G	N	O 形圈 268×5.3-G-N-GB/T 3452.1-2005
515	7	G	N	O 形圈 515×7-G-N-GB/T 3452.1-2005

一般应用的 O 形圈内径、截面直径尺寸和公差(G 系列)　　　　单位:mm

d_1		d_2				d_1		d_2				d_1		d_2			
尺寸	公差 ±	1.8 ± 0.08	2.65 ± 0.09	3.55 ± 0.10	5.3 ± 0.13	尺寸	公差 ±	1.8 ± 0.08	2.65 ± 0.09	3.55 ± 0.10	5.3 ± 0.13	尺寸	公差 ±	1.8 ± 0.08	2.65 ± 0.09	3.55 ± 0.10	5.3 ± 0.13
10	0.19	*				27.3	0.32	*	*	*		51.5	0.49		*	*	*
10.6	0.19	*	*			28	0.32	*	*	*		53	0.5		*	*	*
11.2	0.2	*	*			29	0.33	*	*	*		54.5	0.51		*	*	*
11.6	0.2	*	*			30	0.34	*	*	*		56	0.52		*	*	*
11.8	0.2	*	*			31.5	0.35	*	*	*		58	0.54		*	*	*
12.1	0.21	*	*			32.5	0.36	*	*	*		60	0.55		*	*	*
12.5	0.21	*	*			33.5	0.36	*	*	*		61.5	0.56		*	*	*
12.8	0.21	*	*			34.5	0.37	*	*	*		63	0.57		*	*	*
13.2	0.21	*	*			35.5	0.38	*	*	*		65	0.58		*	*	*
14	0.22	*	*			36.5	0.38	*	*	*		67	0.6		*	*	*
14.5	0.22	*	*			37.5	0.39	*	*	*		69	0.61		*	*	*
15	0.22	*	*			38.7	0.4	*	*	*		71	0.63		*	*	*
15.5	0.23	*	*			40	0.41	*	*	*	*	73	0.64		*	*	*
16	0.23	*	*			41.2	0.42	*	*	*	*	75	0.65		*	*	*
17	0.24	*	*			42.5	0.43	*	*	*	*	77.5	0.67		*	*	*
18	0.25	*	*	*		43.7	0.44	*	*	*	*	80	0.69		*	*	*
19	0.25	*	*	*		45	0.44	*	*	*	*	82.5	0.71		*	*	*
20	0.26	*	*	*		46.2	0.45	*	*	*	*	5	0.72		*	*	*
20.6	0.26	*	*	*		43.7	0.44	*	*	*	*	87.5	0.74		*	*	*
21.2	0.27	*	*	*		45	0.44	*	*	*	*	90	0.76		*	*	*
22.4	0.28	*	*	*		46.2	0.45	*	*	*	*	92.5	0.77		*	*	*
23	0.29	*	*	*		46.2	0.45	*	*	*	*	95	0.79		*	*	*
23.6	0.29	*	*	*		46.2	0.45	*	*	*	*	97.5	0.81		*	*	*
24.3	0.3	*	*	*		47.5	0.46	*	*	*	*	100	0.82		*	*	*
25	0.3	*	*	*		48.7	0.47	*	*	*	*	103	0.85		*	*	*
25.8	0.31	*	*	*		48.7	0.47	*	*	*	*						
26.5	0.31	*	*	*		50	0.48	*	*	*	*						

注:表中有 * 号为有此规格产品.

表 12-80　　旋转轴唇形密封圈的型式及尺寸(GB/T 13871—1992)　　单位:mm

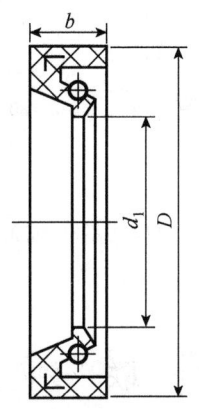

轴的基本直径 d_1	基本外径 D	基本宽度 b	轴的基本直径 d_1	基本外径 D	基本宽度 b
16	30, 35	7	45	62, 65	8
18	30, 35		50	68, 70, 72	
20	35, 40, 45		55	72, 75, 80	
22	35, 40, 47		60	80, 85	
25	40, 47, 52		65	85, 90	
28	40, 47, 52		70	90, 95	10
30	42, 47, 50, 52		75	95, 100	
32	45, 47, 52		80	100, 110	
35	50, 52, 55	8	85	110, 120	12
38	52, 58, 62		90	115, 120	
40	55, 60, 62		95	120	
42	55, 62		100	125	

表 12-81　　迷宫密封槽　　单位:mm

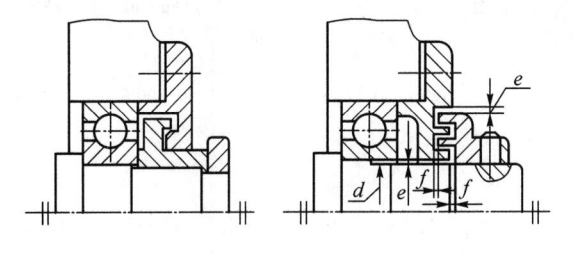

d	10～50	>50～80	>80～110	>110～180
e	0.2	0.3	0.4	0.5
f	1	1.5	2	2.5

表 12-82　　油沟式间隙密封槽(摘自 JB/ZQ 4245—86)　　单位:mm

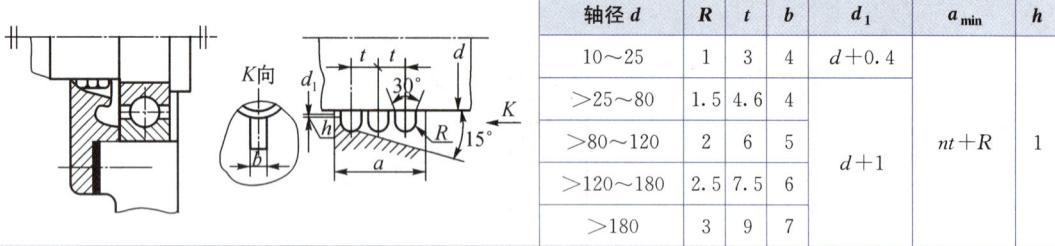

轴径 d	R	t	b	d_1	a_{min}	h
10～25	1	3	4	$d+0.4$	$nt+R$	1
>25～80	1.5	4.6	4			
>80～120	2	6	5	$d+1$		
>120～180	2.5	7.5	6			
>180	3	9	7			

注:1. 表中 R, t, b 尺寸,在个别情况下,可用于与表中不相对应的轴径上;
　　2. 一般槽数 $n=2$～4 个,使用 3 个的较多.

12.8　联　轴　器

表 12-83　　凸缘联轴器(GB/T 5843—2003)　　单位:mm

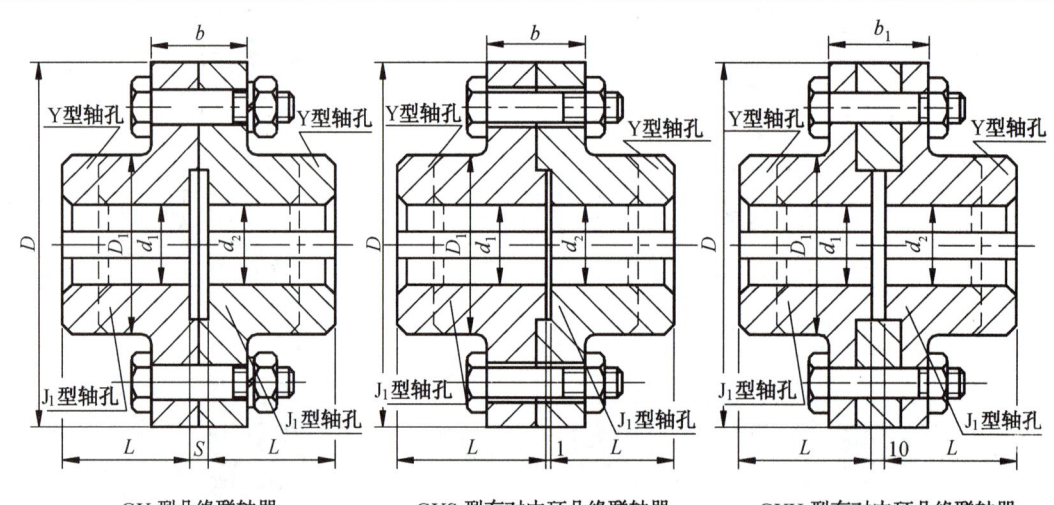

GY 型凸缘联轴器　　　　GYS 型有对中环凸缘联轴器　　　　GYH 型有对中环凸缘联轴器

标记示例:GY5 凸缘联轴器 $\dfrac{Y30\times82}{J_1 30\times60}$ GB 5843—2003

主动端:Y 型轴孔,A 型键槽,$d_1=30$ mm,$L=82$ mm
从动端:J_1 型轴孔,A 型键槽,$d_1=30$ mm,$L=60$ mm

型号	公称转矩 T_n /(N·m)	许用转速 $[n]$ /(r·min^{-1})	轴孔直径 d_1, d_2	轴孔长度 L Y 型	轴孔长度 L J_1 型	D	D_1	b	b_1	S	转动惯量 I /(kg·m^2)	质量 m /kg
GY1	25	12 000	12, 14	32	27	80	30	26	42	6	0.000 8	1.16
GYS1			16, 18, 19									
GYH1				42	30							
GY2	63	10 000	16, 18, 19	42	30	90	40	28	44	6	0.002	1.72
GYS2			20, 22, 24	52	38							
GYH2			25	62	44							

·240·

续 表

型号	公称转矩 T_n /(N·m)	许用转速 $[n]$ /(r·min^{-1})	轴孔直径 d_1, d_2	轴孔长度 L Y型	J_1型	D	D_1	b	b_1	S	转动惯量 I /(kg·m^2)	质量 m /kg
GY3	112	9 500	20, 22, 24	52	38	100	45	30	46	6	0.003	2.38
GYS3												
GYH3			25, 28	62	44							
GY4	224	9 000	25, 28	62	44	105	55	32	48	6	0.003	3.15
GYS4												
GYH4			30, 32, 35	82	60							
GY5	400	8 000	30, 32, 35, 38	82	60	120	68	36	52	8	0.007	5.43
GYS5												
GYH5			40, 42	112	84							
GY6	900	6 800	38	82	60	140	80	40	56	8	0.015	7.59
GYS6												
GYH6			40, 42, 45, 48, 50	112	84							
GY7	1 600	6 000	48, 50, 55, 56	112	84	160	100	40	56	8	0.031	13.1
GYS7												
GYH7			60, 63	142	107							
GY8	3 150	4 800	60, 63, 65, 70, 71, 75	142	107	200	130	50	68	10	0.103	27.5
GYS8												
GYH8			80	172	132							
GY9	6 300	3 600	75	142	107	260	160	66	84	10	0.319	47.8
GYS9			80, 85, 90, 95	172	132							
GYH9			100	212	167							
GY10	10 000	3 200	90, 95	172	132	300	200	72	90	10	0.72	82
GYS10												
GYH10			100, 110, 120, 125	212	167							
GY11	25 000	2 500	120, 125	212	167	380	260	80	98	10	2.278	162.2
GYS11			130, 140, 150	252	202							
GYH11			160	302	242							
GY12	50 000	2 000	150	252	202	460	320	92	112	12	5.923	285.6
GYS12			160, 170, 180	302	242							
GYH12			190, 200	352	282							
GY13	100 000	1 600	190, 200, 220	352	282	590	400	110	130	12	19.98	611.9
GYS13												
GYH13			240, 250	410	330							

表 12-84　弹性套柱销联轴器(GB/T 4323—2002)　单位:mm

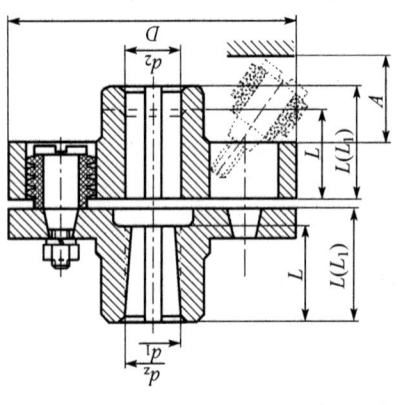

LT 型联轴器

型号	公称转矩 Tn /(N·m)	许用转速[n] /(r·min^{-1})	轴孔直径 d_1, d_2, d_z/mm	轴孔长度 Y 型 L	轴孔长度 J, J_1, Z 型 L_1	轴孔长度 J, J_1, Z 型 L	$L_{推荐}$	D	A	质量 m /kg	转动惯量 I /(kg·m^2)
LT1	6.3	8 800	9	20	14	—	25	71	18	0.82	0.000 5
			10, 11	25	17						
			12, 14	32	20						
LT2	16	7 600	12, 14				35	80		102	0.000 8
			16, 18, 19	42	30	42					
LT3	31.5	6 300	16, 18, 19				38	95	35	2.2	0.002 3
			20, 22	52	38	52					
LT4	63	5 700	20, 22, 24				40	106		2.84	0.003 7
			25, 28	62	44	62					
LT5	125	4 600	25, 28				50	130	45	6.05	0.012
			30, 32, 35	82	60	82					

续 表

型号	公称转矩 Tn /(N·m)	许用转速[n] /(r·min^{-1})	轴孔直径 d_1, d_2, d_z/mm	轴孔长度				D	A	质量 m /kg	转动惯量 I /(kg·m^2)
				Y型	J, J_1, Z型		$L_{推荐}$				
				L	L_1	L					
LT6	250	3 800	32, 35, 38	82	60	82	55	160	45	9.57	0.028
			40, 42	112	84	112					
LT7	500	3 600	40, 42, 45, 48				65	190		14.01	0.055
LT8	710	3 000	45, 48, 50, 55, 56				70	224	65	23.12	0.134
			60, 63	142	107	142					
LT9	1 000	2 850	50, 55, 56	112	84	112	80	250		30.69	0.213
			60, 63, 65, 70, 71	142	107	142					
LT10	2 000	2 300	63, 65, 70, 71, 75				100	315	80	61.4	0.66
			80, 85, 90, 95	172	132	172					
LT11	4 000	1 800	80, 85, 90, 95				115	400	100	120.7	2.122
			100, 110	212	167	212					
LT12	8 000	1 450	100, 110, 120, 125				135	475	130	210.34	5.39
			130	252	202	252					
LT13	16 000	1 150	120, 125	212	167	212	160	600	180	419.36	17.58
			130, 140, 150	252	202	252					
			160, 170	302	242	302					

续 表

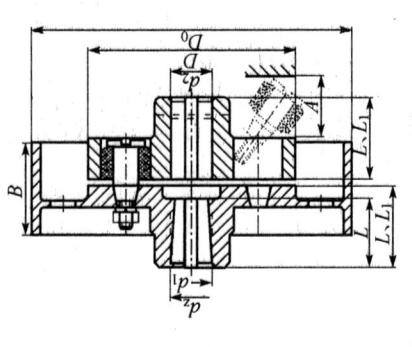

LTZ 型联轴器

型号	公称转矩 Tn /(N·m)	许用转速[n] /(r·min⁻¹)	轴孔直径 d_1, d_2, d_z/mm	轴孔长度 Y型 L	轴孔长度 J, J₁, Z型 L_1	轴孔长度 J, J₁, Z型 L	$L_{推荐}$	D_0	D	B	A	质量 m /kg	转动惯量 I /(kg·m²)
LTZ5	125	3 800	25, 28	62	44	62	50	200	130	85	45	13.38	0.0416
			30, 32, 35	82	60	82							
LTZ6	250	3 000	32, 35, 38				55	250	160	105		21.25	0.1053
			40, 42	112	84	112							
LTZ7	500	2400	40, 42, 45, 48				65	315	190	132		35	0.2522
LTZ8	710	2 400	45, 48, 50, 55, 56,				70	315	224	168	65	45.14	0.347
			60, 63	142	107	142							
LTZ9	1 000	2 400	50, 55, 56	112	84	112	80	315	250	168		58.67	0.407
			60, 63, 65, 70	142	107	142							
LTZ10	2 000	1 900	63, 65, 70, 71, 75				100	400	315	210	80	100.3	1.305
			80, 85, 90, 95	172	132	172							
LTZ11	4 000	1 500	80, 85, 90, 95				115	500	400	265	100	198.73	4.33
			100, 110	212	167	212							
LTZ12	8 000	1 200	100, 110, 120, 125				135	630	475	298	130	370.6	12.49
			130	252	202	252							
LTZ13	16 000	1 000	120, 125	212	167	212	160	710	600		180	641.13	30.48
			130, 140, 150	252	202	252							
			160, 170	302	242	302							

表 12-85　弹性柱销联轴器（GB/T 5014—2003）

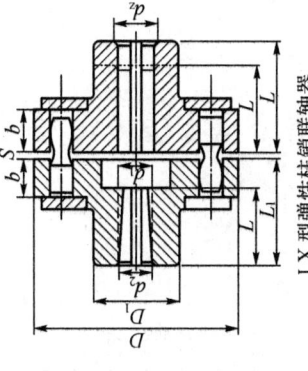

LX 型弹性柱销联轴器

型号	公称转矩 T_n /(N·m)	许用转速[n] /(r·min^{-1})	轴孔直径 d_1, d_2, d_z/mm	轴孔长度 Y型 L	轴孔长度 J, J_1, Z型 L	轴孔长度 J, J_1, Z型 L1	D	D_1	b	S	转动惯量 I /(kg·m^2)	质量 m /kg
LX1	250	8 500	12，14	32	27	—	90	40	20	2.5	0.002	2
			16，18，19	42	30	42						
			20，22，24	52	38	52						
LX2	560	6 300	20，22，24	52	38	52	120	55	28	2.5	0.009	5
			25，28	62	44	62						
			30，32，35	82	60	82						
LX3	1 250	4 700	30，32，35，38	82	60	82	160	75	36	2.5	0.026	8
			40，42，45，48	112	84	112						
LX4	2 500	3 870	40，42，45，48，50，55，56	112	84	112	195	100	45	3	0.109	22
			60，63	142	107	142						
LX5	3 150	3 450	50，55，56	112	84	112	220	120	45	3	0.191	30
			60，63，65，70，71，75	142	107	142						

续　表

型号	公称转矩 T_n /(N·m)	许用转速[n] /($r \cdot min^{-1}$)	轴孔直径 d_1, d_2, d_z/mm	轴孔长度 Y型	轴孔长度 J, J_1, Z型		D	D_1	b	S	转动惯量 I /($kg \cdot m^2$)	质量 m /kg
				L	L	$L1$						
LX6	6 300	2 720	60, 63, 65, 70, 71, 75	142	107	142	280	140	56	4	0.543	53
			80, 85	172	132	172						
LX7	11 200	2 360	70, 71, 75	142	107	142	320	170	56	4	1.314	98
			80, 85, 90, 95	172	132	172						
			100, 110	212	167	212						
LX8	16 000	2 120	80, 85, 90, 95	172	132	172	360	200	56	5	2.023	119
			100, 110, 120, 125	212	167	212						
LX9	22 500	1 850	100, 110, 120, 125	212	167	212	410	230	63	5	4.386	197
			130, 140	252	202	252						
LX10	35 500	1 600	110, 120, 125	212	167	212	480	280	75	6	9.76	322
			130, 140, 150	252	202	252						
			160, 170, 180	302	242	302						
LX11	50 000	1 400	130, 140, 150	252	202	252	540	340	75	6	20.05	520
			160, 170, 180	302	242	302						
			190, 200, 220	352	282	352						
LX12	80 000	1 220	160, 170, 180	302	242	302	630	400	90	7	37.71	714
			190, 200, 220	352	282	352						
			240, 250, 260	410	330	—						
LX13	125 000	1 080	190, 200, 220	352	282	352	710	465	100	8	71.37	1 057
			240, 250, 260	410	330	—						
			280, 300	470	380	—						
LX14	180 000	950	240, 250, 260	410	330	—	800	530	110	8	170.6	1 956
			280, 300, 320	470	380	—						
			340	550	450	—						

表 12-86 滑块联轴器

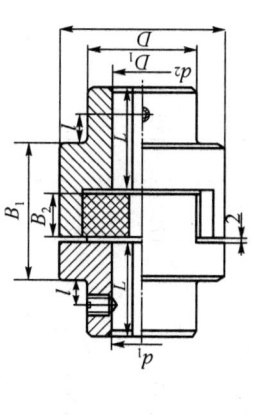

型号	公称转矩 T_n /(N·m)	许用转速 $[n]$ /(r·min^{-1})	轴孔直径 d_1, d_2	轴孔长度 Y型 L	J_1型 L	D	D_1	B_1	B_2	l	质量 m /kg	转动惯量 I /(kg·m^2)
			mm									
WH1	16	10 000	10, 11	25	22	40	30	52	13	5	0.6	0.000 7
			12, 14	32	27							
WH2	31.5	8 200	12, 14	32	27	50	32	56	18	5	1.5	0.003 8
			16, 18	42	30							
WH3	63	7 000	18, 19	42	30	70	40	60	18	5	1.8	0.006 3
			20, 22	52	38							
WH4	160	5 700	20, 22, 24	52	38	80	50	64	18	8	2.5	0.013
			25, 28	62	44							
WH5	280	4 700	25, 28	62	44	100	70	75	23	10	5.8	0.045
			30, 32, 35	82	60							

续 表

型号	公称转矩 T_n /(N·m)	许用转速 $[n]$ /(r·min^{-1})	轴孔直径 d_1, d_2	轴孔长度 L		D	D_1	B_1	B_2	l	质量 m /kg	转动惯量 I /(kg·m^2)
				Y型	J_1型	mm						
WH6	500	3 300	30, 32, 35, 38	82	60	120	80	90	33	15	9.5	0.12
			40, 42, 45	112	84							
WH7	900	3 200	40, 42, 45, 48	112	84	150	100	120	38	25	25	0.43
			50, 55	112	84							
WH8	1 800	2 400	50, 55	112	84	190	120	150	48	25	55	1.98
			60, 63, 65, 70	142	107							
WH9	3 550	1 800	65, 70, 75	142	107	250	150	180	58	25	85	4.9
			80, 85	172	132							
WH10	5 000	1 500	80, 85, 90, 95	172	132	330	190	180	58	40	120	73.5
			100	212	167							

12.9 电动机

表 12-87　Y 系列三相异步电动机技术数据

型号	额定值			效率	功率因数 (cos Ψ)	堵转电流	堵转转矩	最大转矩	外形尺寸 (长×宽′×高)/mm	质量 m /kg	同步转速 /(r·min^{-1})
	功率 /kW	电流 /A	转速 /(r·min^{-1})			额定电流	额定转矩	额定转矩			
Y801-2	0.75	1.81	2 830	75%	0.88	6.5	2.2	2.3	285×233×170	16	3 000
Y802-2	1.1	2.52	2 830	77%	0.88	7	2.2	2.3	285×233×170	17	
Y90S-2	1.5	3.44	2 840	78%	0.88	7	2.2	2.3	310×245×190	22	
Y90L-2	2.2	4.74	2 840	80.5%	0.88	7	2.2	2.3	335×245×190	25	
Y100L-2	3	6.39	2 870	82%	0.89	7	2.2	2.3	380×283×245	33	
Y112M-2	4	8.17	2 890	85.5%	0.89	7	2.2	2.3	400×313×265	45	
Y132S1-2	5.5	11.1	2 900	85.5%	0.89	7	2	2.3	475×350×315	64	
Y132S2-2	7.5	15	2 900	86.2%	0.89	7	2	2.3	475×350×315	70	
Y160M1-2	11	21.8	2 930	87.2%	0.89	7	2	2.3	600×420×385	117	
Y160M2-2	15	29.4	2 930	88.2%	0.89	7	2	2.3	600×420×385	125	
Y160L-2	18.5	35.5	2 930	89%	0.89	7	2	2.2	645×420×385	147	
Y180M-2	22	42.2	2 940	89%	0.89	7	2	2.2	670×465×430	180	
Y200L1-2	30	56.9	2 950	90%	0.89	7	2	2.2	775×510×475	240	
Y200L2-2	37	69.8	2 950	90.5%	0.89	7	2	2.2	775×510×475	255	
Y225M-2	45	83.9	2 970	91.5%	0.89	7	2	2.2	815×570×530	309	
Y250M-2	55	103	2 970	91.5%	0.89	7	2	2.2	930×633×575	403	
Y280S-2	75	140	2 970	92%	0.89	7	2	2.2	1 000×688×640	544	
Y280M-2	90	167	2 970	92.5%	0.89	7	2	2.2	1 050×688×640	620	

续 表

型号	额定值			效率	功率因数 (cos Ψ)	堵转电流/额定电流	堵转转矩/额定转矩	最大转矩/额定转矩	外形尺寸 (长×宽′×高)/mm	质量 m /kg	同步转速 /(r·min⁻¹)
	功率 /kW	电流 /A	转速 /(r·min⁻¹)								
Y315S-2	110	167	2 980	92.5%	0.89	6.8	1.8	2.2	1 190×899×865	980	3 000
Y315M-2	132	203	2 980	93%	0.89	6.8	1.8	2.2	1 240×899×865	1 080	
Y315L1-2	160	292	2 980	93.5%	0.89	6.8	1.8	2.2	1 310×899×865	1 160	
Y315L2-2	200	365	2 980	93.5%	0.89	6.8	1.8	2.2	1 310×899×865	1 190	
Y801-4	0.55	1.51	1 390	73%	0.76	6	2.4	2.3	285×233×170	17	1 500
Y802-4	0.75	20.1	1 390	74.5%	0.76	6	2.3	2.3	285×233×170	18	
Y90S-4	1.1	2.75	1 400	78%	0.78	6.5	2.3	2.3	310×245×190	22	
Y90L-4	1.5	3.65	1 400	79%	0.79	6.5	2.3	2.3	335×245×190	27	
Y100L1-4	2.2	5.03	1 430	81%	0.82	7	2.2	2.3	385×283×245	34	
Y100L2-4	3	6.82	1 430	82.5%	0.81	7	2.2	2.3	385×283×245	38	
Y112M-4	4	8.77	1 440	84.5%	0.82	7	2.2	2.3	400×313×265	43	
Y132S-4	5.5	11.6	1 440	85.5%	0.84	7	2.2	2.3	475×350×315	68	
Y132M-4	7.5	15.4	1 440	87%	0.85	7	2.2	2.3	515×350×315	81	
Y160M-4	11	22.6	1 460	88%	0.84	7	2.2	2.3	600×420×385	123	
Y160L-4	15	30.3	1 460	88.5%	0.85	7	2.2	2.3	645×420×385	144	
Y180M-4	18.5	35.9	1 470	91%	0.86	7	2	2.2	670×465×430	182	
Y180L-4	22	42.5	1 470	91.5%	0.86	7	2	2.2	710×465×430	190	
Y200L-4	30	56.8	1 470	92.2%	0.87	7	2	2.2	775×510×475	270	
Y225S-4	37	69.8	1 480	91.8%	0.87	7	1.9	2.2	820×570×530	284	
Y225M-4	45	84.2	1 480	92.3%	0.88	7	1.9	2.2	845×570×530	320	
Y250M-4	55	103	1 480	92.6%	0.88	7	2	2.2	930×633×575	427	

续 表

型号	额定值 功率/kW	额定值 电流/A	额定值 转速/(r·min⁻¹)	效率	功率因数 (cos ψ)	堵转电流/额定电流	堵转转矩/额定转矩	最大转矩/额定转矩	外形尺寸 (长×宽×高)/mm	质量 m/kg	同步转速/(r·min⁻¹)
Y280S-4	75	140	1 480	92.6%	0.88	7	1.9	2.2	1 000×688×640	562	1 500
Y280M-4	90	164	1 490	93.5%	0.89	7	1.9	2.2	1 050×688×640	667	
Y315S-4	110	201	1 490	93.5%	0.89	6.8	1.8	2.2	1 220×899×865	1 000	
Y315M-4	132	240	1 490	94%	0.89	6.8	1.8	2.2	1 270×899×865	1 100	
Y315L-4	160	289	1 490	94.5%	0.89	6.8	1.8	2.2	1 340×899×865	1 160	
Y315L2-4	200	362	1 490	94.5%	0.89	6.8	1.8	2.2	1 340×899×865	1 270	
Y90S-6	0.75	2.25	910	72.5%	0.7	5.5	2	2.2	310×245×190	23	1 000
Y90L-6	1.1	3.15	910	73.5%	0.72	5.5	2	2.2	335×245×190	25	
Y100L-6	1.5	3.97	940	77.5%	0.74	6	2	2.2	380×283×245	33	
Y112M-6	2.2	5.61	940	80.5%	0.74	6	2	2.2	400×313×265	45	
Y132S-6	3	7.23	960	83%	0.76	6.5	2	2.2	475×350×315	63	
Y132M1-6	4	9.4	960	84%	0.77	6.5	2	2.2	515×350×315	73	
Y132M2-6	5.5	12.6	960	85.3%	0.78	6.5	2	2.2	515×350×315	84	
Y160M-6	7.5	17	970	86%	0.78	6.5	2	2	600×420×385	119	
Y160L-6	11	24.6	970	87%	0.78	6.5	2	2	645×420×385	147	
Y180L-6	15	31.4	970	89.5%	0.81	6.5	1.8	2	710×465×430	195	
Y200L1-6	18.5	37.7	970	89.8%	0.83	6.5	1.8	2	775×510×475	220	
Y200L2-6	22	44.6	970	90.2%	0.83	6.5	1.8	2	775×510×475	250	
Y225M-6	30	59.5	980	90.2%	0.85	6.5	1.7	2	845×570×530	292	
Y250M-6	37	72	980	90.8%	0.86	6.5	1.8	2	930×633×575	408	
Y280S-6	45	85.4	980	92%	0.87	6.5	1.8	2	1 000×688×640	536	

续表

型号	额定值 功率/kW	额定值 电流/A	额定值 转速/(r·min⁻¹)	效率	功率因数 (cos ψ)	堵转电流/额定电流	堵转转矩/额定转矩	最大转矩/额定转矩	外形尺寸(长×宽×高)/mm	质量 m/kg	同步转速/(r·min⁻¹)
Y280M-6	55	104	980	92%	0.87	6.5	1.8	2	1 050×688×640	595	1 000
Y315S-6	75	141	990	92.8%	0.87	6.5	1.6	2	1 220×899×865	990	
Y315M-6	90	169	990	93.2%	0.87	6.5	1.6	2	1 270×899×865	1 080	
Y315L1-6	110	206	990	93.5%	0.87	6.5	1.6	2	1 340×899×865	1 150	
Y315L2-6	132	246	990	93.8%	0.87	7.5	1.6	2	1 340×899×865	1 210	
Y132S-8	2.2	5.81	710	80.5%	0.71	5.5	2	2	475×350×315	63	750
Y132M-8	3	7.72	710	82%	0.72	5.5	2	2	475×350×315	79	
Y160M1-8	4	9.91	720	84%	0.73	6	2	2	600×420×385	118	
Y160M2-8	5.5	13.3	720	85%	0.74	6	2	2	600×420×385	119	
Y160L-8	7.5	17.7	720	86%	0.75	5.5	2	2	645×420×385	145	
Y180L-8	11	25.1	730	87.5%	0.77	6	1.7	2	710×465×430	184	
Y200L-8	15	34.1	730	88%	0.76	6	1.8	2	775×510×475	250	
Y225S-8	18.5	41.3	730	89.5%	0.76	6	1.7	2	820×570×530	266	
Y225M-8	22	47.6	740	90%	0.78	6	1.8	2	840×570×530	292	
Y250M-8	30	63	740	90.5%	0.8	6	1.8	2	930×633×575	405	
Y280S-8	37	78.2	740	91%	0.79	6	1.8	2	1 000×688×640	520	
Y280M-8	45	93.2	740	91.7%	0.8	6	1.8	2	1 050×688×640	592	
Y315S-8	55	114	740	92%	0.8	6	1.6	2	1 220×899×865	1 000	
Y315M-8	75	152	740	92.5%	0.81	6	1.6	2	1 270×899×865	1 100	
Y315L1-8	90	179	740	93%	0.82	6	1.6	2	1 340×899×865	1 160	
Y315L2-8	110	218	740	93.3%	0.82	6	1.6	2	1 340×899×865	1 230	

表 12-88　　**Y 系列三相异步电动机的外形和安装尺寸**　　单位：mm

机座带底脚、端盖无凸缘(B3，B6，B7，V6，V6 型)电动机的外形及安装尺寸

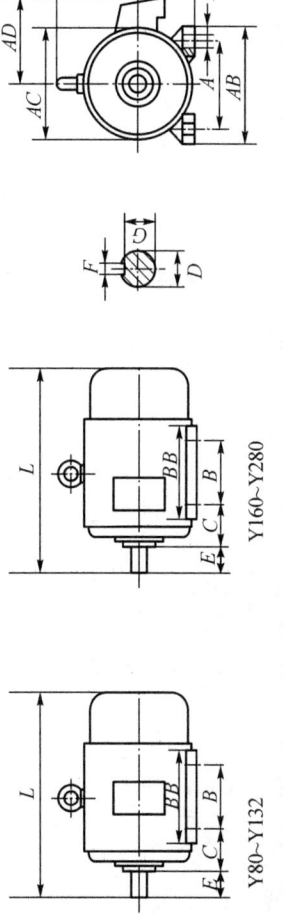

Y80~Y132

Y160~Y280

机座号	极数	A	B	C	D		E	F	G	H	K	AB	AC	AD	HD	BB	L
80	2，4	125	100	50	19	0.009	40	6	15.5	80	10	165	165	150	170	130	285
90S	2，4，6	140	100	56	24	−0.004	50	8	20	90	10	180	175	155	190	130	310
90L		140	125	56	24		50	8	20	90	10	180	175	155	190	155	335
100L		160	140	63	28		60	8	24	100	12	205	205	180	245	170	380
112M		190	140	70	28		60	8	24	112	12	245	230	190	265	180	400
132S	2，4，6，8	216	140	89	38	0.018	80	10	33	132	12	280	270	210	315	200	475
132M		216	178	89	38	0.002	80	10	33	132	12	280	270	210	315	238	515
160M		254	210	108	42		100	12	37	160	15	330	325	255	385	270	600
160L		254	254	108	42		100	12	37	160	15	330	325	255	385	314	645
180M		279	241	121	48		100	14	42.5	180	15	355	360	285	430	311	670
180L		279	279	121	48		100	14	42.5	180	15	355	360	285	430	349	710
200L		318	305	133	55	0.03	100	16	49	200	19	395	400	310	475	379	775
225S	4，8	356	286	149	60	0.011	140	18	53	225	19	435	450	345	530	368	820
225M	2	356	311	149	55		110	16	49	225	19	435	450	345	530	393	815
	4，6，8	356	311	149	60		140	18	53	225	19	435	450	345	530	393	845
250M	2	406	349	168	60		140	18	53	250	24	490	495	385	575	455	930
	4，6，8	406	349	168	65		140	18	58	250	24	490	495	385	575	455	930
280S	2	457	368	190	65		140	18	58	280	24	550	555	410	640	530	1 000
	4，6，8	457	368	190	75		140	20	67.5	280	24	550	555	410	640	530	1 000
280M	2	457	419	190	65		140	18	58	280	24	550	555	410	640	581	1 050
	4，6，8	457	419	190	75		140	20	67.5	280	24	550	555	410	640	581	1 050

第 12 章　机械设计常用标准和规范

续 表

机座不带底脚、端盖有凸缘(B5，V3 型)和立式安装、机座不带底脚、端盖有凸缘轴伸向下(V1 型)电动机的外形及安装尺寸

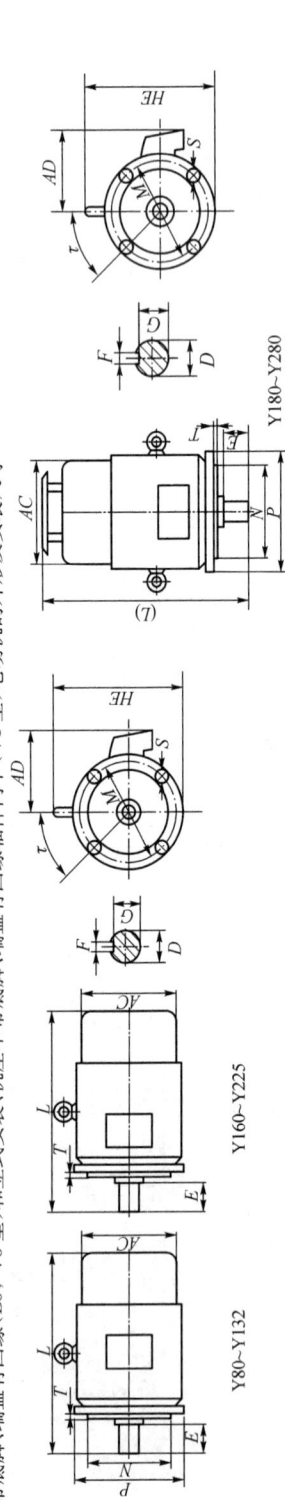

机座号	极数	D		E	F	G	M	N	P	S	T	凸缘孔数	AC	AD	HE (HE)	L (L)
80	2，4	19	0.01	40	6	15.5	165	130	200	12	3.5	4	165	150	185	285
90S	2，4，6	24	—0	50	8	20	165	130	200	12	3.5	4	175	155	195	310
90L		24		50	8	20	165	130	200	12	3.5	4	175	155	195	335
100L		28		60	8	24	215	180	250	15	3	4	205	180	245	380
112M		28		60	8	24	215	180	250	15	3	4	230	190	265	400
132S	2，4，6，8	38	0.02	80	10	33	265	230	300	15	4	4	270	210	315	475
132M		38	0	80	10	33	265	230	300	15	4	4	270	210	315	515
160M		42		100	12	37	300	250	350	19	5	4	325	255	385	600
160L		42		100	12	37	300	250	350	19	5	4	325	255	385	645
180M		48		100	14	42.5	300	250	350	19	5	4	360	285	430(500)	670(730)
180L		48		100	14	42.5	300	250	350	19	5	4	360	285	430(500)	710(770)
200L		55	0.03	100	16	49	350	300	400	19	5	4	400	310	480(500)	775(850)
225S	4，8	60	0.01	140	18	53	400	350	450	19	5	8	450	345	535(610)	820(910)
225M	2	55		110	16	49	400	350	450	19	5	8	450	345	535(610)	815(905)
	4，6，8	60		140	18	53	400	350	450	19	5	8	450	345	535(610)	845(935)
250M	2	60		140	18	53	500	450	550	19	5	8	495	385	—650	(1 035)
	4，6，8	65		140	18	58	500	450	550	19	5	8	495	385	—650	(1 035)
280S	2	65		140	18	58	500	450	550	19	5	8	555	410	—720	(1 120)
	4，6，8	75		140	20	67.5	500	450	550	19	5	8	555	410	—720	(1 120)
280M	2	65		140	18	58	500	450	550	19	5	8	555	410	—720	(1 170)
	4，6，8	75		140	20	67.5	500	450	550	19	5	8	555	410	—720	(1 170)

机座带底脚，端盖有凸缘(B35，V15，V36 型)电动机的外形及安装尺寸

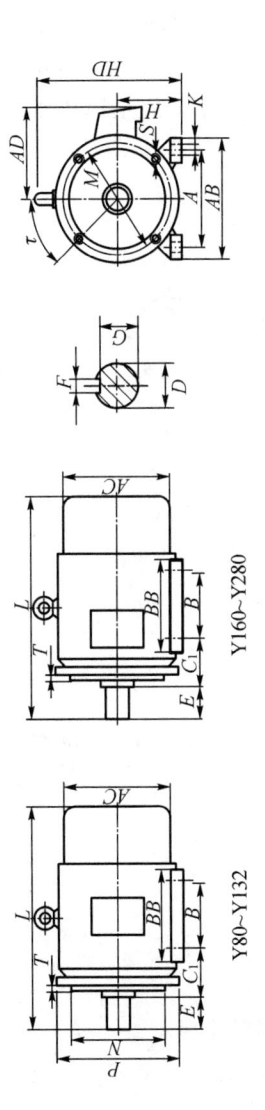

Y80~Y132　　Y160~Y280

机座号	极数	A	B	C_1	D		E	F	G	H	K	M	N	P	S	T	凸缘孔数	AB	AC	AD	HD	BB	L
80	2，4	125	100	50	19	0.01	40	6	15.5	80	10	165	130	200	12	3.5	4	165	165	150	170	130	285
90S	2，4，6	140	100	56	24	−0	50	8	20	90	10	165	130	200	12	3.5	4	180	175	155	190	130	310
90L		140	125	56	24		50	8	20	90	10	165	130	200	12	3.5	4	180	175	155	190	155	335
100L		160	140	63	28		60	8	24	100	12	215	180	250	15	3	4	205	205	180	245	170	380
112M		190	140	70	28		60	8	24	112	12	215	180	250	15	3	4	245	230	190	265	180	400
132S	2，4，6，8	216	140	89	38	0.02	80	10	33	132	12	265	230	300	15	4	4	280	270	210	315	200	475
132M		216	178	89	38	0	80	10	33	132	12	265	230	300	15	4	4	280	270	210	315	238	515
160M		254	210	108	42		100	12	37	160	15	300	250	350	19	5	4	330	325	255	385	270	600
160L		254	254	108	42		100	12	37	160	15	300	250	350	19	5	4	330	325	255	385	314	645
180M		279	241	121	48		100	14	42.5	180	15	300	250	350	19	5	4	355	360	285	430	311	670
180L		279	279	121	48		100	14	42.5	180	15	300	250	350	19	5	4	355	360	285	430	349	710
200L		318	305	133	55	0.03	100	16	49	200	19	350	300	400	19	5	4	395	400	310	475	379	775
225S	4，8	356	286	149	60	0.01	140	18	53	225	19	400	350	450	19	5	8	435	450	345	530	368	820
225M	2	356	311	149	55		110	16	49	225	19	400	350	450	19	5	8	435	450	345	530	393	815
	4，6，8	356	311	149	60		140	18	53	225	19	400	350	450	19	5	8	435	450	345	530	393	845
250M	2	406	349	168	60		140	18	53	250	24	500	450	550	19	5	8	490	495	385	575	455	930
	4，6，8	406	349	168	65		140	18	58	250	24	500	450	550	19	5	8	490	495	385	575	455	930
280S	2	457	368	190	65		140	18	58	280	24	500	450	550	19	5	8	550	555	410	640	530	1 000
	4，6，8	457	368	190	75		140	20	67.5	280	24	500	450	550	19	5	8	550	555	410	640	530	1 000
280M	2	457	419	190	65		140	18	58	280	24	500	450	550	19	5	8	550	555	410	640	581	1 050
	4，6，8	457	419	190	75		140	20	67.5	280	24	500	450	550	19	5	8	550	555	410	640	581	1 050

12.10 渐开线圆柱齿轮的精度

GB/T 10095.1—2008《圆柱齿轮精度制第 1 部分：轮齿同侧面偏差的定义和允许值》规定轮齿同侧齿面偏差的定义和允许值分为 13 个精度等级，其中以 0 级精度最高，12 级最低. GB/T 10095.2—2008《圆柱齿轮精度制第 2 部分：径向综合偏差与径向跳动的定义和允许值》规定径向综合偏差的允许值分为 9 个等级，其中 4 级最高，12 级最低. 径向跳动的允许值分为 13 个等级，其中 0 级最高，12 级最低. 根据使用要求不同，允许对公差选用不同的精度等级.

12.10.1 齿轮推荐检验项目及偏差

表 12-89　圆柱齿轮精度与圆周速度的关系(参考)

齿轮类型	齿轮硬度(HBW)	精度等级				
		6	7	8	9	10
		圆周速度/$(m\cdot s^{-1})$				
直齿轮	≤350	≤18	≤12	≤6	≤4	≤1
	>350	≤15	≤10	≤5	≤3	≤1
斜齿轮	≤350	≤36	≤25	≤12	≤8	≤2
	>350	≤30	≤20	≤9	≤6	≤1.5

表 12-90　齿轮检验项目组(推荐)

序号	检验组		说　明		
1	$f_{pt}, F_p, F_a, F_\beta, F_r$				
2	$f_{pt}, F_{pk}, F_p, F_a, F_\beta, F_r$				
3	F''_i, f''_i				
4	f_{pt}, F_r		10～12 级		
5	F'_i, f'_i				
f_{pt}	单个齿距偏差	表 12-92	F_{pk}	齿距累积偏差	
F_p	齿距累积总偏差	表 12-92	F_r	径向跳动公差	表 12-92
F_a	齿廓总偏差	表 12-92	F_β	螺旋线总偏差	表 12-91
F'_i	切向综合总偏差	表 12-92	f'_i	一齿切向综合偏差	表 12-92
F''_i	径向综合总偏差	表 12-93	f''_i	一齿径向综合偏差	表 12-93

注：1. 根据我国齿轮现有生产和检验水平，建议根据使用要求和生产批量在推荐的检验组中选取一组来评判齿轮精度；
2. 当齿轮节圆线速度大于 15 m/s 时，可增加齿距累积误差 F_{pK} 作为检验项.

表12-91 螺旋线总偏差 F_β (GB/T 10095.1—2008)

分度圆直径 d/mm	齿宽 b/mm	精度等级/μm 6	7	8	9	分度圆直径 d/mm	齿宽 b/mm	精度等级/μm 6	7	8	9
20<d≤50	4≤b≤10	9.0	13.0	18.0	25.0	125<d≤280	4≤b≤10	10.0	14.0	20.0	29.0
	10<b≤20	10.0	14.0	20.0	29.0		10<b≤20	11.0	16.0	22.0	32.0
	20<b≤40	11.0	16.0	23.0	32.0		20<b≤40	13.0	18.0	25.0	36.0
	40<b≤80	13.0	19.0	27.0	38.0		40<b≤80	15.0	21.0	29.0	41.0
	80<b≤160	16.0	23.0	32.0	46.0		80<b≤160	17.0	25.0	35.0	49.0
50<d≤125	4≤b≤10	9.5	13.0	190	27.0		160<b≤250	20.0	29.0	41.0	58.0
	10<b≤20	11.0	15.0	21.0	30.0	280<d≤560	10≤b≤20	12.0	17.0	24.0	34.0
	20<b≤40	12.0	17.0	24.0	34.0		20<b≤40	13.0	19.0	27.0	38.0
	40<b≤80	14.0	20.0	28.0	39.0		40<b≤80	15.0	22.0	31.0	44.0
	80<b≤160	17.0	24.0	33.0	47.0		80<b≤160	18.0	26.0	36.0	52.0
	160<b≤250	20.0	28.0	40.0	56.0		160<b≤250	21.0	30.0	43.0	60.0

表 12-92　齿轮的 f_i', f_{pt}, F_P, F_a(GB/T 10095.1—2008), F_r(GB/T 10095.2—2008)　单位:μm

分度圆直径 d/mm	模数 m/mm (法向模数 m_n/mm)	精度等级																			
		6	7	8	9	6	7	8	9	6	7	8	9	6	7	8	9	6	7	8	9
		F_a				$\pm f_{gt}$				F_p				f_i'/K				F_t			
$5<d\leqslant20$	$0.5\leqslant m\leqslant2$	6.5	9.0	13.0	18.0	6.5	9.5	13.0	19.0	16.0	23.0	32.0	45.0	19.0	27.0	38.0	54.0	13	18	25	36
	$2\leqslant m\leqslant3.5$	9.5	13.0	19.0	26.0	7.5	10.0	15.0	21.0	17.0	23.0	33.0	47.0	23.0	32.0	45.0	64.0	13	19	27	38
$20<d\leqslant50$	$0.5\leqslant m\leqslant2$	7.5	10.0	15.0	21.0	7.0	10.0	14.0	20.0	20.0	29.0	41.0	57.0	20.0	29.0	41.0	58.0	16	23	32	46
	$2\leqslant m\leqslant3.5$	10.0	14.0	20.0	29.0	7.5	11.0	15.0	22.0	21.0	30.0	42.0	59.0	24.0	34.0	48.0	68.0	17	24	34	47
	$3.5\leqslant m\leqslant6$	12.0	18.0	25.0	35.0	8.5	12.0	17.0	24.0	22.0	31.0	44.0	62.0	27.0	38.0	54.0	77.0	17	25	35	49
	$6\leqslant m\leqslant10$	15.0	22.0	31.0	43.0	10.0	14.0	20.0	28.0	23.0	33.0	46.0	65.0	31.0	44.0	63.0	89.0	19	26	37	52
$50<d\leqslant125$	$0.5\leqslant m\leqslant2$	8.5	12.0	17.0	23.0	7.5	11.0	15.0	21.0	26.0	37.0	52.0	74.0	22.0	31.0	44.0	62.0	21	29	42	59
	$2\leqslant m\leqslant3.5$	11.0	16.0	22.0	31.0	8.5	12.0	17.0	23.0	27.0	38.0	53.0	76.0	25.0	36.0	51.0	72.0	21	30	43	61
	$3.5\leqslant m\leqslant6$	13.0	19.0	27.0	38.0	9.0	13.0	18.0	26.0	28.0	39.0	55.0	78.0	29.0	40.0	57.0	81.0	22	31	44	62
	$6\leqslant m\leqslant10$	16.0	23.0	33.0	46.0	10.0	15.0	21.0	30.0	29.0	41.0	58.0	82.0	33.0	47.0	66.0	93.0	23	33	46	65
$125<d\leqslant280$	$0.5\leqslant m\leqslant2$	10.0	14.0	20.0	28.0	8.5	12.0	17.0	24.0	35.0	49.0	69.0	98.0	24.0	34.0	49.0	69.0	28	39	55	78
	$2\leqslant m\leqslant3.5$	13.0	18.0	25.0	36.0	9.0	13.0	18.0	26.0	35.0	50.0	70.0	100.0	28.0	39.0	56.0	79.0	28	40	56	80
	$3.5\leqslant m\leqslant6$	15.0	21.0	30.0	42.0	10.0	14.0	20.0	28.0	36.0	51.0	72.0	102.0	31.0	44.0	62.0	88.0	29	41	58	82
	$6\leqslant m\leqslant10$	18.0	25.0	36.0	50.0	11.0	16.0	23.0	32.0	37.0	53.0	75.0	106.0	35.0	50.0	70.0	100.0	30	42	60	85
$280<d\leqslant560$	$0.5\leqslant m\leqslant2$	12.0	17.0	23.0	33.0	9.5	13.0	19.0	27.0	46.0	64.0	91.0	129.0	27.0	39.0	54.0	77.0	36	51	73	103
	$2\leqslant m\leqslant3.5$	15.0	21.0	29.0	41.0	10.0	14.0	20.0	29.0	46.0	65.0	92.0	131.0	31.0	44.0	62.0	87.0	37	52	74	105
	$3.5\leqslant m\leqslant6$	17.0	24.0	34.0	48.0	11.0	16.0	22.0	31.0	47.0	66.0	94.0	133.0	34.0	48.0	68.0	96.0	38	53	75	106
	$6\leqslant m\leqslant10$	20.0	28.0	40.0	56.0	12.0	17.0	25.0	35.0	48.0	68.0	97.0	137.0	38.0	54.0	76.0	108.0	39	55	77	109

注:表中 K 值,当 $\varepsilon_\gamma<4$ 时, $K=0.2\left(\frac{\varepsilon_\gamma+4}{\varepsilon_\gamma}\right)$;当 $\varepsilon_\gamma\geqslant4$ 时, $K=0.4$。

表 12-93　　　　齿轮的 F_i'', f_i'' (GB/T 10095.2—2008)　　　　单位: μm

分度圆直径 d/mm	法向模数 m_n/mm	F_i''				f_i''			
		精度等级				精度等级			
		6	7	8	9	6	7	8	9
$50 < d \leqslant 125$	$1.5 \leqslant m_n \leqslant 2.5$	31	43	61	86	9.5	13	19	26
	$2.5 \leqslant m_n \leqslant 4.0$	36	51	72	102	14	20	29	41
	$4.0 \leqslant m_n \leqslant 6.0$	44	62	88	124	22	31	44	62
$125 < d \leqslant 280$	$1.5 \leqslant m_n \leqslant 2.5$	37	53	75	106	9.5	13	19	27
	$2.5 \leqslant m_n \leqslant 4.0$	43	61	86	121	15	21	29	41
	$4.0 \leqslant m_n \leqslant 6.0$	51	72	102	144	22	31	44	62

12.10.2　齿轮副侧隙控制及公法线长度与偏差

为保证齿轮工作时非工作齿面之间有合适的侧隙,设计齿轮时,还需要规定齿轮的齿厚及其偏差或者公法线长度及其偏差.

表 12-94　　　　齿轮偏差及公法线长度偏差

大、小齿轮齿厚上极限偏差之和	$E_{sns1} + E_{sns2} = -2f_a \tan\alpha_n - \dfrac{j_{bnmin} + J_n}{\cos\alpha_n}$
中心距偏差 f_a	齿轮副中心距偏差,见表 12-95
j_{bnmin} 最小法向侧隙	$j_{bnmin} = \dfrac{2}{3}(0.06 + 0.0005a + 0.03m_n)$
J_n 齿轮和齿轮副加工和安装误差对侧隙减少的补偿量	$J_n = \sqrt{(f_{pt1}\cos\alpha_t)^2 + (f_{pt2}\cos\alpha_t)^2 + (F_{\beta1}\cos\alpha_n)^2 + (F_{\beta2}\cos\alpha_n)^2 + (f_{\Sigma\delta}\cos\alpha_n)^2 + (f_{\Sigma\beta}\sin\alpha_n)^2}$ 式中　f_{pt1}, f_{pt2}——小齿轮与大齿轮的基圆齿距偏差, μm, 见表 12-92; 　　　$F_{\beta1}$, $F_{\beta2}$——小齿轮与大齿轮的螺旋线偏差, μm, 见表 12-91; 　　　$f_{\Sigma\delta}$, $f_{\Sigma\beta}$——齿轮副轴线的平行度偏差, μm. $$f_{\Sigma\beta} = 0.5\left(\dfrac{L}{b}\right)F_\beta, \quad f_{\Sigma\delta} = 2f_{\Sigma\beta}$$ 式中　L——轴承跨距, mm; 　　　b——齿宽, mm
齿厚上极限偏差	一般取 $E_{sns1} = E_{sns2}$
齿厚公差及上极限偏差	$T_{sn} = 2\tan\alpha_n\sqrt{F_r^2 + b_r^2} \quad E_{sni1} = E_{sns1} - T_{sn} \quad E_{sni2} = E_{sns2} - T_{sn}$ 式中　b_r——切齿径向进刀公差,见表 12-96
公法线长度公称值及其上、下极限偏差	$W = m_n\cos\alpha_n[\pi(k-0.5) + z'inv\alpha_n]$ 式中　k——跨齿数, $k = \dfrac{z'}{9} + 0.5$(四舍五入取整); 　　　z'——假想齿数, $z' = \dfrac{inv\alpha_t}{inv\alpha_n}$; 上极限偏差 $E_{bns} = E_{sns}\cos\alpha_n$, 下极限偏差 $E_{bni} = E_{sni}\cos\alpha_n$

表 12-95　　齿轮副中心距极限偏差 $\pm f_a$（参考）

<table>
<tr><th colspan="2">精度等级</th><th>5～6</th><th>7～8</th><th>9～10</th></tr>
<tr><td rowspan="4">中心距 a/mm</td><td>>80～120</td><td>17.5</td><td>27</td><td>43.5</td></tr>
<tr><td>>120～180</td><td>20</td><td>31.5</td><td>50</td></tr>
<tr><td>>180～250</td><td>23</td><td>36</td><td>57.5</td></tr>
<tr><td>>250～315</td><td>26</td><td>40.5</td><td>65</td></tr>
</table>

注：GB/Z 18620.3—2008 没有推荐中心距公差数值，表中数据摘自 GB/T 10095—1988，仅供参考.

表 12-96　　切齿径向进刀公差 b_r

精度等级	6	7	8	9	10
b_r	1.26IT8	IT9	1.26IT9	IT10	1.26IT10

12.10.3　齿坯公差

表 12-97　　齿坯公差及齿坯基准面径向和端面跳动公差（推荐）　　单位：μm

<table>
<tr><th colspan="3">齿轮精度等级</th><th>5</th><th>6</th><th>7</th><th>8</th><th>9</th><th>10</th></tr>
<tr><td>孔</td><td colspan="2">尺寸公差
形状公差</td><td>IT5</td><td>IT6</td><td colspan="2">IT7</td><td colspan="2">IT8</td></tr>
<tr><td>轴</td><td colspan="2">尺寸公差
形状公差</td><td colspan="2">IT5</td><td colspan="2">IT6</td><td colspan="2">IT7</td></tr>
<tr><td colspan="3">齿顶圆直径</td><td>IT7</td><td colspan="3">IT8</td><td colspan="2">IT9</td></tr>
<tr><td rowspan="3">基准面的径向跳动
基准面的端面跳动</td><td rowspan="3">分度圆直径</td><td>0～125</td><td colspan="2">11</td><td colspan="2">18</td><td colspan="2">28</td></tr>
<tr><td>>125～400</td><td colspan="2">14</td><td colspan="2">22</td><td colspan="2">36</td></tr>
<tr><td>>400～800</td><td colspan="2">20</td><td colspan="2">32</td><td colspan="2">50</td></tr>
</table>

12.10.4　齿轮精度等级标注

齿轮零件图上应标注齿轮的精度等级，方法如下：

（1）当齿轮的所有检验项目为同一精度等级时，图样标注该等级及标准号. 例如，检验项目同为 7 级，记为

7　GB/T 10095.1—2008

（2）当齿轮的所有检验项目为不同精度等级时，图样标注各等级后加括号，括号内为检验项目，最后是标准号. 例如，

$$7(F_\beta),\ 8(f_{pt},\ F_P,\ F_a)\text{GB/T 10095.1—2008}$$
$$8(F_r)\text{GB/T 10095.2—2008}$$

表示 F_β 为 7 级精度，f_{pt}，F_P，F_a，F_r 为 8 级精度的齿轮.

References 参考文献

[1] 邢冠梅,陈艳丽.机械原理与设计[M].2版.上海:同济大学出版社,2018.
[2] 王军,田同海,何晓玲.机械设计课程设计[M].2版.北京:机械工业出版社,2024.
[3] 西北工业大学机械原理与机械零件教研室.机械原理[M].9版.北京:高等教育出版社,2021.
[4] 陆凤仪.机械原理课程设计[M].3版.北京:机械工业出版社,2020.
[5] 吴恩启,王新华,董琴.机械原理[M].上海:上海科学技术出版社,2023.
[6] 周湛学.图解机械原理与构造[M].北京:化学工业出版社,2022.
[7] 刘会英,张明勤,徐宁.机械原理[M].5版.北京:机械工业出版社,2024.
[8] 崔岩,张春燕.机械原理[M].上海:复旦大学出版社,2021.
[9] 龚溎义,敖宏瑞.机械设计课程设计图册[M].4版.北京:高等教育出版社,2022.
[10] 吴宗泽,罗圣国,高志,等.机械设计课程设计手册[M].5版.北京:高等教育出版社,2018.
[11] 王大康,高国华.机械设计课程设计[M].北京:机械工业出版社,2021.
[12] 裘建新.机械原理课程设计[M].北京:高等教育出版社,2019.
[13] 陆凤仪.机械原理课程设计[M].3版.北京:机械工业出版社,2020.
[14] 邹平.机械设计零件与实用装置图册[M].北京:机械工业出版社,2020.
[15] 王大康,李德才.机械设计基础[M].5版.北京:机械工业出版社,2024.
[16] 吴宗泽,高志.机械设计实用手册[M].4版.北京:化学工业出版社,2021.
[17] 宋敏.机械设计基础[M].西安:西安电子科技大学出版社,2021.

参考图例一~九

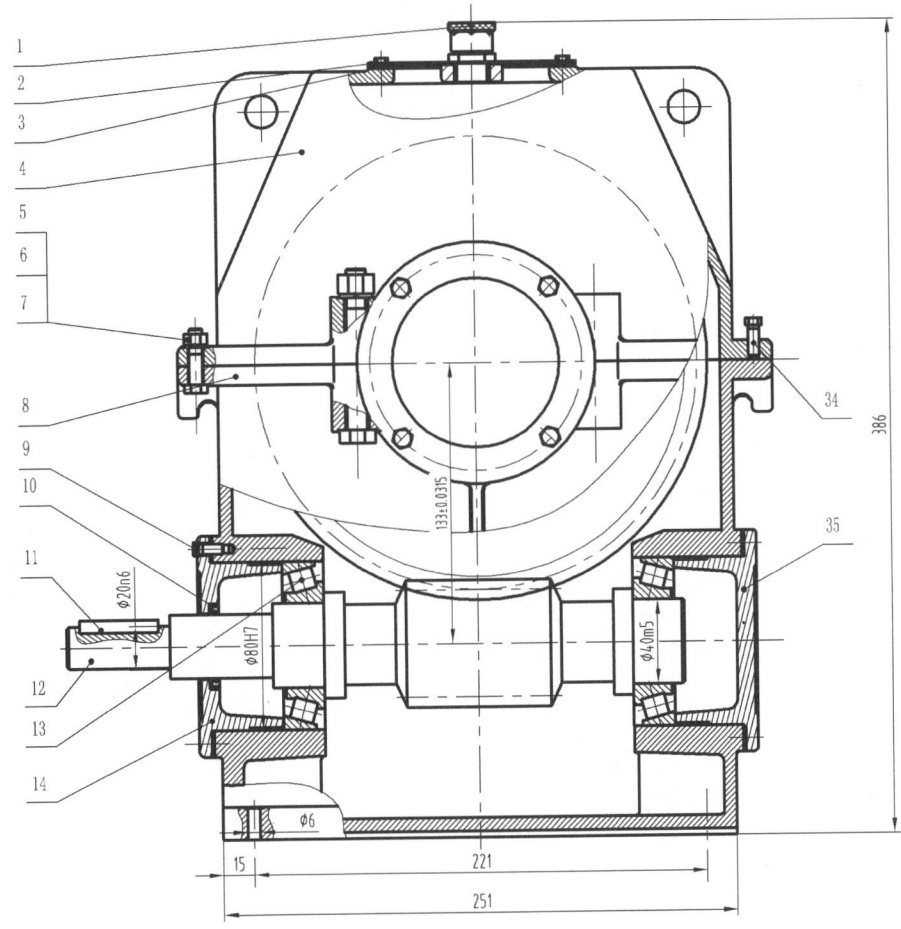

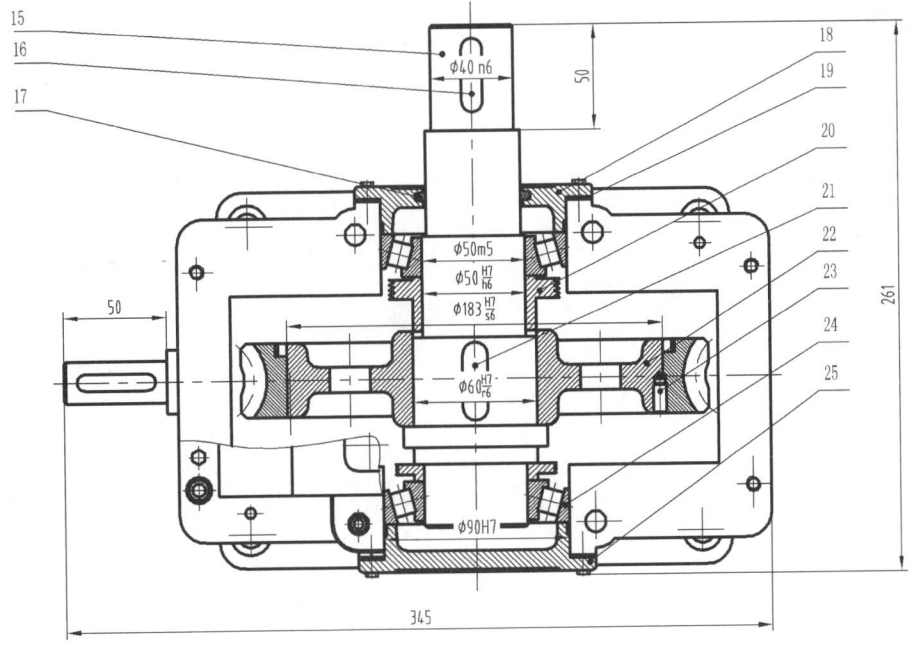

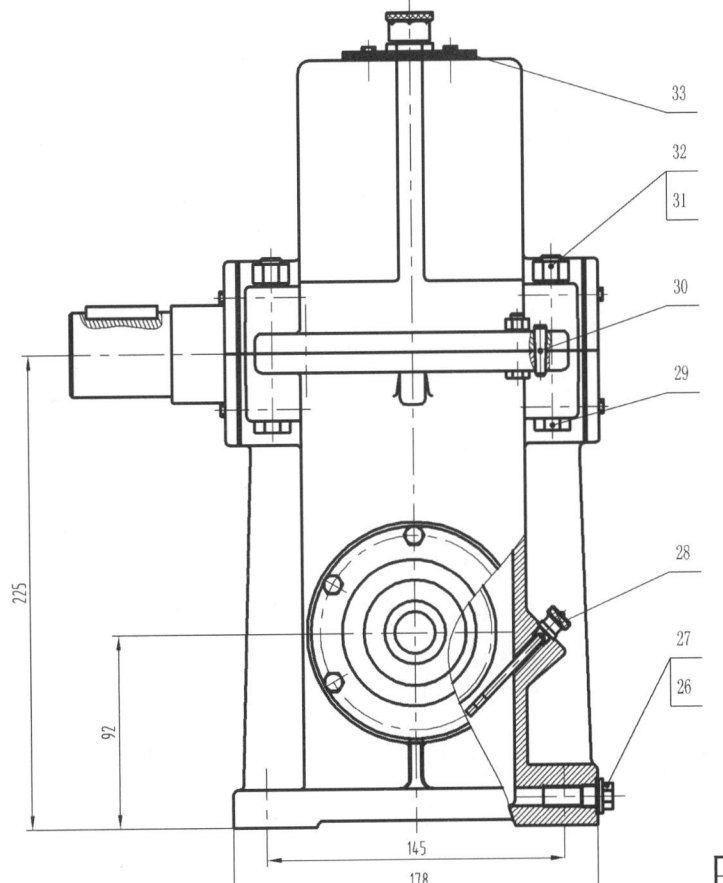

输入功率 /kW	输入转速 /(r·min⁻¹)	传动比 i	效率 η	传动特性				
				导程角 γ	模数 m	头数齿数		精度等级
3.84	1363.21	21.5	0.902	11.18'36"	3	Z_1	2	传动Bf GB/T 10089-1988
						Z_2	43	传动Bf GB/T 10089-1988

技术要求

1.装配前箱体与其它铸件不加工面应清洗干净，除去毛边毛刺，并浸涂防锈漆；

2.零件在装配前用煤油清洗，轴承用汽油清洗干净，晾干后表面应涂油；

3.啮合侧隙用铅丝检查，侧隙值不得小于0.1mm；

4.用涂色法检查齿面接触斑点，按齿高不得小于55%，按齿长不得小于50%；

5.箱盖与箱座的接触面涂密封胶或水玻璃，不允许使用任何填料；

6.装配后进行空载试验时，高速轴转速为100r/min，正、反运转1小时，运转平稳，无撞击声，不漏油，负载实验时，油池温升不超过60℃。

序号	名称	材料	数量	备注
35	轴承端盖	HT200	1	
34	起盖螺钉	Q235A	2	GB/T 5782-2000-M8
33	螺钉	Q235A	4	GB/T 65-2000-M6
32	螺母	Q235A	4	GB/T 6175-2000-M16
31	弹簧垫圈	65Mn	4	GB/T 93-1987-M16
30	圆锥销	35	2	GB/T 119-1986
29	螺栓	Q235A	4	GB/T 5782-2000-M16
28	油尺	Q235A	1	
27	油塞	Q235A	1	M16×1.5 JB/ZQ4450-1997
26	封油垫	工业用革	1	ZB 70-1962
25	轴承端盖	HT200	1	
24	圆锥滚子轴承		2	30211 GB/T 297-1994
23	螺钉	Q235A	2	
22	键	45	1	18×90 GB/T 1096-1979
21	蜗轮	45	1	组合件
20	封油环	Q235A	1	
19	垫片	软钢纸板	2	
18	轴承端盖	HT200	1	
17	毡圈	粗羊毛毡	1	50 JB/ZQ 4406-1986
16	键	45	1	14×63 GB/T 1096-1979
15	蜗轮轴	45	1	
14	轴承端盖	HT200	1	
13	圆锥滚子轴承		2	30211 GB/T 297-1994
12	蜗杆轴	45	1	
11	键	45	1	12×80 GB/T 1096-1979
10	唇形密封圈		1	GB9877.1-88
9	螺钉	Q235A	16	GB/T 65-2000
8	箱座	HT200	1	
7	螺栓	Q235A	4	GB/T 5782-2000-M10×50
6	弹簧垫圈	65Mn	4	GB/T 93-1987-M10
5	螺母	Q235A	4	GB/T 5782-2000-M10
4	箱盖	HT200	1	
3	垫片	软钢纸板	1	
2	视孔盖	Q235A	1	
1	通气器		1	组合件

姓名			图样标记	重量	比例	单级蜗轮蜗杆减速器装配图
专业					1:1	
班级						参考图例一
学号			共 张		第 张	
审核						

其余 6.3

技术要求

1. 调质处理后表面硬度为220-250HBS;
2. 未注圆角为R1;
3. 未注倒角为1X45°;
4. 未注明尺寸公差按GB/18204-m。

输出轴		比例	1:1		
		班级			
制图		学号		材料	QT45-5
描图		参考图例二			
审核					

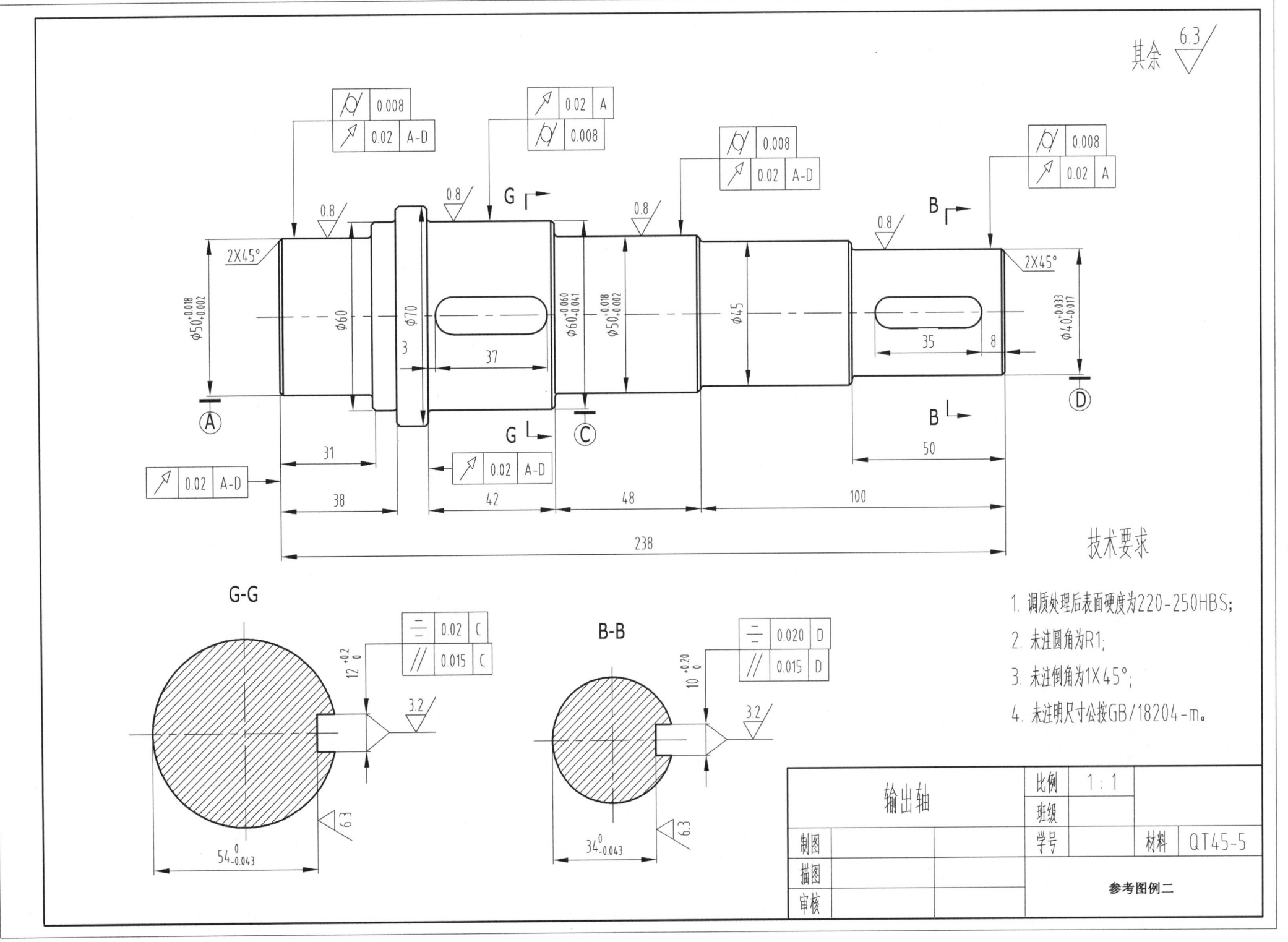

蜗杆形式	渐开线蜗杆	
蜗杆轴向模数	m	5
蜗杆头数	Z_1	2
蜗杆导程角	γ	11°18′36″
蜗杆螺旋线方向		右旋
蜗杆轴向剖面齿形角	α	20°
涡轮齿数	Z_2	43
变位系数	X	0
精度等级	8f (GB/T10089-1988)	
相啮合蜗杆图号		
齿圈径向跳动公差	F_r	0.080
齿距累计公差	F_p	0.125
齿距极限偏差	$\pm f_{pt}$	±0.032
齿形公差	f_{f2}	0.028

技术要求

1.轮齿表面淬火后硬度为HRC58-64;

2.按齿隙、接触面成对选配齿轮;

3.轮缘和轮辐装配后,再精车和车制轮齿;

4.未注圆角为R1,倒角1X45°。

蜗 轮			比例	1:1		
			数量	1		
制图			重量		材料	QT45-5
描图			参考图例三			
审核						

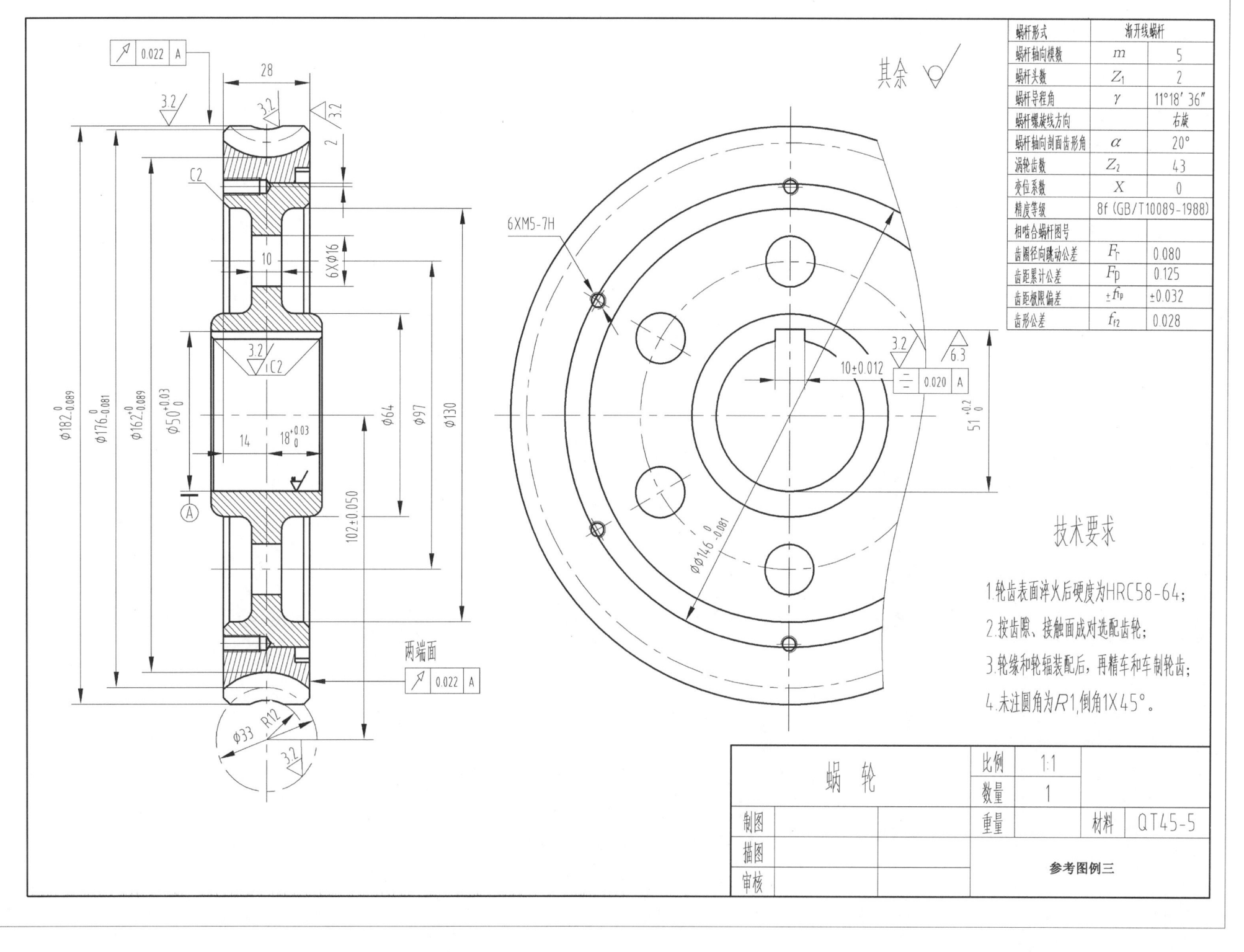

技术特性

功率：5.5kW；高速转轴：286.48r/min；传动比：3.35。

技术要求

1.装配前，滚动轴承用汽油清洗，其他零件用煤油清洗，箱体内壁涂耐油油漆；

2.轴承安装时通过调整垫片获得0.25~0.4mm的热补偿间隙；

3.齿轮啮合侧隙用铅丝检验，法向极限啮合侧隙为0.204~0.318mm；

4.用涂色法检查齿面接触斑点，按齿高不少于40%，按齿长不少于60%；

5.检查减速器剖面及密封处，均不许漏油。剖面允许涂以密封油漆或水玻璃，不允许使用任何填料；

6.机座内装润滑油至规定高度；

7.表面涂黑色油漆。

序号	名称	数量	材料	标准	备注
41	箱座	1	HT200		
40	螺栓	4	Q235	GB/T5783	M8×20
39	通气器	1	Q235		
38	检查孔盖	1	Q235		
37	封油垫片	1	石棉橡胶纸		
36	箱盖	1	HT200		
35	垫片	6	65Mn	GB/T7859	12
34	螺母	6	Q235	GB/T6172.1	M12
33	螺栓	6	Q235	GB/T5783	M12×110
32	垫片	4	65Mn	GB/T7859	8
31	螺母	4	Q235	GB/T6172.1	M8
30	螺栓	4	Q235	GB/T5783	M8×35
29	起盖螺钉	2	Q235		M8×20
28	轴承闷盖	1	HT150		
27	低速轴	1	45		
26	键	1	45	GB/T1096	12×8×56
25	封油环	1	HT150		
24	小齿轮	1	45		m=4,z=20
23	键	1	45	GB/T1096	10×8×63
22	毡圈油封	1		半粗羊毛毡	
21	轴承透盖	1	HT150		
20	调整垫片	2组	08F		
19	封油环	1	Q235		
18	键	1	45	GB/T1096	14×9×50
17	排油螺塞	1			M16×1.5
16	封油垫片	1		石棉橡胶纸	
15	杆式油标	1	Q235		组合件
14	大齿轮	1	45		m=4,z=67
13	封油环	1	Q235		
12	深沟球轴承	2		GB/T276	6009
11	高速轴	1	45		
10	螺钉	8	Q235	GB/T5783	M10×25
9	轴承闷盖	1	HT150		
8	封油环	1	Q235		
7	深沟球轴承	2		GB/T276	6008
6	毡圈油封	1		半粗羊毛毡	
5	键	1	45	GB/T1096	8×7×45
4	螺钉	8	Q235	GB/T5783	M8×20
3	轴承透盖	1	HT150		
2	调整垫片	2组	08F		
1	圆柱销	2	35	GB/T199.1	8×30

单级直齿圆柱齿轮减速器		图号	1号
		比例	1:1
设计			
绘图			参考图例四
审阅			

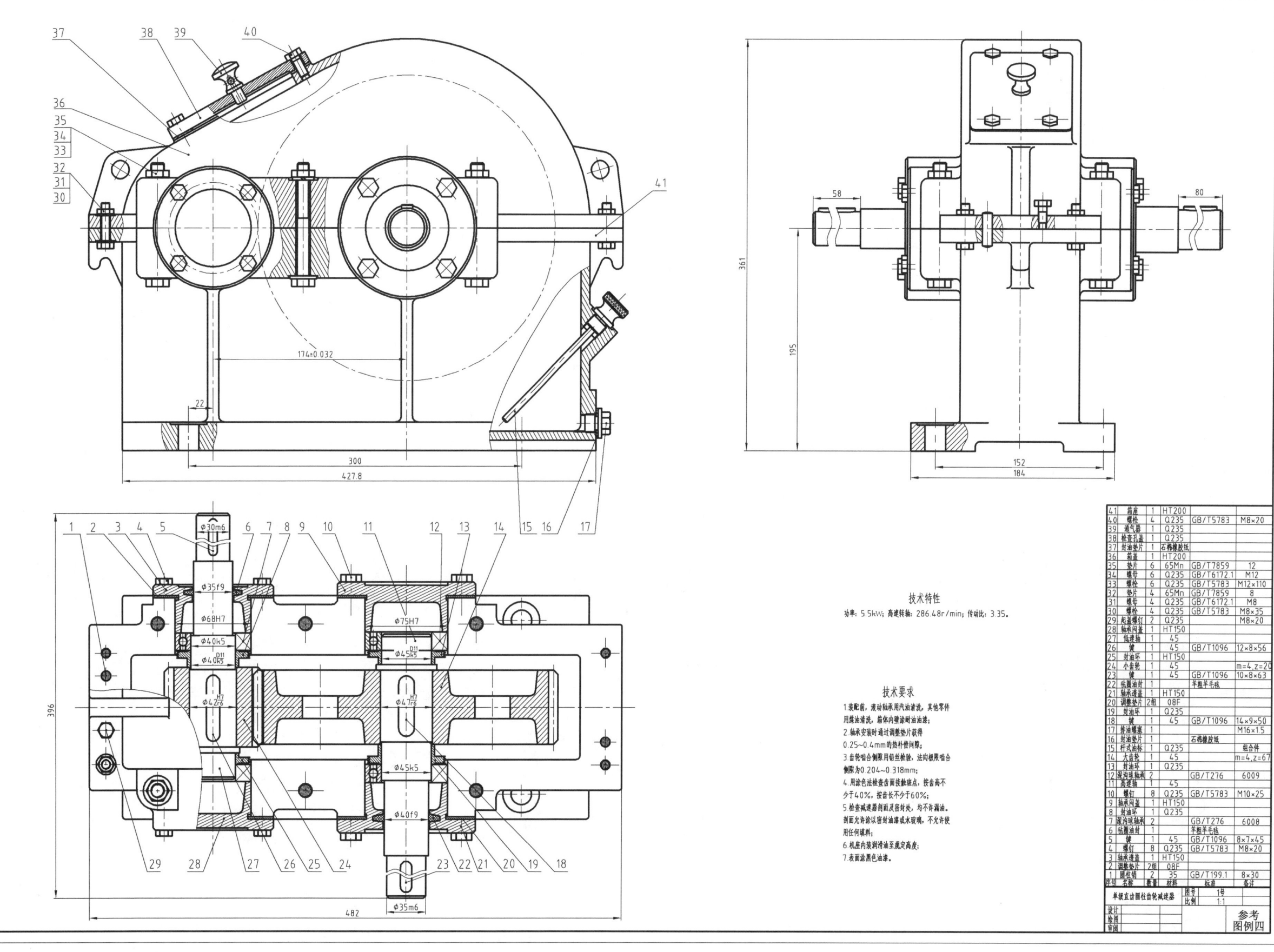

技术要求

1.调制处理HB=190-230；

2.未注明粗糙度6.3；

3.未标注偏差出精度为1T12。

低速轴		图号		
		比例		
设计	2015.1.5		参考图例五	
绘图	2015.1.5			
审阅				

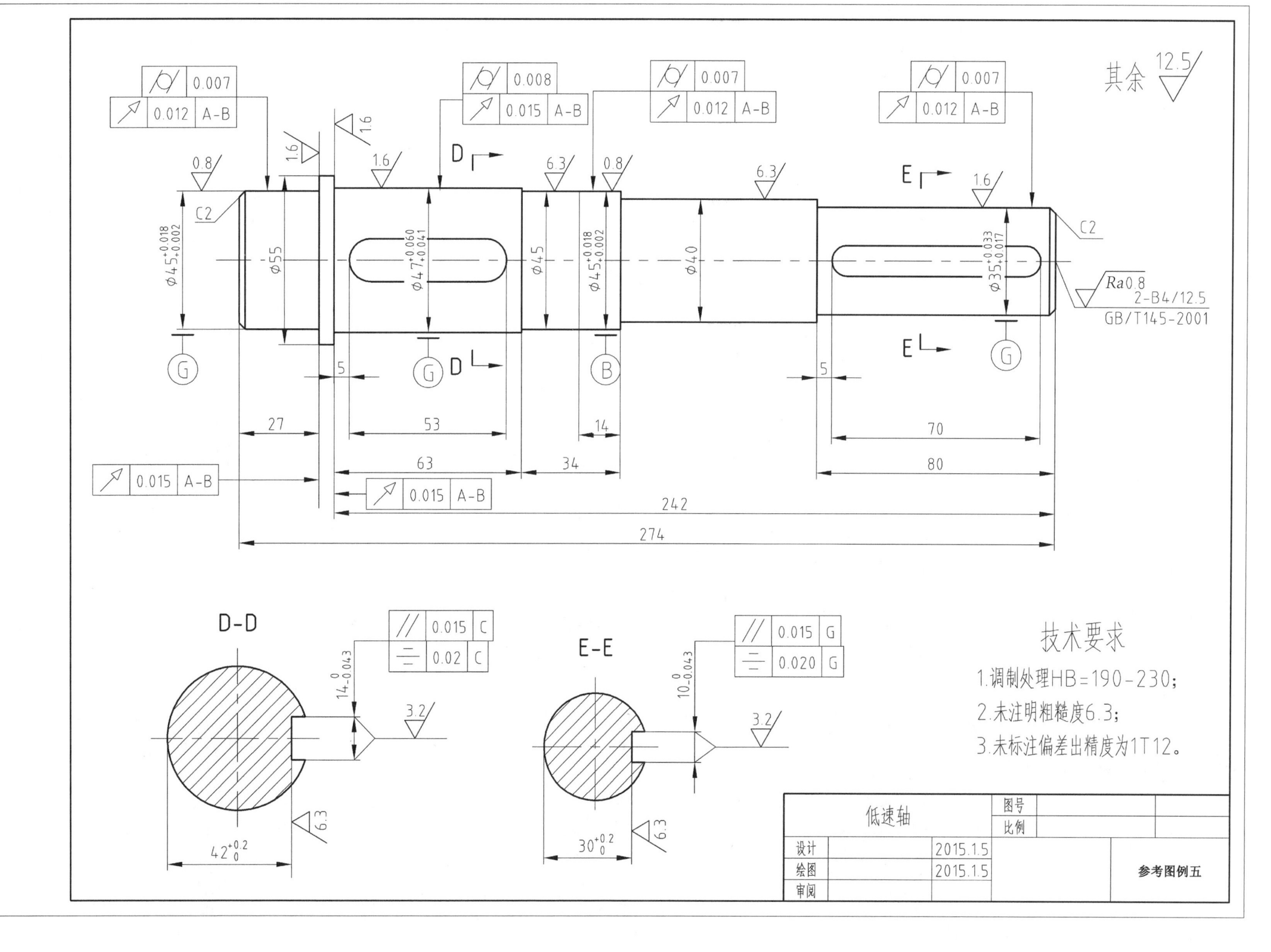

技术特性

输入功率 (kW)	输入转速 /(r·min⁻¹)	效率 η	总传动比 i	传动特性					
				第一级			第二级		
				M_n	Z_1/Z_2	精度等级	M_n	Z_4/Z_3	精度等级
5.33	1440	0.91	10.41	1.25	3.68	8	2.5	2.83	8

技术要求

1.装配前，所有零件用煤油清洗，机内不允许有杂物；
2.装轴承时，严禁用手直接击外套，应使力均匀分布在轴上；
3.表面涂灰色油漆。

序号	名称	数量	材料	备注
29	起盖螺钉	1	Q235	GB/T5783 M10×26
28	机盖	1	HT200	
27	弹簧垫片	1	65Mn	
26	箱座	1	HT200	
25	地脚螺栓	6	Q235	GB/T7582 M12×30
24	排油孔螺塞	1	A3	
23	杆式油标	1		
22	吊钩	1	45	
21	圆锥销	1	35	GB/T117 3X32
20	吊耳环	1	HT200	
19	通气孔	1	HT200	
18	检查孔及盖板	1	45	
17	螺栓	8	Q235	GB/T7582 M10×26
16	螺栓	4	Q235	GB/T5782 M6×18
15	六角螺母	6	Q235	GB/T6170 M12
14	键	1	45	12×8 GB/T1096
13	轴承端盖	3	HT150	
12	键	1	45	10×8 GB/T1096
11	键	1	45	10×8 GB/T1096
10	轴	3	45	
9	大齿轮	1	45	
8	毛毡圈	2	半粗羊毛毡	JB/ZQ4606
7	键	1	45	10×8 GB/T1096
6	深沟球轴承	2		GB/T276
5	螺栓	4	Q235	GB/T5782 M8×22
4	角接触球轴承	2		GB/T292
3	齿轮轴	1	40Cr	
2	调整垫片	3组	08F	
1	螺栓	4	Q235	GB/T5782 M5×16

双级圆柱齿轮减速器		图号	
		比例	1:1
姓名		机械设计课程设计	参考图例六
学号			
审阅			

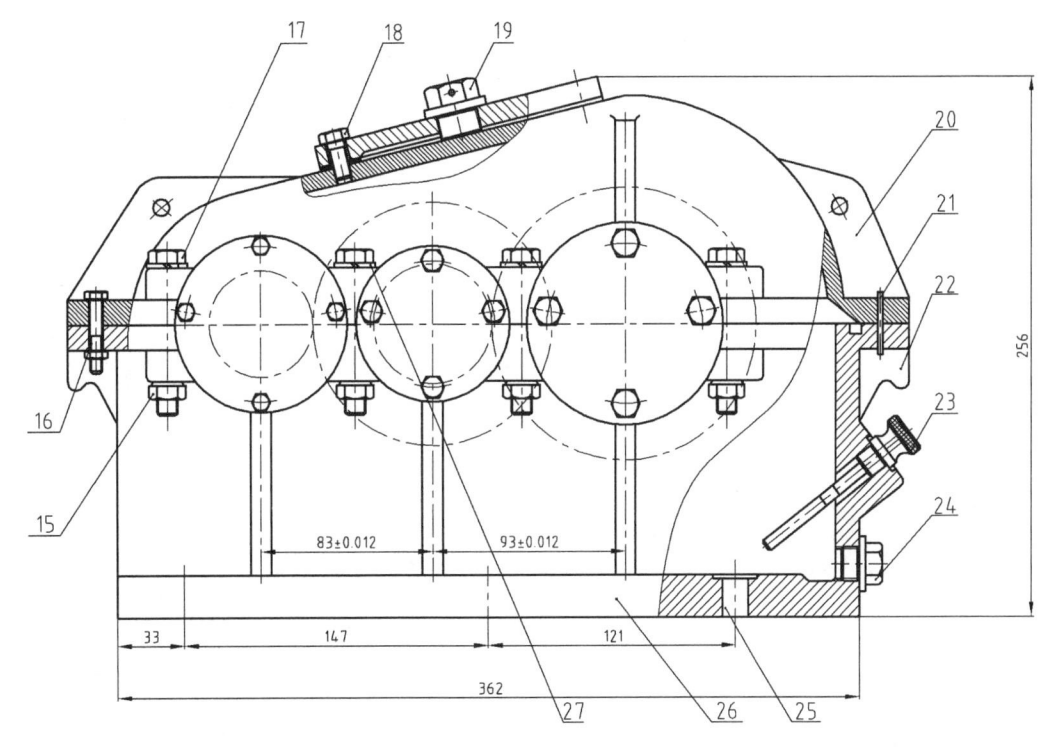

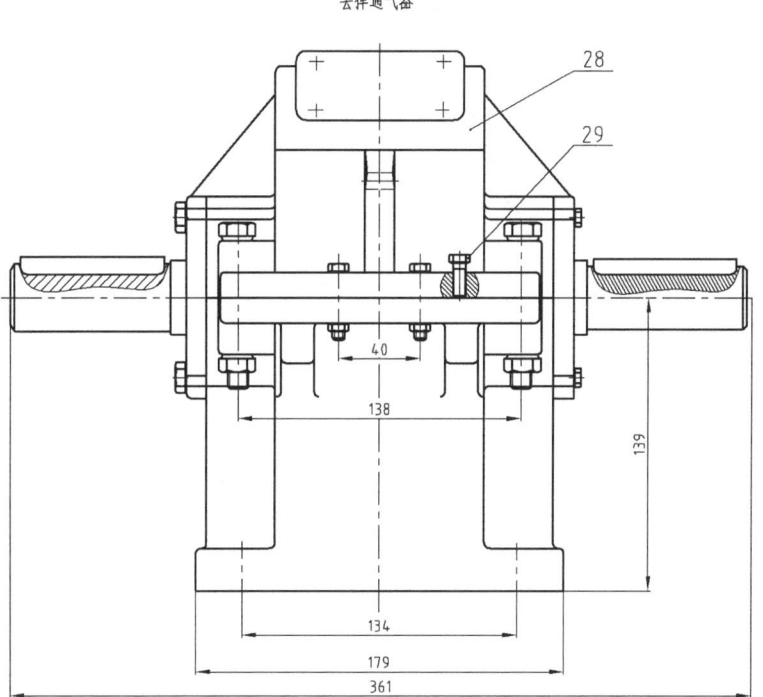

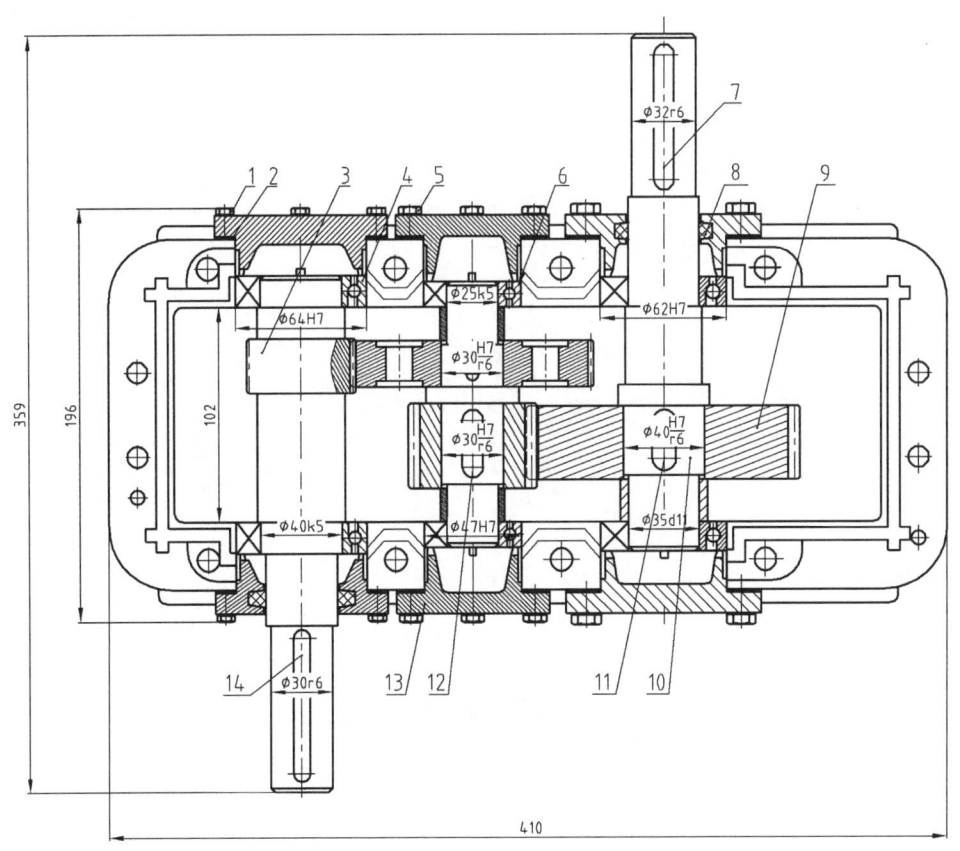

技术特性

输入功率：3.71kW,传动效率:0.92,输入轴转速:1440r/min,总传动比:9.47。

技术要求

1.装配前，轴承用汽油清洗，其余所有零件装配前用煤油清洗；

2.箱体内壁涂耐油油漆，减速器外表面涂灰色油漆；

3.减速器剖分面各接触面及密封处不允许漏油，渗油箱体剖分面允许涂以密封胶或水玻璃；

4.调整，固定轴承时应留有轴向游隙，高速轴承0.04~0.07mm，其余0.05~0.10mm；

5.用涂色发检查接触斑点，圆柱齿轮沿齿长不小于30%，锥齿轮沿齿长不小于50%，沿齿高不小于55%；

6.减速器内装220中负荷工业齿轮油，油量达到规定的深度；

7.按试验规程进行试验。

序号	名称	数量	材料	备注
40	吊环螺钉	2	20	GB/T825
39	箱盖	1	HT200	
38	圆锥销4X30	2	35	GB/T117
37	垫圈M8	10	65Mn	GB/T95
36	螺母M8	10	Q235	GB/T6175
35	螺栓M8X85	10	Q235	GB/T5782
34	键14X9	1	Q275	GB/T1096
33	输出轴	1	45	
32	轴承端盖	1	HT200	
31	键10X8	1	Q275	
30	封油毡圈	1	半粗羊毛毡	
29	轴承30308	2		GB/T297
28	轴承端盖	1	HT200	
27	套筒	1	Q235	
26	键10X8	1	Q275	GB/T1096
25	中间轴	1	45	
24	大锥齿轮	1	45	me=2.5,z=57
23	箱座	1	HT200	
22	调整垫片	1	08F	
21	轴承端盖	1	HT200	
20	毡封油圈	1	半粗羊毛毡	
19	键8X7	1	Q275	GB/T1096
18	输入轴	1	45	
17	套杯	1	HT200	
16	滚动轴承30308	2		GB/T297
15	套筒	1	Q235	
14	键10X8	1	Q275	GB/T1096
13	小锥齿轮	1	45	me=2.5,z=24
12	轴端挡圈	1	Q235	GB/T891
11	轴承端盖	1	HT200	
10	调整垫片	2	08F	
9	轴承30305	2		GB/T297
8	键10X8	1	Q275	GB/T1096
7	套筒	1	Q235	
6	小圆柱斜齿轮	1	20CrMnTi	mn=1.5,z=30
5	调整垫片	2	08F	
4	套筒	1	Q235	
3	螺栓M8	22	Q235	GB/T5782
2	轴承端盖	1	HT200	
1	大圆柱斜齿轮	1	20Cr	mn=1.5,z=120

序号	名称	数量	材料	备注
49	排油孔螺塞	1	Q235	
48	纸封油圈	1	石棉橡胶纸	
47	杆式游标	1		
46	螺栓M6X35	6	Q235	
45	垫圈M6	6	65Mn	
44	螺母M6	6	Q235	GB/T6175
43	通气器	1	Q235	
42	螺栓M8X15	4	Q235	GB/T5782
41	窥视口盖	1	HT200	

圆锥圆柱齿轮减速器		图号	
		比例	
设计		机械设计课程设计	参考图例七
绘图			
审阅			

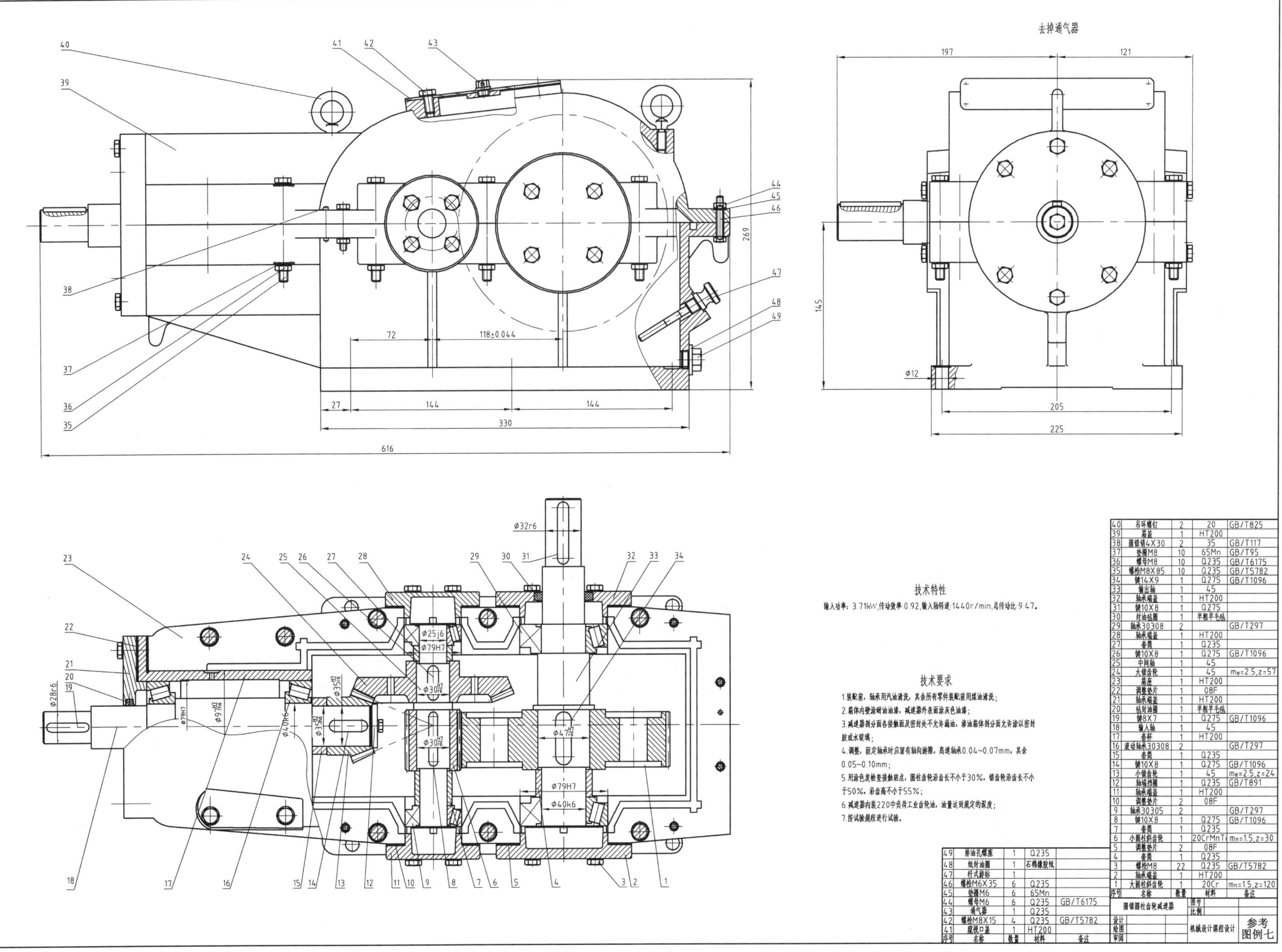

技术特性

输入功率：3.71kW，传动效率：0.92，输入轴转速：1440r/min，总传动比：9.47。

技术要求

1.装配前，轴承用汽油清洗，其余所有零件装配前用煤油清洗；

2.箱体内壁涂耐油油漆，减速器外表面涂灰色油漆；

3.减速器剖分面各接触面及密封处不允许漏油，渗油箱体剖分面允许涂以密封胶或水玻璃；

4.调整，固定轴承时应留有轴向游隙，高速轴承0.04~0.07mm，其余0.05~0.10mm；

5.用涂色发检查接触斑点，圆柱齿轮沿齿长不小于30%，锥齿轮沿齿长不小于50%，沿齿高不小于55%；

6.减速器内装220中负荷工业齿轮油，油量达到规定的深度；

7.按试验规程进行试验。

序号	名称	数量	材料	备注
49	排油孔螺塞	1	Q235	
48	纸封油圈	1	石棉橡胶纸	
47	杆式游标	1		
46	螺栓M6X35	6	Q235	
45	垫圈M6	6	65Mn	
44	螺母M6	6	Q235	GB/T6175
43	通气器	1	Q235	
42	螺栓M8X15	4	Q235	GB/T5782
41	窥视口盖	1	HT200	

序号	名称	数量	材料	备注
40	吊环螺钉	2	20	GB/T825
39	箱盖	1	HT200	
38	圆锥销4X30	2	35	GB/T117
37	垫圈M8	10	65Mn	GB/T95
36	螺母M8	10	Q235	GB/T6175
35	螺栓M8X85	10	Q235	GB/T5782
34	键14X9	1	Q275	GB/T1096
33	输出轴	1	45	
32	轴承端盖	1	HT200	
31	键10X8	1	Q275	
30	封油毡圈	1	半粗羊毛毡	
29	轴承30308	2		GB/T297
28	轴承端盖	1	HT200	
27	套筒	1	Q235	
26	键10X8	1	Q275	GB/T1096
25	中间轴	1	45	
24	大锥齿轮	1	45	m_e=2.5,z=57
23	箱座	1	HT200	
22	调整垫片	1	08F	
21	轴承端盖	1	HT200	
20	毡封油圈	1	半粗羊毛毡	
19	键8X7	1	Q275	GB/T1096
18	输入轴	1	45	
17	套杯	1	HT200	
16	滚动轴承30308	2		GB/T297
15	套筒	1	Q235	
14	键10X8	1	Q275	GB/T1096
13	小锥齿轮	1	45	m_e=2.5,z=24
12	轴端挡圈	1	Q235	GB/T891
11	轴承端盖	1	HT200	
10	调整垫片	2	08F	
9	轴承30305	2		GB/T297
8	键10X8	1	Q275	GB/T1096
7	套筒	1	Q235	
6	小圆柱斜齿轮	1	20CrMnTi	m_n=1.5,z=30
5	调整垫片	2	08F	
4	套筒	1	Q235	
3	螺栓M8	22	Q235	GB/T5782
2	轴承端盖	1	HT200	
1	大圆柱斜齿轮	1	20Cr	m_n=1.5,z=120

圆锥圆柱齿轮减速器		图号		
		比例		
设计			机械设计课程设计	参考图例七
绘图				
审阅				

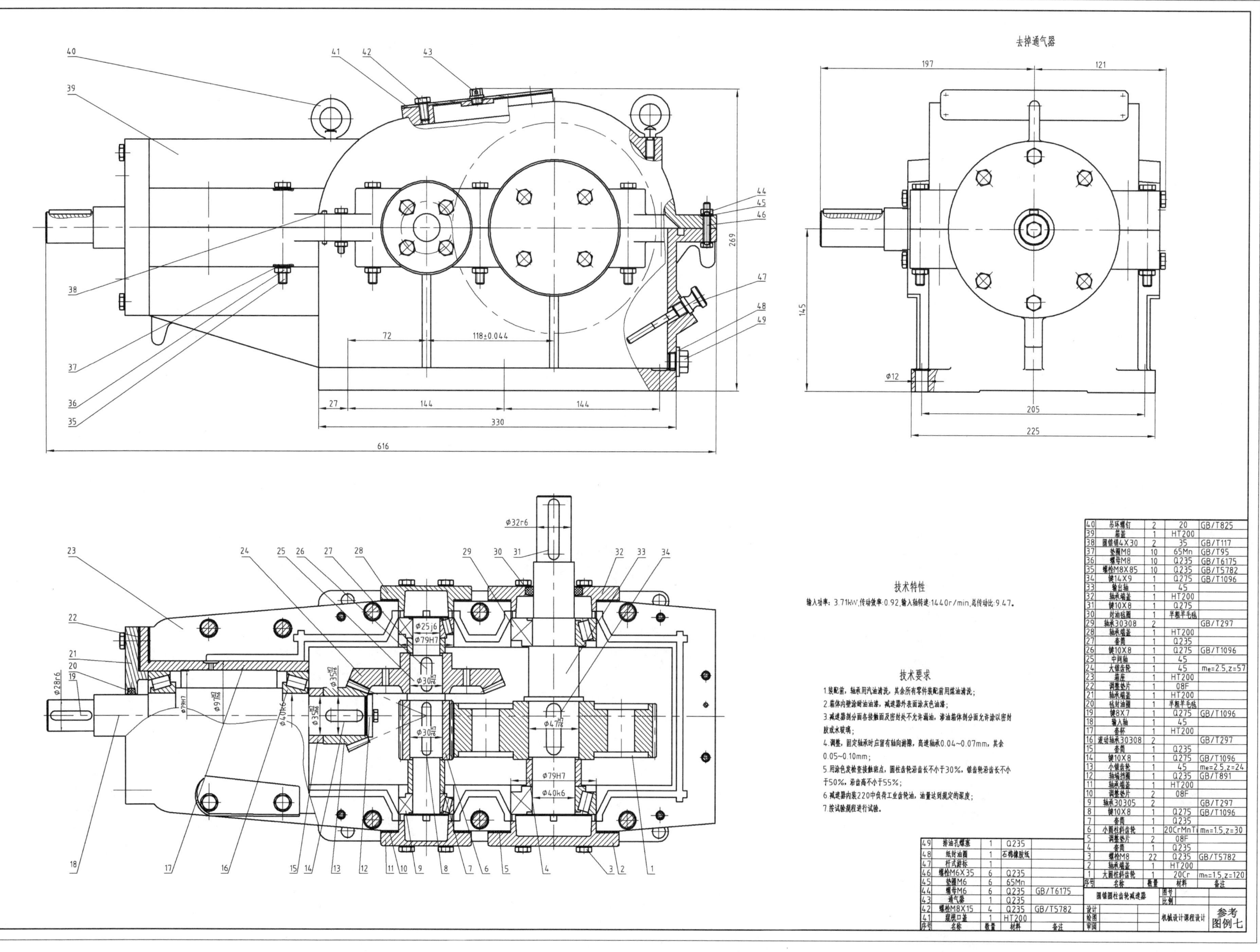

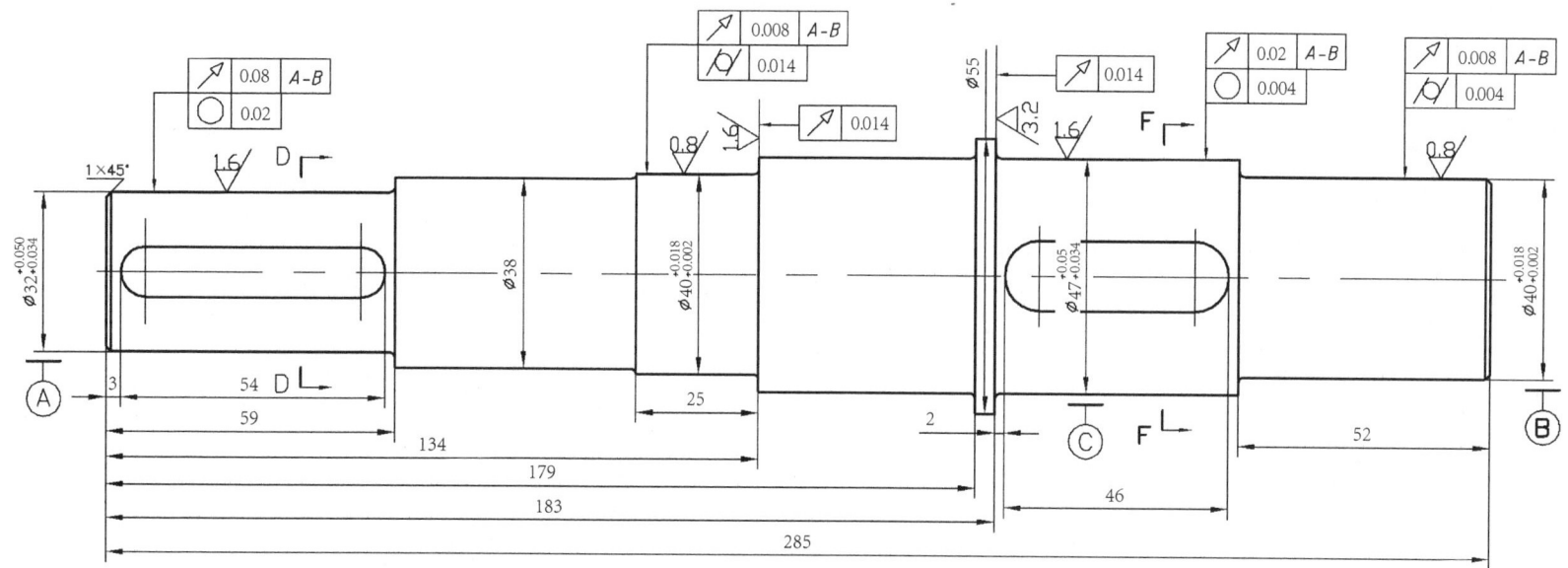

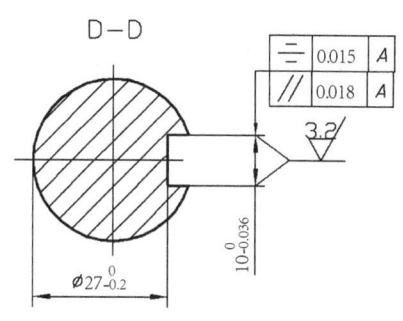

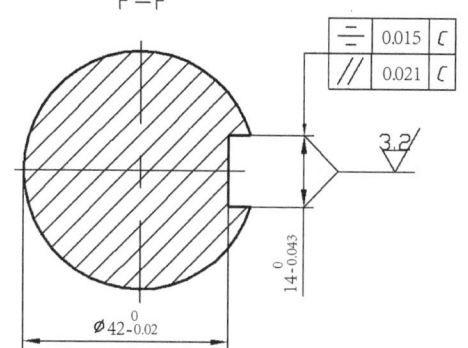

技术要求

1. 调质处理HB=190-230；
2. 圆角半径R=1mm；
3. 未注尺寸偏差处精度为IT12。

减速器输出轴	图号		比例	1:1
	材料	45	数量	1
设计		机械设计课程设计	参考图例八	
绘图				
审阅				

模数	m_e	2.5
齿数	z	57
齿形角	α	20°
分度圆直径	d	142.5
分锥角	δ	67.17°
锥距	R	77.31
全齿高	h	5.5
精度等级	8CC(GB/T11365-1989)	
齿距累积公差	F_p	0.125
齿距极限偏差	$\pm f_{pt}$	0.022

技术要求

1. 调质处理后齿面硬度200HBS；
2. 未注圆角R3-R5；
3. 未注倒角1X45°。

大锥齿轮			图号		比例	1:1
			材料	45	数量	1
设计			机械设计课程设计		参考图例九	
绘图						
审阅						

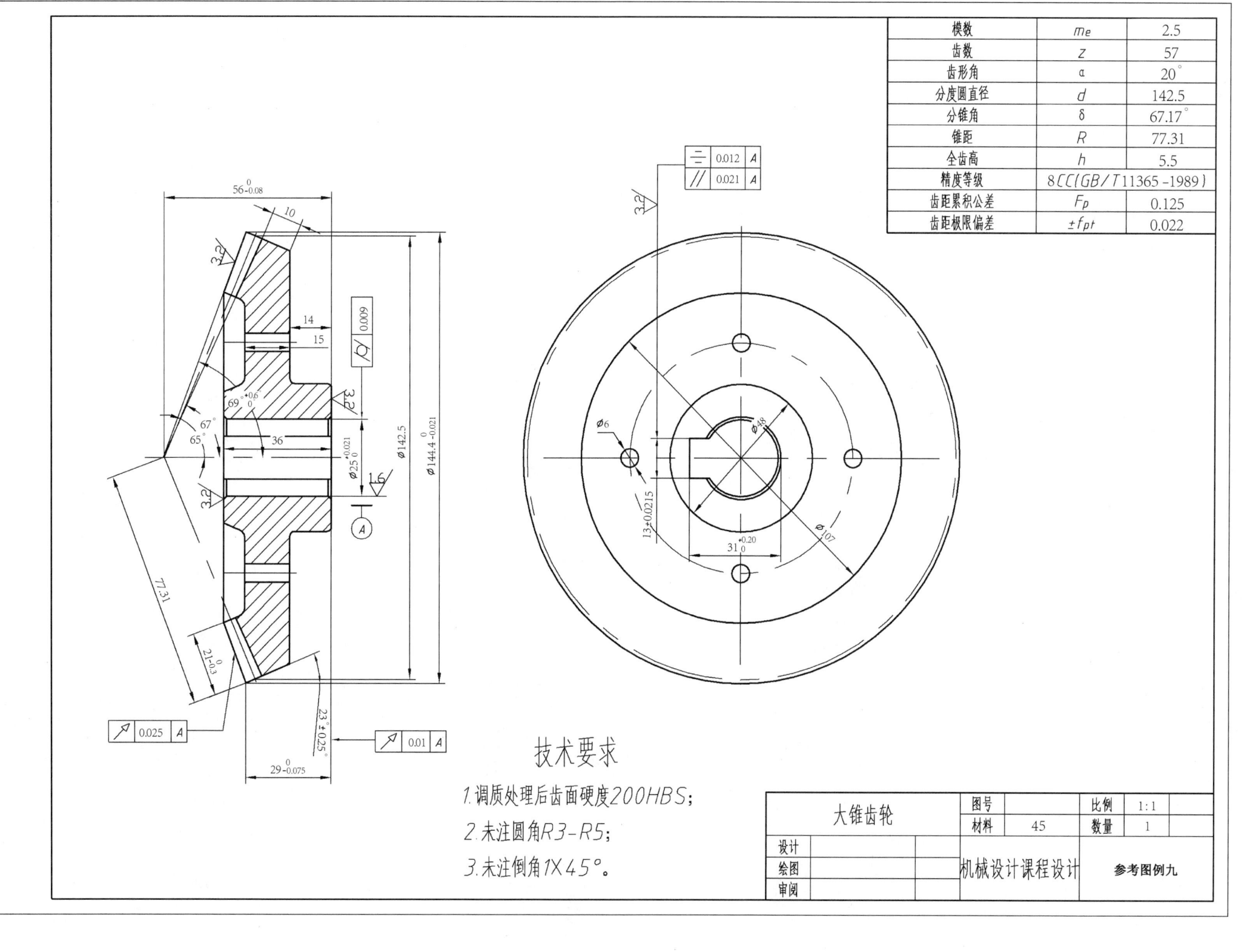